高等职业教育
智能制造专业群
"德技并修 工学结合"
系列教材

机电设备故障诊断与维修

主 编 龚雯

副主编 邱志新 李 勇

U0726274

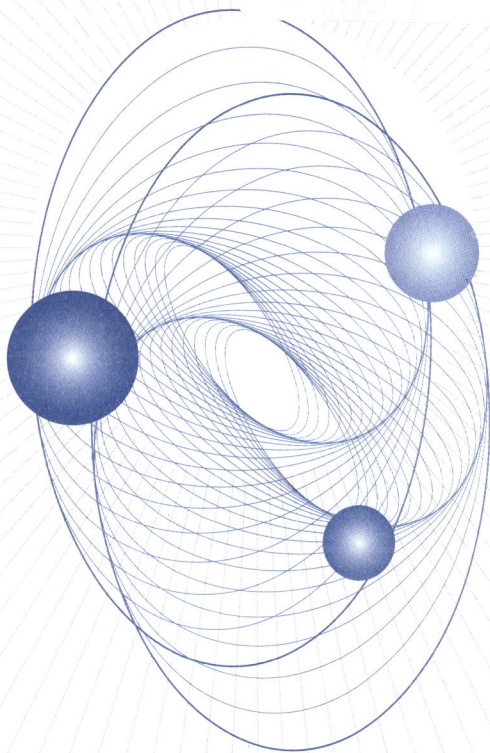

INTELLIGENT MANUFACTURING

中国教育出版传媒集团

高等教育出版社·北京

内容提要

本教材由机电设备故障诊断技术、修理技术基础、典型设备维修技术、设备维修管理四个模块组成完整的知识体系,主要内容包括:机电设备故障及零部件失效机理、机电设备故障诊断、机械零件修复技术、典型机械设备修理、液压系统维修、机床电气设备维修、数控机床和机器人维修、设备维修管理,共八章。

本教材配有丰富的数字化教学资源。其重要知识点配有微课、案例等,"科苑云漫步"栏目提供了相关新技术、新工艺的发展等内容,读者可通过扫描书中二维码在线学习。

本教材可作为高等职业教育专科、本科智能制造专业群相关专业的教材,也可作为相关专业岗位的培训教材,以及设备维修与管理人员和自学者的参考用书。

授课教师如需要本书配套的教学课件资源,可发送邮件至邮箱 gzjx@ pub. hep. cn 索取。

图书在版编目(CIP)数据

机电设备故障诊断与维修 / 龚雯主编. -- 北京 :
高等教育出版社, 2022.11(2023.12 重印)
ISBN 978-7-04-058912-2

Ⅰ.①机…　Ⅱ.①龚…　Ⅲ.①机电设备-故障诊断②
机电设备-维修　Ⅳ.①TM07

中国版本图书馆 CIP 数据核字(2022)第 116422 号

Jidian Shebei Guzhang Zhenduan yu Weixiu

策划编辑　吴睿韬	责任编辑　孙　薇	封面设计　姜　磊	版式设计　童　丹
责任绘图　黄云燕	责任校对　陈　杨	责任印制　刘思涵	

出版发行　高等教育出版社	网　　址　http://www.hep.edu.cn	
社　　址　北京市西城区德外大街 4 号	http://www.hep.com.cn	
邮政编码　100120	网上订购　http://www.hepmall.com.cn	
印　　刷　高教社(天津)印务有限公司	http://www.hepmall.com	
开　　本　787mm×1092mm　1/16	http://www.hepmall.cn	
印　　张　20.5		
字　　数　510 千字	版　　次　2022 年 11 月第 1 版	
购书热线　010-58581118	印　　次　2023 年 12 月第 3 次印刷	
咨询电话　400-810-0598	定　　价　49.80 元	

本书如有缺页、倒页、脱页等质量问题,请到所购图书销售部门联系调换
版权所有　侵权必究
物 料 号　58912-00

前　言

党的二十大报告中提出以中国式现代化全面推进中华民族伟大复兴。职业教育在全面建设社会主义现代化国家，推动战略性新兴产业融合集群发展，培养新一代信息技术、人工智能、生物技术、新能源、新材料、高端装备领域人才中扮演着重要角色。本教材编写以贯彻落实党的二十大精神，落实立德树人根本任务，服务德技并修为指导思想，以培养卓越工程师、大国工匠、高技能人才为目标追求，坚持实用性、先进性、理论联系实际的内容编写原则，立足促进就业，围绕提高人才培养质量，强化教学、学习、实训相融合的教育活动，呈现出以下特点：

（1）课程思政贯穿始终。每章开篇的"导学"栏目都结合专业学习内容，明确提出职业素养和价值观目标要求，每章结束后均设置能力和素质养成训练。通过设定的学习目标、延伸阅读、学生报告、学习讨论等，将社会主义核心价值观教育、辩证唯物主义基本观点教育等融入学习全过程，促进学生形成爱岗、敬业、诚实、守信的价值观，奠定成为大国工匠的思想基础。

（2）内容设计更加关注解决工程实际问题所需知识的整体性。教材由机电设备故障诊断技术、修理技术基础、典型设备维修技术、设备维修管理四个模块组成完整的知识体系。将设备维修技术能力培养与管理能力培养相结合，同时为响应快速发展的智能制造产业对人才的迫切需求，增加了机器人维修、智能维修等内容，较全面地呈现了相关新技术、新工艺、新规范、新标准以及发展趋势。

（3）聚焦学生解决工程实际问题能力的培养。教材以故障诊断实例、机床电气维修实例和机械设备维修实例等，为引导以技术方案撰写为抓手，提升学生职业素养。教材内容以职业工作交流和思维方式为呈现形式，既反映了问题的解决过程，又说明了解决问题过程中所使用的数据、技术资料等的获取过程，不但能够有效促进学生理解职业工作过程和方法，而且能够使学生感受到职业的独特性和深邃内涵。

（4）融入信息化交互式学习方式。教材新增了微课、云端学习等内容，既适应当代学生学习习惯，又可解决实训设备不足等问题。例如，增加了零部件失效机理、红外热成像技术和超声波探伤操作、机床电气故障维修和典型机械拆卸维修等微课。同时，在"科苑云漫步"栏目中，提供了相关新技术、新工艺的发展等阅读资料，拓展学生的知识和能力培养。

本教材绪论、第一章、第二章、第三章、第六章、第七章、第八章由龚雯编写，第四章、第五章由邱新鹏编写，第七章由李勇和龚雯共同编写。哈尔滨电机厂有限责任公司、西门子（中国）有限公司等企业的专家，以及部分高职院校的教师等，都对本教材的编写提出有价值的建议，在此表示衷心感谢。

由于编者水平有限，书中一定存在不妥之处，恳请读者批评指正。

编　者
2022 年 11 月

目 录

绪论

机电设备是制造业的重要装备,是企业生产的重要手段和物质基础。马克思曾经说过:"劳动生产率不仅取决于劳动者的技艺,而且也取决于他的工具的完善程度。"我国也有"工欲善其事,必先利其器"的古语。从这些至理名言蕴涵的深刻哲理中,可以得到这样的启示:在装备有现代化设备的企业中,要做到"利好器",才能"善好事",本固才能枝荣。

一、机电设备故障诊断与维修工作的意义和新要求

制造业高集成化、高智能化、高精密化设备数量的持续增加,使得设备管理在企业资产管理中的地位越来越重要,采用企业资产管理系统(Enterprise Asset Management,EAM)开展设备资产管理已经成为新的趋势。在 EAM 系统中,设备资产管理由故障诊断(CDT)、质量诊断(QDT)、维修决策(MST)三个部分组成。

1. 机电设备故障诊断与维修工作的意义

随着科学技术的发展,生产工具和产品的复杂程度越来越高,多种工作介质高度配合的趋势越来越显著。生产工具越先进,生产组织过程越复杂,对设备的依赖程度越高,而生产系统正常运行的可靠性却将随之降低。因此,做好机电设备故障诊断与维修工作对企业有十分重要的意义。

首先,做好机电设备故障诊断与维修工作,有利于提高企业经济效益和社会效益。现代产品生产设备具有更强的关联性,一台机器发生故障停机,往往会造成整条生产线不能运行,进而严重影响企业资产利润率。开展机电设备故障诊断与维修工作,实时监测设备运行状态,能够更早地预测和发现问题,避免突发故障。同时,可把设备维修安排在对生产影响最小的时间段进行,减少停机时间,提高经济效益。此外,设备维修及时,可以减少跑、冒、滴、漏造成的能源、资源浪费,减少环境污染等,具有积极的社会效益。

其次,能够有效降低设备维修费用。以新兴的风电行业为例,采用传统的事后维修方式时,运行维护成本高昂,重大事故多发。在推广应用智能故障诊断与预测系统监控风力发电机组运行状态后,由于可实时掌握风力发电机组的运行状态,并对故障进行预测,因而大大减少了不必要的拆机维修和维修人员的工作量,使运行维护成本和停机时间减少 50% ~80%,备品备件库存减少 20% ~30%,维修工人加班工资减少 20% ~50%,机器寿命增加 20% ~40%。与此同时,风力发电机组的发电效率提高 20% ~30%,公司利润提高 25% ~60%。

再次,有利于增强企业竞争力。良好的设备运转状态是正常生产周期的物质保障,现代制造的"订单式"生产方式,使大多数企业的生产组织状态处于"边设计、边生产、边采购"状态,生产准备时间被大大缩短,交货期压力加大。一旦产品不能按期交货,企业所承受的不仅仅是经济损失,还可能失去市场,给企业竞争力和未来发展带来负面影响。

最后,有利于预防事故,保证人身和设备安全。通过设备故障诊断与检测,可以减少甚至避免由于零部件失效导致的设备突然停止运转或其他突发性恶性事件的发生。

2. 企业对机电设备故障诊断与维修工作的新要求

现代企业的机电设备故障诊断与维修工作面对的对象和环境更复杂,因而工作要求也发生了相应的变化。

第一,传感技术、计算机技术、软件技术的"嵌入",使设备体现出生产工艺技术、硬件、软件与应用技术于一身的特性,设备维修工作的内容从单一的机械、电气维修转向复杂的机、电、液、信息技术等一体化维修。第二,设备可靠性、安全性要求的提高,挑战了传统的设备维修保障策略,即基于故障触发抢修和计划维修等维修方式,把预防性维修、预测性维修、可靠性为中心的维修、全员生产维修等综合应用于机电设备故障诊断与维修工作,早发现、早处理设备故障,将其消灭在萌芽状态,成为现代企业开展正常生产经营活动的重要保障手段。第三,为达到高效、快速排除设备故障的目的,许多企业开展了标准化维修管理,对机电设备维护与维修经验进行收集、积累,形成标准作业计划,将维修人员的知识转换为企业范围内的智力资本,指导将来的维修工作。例如,按照故障代码、故障现象、故障原因、维修措施的层次结构建立设备故障代码体系结构,记录设备问题;以工单为主线,对设备维护与维修成本数据进行采集、分析、跟踪与控制等。第四,企业机电设备故障诊断与维修工作的新特点,对维修人员能力提出了新的要求。维修技术人员不但要懂得机械、液压等系统的维修知识,而且要掌握电气系统、信息系统等的维修技术;不但能通过自己的经验排除设备故障,而且要善于从书本上、从他人的经验中获取知识提高自己。

二、故障诊断技术的新发展

未来故障诊断技术将朝着提高诊断的精度、速度,降低误报率和漏报率,确定故障发生的准确时间和部位,并预估故障的大小和趋势等方向发展。随着知识工程、专家系统、模糊逻辑和神经网络等技术在诊断领域中的进一步应用,人工智能诊断方法将为解决复杂系统故障诊断提供更为有效的手段。

1. 更加重视现场设备简易诊断方式的应用

一些设备诊断专家的最新观点认为,精密诊断是重要的,而简易诊断更为重要,应根据现场工作经验尽可能多地制定简易诊断标准。因为简易诊断方法容易掌握,便于推广应用,日常维修人员只要懂得一些基本方法即可开展对设备状态的监测。例如,日本某企业将使用的设备根据功率大小分为小型($<10\ \text{kW}$)、中型($10\sim100\ \text{kW}$)及大型($>100\ \text{kW}$)三类,实际工作中,状态检测人员只要记下各类设备正常工作时的振动平均幅值$\overline{X}$,即可根据简易诊断标准判定故障状态,这样就大大提高了监测效率,减少了监测仪器的投入费用。

2. 发展智能故障诊断技术

智能故障诊断技术是以知识处理技术为基础,实现辩证逻辑与数理逻辑的集成、符号处理与数值处理的统一、推理过程与算法过程的统一,通过概念和处理方式知识化,实现设备故障诊断的智能化诊断方法。它把传统的基于传感器的故障诊断,转变为基于智能系统的故障预测和监控。它通过建立机内与机外一体、前方与后方一体的数据信息系统,利用状态监测数据和信息,借助故障模型和人工智能算法,预测重要和关键零部件的可靠工作寿命,科学评估和管理设备健康状态,预测故障发生概率。

多种智能技术相结合的混合诊断系统是智能故障诊断发展的重要趋势。混合智能故障诊断技术基于不同人工智能技术之间的差异性和互补性,充分发挥优势互补原则,结合不同机械信号处理和特征提取方法,将多种技术进行灵活的结合、集成和融合,促进故障诊断与预示系统的精确度和敏感性,可以实现对大型复杂关键设备早期、微弱和复合故障的及时发现和掌控,将故障危害控制到最低的范围。常用的技术有故障树分析诊断(Fault Tree Analysis,FTA)、规则推理诊断(Rule-Based Reasoning,RBR)、案例推理(Case-Based Reasoning,CBR)、神经网络(Neural Network,NN)诊断等。

目前,工业中使用的智能化程度较高的混合智能故障诊断系统,已经由原来的基于规则的系统发展到基于混合模型的系统,由领域专家提供知识发展到机器学习,由非实时诊断发展到实时诊断,由单一推理控制策略发展到混合推理控制策略。

3. 多变量参数综合监测分析

通过监测设备运行中的多个状态参数,如机械的振动、声响、温度、输出功率、转速和扭矩等,能够进一步提高故障诊断的准确性,因此故障诊断技术向多变量参数综合监测分析方向发展。例如,滚动轴承旋转振动的监测,以前通常通过轴承振动振幅与时间的关系判断轴承健康状态。在多变量参数综合监测分析中,采用基于神经网络的监测系统,通过多个特征提取传感器,获取5种轴承状态(健康状态、保持架断裂、滚动体剥落、内圈剥落和外圈剥落)的时域振动信号,进行故障诊断分析,有效提高了故障诊断准确性。

4. 基于物联网的远程协作诊断技术

基于物联网的远程协作诊断技术是将设备诊断技术、信息传感设备(如射频识别装置、红外感应器、全球定位系统、激光扫描器等)与计算机网络技术相结合,使用多台计算机作为服务器,监测设备运行状态,采集设备状态数据,然后在技术力量较强的科研院所建立分析诊断中心,为企业提供远程技术支持和保障。基于物联网的远程协作诊断系统将管理部门、监测现场、诊断专家、设备供应商联系起来,充分利用多方面的技术经验,实现多方数据共享,在提高设备生产率,降低机电设备故障和维修成本等方面有很大优势。

5. 设备诊断向更广更深的领域发展

设备的效率诊断正在成为设备诊断的重要内容。以通用水泵为例,水泵的寿命一般为10年,在其寿命周期费用中,能源消耗费用约占95%,维修费用约占4%,购置费约占1%。由此可见,要降低生产成本必须抓95%的能源消耗成本,方法就是及时进行设备效率诊断。水泵效率诊断的基本思想是,测量液体的压力、温度,进行效率计算分析,确保水泵在最高效率处运行。具体做法是:通过水泵上的压力表、温度计、电动机功率计等仪表,将测量到的动态数据输出到泵效分析仪进行集成,然后根据分析结果,及时对水泵进行必要的维修调整,保证其一直在最高效率处运行。采用效率诊断的水泵,在全部工作期中,一般可降低10%的能源消耗,节约价值相当于2倍的维修费用。

三、维修技术与方式的新发展

维修技术的发展和创新越来越依赖于多学科的综合、渗透和交叉。先进维修技术(Advanced Maintenance Technology)是维修技术、维修资源管理和维修过程管理等技术的融合、发展,是综合系统工程、价值工程、信息论、可靠性理论、运筹学、网络技术、智能技术等先进技术和理论的新型综合技术,适用于复杂的先进生产系统和产品维护过程,能有效提高维修质量和效率,降低维修成本。维修方式的最新发展是在设备状态监测基础上进行维修,即视情维修。未来维修技术与方式的发展将主要呈现出以下特点。

1. 基于预测维修理论的智能维修

相关研究表明,一些复杂设备,如发电机、汽轮机、液压气动设备及大量的通用设备等,在整个工作期内其随机故障是恒定不变的,即采用以时间为基础的维修(TBM)对大多数设备是无效的。研究还发现,对设备每维修一次,故障率都会相应升高,在维修后一周之内发生故障的设备占60%,此后故障率虽有所下降,但在一个月后又开始上升,总计可达80%左右。从这个意义上来讲,以时间为基础的维修对相当一部分设备来说不仅无益,反而有害。预测性维修(Predictive Maintenance,PDM)通过监测的设备状态参数,测量设备状态,在分析设备监测数据、识别即将出现的问题、评估设备故障模式、预计故障修理时机的基础上制定维修策略,准备维修资源,大大提高了维修效率,减少了维修停机时间。目前,企业机电设备智能维修系统已实现云计算和智能应用的高度融合,采用智能传感单元+工业 App 的方式,并结合 AR 技术,构建成现场故障监测→云计算隐患排查→远程诊断报告→AR 辅助现场故障排查与处理的预测性智能维修闭环系统。

2. 数据驱动下的维修可视化

数据驱动下的维修可视化系统包括维修维护动态监控可视化、维修智能决策可视化和维修技能可视化。

维修维护动态监控可视化以维修 App 为载体,包括报修、维修、人员去向动态等可视化看板系统,实现了从报修到开机验证的全过程动态管理,能有效提高维修调度、维修作业等的管理效率和质量。

维修智能决策可视化是通过评判维修价值度量和全员参与性度量,为实施针对性业绩改善提供决策依据的。维修价值度量的主要内容是分析对比企业设备整体可用度、维修费用、备件库存等变化趋势,以及事后维修工单变化趋势、点检和预防性维修执行情况等,并结合多发性故障、长停机故障和高成本故障的发生情况分析,评判维修管理对生产效率、盈利能力的保障程度,并识别出影响设备维修业绩的薄弱环节。全员参与性度量以产线设备可用度排序为手段,评判设备的自主维护水平和能力,促进点检和日常维护活动的落实,强化不同部门及人员的维修配合等。

维修技能可视化将维修人员的工作量(工单执行数量和时间)、工作效率(维修评价花费时间)、工作态度(派单响应时间)和工作业绩(维修维护责任区的设备可用度表现)等以直观方式展现出来,作为维修工人绩效和维修技能提升的依据,促进企业整体维修能力的提高。

3. 绿色维修技术越来越受到重视

绿色维修(Green Maintenance)是综合考虑环境影响和资源利用效率的现代维修模式,其目标是在达到保持和恢复产品规定状态的基础上,还应满足可持续发展的要求。基于绿色制造的设备维修技术能以最少的资源消耗,保持、恢复、延长和改善设备的功能,实现材料利用的高效率,减少材料和能源消耗,从而提升经济运行质量和效益。绿色维修恢复一种产品的性能所消耗的劳动量和物质资源,仅是制造同一产品的几分之一甚至十几分之一,能够有效减少对环境的污染,有利于社会的持续发展。绿色维修技术包括故障诊断技术、表面工程技术、再制造工程、清洁维修工艺等,还包括面向绿色维修的产品设计和材料的绿色特性选择等。例如,减量(Reduce)、再利用(Reuse)、再循环(Recycle)和再制造(Remanufacture)等都是绿色制造理念的产物。

4. 大力发展基于风险的维修

基于风险的维修（Risk-Based Maintenance，RBM）是指在维修过程中，要充分考虑由信息的不确定性引起的维修过程风险，维修计划及其实施过程要能根据风险进行动态调整。预测技术是基于风险的维修核心，通过对被维修对象的状态进行预测，并充分考虑不确定信息对预测结果的影响，合理配置资源，将各类风险降至最低。

基于风险的维修综合应用包括以可靠性为中心的维修、基于风险的检查、全员生产维修、备件订购和库存量控制等技术，能够达到决策过程中整合风险信息、优化计划的维修作业和提高维修决策水平的目的。

基于风险的维修理论认为，严重的故障并不多见，而一般不严重的故障却经常发生，风险维修用安全因数（Safety Factor）和安全指数（Safety Index）来反映这一理念。风险维修把故障率和维修费用相关联，综合考虑 3 个权重因子，即偶发率（O）、严重度（S）和可测性（D），合成为 RBM＝S×O×D，其中每个分项各有其相关参数及计算方法。

第一章

机电设备故障及零件失效机理

⚙ 导学

零部件故障产生机理是设备维修人员推理判断故障原因的基础,是合理确定维修策略和计划的依据。

⚙ 知识和能力目标

1. 明确机电设备故障的概念,掌握故障发生的规律。
2. 熟悉机械设备零部件失效的主要模式,对磨损失效、腐蚀失效、变形失效、断裂失效机理有较深刻的理解。
3. 能根据零部件失效模式,提出减少或消除失效的方法和途径。

⚙ 职业素养和价值观目标

1. 熟悉实证研究法在工程实践中的应用方法。
2. 初步认识研究性学习方法。

第一节 概 述

一、故障的含义

故障是设备(系统)丧失了规定功能的状态,通常由零部件失效引发,而零部件的失效往往是由自身的微小缺陷演变而来的,其过程如图 1.1 所示。

从系统的观点来看,故障包含两层含义:一是机械系统偏离正常功能。其形成的主要原因是机械系统(含零部件)的工作条件不正常,这类故障通过参数调节或零部件修复即可消除,系统随之恢复正常功能。二是功能失效。此时系统连续偏离正常功能,并且偏离程度不断加剧,使机械设备基本功能不能保证,这种情况称为失效。

在对故障进行研究时,要注意明确以下几个问题:

1)故障状况随规定对象的变化而不同。规定对象是指 1 台单机或某些单机组成的系统或机械设备上的某个零部件。不同的对象在同一时间将有不同的故障状况,例如,在 1 条自动化生产线上,某单机的故障造成整条自动线系统功能丧失时,表现出的故障状态是自动线故障;但在机群式布局的车间里,就不能认为某单机的故障是全车间的故障。

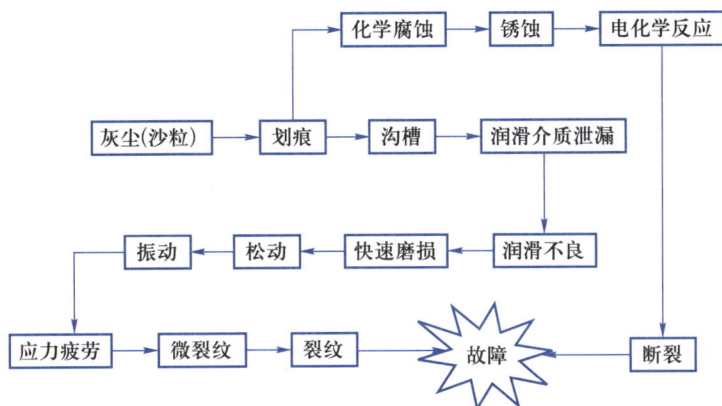

图 1.1　机电设备故障演变过程

2）故障状况是针对规定功能而言的。例如,同一状态的车床,进给丝杠的损坏对加工螺纹而言是发生了故障,但对加工端面来说却不算发生故障,因为这两种加工所需车床的功能项目不同。

3）故障状况应达到一定的程度,即应从定量的角度来估计功能丧失的严重性。

二、故障的分类

对故障进行分类的目的是为了估计故障的影响程度,分析故障的原因,以便更好地针对不同的故障形式采取相应对策。从故障性质、引发原因、特点等不同角度出发,可将故障做如下分类。

1. 按故障性质分类

（1）间歇性故障　设备只是在短期内丧失某些功能,故障多半由机电设备外部原因如工人误操作、气候变化、环境设施不良等因素引起,在外部干扰消失或对设备稍加修理调试后,功能即可恢复。

（2）永久性故障　此类故障出现后必须经人工修理才能恢复功能,否则故障一直存在。这类故障一般是由某些零部件损坏引起的。

2. 按故障程度分类

（1）局部性故障　机电设备的某一部分存在故障,使这一部分功能不能实现而其他部分功能仍可实现,即局部功能失效。

（2）整体性故障　整体功能失效的故障,虽然也可能是设备某一部分出现故障,但却使设备整体功能不能实现。

3. 按故障形成速度分类

（1）突发性故障　故障发生具有偶然性和突发性,一般与设备使用时间无关,故障发生前无明显征兆,通过早期试验或测试很难预测。此种故障一般是由工艺系统本身的不利因素与偶然的外界影响因素共同作用的结果。

（2）缓变性故障　故障发展缓慢,一般在机电设备有效寿命的后期出现,其发生概率与使用时间有关,能够通过早期试验或测试进行预测。通常是因零部件的腐蚀、磨损、疲劳以及老化等发展形成的。

4. 按故障形成的原因分类

（1）**操作或管理失误形成的故障** 如机电设备未按原设计规定条件使用,形成设备错用等。

（2）**机器内在原因形成的故障** 一般是由于机器设计、制造遗留下的缺陷（如残余应力、局部薄弱环节等）或材料内部潜在的缺陷造成的,无法预测,是突发性故障的重要原因。

（3）**自然故障** 机电设备在使用和保有期内,因受到外部或内部多种自然因素影响而引起的故障,如正常情况下的磨损、断裂、腐蚀、变形、蠕变、老化等损坏形式都属自然故障。

5. 按故障造成的后果分类

（1）**致命故障** 危及或导致人身伤亡、引起机电设备报废或造成重大经济损失的故障。如机架或机体断裂分离、车轮脱落、发动机总成报废等。

（2）**严重故障** 指严重影响机电设备正常使用,在较短的有效时间内无法排除的故障。如发动机烧瓦、曲轴断裂、箱体裂纹、齿轮损坏等。

（3）**一般故障** 影响机电设备正常使用,但在较短的时间内可以排除的故障。如传动带断裂、操纵手柄损坏、钣金件开裂或开焊、电器开关损坏、轻微渗漏和一般紧固件松动等。

此外,故障还可按其表现形式分为功能故障和潜在故障;按故障形成的时间分为早期故障、随时间变化的故障和随机故障;按故障程度和故障形成快慢分为破坏性故障和渐衰失效性故障等。

从上述故障的分类可以看出,机电设备故障类型是相互交叉的,并且随着故障的发展,还可以从一种类型转移到另一种类型,每一种机电设备故障最终都会表现为一定的物质状况和特征。

三、故障的规律

（一）故障特征量

1. 故障概率

机电设备故障的发生有两个显著特点:一是发生故障的可能性随设备使用年限的增加而增大;二是故障的发生具有随机性,无论哪一种故障都很难预料发生的确切时间,因而在设备使用寿命内,发生故障的可能性可用概率表示。

由概率理论可知,故障概率的分布是其密度函数 $f(t)$ 的积累函数,它可用公式表示为

$$F(t) = \int_0^t f(t)\,\mathrm{d}t \qquad\qquad (1.1)$$

式中, $F(t)$——故障概率; $f(t)$——故障概率分布密度函数; t——时间。

当 $t = \infty$ 时,即

$$F(\infty) = \int_0^\infty f(t)\,\mathrm{d}t = 1$$

机电设备在规定的条件下和规定的时间内不发生故障的概率称为无故障概率,用 $R(t)$ 表示。显然故障概率与无故障概率构成一个完整事件组,即

$$F(t) + R(t) = 1 \quad \text{或} \quad R(t) = 1 - F(t)$$

2. 故障率

故障率是指在时间 t 之前尚未发生故障,而在随后的 $\mathrm{d}t$ 时间内可能发生故障的条件概率,用

$\lambda(t)$表示,其数学关系式为

$$\lambda(t)=\frac{f(t)}{R(t)} \tag{1.2}$$

通过此式可以看出故障率为某一瞬时可能发生的故障相对于该瞬时无故障概率之比。

(1) 瞬时故障率　产品在某一瞬时 t 的单位时间内发生故障的概率,称为瞬时故障率,有时简称故障率,用 $\lambda(t)$ 表示。

设有 N 个产品从 $t=0$ 时开始工作,到 t 时刻的故障数为 $n(t)$,残存数为 $N_{存}=N-n(t)$;若在 t 到 $t+\Delta t$ 区间内有 $\Delta n(t)$ 个产品发生故障,当 Δt 趋于零时,瞬时故障率为

$$\lambda(t)=\lim_{\Delta t\to 0}\frac{\Delta n(t)}{N_{存}\ \Delta t}=\frac{\mathrm{d}n(t)}{N_{存}\ \mathrm{d}t} \tag{1.3}$$

(2) 平均故障率　产品在某一段单位时间内发生故障的概率,称为平均故障率,以 $\overline{\lambda}(t)$ 表示

$$\overline{\lambda}(t)=\frac{\Delta n(t)}{N_{存}\ \Delta t} \tag{1.4}$$

式中,$\Delta n(t)$——在 Δt 这段时间内发生故障的数量;$N_{存}$——在 Δt 这段时间内产品的平均残存数,它等于这段时间开始时的残存数与结尾时的残存数的和被 2 除。

例如,有 800 个元件在 400 h 的使用时间内有 32 个出现故障,则

$$N_{存}=\frac{800+(800-32)}{2}=784$$

$$\lambda(400)=\frac{32}{784\times400}\ \mathrm{h^{-1}}\approx1.02\times10^{-4}\ \mathrm{h^{-1}}$$

故障率的常用单位是 $10^{-4}\ \mathrm{h^{-1}}$、$10^{-5}\ \mathrm{h^{-1}}$。故障率越低,可靠性越高。

故障率是单位时间内故障数与残存数的比值,故障密度是单位时间内故障数与总数的比值,$\lambda(t)$ 能够比 $f(t)$ 更灵敏地反映故障情况。

(3) 平均故障间隔时间(MTBF)　它是可修复设备在相邻两次故障间隔内正常工作时的平均时间,称为 MTBF(Mean Time Between Failure)。例如,某设备自投入运行开始工作 1 000 h 后发生了故障,修复后工作了 2 000 h 后又发生了故障,再次修复后又工作了 2 400 h 后发生故障,则该设备的平均故障间隔时间为

$$(1\ 000+2\ 000+2\ 400)\mathrm{h}/3=1\ 800\ \mathrm{h}$$

平均故障间隔时间可用公式表示为

$$\mathrm{MTBF}=\frac{\sum\Delta t_i}{n} \tag{1.5}$$

式中,Δt_i——第 i 次故障前的无故障工作时间或两次大修间的正常工作时间;n——发生故障的总次数。

(二) 故障率曲线

如前所述,大多数故障出现的时间和频率与机电设备的使用时间有密切联系。工程实践经验和实验表明,机电设备的故障率变化分为早期故障期、随机故障期和耗损故障期 3 个阶段,如图 1.2 所示。

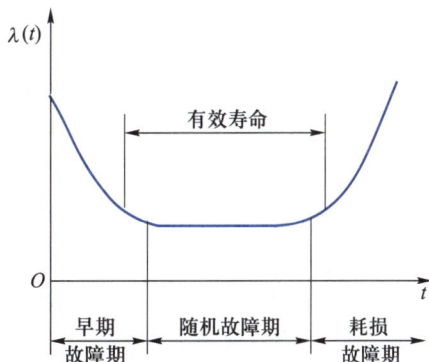

图 1.2　故障率曲线

1. 早期故障期

早期故障期的特点是故障率较高,但故障随设备
工作时间的增加而迅速下降。早期故障一般是由于设计、制造上的缺陷等原因引起的,因此设备
进行大修理或改造后,早期故障会再次出现。

2. 随机故障期

随机故障期内故障率低而稳定,近似为常数。随机故障是由于偶然因素引起的,它不可预
测,也不能通过延长磨合期来消除。设计上的缺陷、零部件缺陷、维护不良以及操作不当等都会
造成随机故障。

3. 耗损故障期

耗损故障期的特点是故障率随运转时间的增加而增高。耗损故障是由于设备零部件的磨
耗、疲劳、老化、腐蚀等造成的。这类故障是设备接近大修期或寿命末期的征兆。

第二节　机械零件的磨损

机械零件的磨损是零件失效的主要模式。在一般机械设备中约有80%的零件失效报废是
由磨损引起的。磨损不仅会影响机电设备的效率、降低工作可靠性,而且还可能会导致机电设备
的提前报废。开展对机电设备磨损机理的研究可以掌握各种零部件的磨损特点,为制定合理的
维修策略和计划提供依据,为提高设备使用寿命服务。

一、零件磨损的一般规律

磨损是一种微观和动态的过程,零件磨损时会出现各种物理、化学和机械现象,其外在的表
现形态是表层材料的磨耗,磨耗程度的大小通常用磨损量表示。

在正常工况下,零件的磨损过程分为 3 个阶段,如图 1.3 所示,
图中 w 表示磨损量。

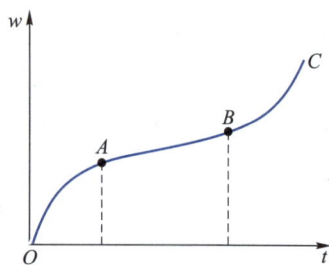

图 1.3　磨损特性曲线

1. 磨合阶段 OA

又称跑合阶段,发生在设备使用初期。此时摩擦副表面具
有微观波峰,使得零件间实际接触面积很小,接触应力很大,因
此运行时零件表面的塑性变形很大,磨损速率很高。随着磨合
的进行,摩擦表面粗糙峰逐渐磨平,实际接触面积逐渐增大,表
面塑性变形导致冷作硬化,所以磨损速率下降。当到达 A 点时,正常磨损条件已建立,磨损速率
稳定,且具有最低值。选择合理的磨合载荷、相对运动速度、润滑条件等参数是缩短磨合期的关
键因素。

2. 稳定磨损阶段 AB

这一阶段的磨损特征是磨损速率小且稳定,因此该阶段的持续时间较长。到中后期,磨损速
率相对较快,但此时仍可继续工作一段时间。当到达 B 点时,磨损速率迅速提高,进入急剧磨损
阶段。合理地使用、保养与维护设备是延长该阶段的关键。

3. 急剧磨损阶段 BC

进入此阶段后,由于摩擦条件发生较大的变化,如润滑条件改变、零件几何尺寸发生变化、配合零件间隙增大、产生冲击载荷等,磨损速率急剧增加。此时,机械效率明显下降,精度降低,若不采取相应措施有可能导致设备故障或意外事故。因此,及时发现和修理即将进入该阶段的零部件具有十分重要的意义。

二、磨损的类型

根据磨损结果,磨损分为点蚀磨损、胶合磨损、擦伤磨损等;根据磨损机理,磨损分为磨料磨损、疲劳磨损、黏着磨损、微动磨损、腐蚀磨损等。下面主要介绍磨料磨损、疲劳磨损、黏着磨损和微动磨损。

(一)磨料磨损

磨料磨损是指摩擦副的一个表面上硬的凸起部分和另一表面接触,或两摩擦面间存在着硬的质点,如空气中的尘土、磨损造成的金属微粒等,在发生相对运动时,两个表面中的一个表面的材料发生转移或两个表面的材料同时发生转移的磨损现象。在磨损失效中,磨料磨损失效是最常见、危害最严重的一种失效模式。

1. 磨料磨损的机理

磨料磨损的过程实质上是零件表面在磨料作用下发生塑性变形、切削与断裂的过程。磨料对零件表面的作用力分为垂直于表面与平行于表面的两个分力。垂直分力使磨料压入材料表面,在其反复作用下,塑性好的材料表面产生密集的压痕,最终产生疲劳破坏;而脆性材料表面不发生变形,会产生脆性破坏。平行分力使磨料向前滑动,对表面产生耕犁与微切削作用,如图 1.4 所示。对于塑性材料,以耕犁作用为主,磨料会从摩擦表面上切下一条切屑,并使犁沟两侧材料隆起;对于脆性材料,以微切削作用为主,磨料会从表面上切下许多碎屑。塑性材料在反复耕犁以后,也会因冷作硬化效应变硬变脆,由以耕犁作用为主转化为以微切削作用为主。随着零件表面材料的脱离与表面性能的不断劣化,最终导致表面破坏和零件失效。

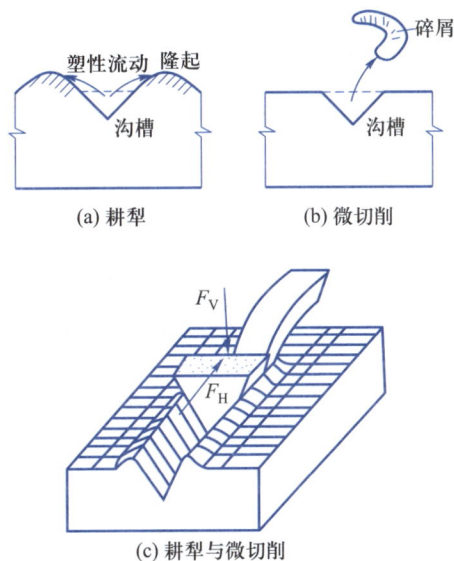

(a) 耕犁   (b) 微切削

(c) 耕犁与微切削

图 1.4 磨料对零件表面的耕犁与微切削作用

磨料磨损的显著特点是:磨损表面上有与相对运动方向平行的细小沟槽;磨损产物中有螺旋状、环状或弯曲状细小切屑及部分粉末。

2. 影响磨料磨损的主要因素

(1)摩擦副材料 一般情况下金属材料的硬度越高,耐磨性就越好。具有马氏体组织的材料耐磨性较高,而在相同硬度条件下,贝氏体又比马氏体更耐磨;同样硬度的奥氏体与珠光体相比,奥氏体的耐磨性要高得多。

(2)磨料 磨料磨损与磨料的粒度、几何形状、硬度有密切的关系。金属的磨损量随磨料尺寸的增大而增加,但当磨料增大到一定尺寸(临界尺寸一般为 $60 \sim 100~\mu m$)时,磨损速率就基本保持不变了。棱角尖锐的磨料比圆滑磨料切削能力更强,因此磨损速率较高。磨料硬度高,相对于摩擦表面材料硬度越大,磨损速率越高,磨损越严重。

(3) 压力　　磨损速率与压力成正比。因为压力减小,磨料嵌入深度减小,作用在表面上的力也减小,所以磨损速率下降。

(二) 疲劳磨损

疲劳磨损是指摩擦副材料表面上局部区域在循环接触应力作用下,产生疲劳裂纹,分离出微片或颗粒的一种磨损形式。根据摩擦副间的接触和相对运动方式可将疲劳磨损分为滚动接触疲劳磨损和滑动接触疲劳磨损两种形式。实际工作中纯滚动疲劳磨损很少,大多数情况下为滚动加滑动的磨损。

1. 疲劳磨损机理

(1) 滚动接触疲劳磨损机理　　滚动接触疲劳磨损会使滚动轴承、传动齿轮等有相对滚动的摩擦副表面出现点蚀和剥落现象,其产生机理如图 1.5 所示。当一个表面在另一个表面作纯滚动或滚动加滑动时,最大切应力发生在亚表层。在力的作用下,亚表层内的材料将产生错位运动,在非金属夹杂物及晶界等障碍处变形堆积。由于错位时的相互切割,材料内部产生空穴,空穴集中形成空洞,进而变成原始裂纹。裂纹在载荷作用下逐步扩展,最后折向表面。由于裂纹在扩展过程中互相交错,加上润滑油在接触点处被压入裂纹产生楔裂作用,表层将产生点蚀或剥落,最终形成剥落坑。当原始裂纹较浅时,表现为点蚀,若原始裂纹在表层以下大于 $200~\mu m$ 时,表层材料呈片状剥落。

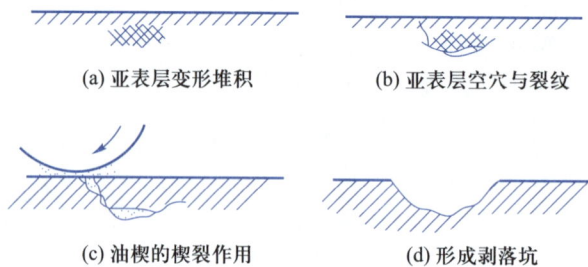

(a) 亚表层变形堆积　　　　　(b) 亚表层空穴与裂纹

(c) 油楔的楔裂作用　　　　　(d) 形成剥落坑

图 1.5　滚动接触疲劳磨损产生机理

(2) 滑动接触疲劳磨损机理　　任何固体摩擦表面都存在宏观或微观不平性,因而产生表面接触不连续性。在相对运动时,作用于摩擦表面的法向载荷会使表面产生压平或压入,使触点区产生相应的应力和应变,在摩擦运动的反复作用下,触点处结构、应力状态会出现不均匀、应力集中等现象,从而引发裂纹,最终使部分表面材料以微粒形式脱落,形成磨屑。

2. 影响疲劳磨损的主要因素

疲劳磨损是由裂纹的萌生和扩展而产生的,所以凡是影响裂纹萌生和扩展的因素都对疲劳磨损有影响。

(1) 材质　　材料的组织状态、内部缺陷和硬度等,都对疲劳磨损有重要影响。通常晶粒均匀、细小、碳化物呈球状均匀分布的组织,其抗疲劳裂纹产生的能力较强;材料内部的缺陷,如钢中存在非金属夹杂物,则极易引起应力集中,使夹杂物边缘形成裂纹,从而降低材料的接触疲劳强度;材料硬度在一定范围内增加,其抗疲劳磨损的能力也随之增加,一般轴承钢和钢制齿轮抗疲劳磨损的最佳硬度值为 60 HRC 左右。

需要注意的是,摩擦表面的硬度匹配情况也是影响疲劳磨损的重要因素之一,其硬度匹配的最佳值可以根据工作情况和运动方式,通过实验确定。

（2）接触表面质量　在一定范围内减小表面粗糙度值、形状误差,可以均衡接触应力,从而有效提高抗疲劳磨损的能力。另外,表层在一定深度范围内存在残余压应力,也可以提高弯曲、扭转疲劳抗力和接触疲劳抗力,减少疲劳磨损。残余压应力可通过表面渗碳、淬火、表面喷丸、滚压处理等工艺方法获得。

（3）其他因素　合理选择润滑油可以使接触区的集中载荷分散。润滑油黏度越高,摩擦副接触区的压应力就越接近平均分布,载荷集中的状况则可得到有效改善,同时由于黏度高的润滑油不易渗入表面裂纹中,因此有利于减少疲劳磨损的发生。如果在润滑油中加入适量的固体润滑剂（如 MoS_2）,还可进一步提高抗疲劳磨损的性能。

此外,表面应力的大小、配合间隙的大小、润滑油使用过程中产生的腐蚀性介质等也都会对疲劳磨损产生影响。

（三）黏着磨损

当摩擦副表面在相互接触的各点处发生"冷焊"后,在相对滑动时使一个表面的材料迁移到另一个表面上所引起的磨损,称为黏着磨损。

1. 黏着磨损的机理

摩擦副表面在重载条件下工作时,由于润滑不良、相对运动速度高,会产生大量的热,使摩擦副表面的温度升高,材料表面强度降低。在这种情况下,承受高压的凸起部分便会相互黏着,发生冷焊。当两表面进一步相对滑动时,黏着点便发生剪切及材料迁移现象,通常材料的迁移是由较软的表面迁移到较硬的表面上。在载荷和相对运动作用下,两接触表面重复进行黏着—剪断—再黏着的循环过程,直到最后从表面脱落,形成磨屑。

2. 影响黏着磨损的因素

（1）摩擦副表面材料成分与组织　构成摩擦副的两摩擦表面的材料,其互溶性越好,越易形成固溶体或金属化合物,黏着倾向越大。同类金属或原子结构、晶体结构相近的材料,比性质有明显差异的材料更易发生黏着磨损。因此,在选择摩擦副的材料时应选用异种材料,且性质差异越大越好。通常在同种材料制成的摩擦副的其中一个表面覆盖铅、锡、银等材料,其目的就是减少黏着发生。如使用轴承合金作轴承衬瓦的表面材料,就是为了提高其抗黏着能力,从而减小摩擦。

（2）摩擦副表面状态　摩擦副表面洁净、无吸附膜时,易产生黏着磨损。金属表面经常存在吸附膜,当有塑性变形后,金属吸附膜被破坏,或者温度升高（一般认为达到 $100 \sim 200$ ℃时）,吸附膜也会被破坏。吸附膜被破坏后,摩擦副两表面直接接触,因此极易导致黏着磨损的发生。工作时,根据摩擦副的工作条件（载荷、温度、速度等）,选用适当的润滑剂或在润滑剂中添加改性物质,如极压剂等,可有效减轻黏着磨损的发生。

（四）微动磨损

微动磨损是两个接触物体做相对微振幅振动时产生的一种磨损。它发生在名义上相对静止,实际上存在循环的做微振幅振动的两个紧密接触的表面上,如轴与孔的过盈或过渡配合面、键连接表面、旋合螺纹的工作面、铆钉的工作面等。其振动幅度非常小,一般为微米量级（$2 \sim 20 \ \mu m$）。微动磨损不但可使配合精度下降,紧固配合件配合变松,损坏配合表面的品质,还可能导致疲劳裂纹的萌生,从而急剧降低零件疲劳强度。

1. 微动磨损的机理

当两接触表面具有一定压力并产生微振幅振动时,接触面上的微凸体在振动冲击力作用下产生强烈的塑性变形和高温,发生相互黏着现象。在随后的振动中,黏着点会被剪断,黏着物在冲击力作用下脱落,脱落的黏着物表面和被剪断的新鲜表面会迅速氧化。当两接触表面之间配合较紧时,磨屑不易从中排出,留在接合面上起磨料的作用,此时磨料磨损替代了黏着磨损。随着表面进一步的磨损和磨料的氧化,磨屑体积膨胀,磨损区间扩大,磨屑向微凸体四周溢出。最后,原来的微凸体转化为麻点坑,随着振动过程的继续,类似的过程也会在邻近区域发生,使麻点坑连成一片,形成大而深的麻坑。因此,微动磨损是一种兼有黏着磨损、腐蚀磨损、磨料磨损的复合磨损形式。

2. 影响微动磨损的主要因素

载荷、材质性能、振幅的大小及温度的高低是影响微动磨损的主要因素,下面主要介绍前两个因素。

(1) 载荷　在一定条件下,微动磨损随载荷的增加而增加,但当载荷超过某一临界值时,微动磨损现象将随载荷的增加而减少。其原因是:当载荷低于临界值时,随着载荷增加,微凸体塑性变形增加,产生微动磨损的区域扩大,导致磨损速率增加;而当载荷超过临界值时,表层的塑性变形与次表层的弹性变形均增加,限制了表面之间的相对振幅,降低了冲击效应,即使发生黏着也不容易剪断,中止磨损过程。在实践中,常常运用这一原理,用增大连接力或过盈量的方法来降低微动磨损。例如,用螺栓连接的机架、箱体,可增大螺栓预紧力;固定连接的孔轴,可适当增大过盈量。

(2) 材质性能　提高材料硬度,合理选择摩擦副材料可以减少黏着的发生,对防止微动磨损有利。如当硬度从 180 HBW 提高到 700 HV 时,微动磨损量可降低 50%;经过喷丸、滚压、磷化、镀镉和镀铜等处理的表面,也可降低或消除微动磨损。

微课:
机械零件的磨损

第三节　金属零件的腐蚀

在工程领域,金属腐蚀造成的经济损失是巨大的。据估计,全世界每年因腐蚀而报废的钢材与设备相当于年钢产量的 30%。腐蚀是金属受周围介质的作用,而引起损伤的现象,这种损伤是金属零件在某些特定的环境下,发生化学反应和电化学反应的结果。腐蚀损伤总是从金属表面开始,然后或快或慢地往里深入,造成表面材料损耗,表面质量破坏,内部晶体结构损伤,使零件出现不规则形状的凹洞、斑点等破坏区域,最终导致零件失效。

一、金属零件的化学腐蚀

金属化学腐蚀是由单纯化学作用引起的腐蚀。当金属零件表面材料与周围的气体或非电解质液体中的有害成分发生化学反应时,金属表面会形成腐蚀层,在腐蚀层不断脱落又不断生成的过程中,零件便被腐蚀了。与机械零件发生化学反应的有害物质主要是气体中的 O_2、H_2S、SO_2 等以及润滑油中的某些腐蚀性产物。铁与氧的化学反应是最普通的金属化学腐蚀,其过程是:

$$4Fe+3O_2 \longrightarrow 2Fe_2O_3$$

$$3Fe+2O_2 \longrightarrow Fe_3O_4$$

腐蚀产物 Fe_2O_3 或 Fe_3O_4 一般都形成一层膜,覆盖在金属表面。在摩擦过程中,摩擦表面覆盖的氧化膜被磨掉后,摩擦表面与氧化介质迅速反应,又形成新的氧化膜,然后在摩擦过程中又被磨掉,在这种循环往复的过程中,金属被腐蚀。这种氧化腐蚀的特征是:在摩擦表面沿滑动方向有均匀细小的磨痕,并有红褐色片状的 Fe_2O_3 或灰黑色丝状的 Fe_3O_4 磨屑产生。

影响氧化磨损的主要因素是氧化膜的致密、完整程度以及其与基体结合的牢固程度,若氧化膜紧密、完整无孔、与金属基体结合牢固,则氧化膜的耐磨性就好,不易被磨掉,有利于防止金属表面的腐蚀。金属氧化膜要起到保护金属表面不被腐蚀的作用,必须符合以下 4 个条件:① 膜的强度和塑性要好,并且与基体金属的结合力强;② 膜的致密性好,其大小要做到能完整地把金属表面全部覆盖,且膜各处厚度一致;③ 膜具有与基体金属相当的热膨胀系数;④ 膜在气体介质中是稳定的。金属氧化膜如果符合上述 4 个条件,则金属表面"钝化",使化学反应逐渐减弱、终止;否则化学反应(腐蚀)就会持续进行。

二、金属零件的电化学腐蚀

电化学腐蚀是一种复杂的物理与化学腐蚀过程。它是金属与电解质物质接触时产生的腐蚀,与化学腐蚀的不同之处在于腐蚀过程中有电流产生。形成电化学腐蚀的基本条件是:① 有两个或两个以上不同电极电位的物体或在同一物体中具有不同电极电位的区域,以形成正、负极;② 电极之间需要有导体相连接或电极直接接触,使腐蚀区域电荷可以自由流动;③ 有电解质溶液存在。这 3 个条件与形成原电池的基本条件相同。原电池的工作过程是:作为阳极的锌被溶解,作为阴极的铜未被溶解,在电解质溶液中有电流产生。电化学腐蚀原理与此基本相同。因此,电化学腐蚀可定义为具有电位差的两个金属电极在电解质溶液中发生的,具有电荷流动特点的连续不断的化学腐蚀。常见的电化学腐蚀形式有:

1. 均匀腐蚀

当金属零件或构件表面出现均匀的腐蚀组织时,称为均匀腐蚀。均匀腐蚀可以在液体、大气或土壤中产生。机械设备最常见的均匀腐蚀是大气腐蚀。在工业区,大气中含有较多的 CO_2、SO_2、H_2S、NO_2 和 Cl_2 等,这些气体均是腐蚀性气体。特别是 SO_2,它会被氧化为 SO_3,然后与空气中的水作用生成 H_2SO_4,吸附在零件表面形成电解液膜,引起强烈的电化学腐蚀。此外,空气中的灰尘也含有酸、碱、盐类微粒,当这些微粒黏在零件表面时,同样会吸收空气的水分形成电解液,造成零件表面腐蚀。

2. 小孔腐蚀(点蚀)

金属零件的大部分表面不发生腐蚀或腐蚀很轻微,但是局部出现腐蚀小孔,并向深处发展的腐蚀现象称为小孔腐蚀(点蚀)。由于工业上用的金属往往存在极小的微电极,故在溶液和潮湿环境中小孔腐蚀极易发生。对于钢类零件而言,当小孔腐蚀与均匀腐蚀同时发生时,其腐蚀点极易被均匀腐蚀产生的疏松组织所掩盖,不易被检测和发现。因此,小孔腐蚀是最危险的腐蚀形态之一。

3. 缝隙腐蚀

机电设备中,各个连接部件均有缝隙存在,一般为 0.025 ~ 0.1 mm,当腐蚀介质进入这些缝隙并处于常留状态时,就会引发缝隙处的局部腐蚀。例如管道连接处的法兰端面、金属铆接件铆合处等,都会发生这种缝隙腐蚀。

4. 腐蚀疲劳

承受交变应力的金属零件,在腐蚀环境下疲劳强度或疲劳寿命降低,乃至断裂破坏的现象称为腐蚀疲劳或腐蚀疲劳断裂。腐蚀疲劳可以使金属零件在很低的循环(脉冲)应力下发生断裂破坏,并且往往没有明确的疲劳极限值,因此腐蚀疲劳引起的危害比纯机械疲劳更大。

腐蚀疲劳的发生过程是:当金属零件在交变应力的作用下,表面产生塑性变形,出现挤出峰与挤入槽时,腐蚀介质就会乘机进入,在这些微观部位产生化学腐蚀与电化学腐蚀。腐蚀加速了裂纹的形成与裂纹的扩展速度,并使金属组织受到一定程度的破坏,最终导致零件因腐蚀疲劳而断裂。

除上述各种腐蚀形式外,还有晶间腐蚀、接触腐蚀、应力腐蚀开裂等多种电化学腐蚀形式,它们对不同材料、不同工况下的设备腐蚀有不同的影响。为防止和降低腐蚀失效的发生,减轻其对设备的危害,在设备制造过程中要特别注意正确选择零件材料,合理设计各种结构,对在易腐蚀环境下工作的零件采用表面覆盖技术、电化学保护技术、添加缓腐剂等防腐措施,保护零件不受或少受腐蚀介质的影响。

三、气蚀

当零件与液体接触并产生相对运动,接触处的局部压力低于液体蒸发压力时,就会形成气泡,这些气泡运动到高压区时,会受到外部强大的压力而被压缩变形,直至压溃破裂。气泡在被迫溃灭时,由于其溃灭速度高达 250 m/s,故瞬间可产生极大的冲击力和高温,在其作用下,局部液体会产生微射流,称为水击现象。若气泡是紧靠在零件表面破裂的,则该表面将受到微射流的冲击,在气泡形成与破灭的反复作用下,产生疲劳而逐渐脱落,初时呈麻点状,随着时间延长,逐渐扩展成泡沫海绵状,这种现象称为气蚀。当气蚀严重时,可扩展为很深的孔穴,直到材料穿透或开裂而被破坏,因此气蚀又称为穴蚀。

气蚀是一种比较复杂的破坏现象,它不单有机械作用,还有化学、电化学作用,当液体中含有杂质或磨粒时会加剧这一破坏过程。气蚀常发生在柴油机缸套外壁、水泵零件、水轮机叶片和液压泵等处。

减轻气蚀的措施主要有:

1)减少与液体接触表面的振动,以减少水击现象的发生,可采用增加刚性、改善支承、采取吸振措施等方法。

2)选用耐气蚀的材料,如球墨铸铁、可锻铸铁、不锈钢、尼龙等。

3)在零件表面涂塑料、陶瓷等防气蚀材料,也可在表面镀铬。

4)改进零件结构,减小表面粗糙度值,以减少液体流动时涡流现象的产生。

5)在水中添加乳化油,减少气泡爆破时的冲击力。

第四节　机械零件的变形

在实践中常常会出现这样的情况,虽然磨损的零件已经被修复,恢复了原来的尺寸、形状和配合性质,但是设备装配后仍达不到原有的技术性能。通常这是由于零件变形,特别是基础零件变形使零件之间的相互位置精度遭到破坏,影响了各组成零件之间的相互关系造成的。机械零件或构件的变形可分为弹性变形和塑性变形两种。

一、弹性变形

弹性变形是指外力去除后能完全恢复的变形。

弹性变形的机理是:在正常情况下,晶体内部原子所处的位置是原子间引力和斥力达到平衡时的位置,此时原子间的距离 $r=r_0$。当有外力作用时,原子就会偏离原来的平衡位置,同时产生与外力方向相反的抗力,与之建立新的平衡,原子间距发生相应的变化,即 $r \neq r_0$;当外力去除后,为消除出现的新的不平衡,原子又恢复到原来的稳定位置,即 $r=r_0$。

材料弹性变形后,当外力骤然去除后,应变不会全部立即消失,而只是消失一部分,剩余部分会在一段时间内逐步消失,这种应变总落后于应力的现象称为弹性后效。弹性后效发生的程度与金属材料的性质、应力大小、状态以及温度等有关,金属组织结构越不均匀,作用应力越大,温度越高,则弹性后效越大。通常,经过校直的轴类零件过了一段时间后又会发生弯曲,就是弹性后效的表现。消除弹性后效现象的办法是长时间回火,以使应力在短时间内彻底消除。

二、塑性变形

塑性变形是指外力去除后不能恢复的变形。它的特点是:引起材料的组织结构和性能变化;由于多晶体在塑性变形时,各晶粒及同一晶粒内部的变形是不均匀的,当外力去除后各晶粒的弹性恢复也不一样,因而有应力产生;塑性变形使原子活动能力提高,造成金属的耐腐蚀性下降。

金属零件的塑性变形从宏观形貌特征上看有体积变形、翘曲变形和时效变形。体积变形是指金属零件在受热与冷却过程中,由于金相组织转变引起质量热容变化,导致零件体积胀缩的现象。翘曲变形是指零件产生翘曲或歪扭的塑性变形,其翘曲的原因是零件发生了不同性质的变形(弯曲、扭转、拉压等)和不同方向的变形(空间 X、Y、Z 轴方向),此种变形多见于细长轴类、薄板状零件以及薄壁的环形和套类零件。时效变形是应力变化引起的变形。

塑性变形对金属零件的性能和寿命有很大影响,主要表现在金属的强度和硬度提高,塑性和韧性下降,零件内部产生残余应力。减轻塑性变形的危害,应从以下几个方面采取对策。

1. 设计方面

设计时在充分考虑如何实现机构的功能和保证零件强度的同时,要重视零件刚度和变形问题以及零部件在制造、装配和使用中可能发生的问题。如设计时要尽量使零件壁厚均匀,以减少热加工时的变形;要尽量避免尖角、棱角,改为圆角、倒角,以减少应力集中等。此外,还应注意新材料、新工艺的应用,改变传统加工工艺,减少产生变形的可能性。

2. 加工方面

对热加工而成的毛坯,要特别注意其残余应力的消除问题。在制造工艺中,要安排自然时效或人工时效工序让毛坯内部的应力得到充分释放。

在机械加工阶段,要将粗加工和半精加工分开进行。在粗加工阶段完成后,应给零件安排一段存放时间,以消除该阶段产生的应力;对于高精度零件,还应在半精加工后安排人工时效,以彻底消除应力。

第五节　机械零件的断裂

断裂是指机械零件在某些因素作用下,发生局部开裂或分裂为若干部分的现象。断裂是机械零件失效的主要形式之一,零件断裂后不仅完全丧失了工作能力,而且还可能造成重大经济损失和伤亡事故。特别是随着现代制造系统不断向大功率、高转速方向发展,零件工作环境发生了变化,断裂失效的可能性增加,因此断裂失效问题已成为当今的热门研究课题。

零件断裂后形成的断口能够真实记录断裂的动态变化过程。通过断口分析,能判断发生断裂的主要原因,从而为改进设计、合理修复提供有益的信息。按断裂的原因可将其分为脆性断裂、疲劳断裂、过载断裂等。下面主要介绍脆性断裂和疲劳断裂。

一、脆性断裂

零件在断裂以前无明显的塑性变形,发展速度极快的断裂形式称为脆性断裂。脆性断裂前无任何征兆,断裂的发生具有突然性,是一种非常危险的断裂破坏形式。金属零件因制造工艺不合理,或因使用过程中遭有害介质的侵蚀,或因环境不适,都可能使材料变脆,使其发生突然断裂。例如,氢或氢化物渗入金属材料内部可能导致"氢脆";氯离子渗入奥氏体不锈钢中可能导致"氯脆";硝酸根离子渗入钢材可能出现"硝脆";与碱性物质接触的钢材可能出现"碱脆";与氨接触的铜质材料可能发生"氨脆"等。此外,在 10 ℃以下的环境温度下,中低强度的碳钢易发生"冷脆"(钢中含磷所致);含铝的合金,如果在热处理时温度控制不严,很容易因温度稍高而过烧,出现严重脆性。金属脆性断裂的危害性很大,其危害程度仅次于疲劳断裂。

脆性断裂的主要特征有:

1)金属材料发生脆性断裂时,一般工作应力并不高,通常不超过材料的屈服强度,甚至不超过许用屈服应力,所以脆性断裂又称为低应力脆断。

2)脆性断裂的断口平整光亮,断口断面大体垂直于主应力方向,没有或只有微小的屈服及减薄(颈缩)现象,表现为冰糖状结晶颗粒。

3)断裂前无征兆,断裂是瞬时发生的。

脆性断裂中较有代表性的是氢脆断裂,氢脆断口上的白点,是氢泡留下的痕迹,白点外围有放射状撕裂纹,这是裂纹扩展的痕迹。氢脆断裂是工程中一种比较普遍的现象,其产生的原因有以下 3 种:

（1）氢压致断　金属材料在冶炼、热处理、轧制、锻压等过程中溶解了大量氢,冷却后,材料中析出的氢分子和氢原子在内部扩散,并在材料中的微观缺陷处或薄弱处聚集,形成压力巨大的氢气气泡,在气泡处出现裂纹。随着氢扩散—聚集过程继续,气泡进一步生长,裂纹进一步扩张,直至相互连接、贯通,最后引起材料过早断裂。

（2）晶格脆化致断　材料中的固溶氢和外界渗入的氢通过晶界扩散,在晶界的薄弱处滞留、聚集,许多晶界的强度因此受到破坏。在这个过程中,氢原子的电子也会挤入金属原子的电子层中,使金属原子之间相互排斥,造成晶格之间的结合力降低。在较低的工作应力作用下,甚至在材料自身残余应力作用下,发生脆断。

（3）氢腐蚀致断　材料在热轧、锻造或热处理等高温(200 ℃以上)加工中,其内部的固溶氢和外界渗入的氢,与金属材料中的夹杂物及合金添加剂起反应生成高压气体,这些气体在材料内部扩散转移,晶界遭到破坏,最终导致脆性断裂。

二、疲劳断裂

金属零件经过一定次数的循环载荷或交变应力作用后引发的断裂现象,称为疲劳断裂。机械零件使用中的断裂有80%是由疲劳断裂引起的。

（一）疲劳断裂的机理

一般疲劳断裂过程经历3个阶段:萌生阶段、扩展阶段、最终瞬断(即失稳扩展)阶段。各阶段的形成与变化机理如下:

（1）萌生阶段　在交变载荷作用下,材料表层局部发生塑性变形,晶体产生滑移,出现滑移线或滑移带,滑移积累以后,在表面形成微观挤入槽与挤出峰,如图1.6所示。峰底处应力高度集中,极易形成微裂纹即疲劳断裂源,也称为疲劳核心。

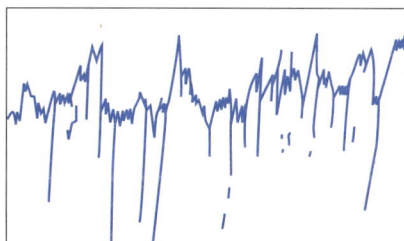

图1.6　在滑移带形成的挤入槽与挤出峰

（2）扩展阶段　疲劳裂纹的扩展一般分为两个阶段。第一阶段称为切向扩展阶段,即在循环应力的反复作用下,表面裂纹沿最大应力方向的滑动面向零件内部逐渐扩展。因最初的滑移是由最大切应力引起的,故挤入槽与挤出峰原始裂纹源均与拉伸应力成±45°角方向扩展。第二个阶段称为正向扩展阶段,此阶段裂纹的扩展方向改变为沿与正应力相垂直的方向,这一阶段也叫疲劳裂纹的亚临界扩展。

（3）最终瞬断阶段　当裂纹在零件上的扩展深度达到一定值(临界尺寸),零件残余断面不能承受其载荷(即断面应力大于或等于断面的临界应力)时,裂纹由稳态扩展转变为失稳态扩展,整个断面的残余面积便会在瞬间断裂。此阶段也称为疲劳裂纹的临界扩展。

根据断裂前应力循环次数的多少,疲劳断裂可分为高周疲劳和低周疲劳。高周疲劳是指断裂前所经历的应力循环次数在10^5以上,而承受的应力低于材料的屈服强度,甚至低于弹性极限状态下发生的疲劳。显然这是一种常见的疲劳破坏,如轴、弹簧等零件的失效,一般均属于高周疲劳破坏。当零部件断裂前经历的循环次数在$10^2 \sim 10^5$时,称为低周疲劳。低周疲劳的零部件承受的循环应力一般较高,接近或超过材料的屈服强度,因而使得每一次应力循环都有少量的塑性变形产生,导致零部件寿命缩短。

（二）疲劳断裂的断口分析

典型的疲劳断口按照断裂过程有 3 个形貌不同的区域，即疲劳核心区、疲劳裂纹扩展区和瞬时断裂区，如图 1.7 所示。

1. 疲劳核心区

它是疲劳断裂的源区，用肉眼或低倍放大镜就能找出断口上的疲劳核心位置，一般出现在强度最低、应力最高、靠近表面的部位。但如材料内部有缺陷，这个疲劳核心也可能在缺陷处产生。如承受弯扭载荷的零件，表面应力最高，疲劳核心一般在表面。如果表面经过了强化处理（如滚压、喷丸等），则疲劳裂纹可移至表层以下。

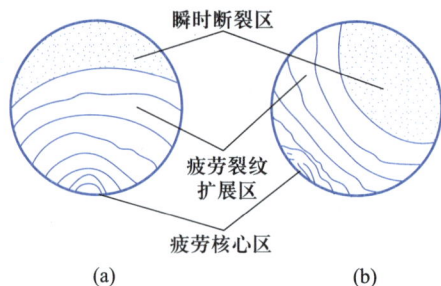

图 1.7　疲劳断口特征示意图
（单向弯曲）

零件在加工、储运、装配过程中留下的伤痕，极有可能成为疲劳核心，因为这些伤痕既有应力集中，又容易被空气及其他介质腐蚀损伤。疲劳核心的数目与载荷大小有关，特别是旋转弯曲和扭转交变载荷作用下的断口，疲劳核心的数目会随着载荷的增大而增多，可能出现两个或两个以上的疲劳核心。

2. 疲劳裂纹扩展区

该区域是断口上最重要的特征区，常呈贝纹状或海滩波纹状。每一条纹线都标志着载荷变化（如机器开动或停止）时，裂纹扩展一次所留下的痕迹。这些纹线以疲劳核心为中心向四周推进，与裂纹扩展方向垂直。疲劳断口上的疲劳裂纹扩展区越光滑，说明零件在断裂前经历的载荷循环次数越多；接近瞬时断裂区的贝纹线越密，说明载荷值越小。如果这一区域比较粗糙，表明裂纹扩展速度快，载荷比较大。

3. 瞬时断裂区

瞬时断裂区简称静断口。它是当疲劳裂纹扩展到临界尺寸时，发生快速断裂形成的破断区。它的宏观特征与静载拉伸断口中快速破断的放射区及剪切唇相同。瞬时断裂区的位置和大小与承受的载荷有关，载荷越大，则最终破断区越靠近断面的中间；破断区的面积越小，则说明零件承受的载荷越小。

三、减少断裂失效的措施

断裂失效是最危险的失效形式之一，大多数金属零件由于冶金和零件加工中的种种原因，都带有从原子位错到肉眼可见的宏观裂纹等大小不同、性质不同的裂纹。但是有裂纹的零件不一定立即就断裂，要经历一段裂纹亚临界扩展的时间，并且在一定条件下，裂纹也可能不扩展。因此，通过采取有效措施，就可以做到使有裂纹的零件不发生断裂。减少断裂失效的措施，可从下面几个方面考虑：

1. 优化零件形状结构设计，合理选择零件材料

零件的几何形状不连续和材料中的不连续均会产生应力集中现象。几何形状不连续通常称为缺口，如肩台圆角、沟槽、油孔、键槽、螺纹以及加工刀痕等。材料中的不连续通常称为材料缺陷，如缩松、缩孔、非金属夹杂物和焊接缺陷等。这些有应力集中发生的部位在循环载荷或冲击载荷的作用下，极易产生裂纹，并不断扩展，最终发生断裂。因此，在零件形状结构设计中，要注

意减少应力集中部位,综合考虑零件的工作环境如介质、温度、负载性等的影响,合理选择零件材料,以达到减少发生疲劳断裂的目的。

2. 合理选择零件加工方法

在各种机械加工以及焊接、热处理过程中,由于加工或处理过程中的塑性变形、热胀冷缩以及金相组织转变等,零件内部会留有残余应力。残余应力可分为残余拉应力和残余压应力两种,残余拉应力对零件是有害的,而残余压应力则可延长零件疲劳寿命。因此,应考虑尽量多采用渗碳、渗氮、喷丸、表面滚压加工等可产生残余压应力的工艺方法对零件进行加工,通过使零件表面产生残余压应力,来抵消一部分由外载荷引起的残余拉应力。

3. 正确安装、使用零件

第一,要正确安装,防止产生附加应力与振动。对重要零件,应防止碰伤、拉伤,因为每一个伤痕都可能成为一个断裂源。第二,应注意保护设备的运行环境,防止腐蚀性介质的侵蚀,防止零件各部分温差过大。第三,要防止设备过载,严格遵守设备操作规程。第四,要对有裂纹的零件及时采取补救措施。如对不重要零件上的裂纹可钻止裂孔或附加强筋板,防止和延缓其扩展;紧固件处周围的裂纹可采用"去皮处理"的方法,即铰削紧固孔,将孔周围所有的裂纹部分全部去掉,再换用较大的紧固件,消除裂纹缺陷。

复习思考题

1.1 什么是机械设备故障?它是如何分类的?

1.2 故障发生有什么规律?其特征量有哪几个?含义是什么?

1.3 零件磨损过程有什么特点?

1.4 磨损形式主要有哪几种?其产生机理和发展过程各有什么特点?

1.5 金属零件腐蚀的形式分为几类?其腐蚀机理是什么?

1.6 金属零件变形的机理是什么?应如何减小变形的危害?

1.7 疲劳断裂的 3 个阶段是如何演变的?防止断裂失效发生应从哪几个方面采取对策?

能力和素质养成训练

1. 用结构图形式总结机电设备故障和失效的类型。

2. 学习小组讨论:以减少零件失效的措施为对象,探讨研究性学习对本课程的意义。

第 **二** 章

机电设备故障诊断

⚙ **导学**

故障诊断技术是保障机电设备少、无故障的重要手段,对提高设备利用率有重要意义。掌握故障诊断技术,是对机电设备维修人员的基本要求。

⚙ **知识和能力目标**

1. 熟悉故障诊断的主要工作环节,掌握故障简易诊断方法。
2. 掌握振动诊断技术的原理,能使用振动诊断方法进行故障诊断。
3. 熟悉温度诊断、油样分析与诊断、无损检测等技术的基本理论,掌握常用仪器原理、使用方法和适用领域。

⚙ **职业素养和价值观目标**

1. 能够编制典型零件实施故障诊断工作的技术文件。
2. 能够较深刻地理解现象与本质的关系,初步建立系统性思考的意识。

第一节 概 述

一、故障诊断及其意义

故障诊断的理论基础是故障诊断学,它是识别机电设备运行状态的科学,它研究的对象是如何利用相关检测方法和监视诊断手段,通过对所检测的信息特征的分析,来判断系统的工况状态,它的最终目的是防患于未然,减少故障的发生。故障诊断学是提高机电设备运行效率和可靠性、进行预知维修和预知管理的基础。

故障诊断技术实施的基础是工况监测,工况监测的任务是判别动态系统是否偏离正常功能,并监视其发展趋势,预防突发性故障的发生。工况监视的对象是机电设备外部信息(如力、位移、振动、噪声、温度、压力、流量等机械状态量)的状态特征参数变化。各种工况监测手段的应用中,振动分析占比最大,约为 45%,红外热成像和油品分析约为 15%,超声监测占比约为 10%。

二、故障诊断的分类

故障诊断的方法是应用现代化仪器设备和计算机技术来检查和识别机电设备及其零部件的实时技术状态,根据得到的信息分析判断设备"健康"状况。由于机器运行的状态、环境条件各不相同,因此采用的故障诊断方法也不相同。这些故障诊断方法有多种分类形式,具体如下:

1. 功能诊断和运行诊断

功能诊断是指针对新安装或维修后的机器或机组,检查它们的运行工况和功能是否正常,并且按检查的结果对机器或机组进行调整。运行诊断是指针对正在工作中的机器或机组,监视其故障的发生和发展。

2. 定期诊断和连续监控

定期诊断是指每隔一定时间,对工作状态下的机器进行常规检查。连续监控则是指采用仪器和计算机信息处理系统对机器运行状态随时进行监视或控制。两种诊断方式的采用,取决于设备的关键程度、设备事故影响的严重程度、运行过程中性能下降的快慢,以及设备故障发生和发展的可预测性。

3. 直接诊断和间接诊断

直接诊断是利用直接来自诊断对象的信息确定系统状态的一种诊断方法。直接诊断往往受到机器结构和工作条件的限制而无法实现,这时就不得不采用间接诊断。间接诊断是通过两次或多次诊断信息来间接判断系统状态变化的一种诊断方法。例如用润滑油温升来反映轴承的运行状态,通过测箱体的振动来判断箱中齿轮是否正常等。间接诊断是应用最广泛的诊断方法。

4. 常规工况诊断和特殊工况诊断

在机器正常工作条件下进行的诊断称为常规工况诊断。对某些机器需为其创造特殊的工作条件来收取信息进行诊断,称为特殊工况诊断。例如动力机组的启动和停车过程需要通过转子的几个临界转速来判断,这就需要测量启动和停车两个特殊工况下的振动信号,这些信号在常规工况下是得不到的。

5. 在线诊断和离线诊断

在线诊断一般是指连续地对正在运行的设备进行自动实时诊断。此时测试传感器及二次仪表等均安装在设备现场,随设备一起工作。离线诊断是指通过磁带记录仪等装置将现场的状态信号记录下来带回实验室,结合机组状态的历史档案做进一步的分析诊断。

6. 简易诊断和精密诊断

简易诊断是指使用各种便携式诊断仪器和工况监视仪表,仅对设备有无故障及故障的严重程度作出判断和区分的诊断方法。精密诊断是在简易诊断基础上进行的一种更为细致的诊断方法,它不仅要判断有无故障,而且还要详细地分析故障原因、故障部位、故障程度及其发展趋势等一系列问题。精密诊断技术包括人工诊断技术、专家系统技术及人工神经网络技术等。

三、故障诊断的主要工作环节

一个故障诊断系统由工况状态监视与故障诊断两部分组成,其主要工作环节如图 2.1 所示。

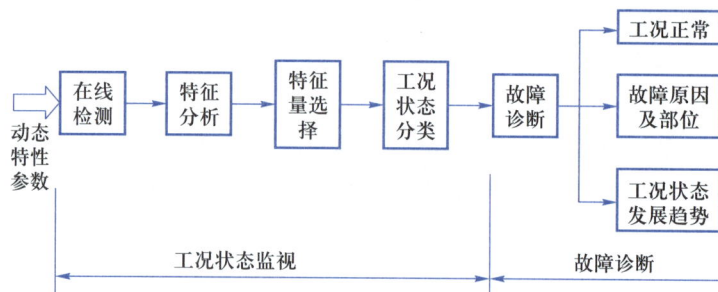

图 2.1　故障诊断系统主要工作环节

由图可分析出,故障诊断系统的工作过程可以划分为 4 个主要环节,即信号获取(信息采集)环节、信号分析处理环节、工况状态识别环节和故障诊断环节。每一环节的具体工作任务如下:

1. 信号获取环节

根据具体情况选用适当的传感方式,将能反映设备工况的信号(某个物理量)测量出来。如可利用人的听、触、视、嗅或选用温度、速度、加速度、位移、转速、压力以及应力等不同种类的传感器来感知设备运行中能量、介质、力、热、摩擦等各种物理和化学参数的变化,并把有关信息传递出来。

2. 信号分析处理环节

直接检测的信号大都是随机信号,包含了大量与故障无关的信息,一般不宜用作判别量,需应用现代信号分析和数据处理方法把它转换为能表达工况状态的特征量。通过对信号的分析处理,找到工况状态与特征量的关系,把反映故障的特征信息和与故障无关的特征信息分离开来,达到"去伪存真"的目的。对于找到的与工况状态有关的特征量,还应根据它们对工况变化的敏感程度进行再次选择,选取敏感性强、规律性好的特征量"去粗取精"。

3. 工况状态识别环节

工况状态识别是指对工况状态进行分类,它的目的是区分工况状态是否正常,或哪一部分正常,以便进行运行管理。

4. 故障诊断环节

针对异常工况,查明故障部位、性质、程度,综合考虑当前机组的实际运行工况、机组的历史资料和领域专家的知识,对故障作出精确诊断。诊断和监测的不同之处是诊断将精度放在第一位,而实时性处于第二位。

四、故障简易诊断方法

故障简易诊断通常是依靠人的感官(视、听、触、嗅等)功能或一些简单的仪器工具实现的。这种诊断技术能够识别设备有无故障,明确故障的严重程度,作出故障趋势分析等,充分发挥领域专家有关机电设备故障诊断的技术优势,在对一些常见设备进行故障诊断时具有经济、快速、准确的特点。常用的故障简易诊断方法主要有听诊法、触测法和观察法等。

1. 听诊法

设备正常运转时,发生的声响总是具有一定的音律和节奏,利用这一特点,通过人的听觉功能就能对比出设备是否产生了重、杂、怪、乱的异常噪声,从而判断设备内部是否出现了松动、撞击、不平衡等故障隐患;此外,用手锤敲打零件,听其是否发出破裂杂声,可判断有无裂纹产生。这是主要依靠人的感官的一种听诊法。

另一种听诊法利用的是电子听诊器。像医生给病人看病一样,用电子听诊器的探针接触机器,听诊器的振动传感器采集机床运转时发生的振动量(用加速度、速度、位移表示),经转换、放大后输出,检测人员通过耳机即可测听。由于完好设备的振动特征和有故障设备的振动特征不同,反映在听诊器耳机中的声音也不同,因此根据声音的差异即可判断出故障。如当耳机出现清脆尖细的噪声时,说明振动频率较高,一般是尺寸相对较小或强度相对较高的零件出现微小裂纹或局部缺陷;当耳机传出混浊低沉的噪声时,说明振动频率较低,一般是尺寸相对较大或强度相对较低的零件出现较大的裂纹或缺陷;当耳机传出的噪声比平时强时,说明故障正在发展,声音越大,故障越严重;当耳机传出的噪声是无规律地间歇出现时,说明有零件或部件发生了松动。

2. 触测法

用人手的触觉可以监测设备的温度、振动及间隙的变化情况。人手上的神经纤维可以比较准确地分辨出 80 ℃ 以内的温度。如当机件温度在 0 ℃ 左右时,手感冰凉,若触摸时间较长会产生刺骨痛感;10 ℃ 左右时,手感较凉,但一般能忍受;20 ℃ 左右时,手感稍凉,随着接触时间延长,手感渐温;30 ℃ 左右时,手感微温,有舒适感;40 ℃ 左右时,手感较热,有微烫感;50 ℃ 左右时,手感较烫,若用掌心按的时间较长,会有汗感;60 ℃ 左右时,手感很烫,但一般可忍受 10 s;70 ℃ 左右时,手感烫得灼痛,一般只能忍受 3 s,并且手的触摸处会很快变红。为防止意外事故发生,触摸时应先试触再细触,以估计机件的温升情况。

零件间隙的变化情况可采用晃动机件的方法来检查。这种方法可以感觉出 0.1～0.3 mm 的间隙大小。用手触摸机件可以感觉振动的强弱变化和是否产生冲击,以及滑板的爬行情况。此外,用配有表面热电探针的温度计进行故障简易诊断,在滚动轴承、滑动轴承、主轴箱、电动机等机件的表面温度测量中,具有判断热异常位置迅速、数据准确、触测过程方便的特点。

3. 观察法

观察法是利用人的视觉,通过观察设备系统及相关部分的一些现象,进行故障诊断的。观察法可以通过人眼直接观察,如可以观察设备上的机件有无松动、裂纹及损伤;可以检查润滑是否正常,有无干摩擦和跑、冒、滴、漏现象;可以查看油箱沉积物中金属磨粒的多少、大小及特点,以判断相关零件的磨损情况;可以监测设备运动是否正常,有无异常现象发生;可以观看设备上安装的各种反映设备工作状态的仪表和测量工具,了解数据的变化情况,判断设备工作状况等。把观察得到的各种信息进行综合分析后,就能对设备是否存在故障、故障部位、故障的程度及故障的原因作出判断。

第二节　振动诊断技术

振动是衡量设备状态的重要指标之一,振动引起的设备故障占各类故障的 60% 以上。振动诊断就是通过对所测得的振动参量(加速度、速度、位移)进行处理,借助一定的识别策略,对机械设备的运行状态作出判断,给出设备故障部位、故障程度以及故障原因等方面的信息。有统计显示,用振动监测方法可以发现 34% 的航空发动机故障,节约维修费用约 70%;使用在线振动监测系统,能够增加设备运行时间约 30%、延长设备寿命约 10%,减少非计划检修约 45%,减少库存成本约 25%。

一、机械振动及其测量

(一)机械振动

1. 测量参数的确定

从物理意义上来说,机械振动是指物体在平衡位置附近作往复的运动。机械设备状态监测中常遇到的振动有周期振动、非周期振动、窄带随机振动、宽带随机振动,以及其中几种振动的组合。

衡量振动强弱的参数有加速度、速度和位移。振动测量参数的选择应该考虑振动信号的频率构成和振动后果两方面因素。

由于加速度 a、速度 v 和位移 s 三者之间存在如下关系:

$$a = fv = f^2 s \tag{2.1}$$

式中,f——频率。

因此通常应依次选用位移、速度和加速度作为测量参数。三种测量参数的适用频率见表 2.1。

表 2.1　三种测量参数的适用频率

测量参数	位　移	速　度	加速度
适用频率	<10 Hz	10 ~ 1 000 Hz	>1 000 Hz

从振动后果方面考虑选择振动测量参数的原则:冲击是主要问题时,测量加速度;振动能量和疲劳是主要问题时,测量速度;振动的幅度和位移是主要问题时,测量位移。实际测量中,根据振动后果选择振动测量参数举例见表 2.2。

表 2.2　根据振动后果选择振动测量参数举例

测量参数	所关心的振动后果	举　例
位移	位移量或活动量异常	机床加工时的振动现象、旋转轴的摆动
速度	振动能量异常	旋转机械的振动
加速度	冲击力异常	轴承和齿轮的缺陷引起的振动

测量参数选择的另一个问题是振动信号统计特征量的选用。速度、加速度的有效值反映了振动时间历程的全过程;位移峰值只是反映瞬时值的大小,与平均值一样,不能全面反映振动的真实特性。因此,在评定机电设备的振动量级和诊断故障时,一般首选速度、加速度的有效值,只在测量变形破坏时,才采用位移峰值。

2. 测量监测点的确定

信号是信息的载体,如何选择最佳的测量监测点并采取合适的检测方法来获取设备运行状态的直接信息是一个非常重要的问题。如果因测量监测点位置选择不当使检测到的信号不真实、不典型,或不能客观地、充分地反映设备的实际状态,那么故障诊断的准确性就会大打折扣。

一般情况下,确定测量监测点数量及方向时应考虑的总原则是:此点应是设备振动的敏感点;应是离机械设备核心部位最近的关键点;应是容易产生劣化现象的易损点;此点采集的信号应能对设备振动状态作出全面的描述。此外,选择测量监测点时还应考虑环境因素的影响,尽可能地避免选择高温、高湿、出风口温度变化剧烈的位置作为测量监测点。

在测量轴承的振动时,一般要从轴向、水平和垂直3个方向选定测量监测点。测量监测点应选在刚度足够好的部位,同时应尽量靠近轴承的承载区,并与被监测的转动部件最好只隔一个界面,尽可能避免多层相隔,以减少振动信号在传递过程中因中间环节造成的能量衰减。考虑到测量效率及经济性,可根据机械容易产生的异常情况来确定重点测量方向。从信号频段的角度来考虑,对于低频振动,应该在水平和垂直两个方向同时进行测量,必要时再在轴向进行测量;对于高频振动,一般只需在一个方向进行测量。这是因为低频信号的方向性较强,而高频信号对方向不敏感。

研究结果表明,在测高频振动时,测量监测点的微小偏移(几毫米),将会造成测量值的成倍离散(高达6倍)。因此要切记,测量监测点一经选定,就应进行标记,以保证在同一点进行测量。

3. 振动监测周期的确定

振动监测周期应以能及时反映设备状态的变化为基本原则来确定,因此不同种类的设备在不同工况下其振动监测周期不相同。振动监测周期通常有以下几类:

(1) 定期巡检　即每隔一定的时间间隔对设备检测一次,间隔时间的长短与设备类型及状态有关。高速、大型的关键设备,检测周期要短一些;振动状态变化明显的设备,检测周期也应缩短;新安装及维修后的设备,应频繁检测,直至运转正常。

(2) 随机点检　对不重要的设备,一般不定期地进行检测。发现设备有异常现象时,可临时对其进行测试和诊断。

(3) 长期连续监测　对部分大型关键设备应进行在线监测,一旦测定值超过设定的阈值,监测系统即进行报警,提醒相关人员对设备采取相应的保护措施。

(二) 振动监测判断标准

振动监测判断标准分为旋转机器振动标准、往复机器振动标准、其他专业机械振动标准等。目前,国际和国内关于旋转机器振动测量与评定的标准共有两个系列。ISO 7919和GB/T 11348系列——"机械振动　在旋转轴上测量评价机器的振动",测量与评定的参数是轴的振动位移;ISO 10816和GB/T 6075系列——"机械振动　在非旋转部件上测量评价机器的振动",测量与评定的参数是轴承座的振动烈度。两个系列标准均规定了机器振动的测量方法和参数频率范围、测量监测点位置和方向、运行工况及对测试仪器的要求等内容。下面以国标为准进行讲解。

1. 评价准则

GB/T 11348.3—2011规定的评价准则有两个。

准则Ⅰ:在额定转速稳定运行工况下的振动量值。

本准则定义了轴的振动量值的限值,该限值与允许的轴承动载荷、合适的机器径向间隙裕量以及容许传递到支撑结构和基础的振动协调一致。在每个轴承处测得的最大的轴振动对照由广泛的经验建立的四个评价区域进行评价。

关于评价区域的规定如下:

区域A:新交付使用的机器的振动通常落在此区域内。

区域B:振动在此区域内的机器通常认为是可接受的,可无限制地长期运行。

区域C:振动在此区域内的机器,对于长期连续运行通常认为是不合格的。一般在采取补救措施之前,机器可以在此状态下运行有限的一段时间。

区域 D:振动值在此区域内通常认为是危险的,其剧烈程度足以引起机器损坏。

准则Ⅱ:振动量值的变化。

本准则提出了相对于预先在稳态工况下建立起来的参考值或基线值的振动量值的变化的评价。本准则的参考值是典型的、可再现的正常振动,它由以前在规定的工况下测量得到。当振动测量值相对参考值发生显著变化时,如超过区域 B 上限值的 25%,不论振动值是增大还是减小,都应逐步查明变化的原因。若要决定采取措施,应在考虑振动最大量值以及机器是否在新情况下稳定之后再作出。应用准则Ⅱ时,做比较的两个振动值,必须在相同的传感器位置和方向上,在近似相同的机器工况下进行测量。

2. 评价区域限值

GB/T 11348.3—2011 规定,评价区域边界的推荐值与轴的最大运行转速 n(每分钟转数)的平方根成反比,如图 2.2 所示的推荐值按下式计算:

A/B 区域边界　　　　　　　　　$S_{(P-P)} = 4\ 800/\sqrt{n}$

B/C 区域边界　　　　　　　　　$S_{(P-P)} = 9\ 000/\sqrt{n}$

C/D 区域边界　　　　　　　　　$S_{(P-P)} = 13\ 200/\sqrt{n}$

式中,$S_{(P-P)}$——测量方向上的振动位移峰–峰值,单位为 μm。

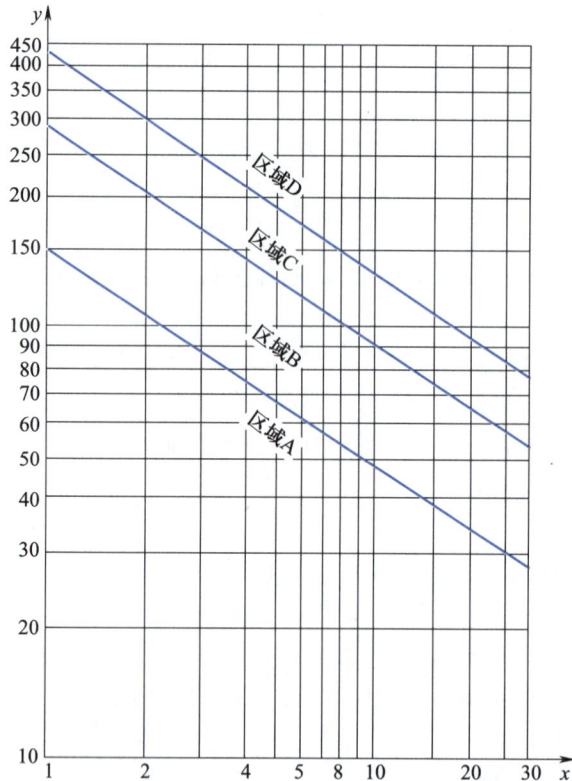

注:Y——转轴相对于轴承的振动位移峰–峰值,单位为微米(μm);
　　X——转轴的最大运行转速×1 000,单位为转每分(r/min)

图 2.2　耦合的工业机器对应最大工作转速的转轴最大相对位移推荐值

(摘自 GB/T 11348.3—2011)

3. 报警值和停机值的设定

报警值通常是按相对于基线值选定一个值进行设定。GB/T 11348.3—2011 中推荐把报警值设定为比基线值高,高出的数量等于区域 B/C 界限值的 25%。在没有建立基线值的场合(如新机器),最初的报警值应根据其他类似机器的经验或已经认可的容许值设定,待运行一段时间后建立了稳态的基线值,再作出相应调整。报警值应根据机器的状态(如机器大修后)变化进行相应调整。

停机值取决于机器能承受异常动载荷的设计特性。不同类型的机器有不同的停机值,通常停机值设定在区域 C 或区域 D 内。

二、振动分析

振动分析就是将测量获得的振动信号中含有的与设备状态有关的特征参数提取出来。振动分析按信号处理方式的不同,分为时域分析和频域分析。不同的振动分析方法可从不同的角度观察、分析信号,从而可根据不同需要得出各种信号处理结果,振动频谱如图 2.3 所示。

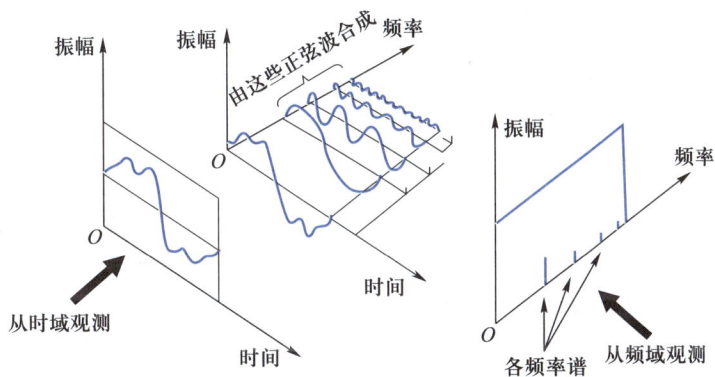

图 2.3　振动频谱

(一) 时域分析法

信号时域分析是在波形的幅值上进行的,如计算波形的最大值、最小值、平均绝对值、有效值等(图 2.4),也研究波形幅值的概率分布问题。波形的幅值是从总体上反映信号大小(强弱)的特征参数,在时域分析中,对波形幅值的研究通过以下几个参数进行。

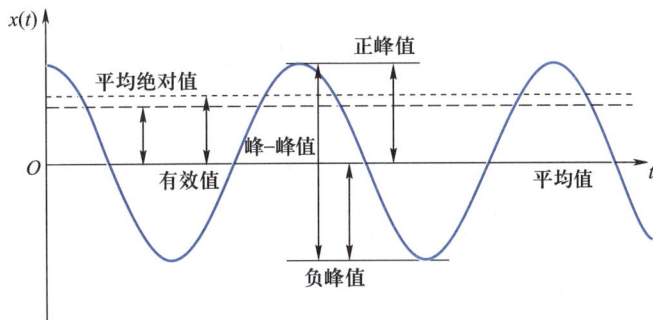

图 2.4　振动幅值参数

（1）**峰值** X_p　表示振幅的单峰值,有正峰值和负峰值。在实际振动波形中,单峰值表示瞬时冲击的最大幅值。X_{p-p} 表示振幅的双峰值,又称峰–峰值,它反映了振动波形的最大偏移量。

（2）**平均值** $\overline{X}$　表示振幅的平均值,是在时间 T 范围内设备振动的平均水平。

（3）**有效值** X_{rms}（均方根值）　表示振幅的有效值,它表示振动的破坏能力,是衡量振动能量大小的量。ISO 标准规定,振动速度的均方根值即有效值,为"振动烈度",是衡量振动强度的一个标准。

（4）**方差**　表示信号 $x(t)$ 相对于平均值的偏离度,反映了信号的分散程度。当平均值为零时,方差等于均方根值,称为标准差。

（二）频域分析法

频域分析是通过研究信号中包含的频率成分,确定信号频域结构的方法,其分析结果是以频率为自变量的各种物理量的谱线或曲线。振动信号的频域分析是机械故障诊断中信号处理最重要、最常用的分析方法。频域分析就是把以时间为横坐标的时域信号通过傅立叶变换分解为以频率为横坐标的频域信号,从而求得关于原时域信号频率成分的幅值和相位信息的一种分析方法。它通过对各频率成分的分析,对照机器零部件运行时的特征频率,即可查找出故障源。其中通过自功率频谱密度函数实现诊断分析是频域分析的常用方法。

三、振动诊断的常用仪器

（一）测振传感器

测振传感器俗称拾振器,其作用是将机械振动量转变为适于测量的电参量,有接触式与非接触式两类。常用的接触式测振传感器有磁电速度传感器和压电加速度传感器等,非接触式测振传感器有电涡流振动位移传感器和电容式振动位移传感器。不同类型的测振传感器的频响范围大致如下:0～50 kHz(压电加速度传感器)、0～10 kHz(电涡流振动位移传感器)、10 Hz～2 kHz(磁电速度传感器)。

1. 压电加速度传感器

压电加速度传感器是根据压电效应制成的机电换能器,由于具有体积小、质量轻、灵敏度高、测量范围大、频响范围宽、线性度好、安装简便等诸多优点而获得了广泛应用,是目前机械故障诊断测试中最为常用的一种传感器。

（1）**压电加速度传感器的工作原理**　由物理学可知,当沿着一定的方向对某些电介质施力而使之变形时,其内部将发生极化现象,在它的两个表面将产生符号相反的电荷;当外力去除后,电介质又重新恢复到不带电的状态,介质的这种机械能转换为电能的现象即为压电效应。介质的压电效应是可逆的,即在电介质的极化方向施加电场,这些电介质也会产生变形,这种由电能转换为机械能的现象称为逆压电效应。

当压电加速度传感器承受机械振动时,在它的输出端能产生与所承受的加速度成正比的电荷电压量,从而实现对振动参数的测量。

（2）**压电加速度传感器的结构**　其典型结构如图 2.5 所示。

图 2.5(a)所示为周边压缩式,它通过预紧弹簧对压电元件施加预压力。这种形式的传感器结构简单,灵敏度高,但对环境的影响(如噪声、基座应变、瞬时温度冲击等)比较敏感。这是因为传感器外壳本身就是弹簧-质量系统中的一个弹簧,它与带有弹簧的压电元件并联连接,壳体

内的任何变化都将影响到传感器的弹簧-质量系统,使传感器的灵敏度发生变化。

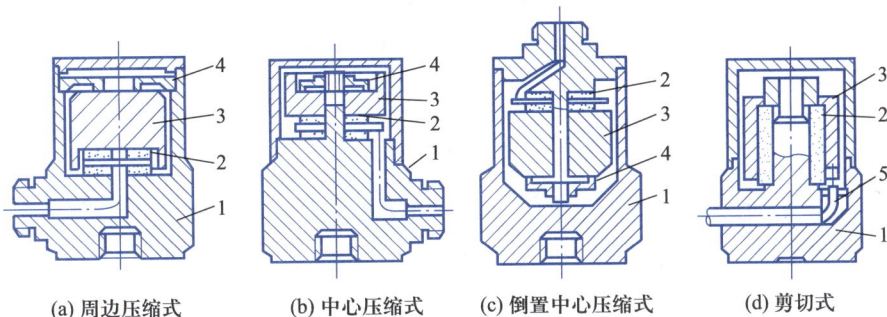

图 2.5　压电加速度传感器的典型结构

(a) 周边压缩式　　(b) 中心压缩式　　(c) 倒置中心压缩式　　(d) 剪切式

1—基座;2—压电元件;3—质量块;4—预紧弹簧;5—输出引线

图 2.5(b)所示为中心压缩式,该传感器的预紧弹簧、质量块和压电元件用一根中心柱牢固地固定在基座上,不与外壳直接接触,因而克服了周边压缩式压电加速度传感器对环境敏感的缺点,保留了灵敏度高、频响宽的优点,但这种结构仍然会受到安装表面应变的影响。

图 2.5(c)所示为倒置中心压缩式,在结构上由于中心柱离开了基座,基座应变引起的误差被消除。但是由于壳体是质量-弹簧系统的组成部分,所以壳体的谐振会使传感器的谐振频率有所下降,导致传感器频响范围降低。此外,这种形式的传感器加工装配比较困难。

图 2.5(d)所示为剪切式,它的底座向上延伸,如同一根圆柱,管式压电元件(极化方向平行于轴线)套在这根圆柱上,压电元件上再套上质量块(惯性质量环)。其工作原理是:如传感器感受向上的振动,则由于惯性的作用使质量环保持滞后,这样在压电元件中就出现切应力而发生剪切变形,从而在压电元件的内外表面产生电荷,其电场方向垂直于极化方向。如果某瞬时传感器感受到向下的运动,则压电元件内外表面的电荷极性将与前次相反。这种结构形式的传感器纵向灵敏度大、横向灵敏度小,且能减小基座应变的影响。又由于弹簧-质量系统与其外壳分离,因此噪声和温度冲击等环境因素对其影响也较小。此外,该传感器具有高的固有频率,所以其频响范围很宽,特别适用于高频振动的测量。它的体积和质量也可以做得比较小,因此有助于实现传感器的微型化。

(3) 压电加速度传感器的性能参数　表征压电加速度传感器性能特征的参数主要有:

1) 灵敏度。分为电荷灵敏度(S_q)和电压灵敏度(S_a)两种。电荷灵敏度(S_q)是单位加速度下的电荷量大小。电压灵敏度(S_a)则是单位加速度下的输出电压大小,它们之间的关系式为 $S_q = S_a C_a$,其中 C_a 为电容量。为方便检测微小信号,传感器的灵敏度要尽量高。

2) 频响范围。指传感器幅频特性为水平线的频率范围,一般以 3 dB 为截止频率点。频响范围是加速度传感器一个最重要的指标,要求越宽越好。

3) 测量范围。指传感器所能测量的加速度大小,要求越大越好。

4) 最大横向灵敏度。指传感器的最大灵敏度在垂直于主轴的水平面的投影值,以主轴方向灵敏度的百分比表示,要求越小越好。

5) 使用温度范围。也是传感器的一个重要指标,要求越宽越好。

此外,传感器的质量、尺寸以及输出阻抗等也是经常需要考虑的因素,要求质量越轻越好,体积越小越好。

（4）测量误差来源及使用注意事项　压电加速度传感器用于测量时,有很多因素都会影响测量结果的真实性,带来测量误差,如温度、湿度、电缆噪声、接地回路噪声和传感器横向灵敏度等。对测量结果影响较大的因素是传感器安装方式,压电加速度传感器的常见安装方式及特点见表2.3,供安装时参考。

表2.3　压电加速度传感器的常见安装方式及特点

安装方式	钢制螺栓安装	绝缘螺栓加云母垫片	用黏合剂固定	用刚性高的蜡固定	永久磁铁安装	手持
安装示意图		云母垫片	刚性高的专用垫	刚性高的蜡	与被测物绝缘的永久磁铁	
特点	频响特性最好,基本不降低传感器的频响性能。负荷加速度最大,是最好的安装方法,适合于冲击测量	频响特性近似于没加云母垫片的螺栓安装,负荷加速度大,适合于需要电气绝缘的场合	用黏合剂固定,和绝缘法一样,频率特性良好,可达10 kHz	频率特性好,但不耐温	只适用于1~2 kHz的测量,负荷加速度中等（<200g）,使用温度一般<150 ℃	用手按住,频响特性最差,负荷加速度小,只适用于<1 kHz的测量,其最大优点是使用方便

2. 电涡流振动位移传感器

电涡流振动位移传感器是利用转轴表面与传感器探头端部间的间隙变化来测量振动的。它利用导体在交变磁场作用下的电涡流效应,将变形、位移与压力等物理参数的改变转化为阻抗、电感等电磁参数的变化。

（1）工作原理　电涡流振动位移传感器的结构和工作原理如图2.6和图2.7所示。测量时,通有高频电的线圈周围产生了交变磁场,由于电磁感应的作用,在磁场中运动的金属导体内部将产生一个闭合的电流环,即"电涡流"。电涡流将产生一个与交变磁场相反的涡流磁场 Φ_2来阻碍原交变磁场 Φ_1 的变化,从而使原线圈的阻抗电感和品质因数都发生变化,且它们的变化量与线圈到金属导体之间的距离 x 的变化量有关,根据这一原理就可把位移量转化成电量。

电涡流振动位移传感器的优点包括灵敏度高、线性范围大、频响范围宽、具有零频响应、探头结构尺寸小、抗干扰能力强、适于远距离传送、易于校准标定等,可准确测量出转子振动状况的各种参数,适用于大型旋转机械轴振动、轴位移、相位、轴心轨迹、轴心位置等的测量。

（2）电涡流振动位移传感器的性能特点及使用注意事项　电涡流振动位移传感器的主要静态性能指标有线性度（或非线性误差）、灵敏度、分辨力等。为确保获得真实的测量数据,使用中应注意以下事项:

1）电涡流振动位移传感器的灵敏度和线性范围因被测材料不同会发生变化。被测材料电导率越高,电涡流振动位移传感器的灵敏度就越高,且在相同的量程下,其线性范围越宽。因此,当被测材料改变时,必须重新标定电涡流振动位移传感器的灵敏度和线性范围。

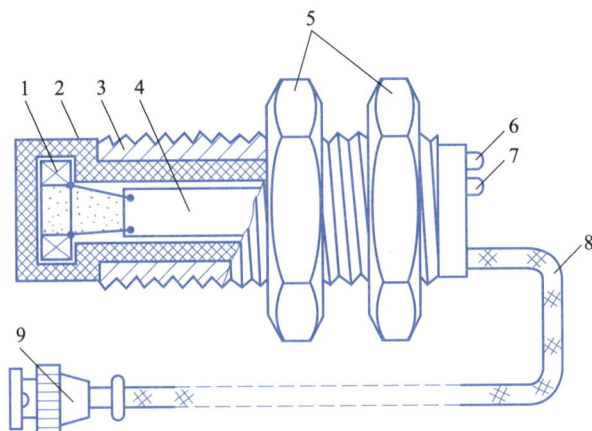

图 2.6　电涡流振动位移传感器的结构

1—电涡流线圈;2—探头壳体;3—壳体上的位置调节螺纹;4—印制线路板;5—夹持螺母;
6—电源指示灯;7—阈值指示灯;8—输出屏蔽电缆线;9—电缆插头

2)对于同一种材料,若被测表面的材质不均匀,或其内部有裂纹等缺陷,测量结果会受到影响(可利用此特性进行无损探伤)。

3)被测物体的形状对测量结果也有影响。当被测物体的面积比电涡流振动位移传感器的线圈面积大得多时,电涡流振动位移传感器的灵敏度基本上不发生变化;而当被测物体的面积为电涡流振动位移传感器线圈面积的一半时,其灵敏度降低一半;被测物体的面积更小时,电涡流振动位移传感器的灵敏度将显著下降。若被测物体为圆柱体,且其直径 D 为电涡流振动位移传感器线圈直径 d 的 3.5 倍以上时,测量结果不受影响;当 $D/d=1$ 时,电涡流振动位移传感器的灵敏度将降至70%左右。

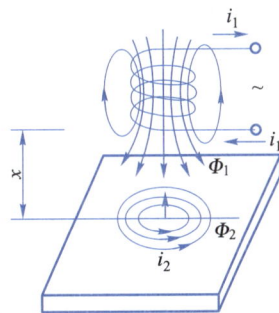

图 2.7　电涡流振动位移传感器的工作原理

4)电涡流振动位移传感器安装的好坏直接影响测量结果的正确性。安装时,应注意其头部四周必须留有一定范围的非导电介质空间。当被测物体与电涡流振动位移传感器间不允许留有空间时,可采用绝缘材料灌封。若同一部位需安装两个以上的电涡流振动位移传感器时,应注意使它们之间留有足够的空间,以避免交叉干扰。

3. 测振传感器的选用原则

选用测振传感器的基本原则是在满足基本测试要求的前提下,尽量降低测振传感器的费用,以得到最佳的性价比。具体选用时,应考虑以下几方面。

(1)测量范围　又称量程,是保证测振传感器有用的首要指标,因为超量程测量不仅意味着测量结果的不可靠,而且有时还会造成测振传感器的永久损坏。因此,必须保证测振传感器在量程内测量。

(2)频响范围　为适应机械振动信号频率分布范围大的特性,测振传感器幅频特性的水平范围应尽可能宽,相频特性要为线性。在检测缓变的机械振动信号时,测振传感器要有尽可能低的下限值;检测高频冲击信号时,测振传感器应有尽可能高的上限值。所选测振传感器的工作频响范围应能覆盖整个被测试的信号频段并略有超出,但也不要选用频响范围过宽的测振传感器,

33

因为这样会增加测振传感器的费用,同时无用频率信号的引入还会增加后续信号分析处理工作的难度。

（3）灵敏度　测振传感器的灵敏度高,有利于检测微小信号。但是,灵敏度提高也会使外界噪声的混入变得更容易,增加信号采集中的无用信息,给信号处理带来困难,因此应根据需要合理选择。测振传感器灵敏度的确定还要与其测量范围结合起来考虑,应使测振传感器工作在线性区域。此外,对于二维、三维等多维向量的测量,要求测振传感器的向与向之间的交叉灵敏度越小越好。

（4）精度　测振传感器的精度是影响测试结果真实性的主要指标,应根据测试工作的目的合理选择相应精度。对于用于比较的定性研究,由于只需得到相对比较值,不要求高精度的绝对值,故可选择低精度的测振传感器;而对于那些需要精确地测量振动参数绝对值的场合,则要选用高精度的测振传感器;对于同一测试系统中的设备,应尽量使用同一精度等级的测振传感器,以优化测试成本。

（5）其他方面　测振传感器工作时周围的环境(如温度、湿度、灰尘、电磁场)会对其性能产生影响,因此一定要按测振传感器的设计工作环境严格选择,保证测振传感器工作在允许的环境条件下。对于用于长期工况监测的测振传感器要重点考虑时间稳定性的问题。此外,对于测振传感器的工作方式、外形尺寸、重量等在选用时也应充分考虑。

（二）在线振动监测系统

机电设备的在线振动监测系统通常由振动传感器、电压/电流传感器、4G DTU、智能管理云平台等组成,它可远程采集设备的相关振动数据,并对振动状态做出判断,及时发现可能的设备故障。有些在线振动监测系统还能集成在线油液监测数据,综合判断设备运行状态和故障状态。

如图 2.8 所示的在线振动监测系统,振动传感器安装在机械设备上,电压/电流传感器安装在电控箱内,采集到的设备温度和 X、Y、Z 三轴的振动速度、电压参数、电流参数等信息,通过 4G DTU 组网设备传输到智能管理云平台,工作人员通过在线监测预警系统或手机 App 等可随时查看。

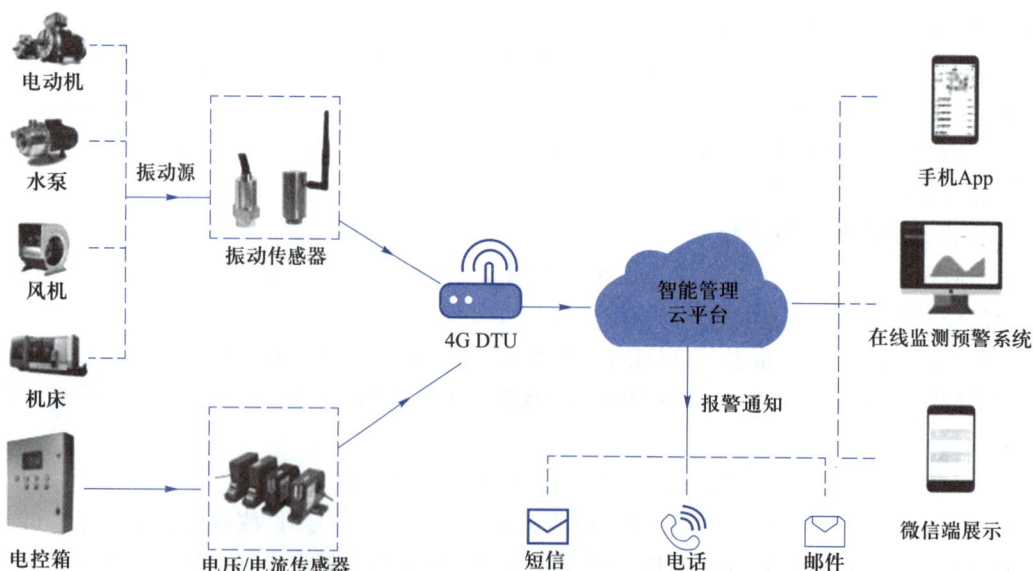

图 2.8　在线振动监测系统

通常,在线振动监测系统具有以下功能:

1)可同时监测多台设备,采集振动加速度、速度、位移等传感器信号,也可采集温度、压力、流量等信号,并将实时数据上传至服务器实时数据库。

2)测量值超过设定的警戒值时,发出报警信号。同时,可保存报警前一段时间和后一段时间的监测数据,上传至异常数据库。

3)历史数据保存,可根据设置的时间间隔把监测数据上传至服务器历史数据库,永久保存。

4)自带多种传感器数据库。

5)包含总貌图、时域波形、频谱分析、瀑布图、包络分析、报警中心等模块。

6)可通过本地或远程查看设备运行状态。

四、齿轮故障的振动诊断

齿轮失效是造成机器故障的重要因素之一。据统计,齿轮箱各类零件的失效比例分别为:轴承 19%、轴 10%、箱体 7%、紧固件 3%、油封 1%,而齿轮失效的比例则高达 60%。齿轮失效后,会引起异常振动,通过对振动特性的分析,便可对故障进行诊断。引起齿轮振动的原因大致有三类:

第一,制造误差引起的齿轮失效。齿轮制造产生的主要误差有偏心、齿距偏差和齿形误差等,当误差较严重时,会引起齿轮传动忽快忽慢,使啮合时产生冲击,引起较大噪声等。

第二,箱体、轴等零件的加工误差及装配不良等引起的齿轮失效。当装配后的齿轮在齿宽方向只有一端接触,或齿轮轴出现不同轴、不对中等现象时,由于齿轮所承受的载荷在齿宽方向不均匀,就会使齿轮的局部受力增加,个别齿载荷过重,引起齿轮的早期磨损,甚至断裂。

第三,齿轮使用中的齿面损伤失效。如磨损失效、表面接触疲劳失效、塑性变形失效、轮齿损伤失效等。

（一）齿轮的振动机理

在齿轮传动过程中,每个轮齿是周期地进入和退出啮合的。以直齿圆柱齿轮为例,其啮合区分为单齿啮合区和双齿啮合区。在单齿啮合区,全部载荷由一对齿副承担;进入双齿啮合区时,载荷则分别由两对齿副按其啮合刚度的大小分别承担(啮合刚度是指啮合齿副在其啮合点处抵抗挠曲变形和接触变形的能力)。在这个过程中,引起齿轮振动的原因大致有以下 3 个方面:

1. 齿副载荷变化

在单、双齿啮合区的交变部位,每对齿副所承受的载荷会发生突变,这种突变必将激发齿轮的振动。

2. 啮合刚度变化

传动过程中每个轮齿的啮合点均从齿根向齿顶(主动齿轮)或从齿顶向齿根(从动齿轮)逐渐移动,由于啮合点沿齿高方向不断变化,各啮合点处齿副的啮合刚度也随之改变,这种啮合刚度的变化,也将激发齿轮产生振动。

3. 轮齿受载变形

齿轮传动中轮齿因受载变形会使基节发生变化,这将使轮齿进入和退出啮合时,产生啮入冲击和啮出冲击,从而使齿轮振动加剧。

以上原因引起的齿轮振动是以每齿啮合为基本频率进行的,频率的大小与齿轮的转速、齿数等有关。当齿轮失效时,振动会加剧,随之产生一些新的频率成分,齿轮故障的振动诊断就是利用这些特征频率进行的。

（二）齿轮故障振动诊断的特征频率

1. 齿轮及轴的转动频率

齿轮及轴的转动频率 f_r 为

$$f_r = n/60 \tag{2.2}$$

式中,n——齿轮及轴的转速,单位为 r/min。

若齿轮已有一齿断裂,每转一转轮齿将猛烈冲击一次,此时的振动频率结构将增加谐频成分,谐频为转动频率 f_r 的整倍数,如 $2f_r$、$3f_r$、…。

2. 啮合频率

齿轮啮合中,从一个轮齿开始进入啮合到下一个轮齿进入啮合,齿轮的啮合刚度变化一次。齿轮啮合刚度的变化频率称为啮合频率。

定轴转动齿轮的啮合频率 f_m 为

$$f_m = z_1 f_{r1} = z_2 f_{r2} \tag{2.3}$$

式中,f_{r1}——主动轮的旋转频率,单位为 Hz;z_1——主动轮的齿数;f_{r2}——从动轮的旋转频率,单位为 Hz;z_2——从动轮的齿数。

（三）齿轮振动信号的调制

改变原始信号的频带使之成为适合传输的高频信号的过程称为调制。产生调制的两个信号,频率相对较高的,称为载波;频率相对较低的,称为调制波。在齿轮振动信号中,啮合频率成分通常是载波成分,齿轮轴旋转频率成分通常是调制波成分。齿轮振动信号的调制可分为幅值调制和频率调制。

1. 幅值调制

从频域看,信号调制的结果是使齿轮啮合频率周围出现边频带成分。如图 2.9 所示的两个信号的调制过程中,图 2.9（a）为载波信号的时域和频域图,图 2.9（b）为调制信号的时域和频域图,图 2.9（c）为幅值调制后信号的时域和频域图,其中 f_m 为载波频率（啮合频率）,f_r 为调制波频率（转动频率）。

由图可知,幅值调制后的信号增加了一对啮合频率与转动频率的和频（$f_m + f_r$）与差频（$f_m - f_r$）。在频率域上,它们以 f_m 为中心,以 f_r 为间隔距离,以幅值为 $\dfrac{AB}{2}$（A 为载波信号的振幅,B 为调制指数）对称分布于 f_m 的两侧,称为边频带,简称边带。

多频率成分构成的周期调制信号,每一个频率分量都将产生边带,形成边带族。多频率幅值调制频谱如图 2.10 所示。

故障信息往往能在调制频率上得到反映。根据频谱调制边频的形状,可以分辨出齿轮存在的缺陷性质。当齿轮有断齿或大的剥落等局部性缺陷时,啮合时的时域信号显示出有规律的幅值增大,频谱图显示出以啮合频率为中心的一系列边频,表现为边频数量多,幅值低,分布均匀平坦,如图 2.11（a）所示。若齿轮存在点蚀、划痕等离散型缺陷,调制信号在时域上是一条幅度变化较小、脉动频率较低的包络线,频谱图产生的边频带特点是分布高而窄,且幅度值变化起伏较大,如图 2.11（b）所示。

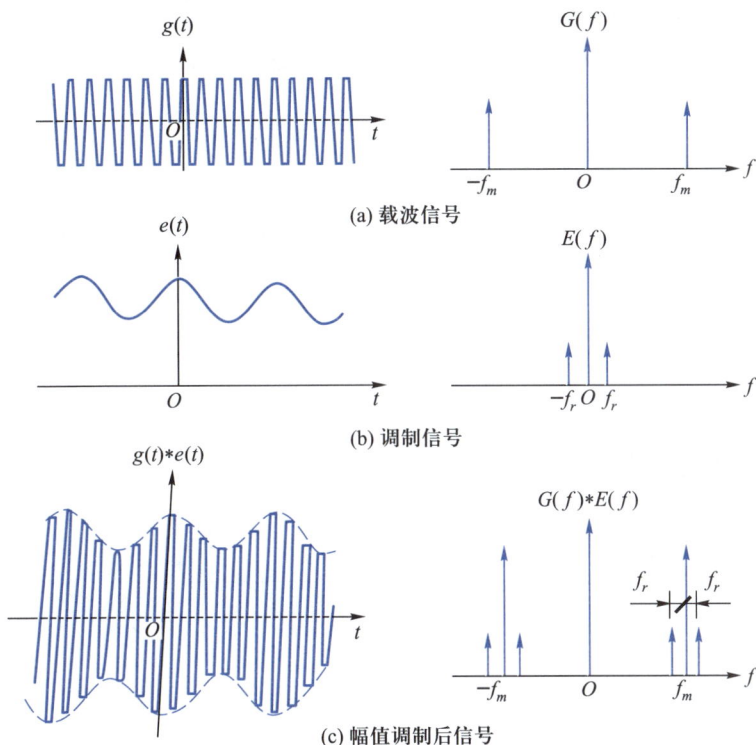

(a) 载波信号

(b) 调制信号

(c) 幅值调制后信号

图 2.9 幅值调制的信号时域和频域图

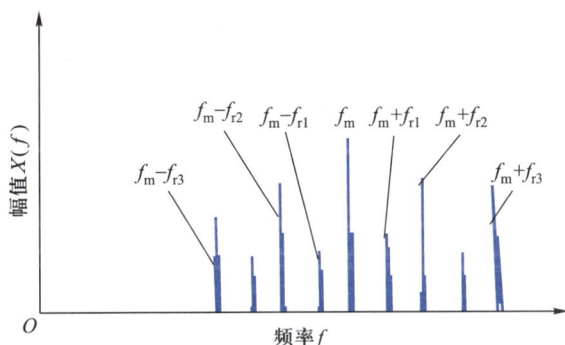

图 2.10 多频率幅值调制频谱

2. 频率调制

引起幅值调制的因素同时也产生扭矩波动,使齿轮转速发生波动,这种波动表现在频率上即为频率调制。

实际的齿轮振动信号往往幅值调制与频率调制或相位调制(载波的相位对其参考相位的偏离值随调制信号的瞬时值成比例变化的调制方式)同时存在,当二者的边频间距相等时,对于同一频率的边带谱线,相位相同时,二者的幅值相加;相位相反时,二者的幅值相减,这就破坏了边频带原有的对称性,所以实际齿轮振动频谱中的啮合频率或其高阶谐频附近的边频带分布一般是不对称的。

(四)齿轮故障的振动诊断

齿轮故障的振动诊断是通过分析振动特性或由振动产生的噪声频谱实现的,振动诊断的主要项目有齿轮的偏心、齿距误差、齿形误差、齿面磨损、齿根部裂纹等。通常低频段振动选用位移传感器,中频段振动选用速度传感器,高频段振动选用加速度传感器。

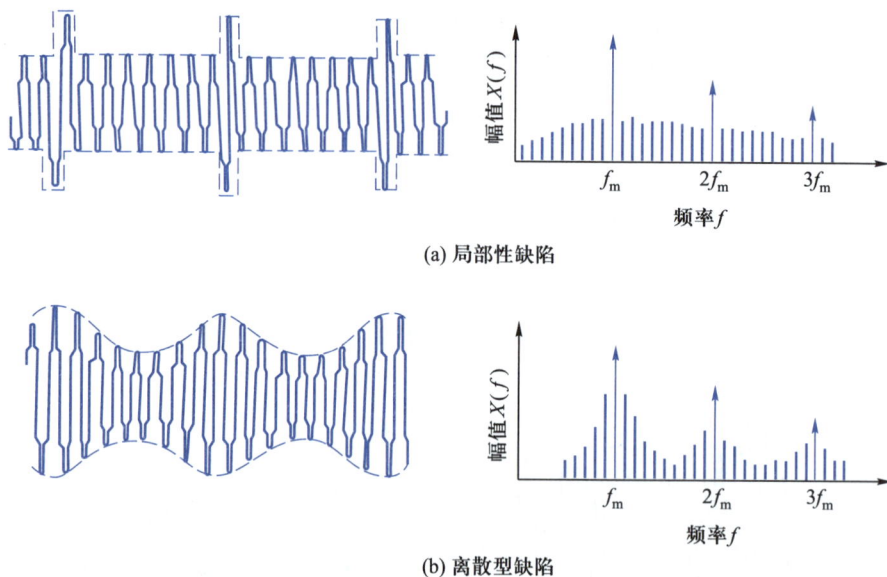

(a) 局部性缺陷

(b) 离散型缺陷

图 2.11　齿轮不同缺陷引起的边频带

齿轮异常及其振动特性见表 2.4。

表 2.4　齿轮异常及其振动特性

齿轮的状态	时域波形	频域特性
正常		
齿面损伤		
偏心		
齿轮回转质量不平衡		

齿轮的状态	时域波形	频域特性
局部性缺陷		
齿距误差		

由表可知,各种齿轮异常的振动特性有如下特点:

1)当齿轮所有齿面均产生磨损或齿面上有裂痕、点蚀、剥落等损伤时,其振动频谱中存在啮合频率的 2 次、3 次及高次谐波成分。

2)当齿轮存在偏心时,齿轮每转中的压力时大时小的变化,使啮合振动的振幅受转动频率的调制,其频谱包括转动频率 f_r、啮合频率 f_m 及其边频带 $f_m \pm f_r$。

3)齿轮回转质量不平衡。主要频率成分为转动频率 f_r 和啮合频率 f_m,但转动频率振动的振幅较正常情况大。

4)齿轮局部性缺陷是指齿轮个别轮齿存在折损、齿面磨损、点蚀、齿根裂纹等局部性缺陷时,在啮合过程中,该齿轮将激发异常大的冲击振动,在振动波形上出现较大的周期性脉冲幅值,其主要频率成分为转动频率 f_r 及其高次谐波 nf_r。

5)当齿轮存在齿距误差时,齿轮在每转中的速度会变化,致使啮合振动的频率受转动频率振动的调制,其频谱包括转动频率 f_r、啮合频率 f_m 及其边频带 $f_m \pm nf_r (n=1、2、3、\cdots)$。

6)高速涡轮增速机中所用的齿轮,其啮合频率高达 5 kHz 以上,其振动特性与常速旋转的齿轮有所不同。常速旋转的齿轮,其振动波形包含啮合频率和啮合冲击引起的自由振动的固有频率这两个主要成分;而高速旋转的齿轮,因啮合频率大于固有频率,所以齿轮只发生啮合频率的振动,而不发生固有频率的振动。两种转速下齿轮的振动特性比较见表 2.5。

表 2.5　常速和高速旋转齿轮的振动特性比较

常速 $f_m \leqslant f_e$		固有频率和啮合频率混合发生
高速 $f_m > f_e$		只存在啮合频率,不存在固有频率

注:f_m——啮合频率;f_e——齿轮的固有频率。

需要说明的是,实际测试所得到的频谱图远非表中所示的那么简洁明了。谱峰通常很难以单一频率线出现,而多表现为一个连续的频段;齿轮的异常现象也很少以单一的形式出现,而往往是多种故障形式的综合。

（五）齿轮故障诊断实例

某水电站发电机组齿轮箱出现强烈振动。该齿轮箱的参数为:输入轴转速 $n_1 = 180$ r/min（3 Hz）,大齿轮齿数 $z_1 = 99$;输出轴转速 $n_2 = 750$ r/min（12.5 Hz）,小齿轮齿数 $z_2 = 24$;啮合频率 $f_m = f_1 z_1 = f_2 z_2 = 300$ Hz。

如图 2.12 所示是振动边频的细化频谱。在细化频谱上,以啮合频率 299.84 Hz 为中心,在两侧形成基本对称分布的边频带。其中（299.84±n×12.5）Hz 的边频带峰值比较突出,而（299.84±n×3）Hz 的边频带峰值不明显（$n = 1、2、3、\cdots$）,说明 12.5 Hz 是主要调制源,故障发生在小齿轮上。故障的性质有两种可能,一是小齿轮加工分度误差大,形成频率调制;二是载荷波动可能是幅值调制,也可能是频率调制。

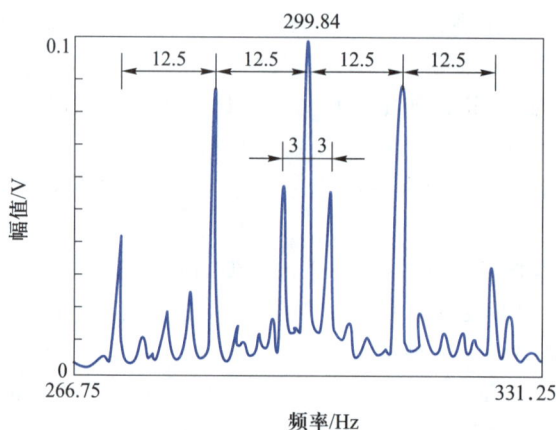

图 2.12　振动边频的细化频谱

五、滚动轴承故障的振动诊断

在齿轮箱的各类故障中,轴承的故障率仅次于齿轮占 19%。滚动轴承常见故障有磨损、疲劳、压痕、腐蚀、点蚀、胶合（黏着）以及保持架损坏等,当出现这些故障时,轴承必然产生异常振动和噪声,因此可采用振动分析的方法对轴承故障进行诊断。

（一）滚动轴承的振动机理

正常情况下,滚动轴承的振动由以下几个方面的因素引起:

1. 轴承刚度变化

由于轴承结构导致滚动体与外圈的接触点变化,使轴承载荷分布状况呈现周期性变化,从而使轴承刚性参数呈现周期性变化,由此引发轴承谐波振动。不管滚动轴承正常与否,这种振动都要发生。

2. 运动副

轴承的滚动表面虽加工得非常平滑,但从微观来看,仍然是高低不平的,滚动体在这些凹面之上转动,会产生交变的激振力,从而引发振动。这种振动既是随机的,又含有滚动体的传输振

动,其主要频率成分是滚动轴承的特征频率。在轴承外圈固定、内圈旋转时,滚动轴承的特征频率如下:

（1）内圈旋转频率

$$f_r = n/60 \qquad (2.4)$$

式中,n——轴的转速,单位为 r/min。

（2）滚动体公转频率

$$f_c = \frac{1}{2}\left(1-\frac{d}{D}\cos\alpha\right)f_r \qquad (2.5)$$

式中,D——轴承的节圆直径;d——滚动体直径;α——接触角。

（3）滚动体自转频率

$$f_b = \frac{1}{2}\cdot\frac{D}{d}\left[1-\left(\frac{d\cos\alpha}{D}\right)^2\right]f_r \qquad (2.6)$$

（4）保持架通过内圈频率

$$f_{ci} = \frac{1}{2}\left(1+\frac{d}{D}\cos\alpha\right)f_r \qquad (2.7)$$

（5）滚动体通过内圈频率

$$f_i = zf_{ci} = \frac{z}{2}\left(1+\frac{d}{D}\cos\alpha\right)f_r \qquad (2.8)$$

式中,z——滚动体数目。

（6）滚动体通过外圈频率

$$f_o = zf_c = \frac{z}{2}\left(1-\frac{d}{D}\cos\alpha\right)f_r \qquad (2.9)$$

3. 滚动轴承元件的固有频率

滚动轴承元件出现缺陷或结构不规则时,运行中将激发各个元件以其固有频率振动。轴承元件的固有频率取决于本身的材料、外形和质量,一般在 20～60 kHz 的频率内。

4. 滚动轴承安装

轴承安装歪斜、旋转轴系弯曲或轴承紧固过紧、过松等,都会引起轴承振动,振动的频率与滚动体的通过频率相同。

（二）滚动轴承故障的振动诊断方法

滚动轴承故障的振动诊断方法有多种,下面对常用的振幅监测法、概率密度诊断法、冲击脉冲诊断法、低频信号接收法、共振解调诊断法进行介绍。

1. 振幅监测法

（1）有效值(均方根值)和峰值判别法　振动信号的有效值反映了振动能量的大小,当轴承产生异常后,其振动必然增大,因而可用有效值作为轴承异常的判断指标。有效值是对时间平均的,故适用于像磨损之类的振幅随时间缓慢变化的故障诊断。

峰值反映的是某时刻振幅的最大值,因而适用于诊断磨损引起的表面粗糙度的状况,如裂纹、剥落等具有瞬变冲击振动的故障诊断。

如图 2.13 所示为轴承发生表面剥落时的振动加速度记录。在剥落期间,峰值比有效值有急剧增大。

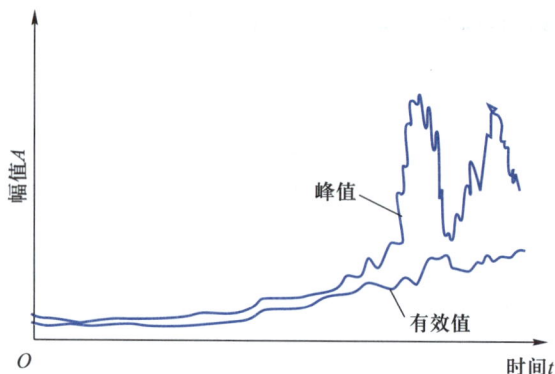

图 2.13　轴承发生表面剥落时的振动加速度记录

（2）波峰因数诊断法　波峰因数 C_f 是指峰值与有效值之比。采用波峰因数进行诊断的最大特点是其值不受轴承尺寸、转速及载荷的影响。正常时，滚动轴承的波峰因数约为 5，当轴承有故障时可达到几十，所以轴承正常、异常的判定更加方便、直现。另外，波峰因数不受振动信号绝对水平的影响，测量系统的灵敏度即使变动，对结果也不会产生多大影响。此法适用于诊断离散型缺陷引起的故障，如表面擦伤、刻痕、凹坑等。

如图 2.14 所示为两种故障状态下的脉冲波形。图 2.14（a）是轴承工作表面粗糙引起的，波形峰值 X_p 不大，但有效值 X_{rms} 相对较大；图 2.14（b）是离散型缺陷引起的，波形有效值 X_{rms} 较小，而波形峰值 X_p 却很大。

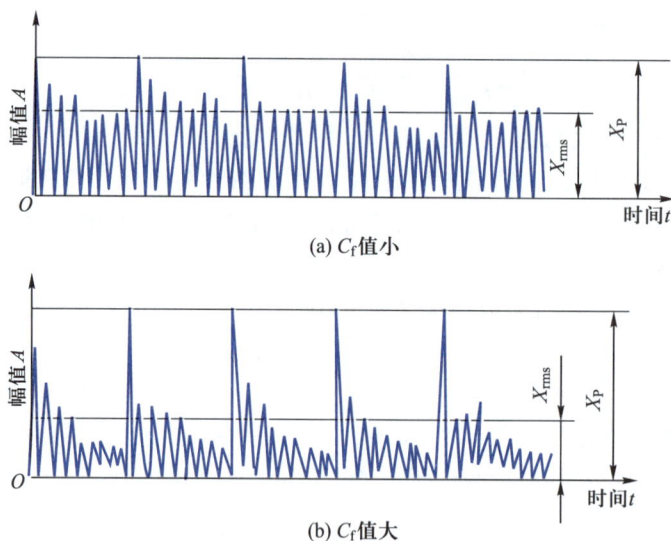

(a) C_f 值小

(b) C_f 值大

图 2.14　两种故障状态下的脉冲波形

2. 概率密度诊断法

将滚动轴承的振动或噪声信号通过数据处理得到不同形式的概率密度函数图形，根据图形的形式可以初步确定轴承是否存在故障以及故障的状态和位置。无故障滚动轴承振幅的概率密度曲线是典型的正态分布曲线，而一旦出现故障，概率密度曲线则会出现变形情况。据此不难分析出如图 2.15 所示的 4 种不同状态轴承的工作状况。图 2.15（a）的图形接近高斯分布。图 2.15（b）的图形方差值较大，但无鞍形，可以说无明显故障。图 2.15（c）的图形特点是数据集中的成分大,在均值左右出现明显的鞍形,说明存在划伤现象。图 2.15(d)的图形方差值很大,数据非常分散,这是疲劳的明显特征。

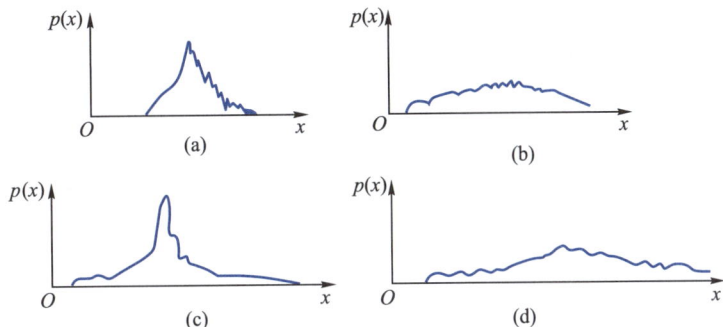

图 2.15　轴承的几种概率密度曲线

3. 冲击脉冲诊断法

冲击脉冲诊断法(Shock Pulse Method)的原理是:滚动轴承存在缺陷时,如有疲劳剥落、裂纹、磨损和滚道进入异物,会发生低频冲击,这种冲击的脉冲信号不同于一般机器的振动信号,冲击脉冲的持续时间很短,其能量可在更广的频率范围内发散,并由于结构阻尼很快被衰减下去。冲击脉冲的强弱与轴承的线速度有关,反映了故障程度。

在冲击脉冲技术中,所用的通用测量单位称为冲击值 dB_{sv}。测量到的轴承冲击值 dB_{sv} 中,还包含了一个初始值 dB_i,也称为背景分贝值,其大小由轴承内径大小和转速高低确定,相当于一个没有任何损伤的轴承所具有的冲击值。轴承工作状态好坏的冲击值是 dB_{sv} 与 dB_i 的相对差值,称为标准值 dB_N,即

$$dB_N = dB_{sv} - dB_i \tag{2.10}$$

冲击脉冲计的刻度单位就是用 dB_N 值表示的。

用 dB_N 判断轴承状态的标准是:

$0 \leqslant dB_N < 20 \text{ dB}$　　　正常状态,轴承工作状态良好;

$20 \text{ dB} \leqslant dB_N < 35 \text{ dB}$　　注意状态,轴承有初期损伤;

$35 \text{ dB} \leqslant dB_N \leqslant 60 \text{ dB}$　警告状态,轴承已有明显损伤。

使用冲击脉冲诊断法时,常常会由于经验不足或对设备工况条件考虑不周造成误诊,为防止这些情况的发生,采用该法时应注意以下问题:

1) 由于机器本身结构的限制,无法完全达到 SPM 传感器安装标准时,会造成信号衰减。

2) 设备本身结构有较大误差时,如出现轴弯曲、不对中等情况时,会造成轴承状态恶化前的误报警。

4. 低频信号接收法

低频信号是指频率低于 1 kHz 的振动信号。这种诊断方法是针对轴承中各元件缺陷的旋转特征频率进行诊断的。其常用的方法是基频识别,即在滚动轴承实际频谱图上找出根据滚动轴承运动形式计算得到的特征频率,并观察其变化,从而判别故障的存在和原因。如图 2.16(a)所示是一个外圈有划伤的轴承频谱图,明显看出其频谱中有较大的周期成分,其基频为 184.2 Hz,而图 2.16(b)所示则是与其相同的完好轴承的频谱图。通过比较可以看出,当出现故障后,频谱图上出现了较高阶谐波,如 184.2 Hz 的 5 阶谐波,且在 736.9 Hz 上出现了谐波共振现象。该波

峰是由于外圈的变形振动(圆环振动)所致。

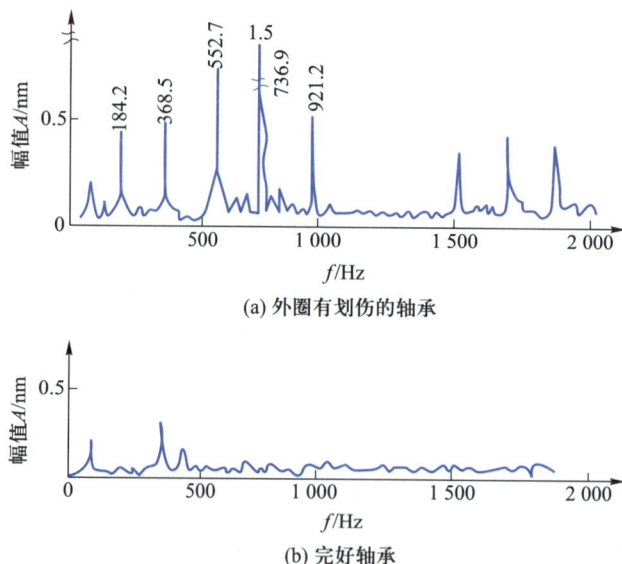

(a) 外圈有划伤的轴承

(b) 完好轴承

图 2.16 故障轴承与完好轴承频谱对比图

5. 共振解调诊断法(IFD 法)

共振解调诊断法也称为包络检波频谱分析法,它是目前滚动轴承诊断中最常使用的方法之一。

共振解调法与冲击脉冲法的基本原理类似,但能做到更精确的诊断。冲击脉冲法只能给出轴承损伤程度的指标,一般来说不能判断轴承的损伤部位。共振解调法两者皆可做到,它通过把故障冲击产生的高频共振响应波放大,通过包络检测方法变为具有故障特征信息的低频波形,然后采用频谱分析法找出故障的特征频率,从而确定故障类型以及故障部位。

如图 2.17 所示为 6204 型轴承,在 30 N 轴向力作用下的振动测试分析结果。图 2.17(a) 为

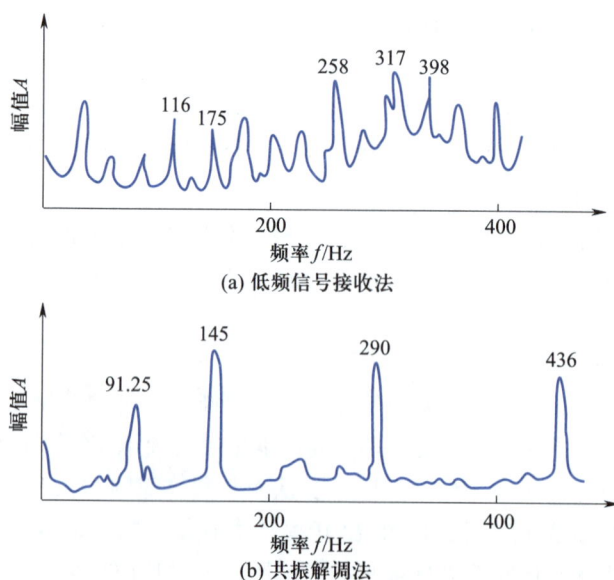

(a) 低频信号接收法

(b) 共振解调法

图 2.17 振动测试分析结果

原信号直接用低频信号接收法得到的频谱,图中频谱密集,难以找出故障的特征频率。图 2.17(b)为经过包络检波后的频谱图,清楚地显示出故障的特征频率,其中 91.25 Hz 是轴承外圈的特征频率,145 Hz、290 Hz 和 436 Hz 是内圈的特征频率及其谐波。该轴承的实际故障时内、外滚道表面各有一处疲劳剥落。

(三)滚动轴承故障诊断实例

下面以鼓风机轴承的共振解调谱分析为例。

一台单级并流式鼓风机,由 32 kW 的电动机经过带减速后拖动。风机的转速为 900 r/min,风量为 1 000 m³/min,风压为 90 mm 水柱。两个同样大小各装有 60 个叶片的叶轮分别装在两根轴上,中间用联轴器连接。每个叶轮两侧各有两个滚动轴承支承。鼓风机结构和测振点布置如图 2.18 所示。该机 6 个月前,位于测点③的轴承振动加速度自 0.07g 逐渐上升,并且超过了允许值,目前已到达 0.68g,几乎上升了 10 倍。为此,对测点③的振动信号进行频率分析,并且计算出该轴承的特征频率。

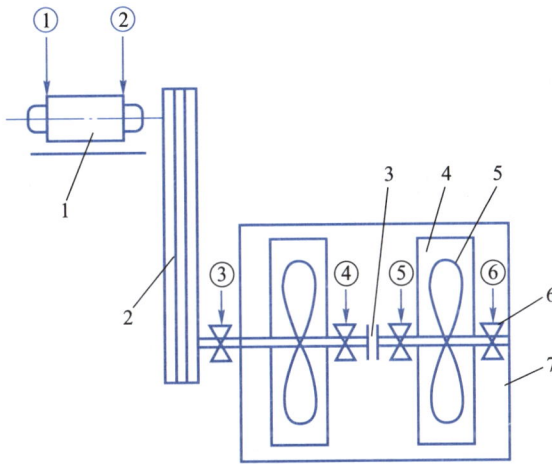

图 2.18 鼓风机结构和测振点布置

1—电动机;2—传动带;3—联轴器;4—蜗壳;5—叶轮;6—轴承;7—风室

轴承的几何尺寸如下:

中径 $D = 70$ mm;滚珠直径 $d = 12.5$ mm;接触角 $\alpha = 0°$;滚珠数 $z = 10$;根据式(2.4)~式(2.9),计算该轴承各元件特征频率:

(1)鼓风机的旋转频率

$$f_r = n/60 = 15 \text{ Hz}$$

(2)滚珠通过内圈频率

$$f_i = zf_{ci} = \frac{z}{2}\left(1 + \frac{d}{D}\cos\alpha\right)f_r \approx 88.4 \text{ Hz}$$

(3)滚珠通过外圈频率

$$f_o = zf_c = \frac{z}{2}\left(1 - \frac{d}{D}\cos\alpha\right)f_r \approx 61.6 \text{ Hz}$$

(4)滚动体自转频率

$$f_b = \frac{D}{2d}\left[1 - \left(\frac{d\cos\alpha}{D}\right)^2\right]f_r \approx 40.6 \text{ Hz}$$

　　如图 2.19 所示为信号经过不同处理后的频谱图。图 2.19(a) 为加速度信号变换后的频谱,图中出现大于 1 kHz 以上的频率成分有 1 350 Hz、2 450 Hz,这是轴承元件的固有频率,该图无故障信息。图 2.19(b) 为经过包络检波处理后的频谱,图中清楚地显示出旋转频率 f_r、滚珠通过外圈频率 f_o、滚珠通过内圈频率 f_i 以及它们的谐波。图 2.19(c) 为加速度时域波形,图上出现明显的 5.46 ms(183 Hz) 的间隔波峰,即外圈频率的 3 倍。因此,可初步确定是外圈滚道上出现了剥落、裂纹或伤痕。但是,从图 2.19(b) 中的频率成分观察,似乎外圈、内圈上都存在缺陷。停机检查轴承发现,轴承外圈和内圈上都出现了很长的轴向裂纹。最后查明引起该轴承振动并导致产生裂纹的原因是轴承座刚性不足以及传动带的拉力不合适。

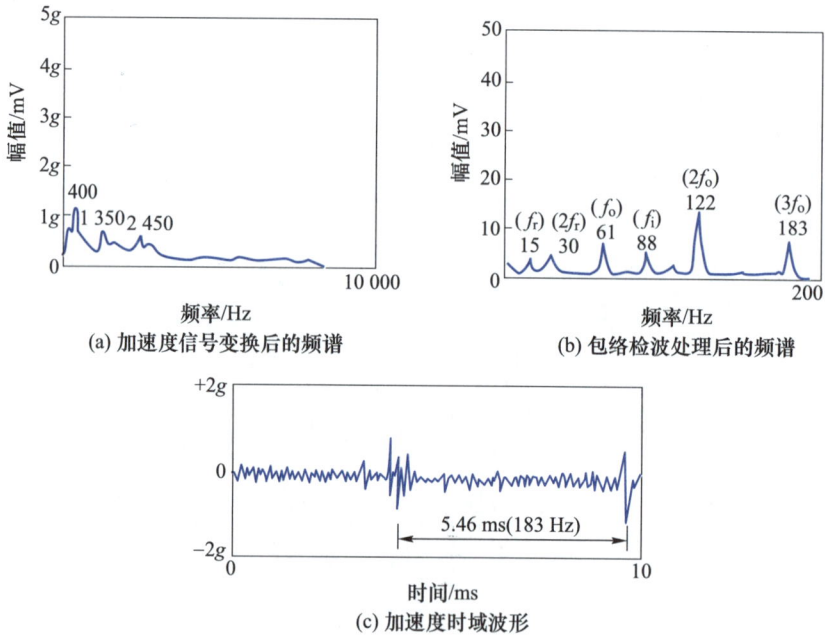

图 2.19　信号经过不同处理后的频谱图

第三节　温度诊断技术

　　温度是工业生产中的重要工艺参数,也是机电设备故障诊断与工况监测的一个重要特征量。机电设备运行中产生的许多故障都会引起相应的温度变化,如润滑不良造成的机件异常磨损、发动机排气管阻塞、电气接点烧坏等均会造成相应部位的温度升高。温度的变化也会对材料的力学、物理性能产生影响,如温度过高使机械零件发生软化等异常现象,导致零件性能降低,严重时还会造成零件的烧损等。

　　温度表示物体的冷热程度,是物体分子运动平均动能大小的标志。温度用温标来量度。各种各样温度计的数值都是由温标决定的,有华氏、摄氏、列氏、理想气体、热力学和国际实用温标等。其中摄氏温标和热力学温标最常用。

　　1968 年国际实用温标规定:热力学温度为基本温度,用符号 T 表示,单位是开尔文,符号为

K。温度也可以用摄氏温度 t 表示,单位是摄氏度,符号为℃。二者的关系为

$$t = T - 273.15$$

摄氏温度的数值是以 273.15 K 为起点($t = 0$ ℃),而热力学温度则以 0 K 为起点($T = 0$ K)。用这两种温度表示温度差时,1 ℃ = 1 K。

$T = 0$ K 称为绝对零度,在该温度下分子运动停止(即没有热存在)。一般 0 ℃ 以上用摄氏度表示,0 ℃ 以下用开尔文表示,这样可以避免使用负值,又与一般习惯相一致。

一、接触式测温

在机电设备的故障诊断与监测领域,根据测量时测温传感器是否与被测对象接触可将测温方式分为接触式测温和非接触式测温两大类。其中接触式测温是使测温传感器与被测对象接触,让被测对象与测温传感器之间通过热传导达到热平衡,然后根据测温传感器中温度敏感元件的某一物理性能随温度而变化的特性来检测温度。常用的接触式测温法有热电阻法、热电偶法、集成温度传感法 3 种,下面介绍前两种。

(一)热电阻法测温

1. 热电阻法测温的常用仪器

热电阻法测温使用的仪器是电阻式温度计,它是根据几乎所有导体的电阻都会随着温度的改变而变化这一原理制成的。测温时,温度计上感温元件的电阻随着温度的改变而变化,将电阻的这种变化通过测量回路进行转换,即可在显示器上显示出温度值。

电阻式温度计的测温范围及性能特点主要取决于温度计上的感温元件即热电阻的类型。目前在机电设备故障诊断与监测领域,常用的热电阻有两大类,一类是由铜、铂、镍等材料制成的金属丝热电阻,另一类是半导体热敏电阻。

(1)金属丝热电阻　金属丝热电阻分为工业热电阻、标准热电阻和铠装热电阻。其中标准热电阻主要用于实验室的精密测温和校验仪器;铠装热电阻为近年发展起来的新品种。目前在机电设备故障诊断领域中,大量使用的是工业热电阻,这种热电阻尽管测温精度相对较低,但成本低廉。工业热电阻的结构如图 2.20 所示。

(2)半导体热敏电阻　半导体具有温度升高电阻降低的特性,因而可利用这一特性进行温度测量。半导体热敏电阻通常用铁、镍、锰、钴、铜、钛和镁等金属的氧化物做原料,经精制后混合并加入有机黏合剂,再经过成形和高温烧结制成。有时也用上述金属的碳酸盐、硝酸盐和氧化物等作为原料制作半导体电阻。与金属丝热电阻相比,半导体热敏电阻具有以下特点:

1)灵敏度高,电阻温度系数为 3% ~ 6%。

2)电阻率很大,因而连接导线的电阻变化可忽略不计。

3)结构简单,体积小,响应速度快。

半导体热敏电阻的外形如图 2.21(a)所示。它可测量 -100 ~ 300 ℃ 范围内的温度。但是,由于半导体电阻存在互换性差、稳定性差和测温

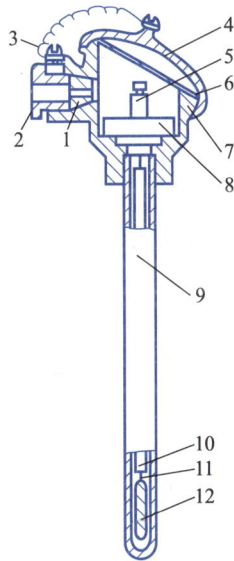

图 2.20　工业热电阻的结构

1—出线密封圈;2—出线螺母;3—小链;4—盖;5—接线柱;6—密封圈;7—接线盒;8—接线座;9—保护管;10—绝缘管;11—引出线;12—感温元件

精度低(我国规定半导体热敏电阻的误差在 $-40 \sim 15$ ℃ 范围内为 ±2%)的缺点,从而限制了它的应用。实际中,半导体热敏电阻常用于实验室的恒温设备和仪器仪表的恒温部件检测。

半导体热敏电阻根据需要可做成如图 2.21 所示的片状[图 2.21(b)]、棒状[图 2.21(c)]和珠状[图 2.21(d)]。

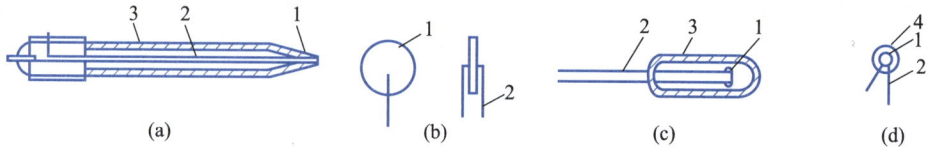

图 2.21　半导体热敏电阻的结构

1—感温元件;2—引线;3—玻璃保护管;4—保护层

片状热敏电阻的直径一般在 $3 \sim 10$ mm 之间,厚度在 $1 \sim 3$ mm 之间。棒状热敏电阻的保护管外径在 $1.5 \sim 2$ mm 之间,长度在 $5 \sim 7$ mm 之间,它的感温元件是直径不到 1 mm 的小球。上述两种为最常用的半导体热敏电阻。

2. 热电阻法测温的主要特点

由于热电阻法测温的感温元件是由金属导体和半导体材料制成的,所以这种测温方法主要具有以下特点:

(1) 测温范围宽　可测 $-273.16 \sim 1\,100$ ℃ 范围内的温度。

(2) 温度测量精度高　一般为千分之几或 ±2 ℃ 左右,完全能满足设备状态监测和故障诊断的需要。

(3) 灵敏度高、响应速度快　当热电阻的体积很小时,其响应速度可达 0.1 s。

(4) 性能稳定　热电阻一般都由纯度很高的金属制成,所以其物理和化学稳定性良好,制出的热电阻复现性较好。

(5) 不适于点温的测量　由于热电阻的阻值随温度的改变与整个感温元件有关,尽管现代工艺可将热电阻做得很小,但其总是要占据一定的空间,因此热电阻所测量的是某一空间的平均温度。

(二) 热电偶法测温

1. 热电偶法测温的基本原理

如图 2.22 所示,将两种不同的导体 A 和 B 组成闭合回路,当 1、2 两个接点的温度不同(设 $T > T_0$ 时,此闭合回路中将会有一电动势 $E_{AB}(T, T_0)$ 产生,这种现象即为热电效应,电动势 $E_{AB}(T, T_0)$ 亦称为热电势。

利用这一原理制成的器件称为热电偶。在使用热电偶测温时其一个接点的温度 T_0 保持不变,则产生的热电势只和另一个接点的温度有关。因此,通过测量热电势的大小就可知道该接点的温度值。

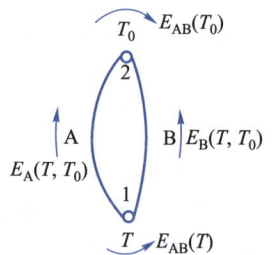

图 2.22　热电偶工作原理

组成热电偶的两种导体,称为热电极。通常把 T_0 端称为自由端、参考端或冷端,而另一端称为工作端、测量端或热端。如果在自由端电流是从导体 A 流向导体 B,则 A 称作正热电极而 B 称作负热电极。

常用的热电偶有工业用热电偶、铠装热电偶等。工业用热电偶由热电极、绝热材料(绝缘管)和保护套管等部分构成,其结构与工业用热电阻类似。

热电偶本体是一端焊接在一起的两根不同材料的金属丝,它也是热电偶的测量端。绝缘管是为避免两热电极间或热电极与保护套管间发生短路而安装的。当热电偶工作环境良好,没有腐蚀性介质时,也可不用保护套管,以减小接触测温误差与滞后。

与工业用热电偶相比,铠装热电偶响应速度更快(外径可拉得很小),耐冲击和抗振动性能好(套管内部是填实的),高温下有良好的绝缘性,适用于有强烈振动和冲击或高温高压的工作场合。

2. 热电偶法测温的仪器及主要特点

热电偶法测温使用的仪器是热电偶温度计,作为在工业领域中使用非常广泛的一种测温方法,热电偶测温主要有以下特点:

1)仪器结构简单,只由两根热电偶丝和一个电压表组成。

2)感温元件的质量及其热容量都可以做得很小,因而其时间常数小,响应速度快;灵敏度高,金属元件在 $100\ \mu V/℃$ 以下,半导体元件为 $mV/℃$ 级。

3)测量范围大,通过选用不同材料制作的热电偶可以实现 $4\sim3\,000\ K$ 的温度测量。

4)准确度高,最高可达到 $\pm0.01\ ℃$。

5)性能稳定,重复性好,有利于互换;测量电路简单,便于温度的读取以及测温过程自动化。

二、非接触式测温

在工业领域中有许多温度测量问题用接触式测温法无法解决,如高压输电线接点处的温度监测,炼钢高炉以及热轧钢板等运动物体的温度监测等。19 世纪末,根据物体热辐射原理进行温度检测的非接触式测温法问世。但是由于当时感温元件的材料、制造技术等方面的原因,这种测温方式只能测量 $800\sim900\ ℃$ 的高温。直到 20 世纪 60 年代后,由于红外线和电子技术的发展,非接触式测温技术才有了重大突破,促进了它在工业领域的应用。

(一)辐射测温的基本原理

物体因受热使其内部原子或分子获得能量而从低能级跃迁到高能级,当它们向下跃迁时,就会发射出辐射能,这类辐射称为热辐射。热辐射是一种电磁波,它包含着波长不同的可见光和不可见的红外光,当物体的温度在千摄氏度以下时,其热辐射中最强的波为红外辐射;只有在物体温度达到 $3\,000\ ℃$,即近于白炽灯丝的白炽温度时,它才包含足够多的可见光。非接触式测温法就是通过检测被测物体所发射的辐射能中不同波长的光,来实现温度检测的。

在对物体的温度与辐射功率关系的研究中常用到以下概念:

黑体:入射到物体上的辐射能全部被吸收,这样的物体称为"绝对黑体",简称为"黑体"。

镜体与绝对白体:入射到物体上的辐射全部被反射,如反射是有规律的,则称此物体为"镜体";如反射没有规律,则称此物体为"绝对白体"。

绝对透明体:入射到物体表面上的辐射能全部被透射出去,具有这种性质的物体称为"绝对透明体"。

自然界中,绝对黑体、绝对白体和绝对透明体都是不存在的,上述概念是为研究问题方便而提出的。

1)绝对黑体在全部波长范围内的全辐射能与物体热力学温度的关系由斯忒藩-玻尔兹曼定

律给出,其数学表达式为

$$E_0(T) = \sigma T^4 \tag{2.11}$$

式中,$E_0(T)$——单位面积辐射的能量,单位为 W/m^2;σ——斯忒藩-玻尔兹曼常数,$\sigma = 5.67 \times 10^{-8}\ W/(m^2 \cdot K^4)$;$T$——热力学温度,单位为 K。

因为黑体的比辐射率(实际物体的辐射度/黑体辐射度)$\varepsilon = 1$,所以对于非黑体(一般物体)来说,有关系式

$$E_0(T) = \varepsilon \sigma T^4 \tag{2.12}$$

2)普朗克定律揭示了单位面积黑体辐射功率沿波长分布和随温度变化的规律,有

$$E_{0\lambda}(\lambda, T) = \frac{2\pi h c^2}{\lambda^5 \left[e^{hc/(\lambda kT)} - 1 \right]} \tag{2.13}$$

式中,$E_{0\lambda}(\lambda, T)$——黑体的光谱度,单位为 $W/(m^2 \cdot \mu m)$;c——光速,$c = 3 \times 10^8\ m/s$;h——普朗克常数,$h = 6.63 \times 10^{-34}\ J \cdot s$;$k$——玻尔兹曼常数,$k = 1.38 \times 10^{-23}\ J/K$;$\lambda$——红外辐射波长,单位为 μm。

根据普朗克定律,对各种不同的温度作图,可得到如图 2.23 所示的黑体辐射光谱特性图。由此可以看出:

1)黑体光谱辐射强度关于波长不是均匀分布的,而是有一个极值,与此极值对应的波长称为峰值波长,记为 λ_m。$\lambda_m(\mu m)$ 可用下式求得:

$$\lambda_m = 2\ 897.6/T$$

2)对于每一种温度都有一条辐射曲线与之相对应,所有曲线都不相交,且随着温度的增高,曲线位置也增高。

3)当温度升高时,辐射曲线的峰值向波长较短的方向移动。

4)每条曲线下的面积,即表示相应温度下黑体的辐射强度值。

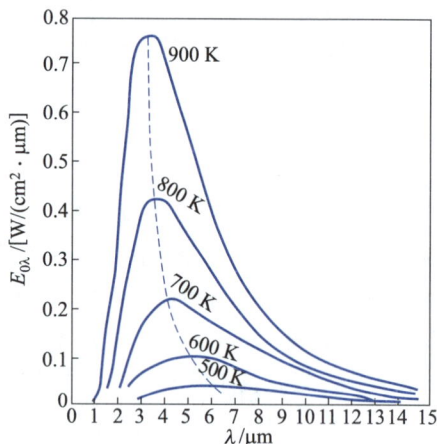

图 2.23　黑体辐射光谱特性图

5)曲线最高点对应的波长 λ_m 的左侧面积(可见光和近红外光波段辐射的能量)约占总能量的 25%,右侧面积(中、远红外光波段辐射的能量)约占 75%。

从斯忒藩-玻尔兹曼定律可知,物体的温度越高,辐射强度就越大。只要知道了物体的温度及其比辐射率,就可算出它所发射的辐射功率;反之,如果测出了物体所发射的辐射强度,就可以算出它的温度。利用物体温度与辐射强度的关系,就可以制造各种非接触式测温装置,进行温度测量。

(二)非接触式测温法的主要特点

1)采用非接触式测温法时,只需把温度计对准被测物体,而不必与被测物直接接触,因此它可以测量运动物体的温度,且不会破坏被测对象的温度场。

2)由于感温元件所接收的是辐射能,感温元件的温度不必达到被测温度。所以,从理论上讲,辐射温度计没有测量上限。

3)由于是利用物体的辐射能进行温度测量的,所以该方法只能测量物体表面的温度,而不能测量体温。

4）利用物体辐射能进行测温时，被测对象的发射率、中间介质对辐射能的吸收、光学元件透过率的变化以及杂光的干扰等，都会对测量结果产生影响。在当前的技术条件下，发射率是辐射测温的主要误差来源。因为被测物体的发射率是随光谱波长、温度以及被测物体表面状况而变化的，因而要确切地知道物体的发射率是不可能的。而中间介质对辐射能的吸收、光学元件透过率的变化以及杂光的干扰等问题，均可通过采取措施加以避免和改善。

（三）非接触式测温仪

在工程中，温度在 $100 \sim 700\ ℃$ 的中温和低于 $100\ ℃$ 的低温测量需求最大。在这些温度下，物体辐射的大部分能量是肉眼不可见的红外线，因此在非接触式测温仪中，红外测温的应用最为广泛。

红外测温具有非接触、便携、快速、直观、可记录存储等优点；它的响应速度快，可动态监测各种启动、过渡过程的温度；它的灵敏度高，可分辨被测物体的微小温差；它的测温范围宽广，从摄氏零下数十度到零上 $2\,000\ ℃$ 都能测量；它适用于多种目标，如相隔一定距离物体的温度、移动物体的温度、低密度材料的温度、需快速测量的温度、粗糙表面的温度、过热不能接近场所的温度以及高电压元件的温度等。在机电行业中，红外测温主要用于机械、电气控制设备的状态监测及故障检查。

1. 红外点温仪

（1）红外点温仪工作原理　红外点温仪是以黑体辐射定律为理论依据，通过被测目标红外辐射能量进行测量，经黑体标定后，确定被测目标温度的仪器。红外点温仪常用于测量物体的一个点（即相对较小面积）的温度，当需要检测大面积的温度时，必须按一定的方向和路线在被检测区内选择多点，实施多次测量才能完成，但其价格低廉，携带和使用都比较方便，故是红外简易诊断的主要仪器。

红外点温仪通常由光学系统、红外探测器、电信号处理器、温度指示器及附属的瞄准器、电源、机械结构等组成。其工作原理如图 2.24 所示。

光学系统的主要作用是收集被测目标的辐射能量，使之汇聚在红外探测器的接收光敏面上，它的工作方式分为调焦式和固定焦点式两种，它的场镜有反射式、折射式和干扰式三种。

红外探测器是感受物体辐射能的器件，它的任务是把接收到的红外辐射能量转换成电信号输出。根据其作用原理不同，红外探测器分为光电型和热电型两类。

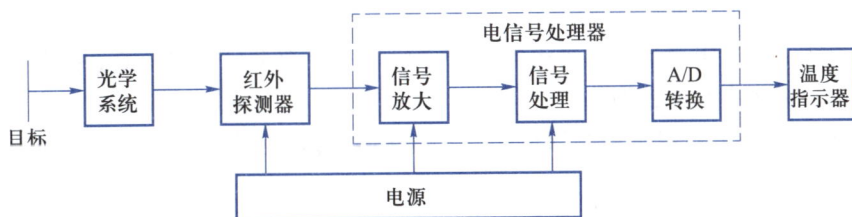

图 2.24　红外点温仪工作原理

光电型探测器的作用原理是当光照射到光电检测元件上后，元件材料中的电子吸收了辐射能而改变其运动状态，从而表现出光电效应。这种探测器具有灵敏度高、响应速度快等特点，适于制作扫描、高速、高温度分辨率的测温仪。但它对红外光谱有选择吸收的特点，只能在特定的红外光谱波段使用。常用的光电检测元件有光电倍增管、硅光电二极管、硫化铅光敏电阻等。

热电型探测器是利用检测元件因受热温度上升，而电特性改变的原理进行工作的，其最大的特点是对红外光谱无选择性,但响应速度较慢、灵敏度较低。常用的热电型探测器有热敏电阻、热电堆、热释电三类。

电信号处理器的功能有:放大探测器产生的微弱信号,进行线性化输出处理、辐射率调整处理、环境温度补偿,抑制非目标辐射产生的干扰及系统噪声,提供用于温度指示的信号及计算机处理的信号。

（2）红外点温仪分类　红外点温仪按其测温范围分为:低温点温仪,测温范围为$-100 \sim 300\ ℃$;中温点温仪,测温范围为900 ℃以下;高温点温仪,测温范围为900 ℃以上。

常用的红外点温仪按其工作原理及其检测波段的不同,分为以下三类:

1）全辐射测温仪。它的工作原理是将目标沿整个波长范围内的总辐射能全部接收测量,由黑体标定出目标温度。其特点是结构简单,使用方便,但灵敏度不高,误差也较大。

2）单色测温仪。它靠单色滤光片选择接收特定波长目标的辐射能量,以此来确定目标温度。其特点是结构简单、使用方便、灵敏度高,并能抑制某些干扰。

3）比色测温仪。它靠两组(或更多)不同的单色滤光片收集两个相近辐射波段下的辐射能量,在电路上进行比较,由比值确定目标温度。使用该仪器测量时,其测量距离和其间吸收物对测量结果的影响较小,测量灵敏度较高,特别是在中、高温测量范围内使用较好。但其结构复杂,价格较高。

（3）红外点温仪主要技术指标

1）测温范围。指红外点温仪能够测量的温度下限到温度上限的区间。

2）距离系数、检测角与光路图。

距离系数、检测角与光路图是红外点温仪汇聚能量的“光路”通道的三种不同表达方式。

距离系数是指被测目标的距离 L 与光学目标的直径 d 之比,即 $K_L = L/D$。距离系数越大,表示在检测相同大小的目标时,测量距离可以越远。

检测角与距离系数近似成反比,即 $\delta \approx d/L = 1/K_L$。

光路图是以图形方式表示测距与该位置对应的光学目标直径的关系,即红外点温仪的视场图。

3）瞄准方式,分为以下两种:

光学聚焦瞄准。按望远镜的光学原理寻找被测目标,测温时,只需将仪器目镜的中心线“+”对准被测目标的中心位置即可。

激光定位瞄准。以半导体发射的激光束红点代表仪器光学目标的中心,测温时把激光束红点瞄准到被测目标的中心位置即可。

4）测温精度。红外点温仪的测温精度定义为对温度标准值的不确定度或允许误差,其表示方式有三种:

绝对误差。指实测值与真实值或标准值的偏差。如绝对误差±3 ℃,表示测温仪在其测量范围内任何测量值中,所含的误差绝对值都小于或等于 3 ℃。

相对误差。如测温的相对误差为 2%,则表示当测量值为 100 ℃时,其误差不超过 2 ℃;当测量值为 300 ℃时,其误差不超过 6 ℃。

引用误差。如测温的引用误差为±1 ℃时,仪器测量满量程为 300 ℃,则表示在任何测量值时的误差都不超过 3 ℃。

5）响应时间。指被测温度从室温突变为测温范围的上限温度时,测温仪的输出显示值达到稳定值的某一百分数时,所需要经历的时间。

6）工作波段。指根据测温范围所选择的红外辐射率。

7）稳定性(复现性)。它是表示红外点温仪测温示值可靠程度的性能指标。

2. 红外热成像仪

红外热成像仪利用红外扫描器、光学成像物镜和光机扫描系统,在不接触的情况下,接收物体表面的红外辐射信号并将该信号转变为电信号,经电子系统处理传至显示屏上,从而得到与景物表面热分布相应的"实时热图像"。它可绘出空间分辨率和温度分辨率都较好的设备温度场的二维图形,实现了把景物的不可见热图像转换为可见图像,使人类的视觉范围扩展到了红外谱段。

(1) **红外热成像仪的基本构成** 如图 2.25 所示为红外热成像仪的基本构成。

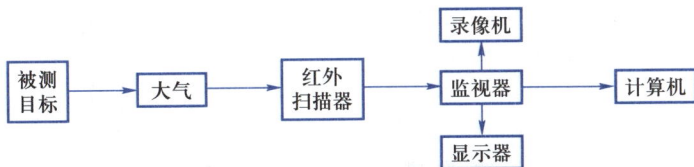

图 2.25 红外热成像仪的基本构成

科苑云漫步
红外热成像仪
工作原理

红外扫描器又称探测器或红外摄像机,是红外热成像仪的主要组成部分。该部分的作用是通过红外扫描单元把来自被测对象的电磁热辐射能量转化为电子视频信号,并将该信号进行放大、滤波等处理后,传输到监视器。

红外扫描器的主要性能包括元数、每个元的探测率、响应率、时间常数及这些参数的均匀性及制冷性能等。

红外热成像让
"危险"无所遁形

(2) **红外热成像仪探测波段的选择** 红外热成像仪的红外扫描器工作时,其接收到的被测物体的辐射能会因空气中的 CO_2 及水分子的吸收而发生变化,从而导致测量结果不准确。为使这种影响降至最低程度,可根据红外波长与大气传导率的关系来选择探测波长,选择波段有 4 个:1 μm 左右的近红外段、2 ~ 2.5 μm 段、3 ~ 5 μm段、8 ~ 14 μm 段。

通常将 3 ~ 5 μm 和 8 ~ 14 μm 两个波段称为"短波"和"长波"窗口,这两个波段具有响应速度快、灵敏度高的特点。长波段更适用于低温(−10 ~ 20 ℃)及远距离测量,多用在军事及气体的检查方面。短波段能在较宽范围内提供最佳功能,达到良好的测温效果。

3. 集成温度传感器

集成温度传感器也称为温度传感器集成电路(温度 IC),它利用半导体 PN 结的电流、电压与温度的关系测量温度。它采用微电子技术和集成工艺,把温度敏感元件和外围电路、放大器、偏置电路和线性电路等制作在同一块芯片上,实现了测量、放大、电源供电回路的一体化。集成温度传感器具有输出线性好、测温精度高、稳定性好、抗干扰能力强、体积小、价格低等优点,测量温度通常在 150 ℃ 以下。

集成温度传感器按信号输出形式分为数字输出和模拟输出两种类型。其中数字输出型又有开关输出型、并行输出型、串行输出型等。模拟输出型又有电压输出型和电流输出型两种,电压输出型的灵敏度一般为 10 MV/℃ (以 0 ℃作为电压的零点),电流输出型的灵敏度一般为 1 μA/K(以绝对温度作为电流的零点)。

(四) 温度传感器的选用

温度传感器的选用要综合考虑被测物体的状况、测量环境、测量仪器是否适用等因素,如

图 2.26 所示给出了一般工业用温度传感器的选用方法,供使用中参考。

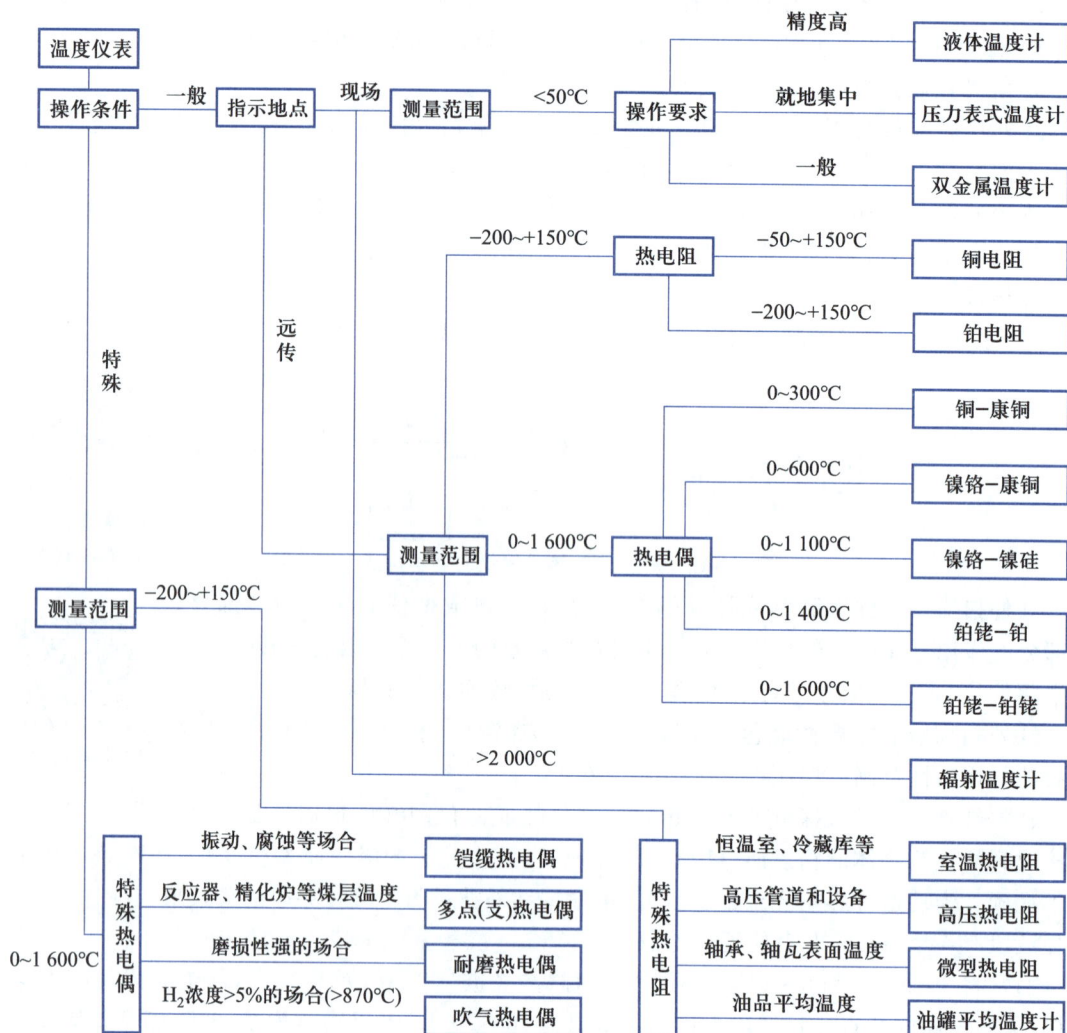

图 2.26　一般工业用温度传感器的选用方法

三、故障诊断实例

1. 风机故障诊断

某钢厂利用红外点温仪巡查时发现,1 号风机的电动机后轴承端发热严重,温度急剧上升,从 78 ℃上升到 90 ℃,且有油溢出,随即紧急停机。经对电动机解体检查发现,轴承架已严重损坏,由于及时停机,避免了一次设备事故。

2. 车床主轴箱热变形故障诊断

某车床加工时出现几何误差持续超差现象,现已查明主要是由主轴箱热变形引起的,为此采用红外热成像仪实测箱体轴承孔四周的温度。

测量方案:首先将主轴箱简化为如图 2.27(a)所示的模型,然后在主轴箱运行达到热平衡后实施测量。

1）测得 *BCGF* 面（主轴箱前面）的温度场［图 2.27（b）］，靠近热源最内第 1 圈的温度为 56.5 ℃，第 2 圈的温度为 40.5 ℃，第 3 圈的温度为 39 ℃，第 4 圈的温度为 34 ℃。

2）测得 *AEHD* 面（主轴箱后面）的温度场［图 2.27（b）］，第 1 圈的温度为 45 ℃，第 2 圈的温度为 40 ℃，第 3 圈的温度为 35.5 ℃。

3）根据温度场计算得到，*BCGF* 面的前轴承中心平均升高 34.2 μm，*AEHD* 面的后轴承中心平均升高 27.7 μm，即在 400 mm 长度内，主轴线倾斜 6.5 μm。

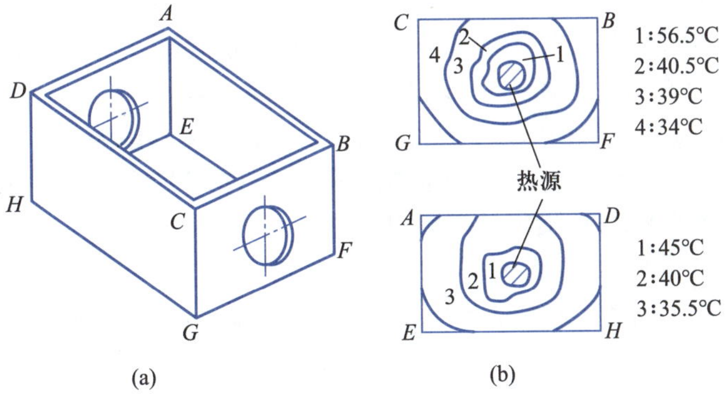

图 2.27　车床主轴箱及前后温度场

第四节　油样分析与诊断技术

机械设备中的润滑油和液压油在工作中是循环流动的，油中包含着大量由各种摩擦副产生的磨损残余物（磨屑或磨粒），这些残余物携带着丰富的关于机械设备运行状态的信息。油样分析就是在设备不停机、不解体的情况下抽取油样，并测定油样中磨损颗粒的特性，对机器零部件磨损情况进行分析判断，从而预报设备可能发生的故障的方法。

通过油样分析，能够取得以下信息：

1）磨屑的浓度和颗粒大小反映了机器磨损的严重程度。

2）磨屑的大小和形貌反映了磨屑产生的原因，即磨损发生的机理。

3）磨屑的成分反映了磨屑产生的部位，即零件磨损的部位。

一、油样的采集

（一）油样采集工作的原则

油样是油样分析的依据，是设备状态信息的来源。采样部位和方法的不同，会使所采取的油样中的磨粒浓度及其粒度分布发生明显的变化，所以采样的时机和方法是油样分析的重要环节。为保证所采油样的合理性，采样时应遵循以下几条基本原则：

1）应始终在同一位置、同一条件（如停机则应在相同的时间后）和同一运转状态（转速、载荷相同)下采样。

2)应尽量选择在机器过滤器前并避免从死角、底部等处采样。

3)应尽量选择在机器运转时或刚停机时采样。

4)如关机后采样,必须考虑磨粒的沉降速度和采样点位置,一般要求在油还处于热状态时完成采样。

5)采油口和采样工具必须保持清洁,防止油样间的交叉污染和被灰尘污染,采样软管只用一次。

(二)油样采集的周期

油样采集周期应根据机器摩擦副的特性、机器的使用情况以及用户对故障早期预报准确度的要求而定。一般机器在新投入运行时,其采样间隔时间应短,以便于监测分析整个磨合过程;机器进入正常期后,摩擦副的磨损状态变得稳定,可适当延长采样间隔。如变速箱、液压系统等,一般每 500 h 采一次油样;新的或大修后的机械在第一个 1 000 h 的工作期间内,每隔 250 h 采一次油样;油样分析结果异常时,应缩短采样时间间隔。

(三)油样采集的方法

采样的主要工具是抽油泵、油样瓶和抽油软管等,采样装置示意图如图 2.28 所示。采样的方法步骤如下:

1)松开抽油泵圆头螺母插入抽油软管,然后拧紧螺母,使抽油软管固定在抽油泵接头上。抽油软管应从泵接头的底部伸出大约 10 mm,以保证泵接头和泵内部不受油污染。

2)将油样瓶拧紧在抽油泵接头上,连接部位不能漏气。

3)抽出被检机器上的机油尺,或打开加油口螺母,将抽油软管插入油面约 50 mm。抽油软管不宜插入过深,以防止吸出沉淀物。

4)反复推拉抽油泵手柄,在油样瓶中产生真空,使油液通过抽油软管流入油样瓶中,直至抽够标定油量为止。

5)取下油样瓶,擦净抽油软管,放松螺母将抽油软管取下。

6)填写油样检验单(机型、编号、部位和运转小时等),并将其黏贴在油样瓶上。

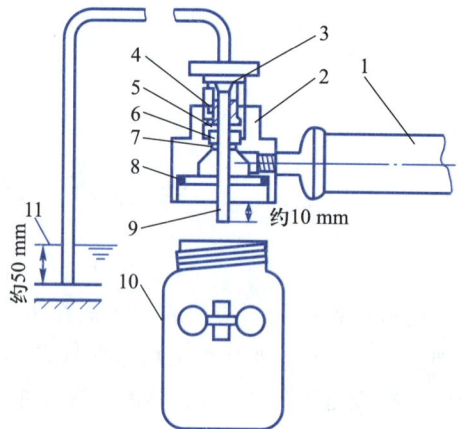

图 2.28　采样装置示意图

1—抽油泵;2—泵接头;3—圆头螺母;
4—O 形环;5、6、7—隔圈;8—橡胶垫圈;
9—抽油软管;10—油样瓶;11—油面

二、油样铁谱分析技术(Ferrography)

油样铁谱分析技术是目前使用最广泛的润滑油油样分析方法。它的基本原理是把铁质磨粒用磁性方法从油样中分离出来,然后在显微镜下或肉眼直接观察,通过对磨料形貌、成分等的判断,确定机器零件的磨损程度。油样铁谱分析技术包括定性分析技术和定量分析技术两个方面。

（一）铁谱的定性分析

油样中磨粒的数量、尺寸大小、尺寸分布、成分以及形貌特征都直接反映了机械零件的磨损状态，其中磨粒大小、成分与形貌特征属定性分析范畴。铁谱定性分析的方法有铁谱显微镜法、扫描电镜法和加热分析法。

在铁谱定性分析中，关键技术是对各类磨粒形貌的识别。识别时可参考相关的特定零件（轴承、齿轮、柴油机、液压系统等）、系统和设备的磨粒图谱以及美国 Dianel P. Anderson 编著的《磨粒图谱》。

1. 形貌分析

形貌分析是指通过对磨粒形态的观察分析，来判断磨损的类型。不同磨损状态下，形成的磨粒在显微镜下的形态如下：

（1）正常磨损微粒　正常磨损微粒是指设备的摩擦面经跑合后，进入稳定磨合阶段时所产生的磨损微粒。对钢而言，是厚度为 $0.15 \sim 1\ \mu m$，长度为 $0.5 \sim 15\ \mu m$ 的碎片，在铁谱片呈现出整齐的"链式"排列（图 2.29）。

（2）切削磨损磨粒　这种磨粒是由一个摩擦表面切入另一个摩擦表面或润滑油中夹杂的硬质颗粒、其他部件的磨损磨粒切削较软的摩擦表面形成的，磨粒形状如带状切屑，宽度为 $2 \sim 5\ \mu m$，长度为 $25 \sim 100\ \mu m$，厚度约为 $0.25\ \mu m$。当出现这种磨粒时，表示机器已进入非正常的磨损阶段（图 2.30）。

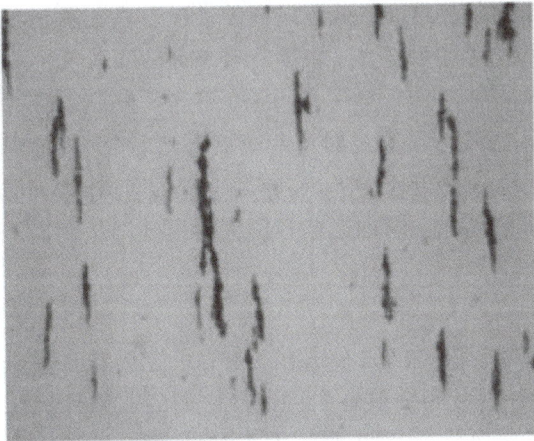

图 2.29　正常磨损微粒形貌

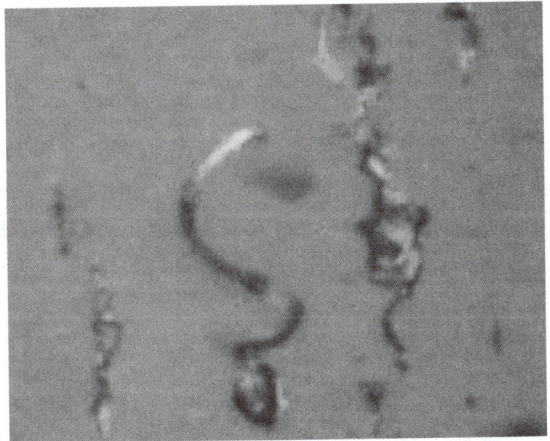

图 2.30　切削磨损磨粒形貌

（3）滚动疲劳磨损微粒　这种微粒通常是由滚动轴承的疲劳点蚀或剥落产生的，它包括三种不同形态：疲劳剥离磨粒、球状磨粒和层状磨粒。

疲劳剥离磨粒是在点蚀时从摩擦副表面分离出的扁平鳞片形微粒，表面光滑，有不规则的周边。其尺寸在 $10 \sim 100\ \mu m$ 之间，长轴尺寸与厚度之比约为 $10:1$。系统中大于 $10\ \mu m$ 的疲劳剥离磨粒有明显增加是轴承失效的预兆（图 2.31）。

球状磨粒的出现是滚动轴承疲劳磨损的重要标志。一般球状磨粒都比较小，大多数磨粒直径在 $1 \sim 5\ \mu m$（图 2.32）。其他原因例如液压系统中的气穴腐蚀、焊接和磨削加工过程中产生的球状金属微粒的直径往往大于 $10\ \mu m$，两者粒度大小的差别可作为区分判断的依据。

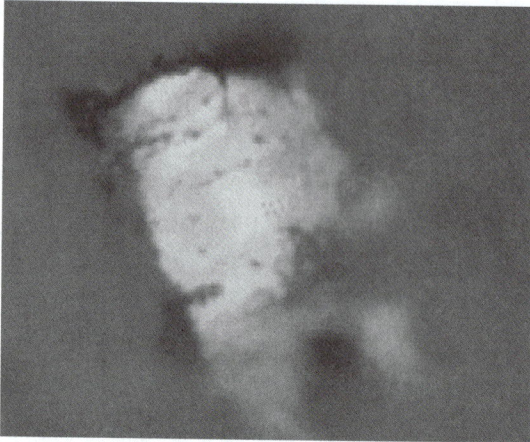

图 2.31　疲劳剥离磨屑形貌

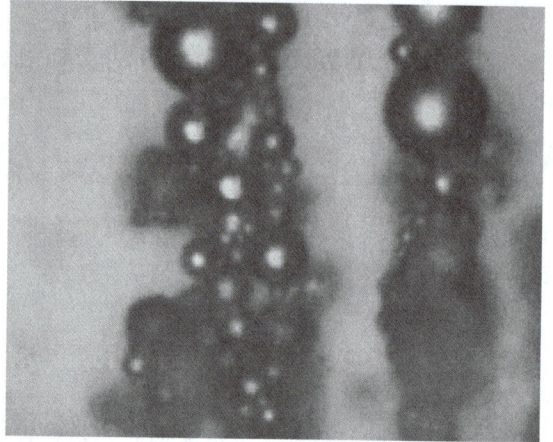

图 2.32　球状磨粒形貌

（4）滚动–滑动复合磨损微粒　滚动–滑动复合磨损磨粒是齿轮啮合传动时由疲劳点蚀或胶合而产生的磨粒。它是齿轮副、凸轮副等摩擦副的主要损坏原因。这种磨屑与滚动轴承所产生的磨屑有许多共同之处，它们通常均具有光滑的表面和不规则的外形，磨屑的长轴尺寸与厚度之比为 4∶1~10∶1。但滚动–滑动复合磨损微粒的特点是磨屑较厚（几微米），长轴尺寸与厚度比例较高。

（5）严重滑动磨损磨粒　此类磨粒是在摩擦面的载荷过高或速度过高的情况下由于剪切混合层不稳定而形成的，一般为块状或片状，表面带有滑动的条痕，并具有整齐的刃口，尺寸在 20 μm 以上，长厚比在 10∶1 左右。

以上介绍的五种主要磨屑，是钢铁磨损微粒的主要形式，通过对谱片上磨屑形状、大小的识别就可以了解机械的磨损原因和所处状态。一般机电设备出现小于 5 μm 的小片形磨屑时，表明机器处于正常磨损状态；大于 5 μm 的切削形、螺旋形、圈形和弯曲形微粒的大量出现则是机器严重磨损的征兆。

2. 成分分析

（1）有色金属磨粒的识别　机电设备中，除钢铁类零件外，通常还有一些有色金属材料制成的零部件，因此油样中也含有一些有色金属磨粒。有色金属磨粒首先可以从它们的非磁性沉积形式进行识别。在铁谱片上有色金属磨粒不按磁场方向排列，以不规则方式沉淀，大多数偏离铁磁性微粒链，或处在相邻两链之间，它们的尺寸沿谱片的分布与铁磁性微粒有根本的区别。

1）白色有色金属识别。使用 X 射线能谱法可以准确地确定磨屑成分。用铁谱片加热处理方法配合酸碱侵蚀法也能区分如铝、银、铬、镉、镁、钼、钛和锌等。其识别方法见表 2.6。

表 2.6　白色有色金属的识别方法

金属种类	识别条件					
	0.1N HCl	0.1N NaOH	330 ℃	400 ℃	480 ℃	540 ℃
铝（Al）	可溶	可溶	不变	不变	不变	不变*
银（Ag）	不可溶	不可溶	不变	不变	不变	不变

金属种类	识别条件					
	0.1N HCl	0.1N NaOH	330 ℃	400 ℃	480 ℃	540 ℃
铬（Cr）	不可溶	不可溶	不变	不变	不变	不变
镉（Cd）	不可溶	不可溶	不变	—	—	—
镁（Mg）	可溶	不可溶	不变	不变	不变	不变
钼（Mo）	不可溶	不可溶	不变	微带深紫的黄褐色		—
钛（Ti）	不可溶	不可溶	不变	深褐色	深褐色	深褐色
锌（Zn）	可溶	不可溶	不变	不变	深褐色	深褐色

* 在某些条件下可能比较明亮。

2）铜合金识别。铜合金有特殊的红黄色，因而易于识别。与铜金属颜色相近的其他金属如钛、轴承合金等呈棕色，但颜色不如铜合金均匀。

3）铝、锡合金识别。铝、锡合金磨粒极软，熔点很低，没有清晰的边缘，易被氧化和腐蚀，表面总有一层氧化层，因此在低倍显微镜下呈黑色。

（2）铁的氧化物识别 铁谱片上出现铁的红色氧化物，表明润滑系统中有水分存在；如果铁谱片上出现黑色氧化物，说明系统润滑不良，在磨屑生成过程中曾经有过高热阶段。

1）铁的红色氧化物。磨屑有两类，一类是多晶体，在白色反射光下呈橘黄色，在反射偏振光下呈饱和的橘红色，如果铁谱片上有大量此类磨屑存在（特别是大磨屑存在），说明油样中必定有水。另一类是扁平的滑动磨损微粒，在白色反射光下呈灰色，在白色透射光下呈无光的红棕色，因反光程度高，容易与金属磨屑相混淆。但如果仔细观察则会发现，这种磨屑在双色照明下不如金属磨粒明亮，在断面薄处有透射光。若铁谱片中有此磨屑出现，说明润滑不良，应采取相应对策。

2）铁的黑色氧化物。铁的黑色氧化物微粒外缘为表面粗糙不平的堆积物，因含有 Fe_3O_4、$\alpha-Fe_2O_3$、FeO 等混合物质而具有铁磁性，在铁谱片上以铁磁性微粒的方式沉积。当铁谱显微镜的分辨力接近最低限度时，有蓝色和橘黄色小斑点。铁谱片上存在大量黑色铁的氧化物微粒时，说明润滑严重不良。

3）深色金属氧化物。局部氧化了的铁磨屑属于这类深色金属氧化物，它与磨粒共存，呈暗灰色。因其表面已覆盖足够厚的氧化膜层，因此加热时颜色不再变化。这些微粒是严重缺油的反映。大块深色金属氧化物的出现则是部件毁灭性失效的征兆。

（3）润滑剂变质产物的识别 润滑剂在使用过程中会发生变质，其变质产物的识别方法如下：

1）摩擦聚合物的识别。润滑剂在摩擦副接触的高应力区受到超高的压力作用，其分子易发生聚合反应而生成大块凝聚物。当细碎的金属磨损颗粒嵌在这些无定形的透明或半透明的凝聚物上时，就形成了摩擦聚合物。通常油中适当有一些摩擦聚合物可以防止胶合磨损，但摩擦聚合物过量会使润滑油黏度增加，堵塞油过滤器，使大的污染颗粒和磨屑进入机器的摩擦表面，造成严重的磨损。若是在通常不产生摩擦聚合物的油样中见到摩擦聚合物，则意味着已出现过载现象。

2）腐蚀磨屑的识别。润滑剂中的腐蚀物质使铁、铝、铅等金属产生的腐蚀磨屑非常细小，其尺寸在亚微米级，用放大镜很难分辨，但这种腐蚀磨屑的沉积会使铁谱片出口端 10 mm 处的覆盖面积读数值高于 50 mm 处。

3）MoS_2 的识别。MoS_2 是一种有效的固体润滑剂，铁谱上的 MoS_2 往往表现为片状，而且有带直角的直线棱边，具有金属光泽，颜色为灰紫色，具有反磁性，往往被磁场排斥。

4）污染颗粒的识别。污染颗粒包括新油中的污染、道路尘埃、煤尘、石棉屑以及过滤器材料等，应视摩擦副的具体情况和机器的运转环境进行分析判断，必要时可参考标准图谱识别。

（二）铁谱的定量分析

定量分析的目的是要确定磨损故障进展的速度，它是通过对铁谱基片上大、小磨粒的相对含量进行定量检测来实现的。铁谱定量分析的指标有标准磨粒浓度、大磨粒百分比、磨损烈度、累积值曲线等。累积值曲线是以时间为横坐标，分别将每个新测得的 D_L+D_S 和 D_L-D_S 累加到以前全部读数的总和上作为纵坐标，形成的两条曲线。对于磨损正常的机电设备，这两条曲线应该是两条逐渐分开的直线。如果这两条曲线发生突变或者形成两条斜率急速升高的曲线，则说明设备发生了异常磨损。工作中，选哪个指标作为铁谱定量分析的基础，应视具体情况而定。

以直读式铁谱仪为例，各指标的具体含义如下：

1. **标准磨粒浓度（WPC）**

其含义是每毫升油样中的磨粒数量，以 D_L+D_S 表示，其中 D_L 是尺寸大于 5 μm 的磨粒数量，D_S 是尺寸为 1~2 μm 的磨粒数量，显然 D_L+D_S 可定量地表示油样中磨粒的浓度，从而定量地表示机械磨损的程度。但是磨粒浓度的标准值和极限值目前还没有制定出来，这是因为磨粒浓度与机电设备使用的时间有关，在机电设备管理不十分严格、运转时间统计不十分准确的条件下，用磨粒浓度很难准确表达机械磨损的状态。

2. **大磨粒百分比（PLP）**

大磨粒百分比以 $(D_L-D_S)/(D_L+D_S)$ 或 $D_L/(D_L+D_S)$ 表示。它主要表达的是大尺寸磨粒在磨粒中占的比例。机电设备在正常磨损时产生的磨粒多是小尺寸的，如果大磨粒所占的比例增加了，说明机器的磨损状态发生了异常，机器已经或者即将发生故障。大磨粒百分比能够较准确地反映机电设备的磨损状态，研究表明 0.8 作为大磨粒百分比 $D_L/(D_L+D_S)$ 的极限值比较适宜。

3. **磨损烈度（IS）**

磨损烈度以 $(D_L+D_S)(D_L-D_S)$ 或 $D_L^2-D_S^2$ 表示。从理论上讲，该指标既包含了磨粒浓度，又包含了磨粒尺寸分布双重信息，应该能够更准确、更灵敏地表示机电设备的磨损状态。但是，由于铁谱分析数值的分散性比较大，再加以乘方，其分散度往往达到 1~2 个数量级，所以很难制定出该指标的标准值或极限值。

4. **总磨损量**

总磨损量以 D_L+D_S 的值表示，它反映非正常磨损状态发生时油液中磨粒的增加情况，以及不同时间段磨粒总量的变化。

（三）油样铁谱分析技术的特点

1）具有较高的检测效率和较宽的磨粒尺寸检测范围（磨粒检测尺寸在 0.1~1 000 μm 范围内），可同时给出磨损机理、磨损部位以及磨损程度等方面的信息。

2）定性分析与定量分析相结合，提高了诊断结论的可靠性。

3）能准确地检测出系统中一些不正常磨损的轻微征兆，如早期的疲劳磨损、黏着、擦伤和腐蚀磨损等，可对磨损故障作出早期判断。

4）对润滑油中非铁系颗粒的检测能力较低，分析结果较多依赖操作人员经验，不能理想地适应大规模设备群的故障诊断。

三、油样光谱分析（Spectrographic Oil Analysis，SOA）技术

油样光谱分析技术可以检测因零件磨损而产生的小于 10 μm 的悬浮细小金属微粒的成分和尺寸。它的基本工作原理是根据油样中各种金属磨粒在离子状态下受到激发时所发射的特定波长的光谱来检测金属成分和含量。它用特征谱线检测该种金属元素是否存在，用特征谱线强度表示该种金属含量的多少。通过检测出的金属元素的成分和含量，即可推测出磨损发生的部位及其严重程度，并依此对相应零部件的工况作出判断。油样光谱分析技术有原子发射光谱分析法和原子吸收光谱分析法两种。

（一）原子发射光谱分析法（电火花法）

在自然界中，如果没有外加能量的作用，无论原子、离子或分子都不会自发产生光谱。而当它们得到能量时，会由低能级（或基态）过渡到高能级，这种过渡称为激发，处于激发级的原子是十分不稳定的，它在极短的时间内（约 10^{-8} s）便返回到低能级（或基态）。当它从高能级跃迁至基态或较低能级时，多余的能量便以光的形式释放出来，若使辐射光通过棱镜或光栅，就能得到一定波长顺序排列的图谱，即光谱。其辐射的能量可用下式表示：

$$\Delta E = E_2 - E_1 = hf = hc/\lambda \tag{2.14}$$

式中，E_2、E_1——高能级、低能级能量；h——普朗克常数，$h = 6.63 \times 10^{-34}$ J·s；f——发射电磁波频率；λ——发射电磁波波长；c——光速。

从式（2.14）可知，每条发射谱线的波长取决于跃迁前后的两个能级的能量差。

由于各种元素原子结构的不同，在光源的激发作用下，其谱线的波长特征也不一样，按一定的波长将其排列成谱线组，就成为特征谱线。故障诊断的原理就是通过检查谱线上有无特征谱线的出现判断该元素是否存在，实现光谱定性分析；根据谱线强度求出元素含量，实现光谱定量分析。

原子发射光谱分析法的油样不需经预处理，检测时间只需 40 s 左右，且可同时检测 21～24 种元素，但仪器的价格较高。

（二）原子吸收光谱分析法（火焰法）

原子吸收光谱技术是将待测元素的化合物（或溶液）在高温下进行试样原子化，使其变为原子蒸气。当锐线光源（单色光或称特征辐射线）发射出的一束光穿过一定厚度的原子蒸气时，光的一部分被原子蒸气中待测元素的基态原子吸收。透过光经过单色器将其他发射线分离掉，选出样品的特征谱线，检测系统测量出通过样品之前和通过样品之后光束的强度，根据光束吸收定律求得待测元素的含量。

原子吸收光谱分析法具有分析精度高（可达 10^{-6} 数量级）、取样少、适用范围广的特点，但是每测一种元素都要更换一种元素灯，操作烦琐；检测中使用燃气火焰不方便也不安全。

（三）油样光谱分析技术的特点

尽管油样光谱分析技术具有灵敏度高、准确度高、分析速度快和应用范围广的优点，但是，在设备故障诊断与监测的应用中也存在一些问题。

1）原子光谱分析只能提供关于元素及其含量的信息，不能识别磨粒的形貌、尺寸、颜色，故不能判定磨损类型及原因。

2）原子吸收光谱分析法分析的磨粒最大尺寸不超过 10 μm，一般在 2 μm 时检测效率最高。而大多数机器失效期的磨粒特征尺寸多在 20～200 μm 之间，大大超过了该种方法的分析尺寸范围，因而采用该方法时会遗漏一些重要信息。

3）光谱仪主要用于有色金属磨粒的检验和识别，并且由于其对工作环境要求较高，一般只能在实验室工作。

四、油液分析仪器

（一）油样铁谱分析仪器

进行油样铁谱分析的仪器称为铁谱仪。自 1971 年在美国出现第一台铁谱仪的样机以来，经过三十多年的发展，至今出现了分析式铁谱仪、直读式铁谱仪、旋转式铁谱仪和在线式铁谱仪等各具特点的铁谱仪，下面主要介绍前三种铁谱仪。

1. 分析式铁谱仪

分析式铁谱仪一般是指包括铁谱制谱仪、铁谱显微镜和铁谱读数器在内的成套测试系统。铁谱制谱仪的主要用途是分离油样中的磨损微粒并制成铁谱基片，它由微量泵、磁场装置、玻璃基片、特种胶管及支架等部件组成。

分析式铁谱仪的工作原理如图 2.33 所示。从设备润滑系统或液压系统取的原始油样经制备后，由微量泵输送到与磁场装置呈一定倾斜角度的玻璃基片上（铁谱基片）。油样由上端以约 15 m/h 的流速流过高梯度强磁场区，从基片下端流入回油管，然后排入储油杯中。在随油样流下的过程中，可磁化的磨屑在高梯度强磁场作用下，由大到小依序沉积在玻璃基片的不同位置上，沿磁感线方向（与油流方向垂直）排列成链状，经清洗残油和固定颗粒的处理之后，制成铁谱基片。在铁谱显微镜下，对铁谱基片沉积磨粒进行有关大小、形态、成分、数量方面的定性和定量分析后，就可以对被监测设备的摩擦磨损状态作出判断。

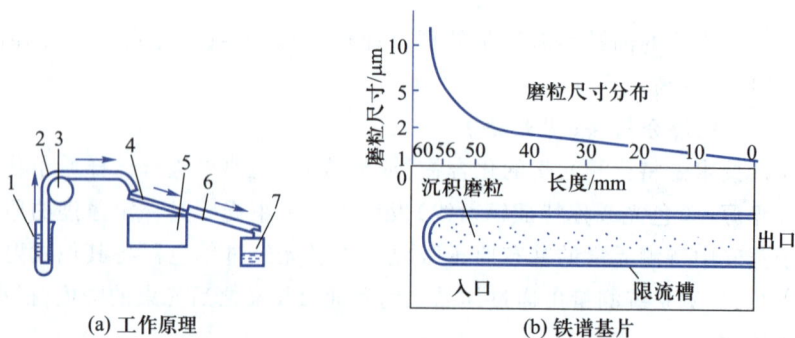

图 2.33　分析式铁谱仪的工作原理

1—油样；2—导油管；3—微量泵；4—玻璃基片；5—磁场装置；6—回油管；7—储油杯

利用该仪器直接观察磨粒色泽或采用化学辨色的方法,可以识别出铁磁材料、有色金属和一些非金属物质;通过铁谱读数器可直接得到被测部位磨粒覆盖面积百分数。

该铁谱仪具有的定性分析和定量分析两种功能,不但可以提供关于磨损程度的信息,而且通过对磨粒形貌及其成分的观测,还能提供关于磨损发生机理及部位的信息。其缺点是制谱过程较慢,通常约需半个小时,且制谱环境条件要求严格,一般只能在实验室中进行。

2. 直读式铁谱仪

直读式铁谱仪是用来直接测定油样中磨粒的浓度和尺寸分布的仪器,它能方便、迅速、准确地测定油样内大小磨粒的相对数量,是目前设备监测和故障诊断的较好手段之一。

直读式铁谱仪的工作原理如图 2.34 所示。利用虹吸作用使稀释油样经吸油毛细管 2 从油样管 1 中吸出并流入倾斜安放的沉淀管 3 中,在磁场装置 5 的作用下油液夹带着磨粒向前流动,磨粒在沉淀管中沉淀,废油进入集油管 4。磨粒的沉淀速度取决于本身的尺寸、形状、密度、磁化率和润滑油的黏度、密度和磁化率等许多因素。当这些因素固定后,沉淀管内磨粒的沉降速度与其尺寸的平方成正比,同时还与磨粒进入磁场后离管底的高度有关。因此,大磨粒沉积在入口处,而较小的磨粒则离入口处较远,如图 2.35 所示。该仪器沉淀管的入口处和离入口处 5 mm 的地方各装有一个光伏探测器,分别用于大磨粒(D_L)和小磨粒(D_S)的光密度检测。其发出的光束穿过沉淀管,经导光管 7、8 射向安装在另一端的光电检测器 9、10。磨粒沉积量的变化,会使光电检测器接收到的光强度产生变化,这种变化经转换后,在数字显示装置上用光密度读数显示出来。直读式铁谱仪具有结构简单、价格低廉,制谱、读谱合二为一,分析过程简便、快捷的优点,但是其读数稳定性、重复性较差,且不能提供磨粒形貌来源信息,只适合用于油样快速分析和初步诊断。

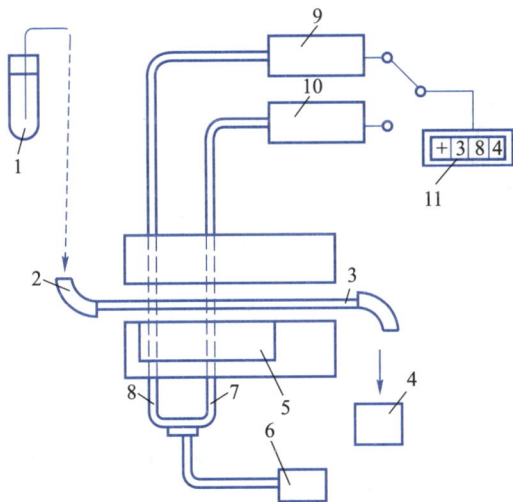

图 2.34 直读式铁谱仪的工作原理

1—油样管;2—吸油毛细管;3—沉淀管;4—集油管;5—磁场装置;
6—灯泡;7、8—导光管;9、10—光电检测器;11—数量装置

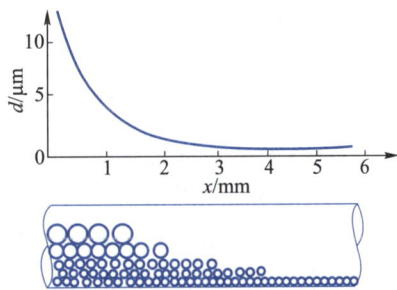

图 2.35 沉淀管内磨粒的沉淀情况

3. 旋转式铁谱仪

旋转式铁谱仪是利用磁场力和离心力共同作用使磨粒沉降的新型铁谱分析仪器。它克服了传统铁谱分析仪的两个重要缺陷:微量泵在输送油样时的碾压使磨粒原始形貌变化;先行沉积的磨粒对流道的堵塞,使谱片入口处磨粒堆积重叠。

旋转式铁谱仪(Rotary Particle Depositor,RPD)的结构如图2.36所示,其工作原理为:驱动轴1带动永久磁铁2和固定在2上方的圆形基片3一起旋转,待测油样由油样注射输入管5流出至基片3的中心后随基片一起旋转,油样和非磁性杂质由于离心力的作用被甩出基片经排油管4排出,这样就消除了非铁磁性污染物对分析和测量的影响。铁磁性磨屑和附着铁磁性物质的磨粒被磁化后,同时受到重力、浮力以及磁力和离心力的综合作用,而有规律地沉积在基片上。

为了避免由于磁感线垂直于基片而造成铁磁性磨屑堆积重叠的缺陷,旋转式铁谱仪重新设计了磁场,其磁场装置原理如图2.37所示。磁场由三块同心圆环形磁铁组成三个同心圆磁场,由于工作位置的磁感线平行于玻璃基片,因而当含有铁磁磨粒的润滑油流过玻璃基片时,铁磁磨粒在磁场力的作用下,滞留于基片上,而且沿磁感线方向排列成环状谱线,其尺寸由内到外逐渐减小,如图2.38所示。

图2.36　RPD 的结构

1—驱动轴;2—永久磁铁;3—基片;4—排油管;
5—油样注射输入管;6—清洗注射移液管

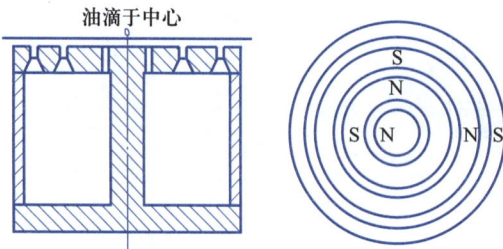

旋转式铁谱仪除克服了传统铁谱仪的两个缺陷外,还有以下优点:① 对不同黏度的润滑油可选用不同的转速,使其使用范围更广;② 操作简便,制片成本低;③ 不需对油样进行稀释等特殊处理,分析油样效率高;④ 仪器附有清洗液系统,可最大限度地减少污染。

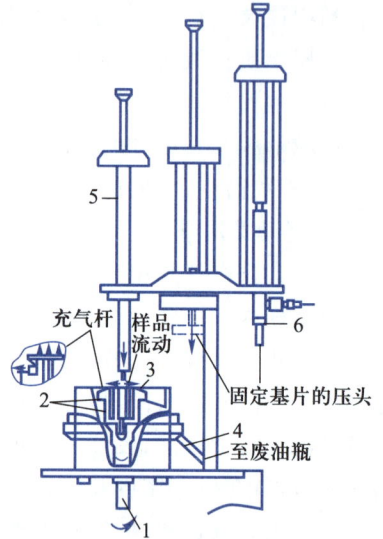

图2.37　旋转式铁谱仪的磁场装置原理

图2.38　旋转基片

(二)油样光谱分析仪器

1. 原子吸收分光光度计

原子吸收光谱法所用的仪器称为原子吸收分光光度计,它由以下三部分组成:元素灯,又称为阴极射线管,其灯丝由待检元素制成;乙炔-空气灯,其作用是用高温火焰将油样中各种金属磨粒变成原子蒸气,使其成为离子状态;检测显示系统,包括单色器、光电元件、放大器及数字显示屏等。

如图2.39所示是原子吸收光谱仪工作原理。润滑油试样经过预处理后送入仪器,由雾化器将试液喷成雾状,与燃料及助燃气一起进入燃烧器的火焰中。在高温下,试样转变为原子蒸气。空心阴极灯的元素与待测物质相同,其辐射出的一定波长的特征辐射光通过火焰时,一部分被待测物质的基态原子吸收;另一部分透过火焰后强度变弱,进入光电元件转化为电信号。测量吸光度后,利用标准系列试样作出吸光度-浓度工作曲线图,查出油样中待测物质的含量。

2. 原子发射光谱分析仪

原子发射光谱法所用的仪器种类较多,如发射光谱仪、光栅摄谱仪、光电光谱仪等。虽然这些仪器的构造各异,但基本工作原理大致相同,如图 2.40 所示为该类仪器工作原理。

由图可知,原子发射光谱分析仪的工作原理是,油样中各种金属元素在碳极电弧激发下发射出各种特征波长的辐射线,经光学系统的聚焦、折射及光栅的分光后,将各种特征波长的辐射线投入到相应的光电管并转变成电信号,再经数据处理系统处理后显示出金属的种类及含量。

图 2.39　原子吸收光谱仪工作原理

1—电源;2—光源;3—试样;4—燃烧器;

5—光学系统;6—光电元件;

7—放大器;8—读数系统

如图 2.41 所示是直读式发射光谱仪工作原理。它是目前较先进的润滑油分析发射光谱仪。其工作原理是:采用电弧作激发光源,一极是石墨棒,另一极是缓慢旋转的石墨圆盘。石墨圆盘的下半部浸入被分析的油样中,旋转时便把油样带到两极之间。电弧穿透油膜,使油样中微量金属元素受激发发出特征辐射线,经光栅分光,各元素的特征辐射线照到相应的位置上,由光电倍增管接收,并转变成电信号,经放大处理后即可显示出金属的种类与含量,并将结果打印出来。

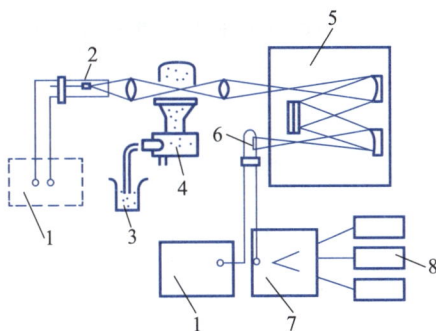

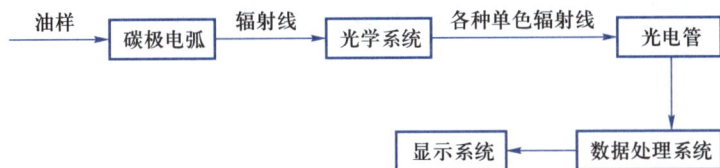

图 2.40　原子发射光谱分析仪工作原理

五、故障诊断实例

1. 机车柴油机故障的光谱、铁谱分析

某推土机用柴油机,在即将进入第四次检修时,光谱、铁谱分析诊断为"严重异常磨损",并发出"危险"预报,于是提前检修。检查中发现第三缸活塞裙部及第八缸缸套严重磨损。该机车在故障发生前一年中,铁、铝分析数据一直处于稳定、缓慢的攀升状态,虽然其绝对值高于异常磨损标准,但始终没有出现大幅激增现象,分析铁谱基片上也未出现表征磨损异常的特征颗粒,偶尔出现少量小球粒、铁的氧化物及铸铁黏着疲劳颗粒,表现出轻度疲劳磨损和腐蚀。同年 5 月,分析铁谱基片上开始出现细小的铝磨粒;7 月的光谱分析中铝数据激增,铁谱基片上铝磨粒明显增多,尺寸开始增大(铝磨粒最大尺寸已达 30 μm),同时出现铜磨粒以及少量钢磨粒,这些都预示着磨损状态已很严重,于是发出了报警信号,拆检结果证实了预报的准确性。

2. 某港一台轮胎起重机 3810 发动机润滑油的铁谱分析

分析表明,润滑油中含有少量 5 ~ 25 μm 的异常磨损颗粒,其光谱分析显示铁、铜、铅的磨损率比上次报告分别上升了 $10.79 \times 10^{-6}/h$、$2.0 \times 10^{-6}/h$、$6 \times 10^{-6}/h$,而其他金属含量大体一致。结合光谱、铁谱分析,可以判断发动机内部存在异常磨损,而且来自含铁、铜、铅的零部件。拆开发动机底壳检查,发现轴瓦严重磨损,有刮痕,与分析结论吻合。

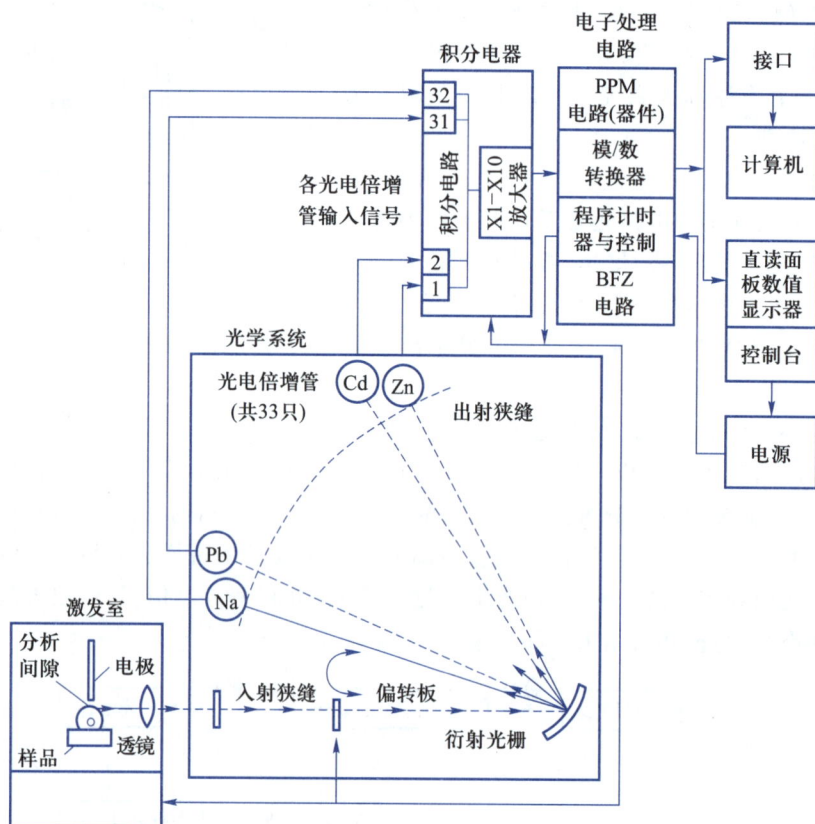

图 2.41　直读式发射光谱仪工作原理

第五节　无损检测技术

在制造过程中机器的零部件内部常常会出现各种缺陷。如铸铁件常会有气孔、缩松以及夹砂、夹渣等现象;锻件常有烧裂、龟裂现象;型材常见皮下气孔、夹杂等现象;焊缝则常有裂纹、未焊透、未熔合、夹渣、夹杂、气孔以及咬边现象。由于这些缺陷深藏在零部件内部,因此采用一般的检测方法很难发现,生产中由此引起的设备故障也很多。无损检测技术就是针对材料或零部件缺陷进行检测的一种技术手段。

无损检测是利用物体因存在缺陷而使某一物理性能发生变化的特点,在不破坏或不改变被检物体的前提下,实现对物体检测与评价的技术手段的总称,也称探伤。现代无损检测技术能检测出缺陷的存在,并且能对缺陷作出定性、定量评定。由于具有独特的技术优势,无损检测在工业领域得到了广泛应用。目前用于机器故障诊断的无损检测技术有 50 多种,主要包括射线探伤、声和超声波探伤(声振动、声撞击、超声脉冲反射、超声成像、超声频谱、声发射和电磁超声等)、电学和电磁探伤、力学和光学探伤以及热力学探伤和化学分析探伤。其中应用最广泛的是超声波探伤和射线探伤等。

一、超声波探伤技术

在日常生活中,人们利用声波来检测物体内部情况的现象比比皆是。如人们用手拍打西瓜来判断西瓜是否熟了,铁道工人用榔头敲打火车车轮以检查车轮是否开裂或松脱,这都是声波检测的例子。超声波检测与上述方法本质上相同,它是先用发射探头向被检物内部发射超声波,用接收探头接收从缺陷处反射回来(反射法)或穿过被检工件后(穿透法)的超声波,并将其在显示仪表上显示出来。通过观察与分析反射波或透射波的时延与衰减情况,获得物体内部有无缺陷以及缺陷的位置、大小及性质等方面的信息。

（一）超声波的基本知识

1. 超声波的特性

超声波是一种质点振动频率高于 20 kHz 的机械波,因其频率超过人耳所能听见的声频段(16 Hz ~ 20 kHz)而得名。无损检测用的超声波频率范围为 0.2 ~ 25 MHz,其中最常用的频段为 0.5 ~ 10 MHz。

超声波之所以被广泛地应用于无损检测,是基于超声波的如下特性:

（1）指向性好　超声波是一种频率很高、波长很短的机械波,在无损检测中使用的超声波波长为毫米数量级。它像光波一样具有很好的指向性,可以定向发射,犹如一束手电筒灯光可以在黑暗中寻找所需物品一样在被检材料中发现缺陷。

（2）穿透能力强　超声波的能量较高,在大多数介质中传播时能量损失小,传播距离远,穿透能力强,在某些金属材料中,其穿透能力可达数米。

2. 超声波的分类

声波在介质中传播时,有不同的运动形式,按介质质点振动方向分类,超声波有以下几种:

（1）纵波　纵波是介质质点的振动方向与波的传播方向平行的波,用 L 表示。纵波是弹性介质的质点受到交变的拉压应力作用时产生的,故又称压缩波或疏密波。纵波可在任何弹性介质(固体、液体和气体)中传播。

（2）横波　横波是介质中质点的振动方向与波的传播方向垂直的波,常用 S 或 T 表示。横波是由于介质质点受到交变的切应力产生切变变形而形成的波,故又称切变波。横波只能在固体介质中传播。

（3）表面波　表面波是介质表面受到交变应力作用时,产生的沿介质表面传播的波,常用 R 表示。表面波是瑞利(Rayleigh)于 1887 年首先提出来的,因此表面波又称瑞利波。表面波在介质表面传播时,介质表面质点作椭圆运动,椭圆的长轴垂直于波的传播方向,短轴平行于波的传播方向,表面波可视为纵波与横波的合成,因此表面波同横波一样只能在固体表面传播。表面波的能量随距离表面深度的增加而迅速减弱。当传播深度超过两倍波长时,其振幅降至最大振幅的 0.37 倍。因此,通常认为表面波检测只能发现距工件表面两倍波长深度内的缺陷。

（4）板波　在厚度与波长相当的弹性薄板中传播的波称为板波。广义地,板波也包括在圆棒、方钢和管材中传播的波,但通常所说的板波仅狭义地指兰姆波。兰姆波又分为对称型(S 型)和非对称型(A 型)两种。其中,对称型兰姆波的特点是:薄板中心质点作纵向振动,上下表面质点作相位相反并对称于中心的椭圆振动;而非对称型兰姆波的特点是:薄板中心质点作横向振动,上下表面作相位相同的椭圆振动。

上述几种波的比较及应用如表 2.7 所示。

表 2.7 几种波的比较及应用

波的类型	简图	质点振动特点	传播介质	应用
纵波 L		质点振动方向平行于波的传播方向	固体、液体、气体	钢板、锻件检测等
横波 S		质点振动方向垂直于波的传播方向	固体	焊缝、钢管检测等
表面波 R		质点作椭圆振动,椭圆长轴垂直于波的传播方向,短轴平行于波的传播方向	固体	钢板、锻件、钢管检测等
板波 对称型（S 型）		上下表面:椭圆振动 中心:纵向振动	固体（厚度与波长相当的薄板）	薄板、薄壁钢管（$\delta \leqslant$ 6 mm）
非对称型（A 型）		上下表面:椭圆振动 中心:横向振动	固体（厚度与波长相当的薄板）	薄板、薄壁钢管（$\delta \leqslant$ 6 mm）

（二）超声波检测设备

超声波探伤仪是超声波无损检测的主要设备。目前在工业领域中使用的探伤仪种类很多,性能各异。为能合理地选用超声波探伤仪,现将常用探伤仪的基本特性介绍如下:

1. 超声波探伤仪的性能指标

（1）水平线性 水平线性也称时基线性或扫描线性。它表征探伤仪水平扫描线扫描速度的均匀程度,是描述扫描线上显示的反射波距离与反射体距离成正比程度的性能指标。水平线性影响对缺陷的定位。

（2）垂直线性 垂直线性也称放大线性。它是描述探伤仪示波屏上反射波高度与接收信号电压成正比程度的指标。垂直线性影响对缺陷的定量分析。

（3）动态范围 动态范围是探伤仪示波屏上反射波高度从满幅降至消失时仪器衰减器的变化范围。动态范围越大,对小缺陷的检出能力越强。

科苑云漫步
超声波探伤
基本原理

（4）**信噪比**　信噪比是探伤仪示波屏上反射波幅度与最大杂波幅度之比,要求越大越好。

（5）**灵敏度余量**　灵敏度余量也称综合灵敏度。它是指探测一定深度和尺寸的反射体时,当其反射波幅度被调节到探伤仪示波屏指定高度时,探伤仪所剩余的放大能力。

（6）**盲区**　盲区是指探测面附近不能探测缺陷的区域,以探测面到所能探出缺陷的最小距离表示,要求越小越好。

（7）**始波宽度**　始波宽度指发射脉冲的持续时间。始波宽度大,盲区就大,探测近表面缺陷的能力就差。

（8）**分辨力**　分辨力指在声束作用范围内,在探伤仪示波屏上把两个相邻缺陷作为两个反射信号区别开来的能力。纵向分辨力是指区分距探头不同深度的两个相邻缺陷的能力,横向分辨力是指区分距探头相同深度的两个相邻缺陷的能力。

一般探测定位要求高时,应选择水平线性误差小,且垂直线性好的仪器;对大型零件探伤时,应选择灵敏度余量高、信噪比高、功率大的仪器;探测发现近表面缺陷和区分相邻缺陷时,应选择盲区小、分辨力高的仪器;室外现场探伤时,应选择质量轻、荧光屏亮度好、抗干扰能力强的便携式仪器。

2. 超声波探伤仪的种类

（1）**脉冲波探伤仪**　它通过向工件周期性地发射不连续但频率固定的超声波,然后根据超声波的传播时间及幅度来判断工件中有无缺陷、位置、大小和性质等。与其他超声波探伤仪相比,这种仪器具有如下优点:

1）使用单个探头脉冲即可实现对工件的检测,对于容器、管道等一些很难在双面放置探头进行检测的场合,这一点具有明显的优越性。

2）灵敏度高,可同时探测到不同深度的多个缺陷,分别对缺陷进行定位、定量和定性。

3）适用范围广,用一台探伤仪可进行纵波、横波、表面波和板波检测,不仅可以检测工件缺陷,而且还可用于测厚、测声速和测量衰减等。

（2）**连续波探伤仪**　它通过探头向工件周期性地发射连续且频率不变(或在小范围内周期性变化)的超声波,然后根据透过工件的超声波的强度变化来判断工件中的缺陷情况。这种仪器的灵敏度低,且不能确定缺陷的位置,因而多用于超声显像和测厚等方面。该仪器按显示缺陷的方式分为三种,如图 2.42 所示。

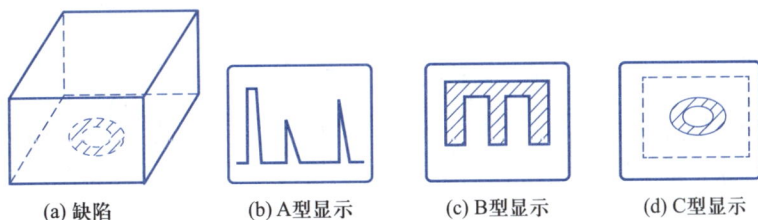

| (a) 缺陷 | (b) A型显示 | (c) B型显示 | (d) C型显示 |

图 2.42　A 型、B 型和 C 型显示缺陷的方式

A 型显示是通过波形显示缺陷的。探伤仪示波屏的横坐标代表声波的传播时间(或距离),纵坐标代表反射波的幅度。由反射波的位置可以确定缺陷的位置,由反射波的波高可估计缺陷的性质和大小。

B 型显示是通过图像显示缺陷的。探伤仪示波屏的横坐标靠机械扫描来代表探头的扫查轨迹,纵坐标靠电子扫描来代表声波的传播时间(或距离),因而可直观地显示出被探工件任一纵截面上缺陷的分布及深度。

C 型显示也是通过图像显示缺陷的。它与 B 型显示的区别在于,探伤仪示波屏的横坐标和纵坐标都是靠机械扫描来代表探头在工件表面的位置的。探头接收信号幅度以光点辉度表示,当探头在工件表面移动时,示波屏上便显示出工件内部缺陷的平面图像(顶视图),但不能显示缺陷的深度。

目前,应用最广泛的是 A 型显示的脉冲反射式连续波探伤仪。

3. 探头的选择

超声波探伤时,超声波的发射和接收都是通过探头来实现的。探头的核心部分是圆晶片。其材料为石英、硫酸锂等压电材料。晶片的上、下两面都镀有很薄的银层作为电极,在电极上加高频电压后,晶片就在厚度方向产生伸缩,这样就把电的振荡转换为机械振动,形成介质中传播的超声波。反之,将高频机械振动(超声波)传到晶片上,使晶片超声振动,这时晶片的两极间就会产生频率与超声波频率一样,强度与超声波强度成正比的高频电压,实现超声波接收。

(1) 探头形式的选择　常用的超声波探头形式有直探头、斜探头、表面波探头、双晶片探头等。探头形式应根据工件的形状和可能出现缺陷的部位、方向等进行选择,一般应使声束轴线与缺陷尽量垂直。

1) 直探头只能用于发射和接收纵波,多用于探测与探测面平行的缺陷,如锻件、钢板中的夹层、折叠等缺陷。纵波直探头的典型结构如图 2.43(a)所示。

2) 斜探头是利用透声楔块使声束倾斜于工件表面射入工件,通过波形转换实现横波探伤的,主要用于探测与探测面垂直或成一定角度的缺陷,如焊缝中未焊透、夹渣、未熔合等。横波斜探头的典型结构如图 2.43(b)所示。

3) 表面波探头是斜探头的一个特例,用于探测工件表面缺陷。其结构与横波斜探头完全相同,只是楔块入射角不同。

4) 双晶片探头又称联合双探头或分割式 TR 探头。这种探头在同一壳体内装有一发一收两个压电晶片,两个晶片之间用隔声层隔开,以防止发射声波直接进入接收晶片。晶片前面带有机玻璃延迟块,使声波延迟一段时间进入工件,这样大大减小了盲区,有利于近表面缺陷的探测。其典型结构如图 2.43(c)所示。

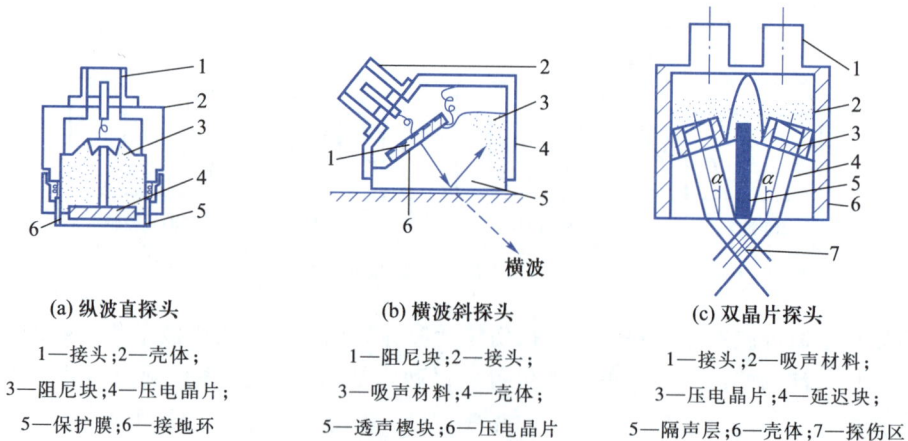

(a) 纵波直探头

1—接头;2—壳体;
3—阻尼块;4—压电晶片;
5—保护膜;6—接地环

(b) 横波斜探头

1—阻尼块;2—接头;
3—吸声材料;4—壳体;
5—透声楔块;6—压电晶片

(c) 双晶片探头

1—接头;2—吸声材料;
3—压电晶片;4—延迟块;
5—隔声层;6—壳体;7—探伤区

图 2.43　常见超声波探头的典型结构

（2）探头频率的选择　超声波应用于探伤时,其频率变化对探伤有如下影响：

1）由于波的绕射,超声波探伤灵敏度约为 $\lambda/2$（λ 为波长）,因此提高频率有利于发现更小的缺陷。

2）频率高,脉冲宽度小,分辨力高,有利于区分相邻缺陷。

3）频率高,波长短,半扩散角小,声束指向性好,能量集中,有利于发现缺陷及对缺陷定位。但近场区长度大,衰减大,也对探伤造成一些不利影响。

由此可知,频率的高低对探伤有较大影响,因此实际探伤中要分析考虑各方面的因素,合理选择频率。一般对于晶粒较细的锻件、轧制件和焊接件等的探伤常用 2.5 ~ 5.0 MHz 的高频率；对于晶粒较粗大的铸件、奥氏体钢等的探伤用 0.5 ~ 2.5 MHz 的较低频率；塑料零件的探测频率常用 0.5 ~ 1 MHz；陶瓷的探测频率可用 0.5 ~ 2 MHz。

（3）探头晶片尺寸的选择　探头晶片尺寸一般为 $\phi10$ ~ $\phi20$ mm。晶片大小对探伤有以下影响：

1）晶片尺寸增加,半扩散角减小,波束指向性变好,超声波能量集中,对探伤有利。但此时近场区长度迅速增加,对探伤不利。

2）晶片尺寸大,辐射的超声波能量大,探头未扩散区扫查范围大,远距离扫查范围相对较小,发现远距离缺陷的能力增强。

在探伤中,应合理选择晶片尺寸。探伤大面积工件时,为了提高探伤效率,宜选用大晶片探头；探伤厚度较大的工件时,为了有效发现远距离的缺陷,也应选用大晶片探头；探伤小工件时,为了提高定位、定量精度,宜选用小晶片探头；探伤表面不太平整、曲率较大的工件时,为了减少耦合损失,宜选用小晶片探头。

（三）超声波探伤技术的应用

超声波探伤的灵敏度较高,探测深度较大,对磁性和非磁性材料均适用,可发现很小的缺陷,但对处于工件表层的缺陷不易检查出来,因此主要用于检查厚度较大、表面光滑的工件。

1. 螺栓的超声波检测

电站中高温高压部件（如气缸、主蒸气门、调速气门等）用的螺栓,在运行中经常有断裂的现象。

一般螺栓的断裂多是横向裂纹引起的,如紧固螺栓螺纹根部产生的裂纹是沿螺栓横断面发展的横向裂纹,中心孔加热不当产生的内孔裂纹也是横向裂纹。因此应将直探头放在螺栓端面上探测,声束刚好与裂纹面垂直,对发现这些裂纹很有利,如图 2.44 所示。

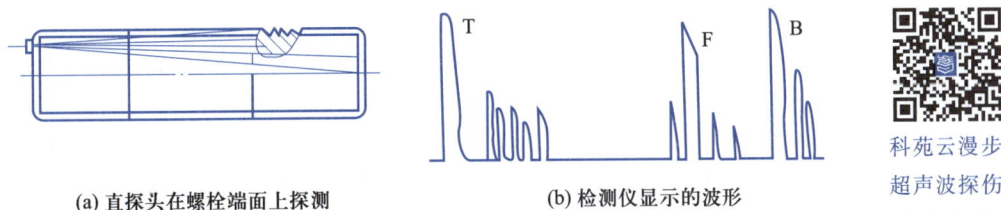

（a）直探头在螺栓端面上探测　　（b）检测仪显示的波形

科苑云漫步
超声波探伤
操作实例

图 2.44　螺栓的超声波检测

2. 车轴的超声波检测

车轴是机车、车辆运行时受力的关键部位之一,它在水、气的侵蚀中承受载荷,容易产生裂纹,而且多数是危险性较大的横向裂纹。对车轴探伤时经常采用横波探伤法和小角度纵波探伤法,如图 2.45 所示。

(a) 横波探伤法　　　　(b) 小角度纵波探伤法

图 2.45　车轴的超声波检测

二、射线探伤技术

所谓射线,就是指 X 射线、α 射线、β 射线、γ 射线、电子射线和中子射线等。其中,X 射线、γ 射线和中子射线因易于穿透物质而在产品质量检测中获得了广泛应用。它们的作用原理是:射线在穿过物质的过程中,由于受到物质的散射和吸收作用而使其强度降低,而降低的程度取决于物体材料的种类、射线种类及其穿透距离。根据这一原理,把强度均匀的射线照射到物体(如平板)的一个侧面,通过在物体的另一侧检测射线在穿过物体后的强度(变化),就可检测出物体表面或内部的缺陷,包括缺陷的种类、大小和分布状况。例如,当厚度相同的板材含有气孔时,有气孔的部分不吸收射线容易穿透,相反,如果混进容易吸收射线的异物,这些地方射线就难于穿透。

射线探伤技术最常用的方法是 X 射线照相法探伤。它是用强度均匀的 X 射线照射所检测的物体,使透过的射线在照相胶片上感光,胶片显影后可以得到与材料内部结构和缺陷相对应的黑度不同的射线底片,通过对底片的观察来检查缺陷的种类、大小、分布状况等的一种探伤方法。这种将透过物体的射线直接在胶片上感光的方法也叫直接照相法。

(一) X 射线的性质

X 射线的产生原理如下,如图 2.46 所示为一个两极电子管,将阴极灯丝通电使其白炽后,电子就在真空中放出。当两极之间加几十千伏乃至几百千伏的电压(管电压)时,电子就会从阴极以很大的动能向阳极方向加速飞行,当它们撞击阳极金属后,其能量的大部分转变成了热量,只有一小部分转变为 X 射线能。X 射线的强度,即单位时间内发射 X 射线的能量,随管内电流的增加而增加。

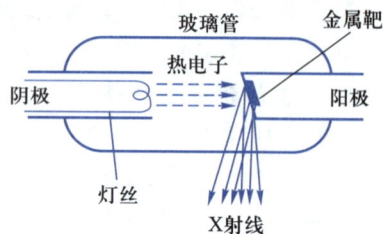

图 2.46　X 射线的产生原理

X 射线与探伤有关的特性有:① 衰减特性,即当 X 射线穿透物体时,会产生吸收和散射。② 照相特性。③ 线质特性,即 X 射线穿透物体时,随穿透厚度的增加,波长较长的部分更多地被吸收,这种情况称为 X 射线在穿透后变硬了。实用中采用半价层表示这一概念。半价层是指射线穿透后,X 射线强度减弱为一半时的穿透厚度,用物质名称再加穿透厚度表示,如铁 0.9 mm、铝 3.5 mm 等,半价层越薄则表示射线的线质越软。

(二) X 射线照相法的特点及适用范围

X 射线照相法在检测焊缝、铸件等方面的应用非常广泛,它几乎适用于所有的材料,检测结果(照相底片)可永久保存。但是,这种方法从检测结果中很难辨别缺陷的深度,要求在被检试件的两面都能操作,对厚的试件曝光时间需要很长。

对厚的被检测物可使用硬 X 射线或 γ 射线,γ 射线的灵敏度比 X 射线低;对薄的被检测物则可使用软 X 射线。射线穿透物质的最大厚度为:钢铁约 450 mm,铜约 350 mm,铝约 1 200 mm。

对于气孔、夹渣和铸件孔洞等缺陷,即使很小的缺陷也容易检查出来;而对于裂纹等虽有一定的投影面积但厚度很薄的一类缺陷,只有用与裂纹方向平行的 X 射线照射时才能检查出来,而用与裂纹面几乎垂直的射线照射时就很难查出,这是因为在照射方向上几乎没有厚度差别,因此有时要改变照射方向来进行照相。

观察一张透射底片能够直观地知道缺陷的形状、大小及分布,并能估计缺陷的种类,但无法知道缺陷厚度以及离表面的位置等信息。要了解这些信息,就必须观察不同照射方向的两张或更多张底片。

(三) 应用 X 射线照相法的注意事项

1. 应注意射线辐射对人体健康(包括遗传因素)的损害

射线不仅是笔直地向前辐射,它还通过被检物、周围的墙壁、地板以及天花板等障碍物进行反射与透射传播,要注意其对人体辐射的防护。X 射线装置是在几万乃至十几万伏高电压下工作的,因此要注意相关规范。

2. 注意底片上缺陷图像的对比度和清晰度

射线源与被测工件之间的距离较大可增加清晰度,但射线的强度是同射线源与胶片间距离的平方成反比的,所以不能把此距离拉得太大。此外,应合理选择胶片和增感屏,使胶片易于感光,以便拍摄到清晰度高的底片。

复习思考题

2.1 机电设备故障诊断的分类有几种? 各有什么特点?

2.2 机电设备故障诊断的主要工作环节及其任务是什么?

2.3 设备振动状态的判别标准有哪几类?

2.4 振动诊断的特征参数有哪几个? 它们分别是从哪些侧面反映机械振动性质、特点和变化规律的?

2.5 各种振动诊断仪器的工作原理是什么? 适用于什么场合?

2.6 采用振动监测方法诊断齿轮和滚动轴承故障时,应如何选择测量参数? 其振动信号有什么特征?

2.7 试比较接触式测温与非接触式测温两种方式各自的特点及应用范围。

2.8 红外测温的特点及适用范围是什么?

2.9 简述红外测温的基本原理。

2.10 试比较油样铁谱分析技术与油样光谱分析技术的特点与适用范围。

2.11 铁谱定性分析包括哪几个方面的内容?

2.12 原子发射光谱法与原子吸收光谱法的基本原理分别是什么? 它们有什么共同点与不同点?

2.13 试述超声波探伤的基本原理、特点和适用范围。

2.14 试述 X 射线探伤的基本原理、特点和适用范围。

能力和素质养成训练

1. 总结齿轮和轴承故障的振动诊断过程,编制技术实施文件一份。

2. 学习小组讨论:结合滚动轴承振动诊断方法,分析逻辑推理法在设备故障诊断中的应用。

3. 以机电设备故障诊断技术的社会效益为切入点,从职业角度谈谈对国家使命感和责任感的认识。

第 三 章

机械零件修复技术

⚙ 导学

合理应用修复技术可有效缩短零件修理时间,减少资源和能源消耗,减少环境污染。熟悉常用修复技术工艺特点和应用领域,掌握修复技术方案制定和实施方法是维修人员必备的职业能力。

⚙ 知识和能力目标

1. 熟悉影响机械零件修复技术选择的因素,掌握修复技术方案制定过程和方法。
2. 熟悉机械修复、焊接修复、电镀修复、黏接与表面黏涂修复、热喷涂修复等技术的原理,掌握修复工艺过程、工艺特点及其应用。
3. 熟悉机械维修常用量具和仪器的工作原理,掌握其用途和使用方法。
4. 能制定机械修复、黏接与表面黏涂修复、热喷涂修复的技术方案。

⚙ 职业素养和价值观目标

1. 较深刻地理解零件修复技术对环境的积极意义,树立良好的环保意识。
2. 理解社会主义核心价值观中"敬业"的含义,初步建立敬业意识。

设备维修是为保持、恢复和提升设备技术状态进行的技术活动,包括保持设备良好技术状态的维护、设备劣化或发生故障后恢复其功能而进行的修理,以及提升设备技术状态进行的技术活动等。机械零件修复技术主要用于设备劣化或发生故障后恢复其功能,属于再制造技术的分支,合理应用修复技术可使修复后的零件性能更佳。

第一节　机械零件修复技术方案的制定

机械零件修复技术的选择应遵循"技术合理,经济性好,生产可行"的基本原则。常用的机械零件修复技术有机械修复、焊接修复、电镀修复、黏接与表面黏涂修复、热喷涂修复等。

一、影响修复技术选择的因素

不同种类修复技术的工艺特性既有相同之处,也有不同之处。因此,对于同一机械零件缺陷

可能存在几种修复技术和方法。工程实践中,选择修复技术要综合考虑以下因素:

1. 零件材质

选择修复技术应首先考虑其对待修零件材质的适应性,以确保修复后机械零件的技术要求达到工艺要求。不同修复技术对零件材质的适应性见表 3.1。镀铬、镀铁技术适用于修复碳钢、合金钢、不锈钢和灰铸铁等;焊接技术适用于修复低碳钢、中碳钢、合金结构钢和不锈钢等;金属喷涂技术适用于修复碳钢、合金结构钢、灰铸铁和绝大部分有色金属件等;黏接技术适用于修复各种金属和非金属材质的零件;塑性变形技术适用于修复中、低碳钢及铜合金、铝;金属扣合技术适用于修复灰铸铁等。

表 3.1　不同修复技术对零件材质的适应性

修复技术	工件材料							
	低碳钢	中碳钢	高碳钢	合金结构钢	不锈钢	灰铸铁	铜合金	铝
镀铬 镀铁	+	+	+	+	+	+		
气焊	+	+		+		−		
手工电弧堆焊	+	+	−	+	+	−		
焊剂层下电弧堆焊	+	+						
振动电弧堆焊	+	+	+	+	+	−		
钎焊	+	+	+	+	+		+	−
金属喷涂	+	+	+	+	+	+	+	+
塑料黏接	+	+	+	+	+	+	+	+
塑性变形	+	+					+	+
金属扣合						+		

注:"+"为修理效果好,"−"为修理效果不好。

2. 零件工作条件

选择修复技术应考虑零件工作条件。例如,齿轮、凸轮等滚动工作零件,表面承受较大的接触应力,应采用有益于提高接触强度的修复技术,如镀铬、喷焊、堆焊等。较高的修复施工温度会引起零件退火,破坏原有的热处理性能,因此补焊和堆焊等技术仅适用于未淬火零件的修复。滑动状态下工作的零件,承受的表面接触应力较低,修复技术的可选择范围更广。

3. 修补层力学性能及厚度

修补层的强度、硬度、厚度以及修补层与零件的结合强度等是评价修理质量的重要指标,各种修复技术的修补层力学性能及厚度见表 3.2。

表 3.2　各种修复技术的修补层力学性能及厚度

修理工艺	修补层本身抗拉强度/(N/mm^2)	修补层与45钢的结合强度/(N/mm^2)	零件修理后疲劳强度降低的百分数/%	硬度	厚度/mm
镀铬	400～600	300	25～30	600～1 000 HV	0.1～0.3
低温镀铁	—	450	25～30	45～65 HRC	0.1～5

修理工艺	修补层本身抗拉强度/（N/mm²）	修补层与 45 钢的结合强度/（N/mm²）	零件修理后疲劳强度降低的百分数/%	硬度	厚度/mm
手工电弧堆焊	300～450	300～450	36～40	210～420 HBS	厚度不限
焊剂层下电弧堆焊	350～500	350～500	36～40	170～200 HBS	厚度不限
振动电弧堆焊	620	560	与 45 钢相近	25～60 HRC	厚度不限
银焊	400	400	—	—	—
铜焊	287	287	—	—	—
锰青铜钎焊	350～450	350～450	—	—	—
金属喷涂	80～110	40～95	45～50	217 HBS	0.2～3
环氧（树脂黏接）	—	热黏 20～40	—	200～240 HBS	—
	—	冷黏 10～20	—	80～120 HBS	—

修补层的力学性能是选择修复技术的重要依据。以耐磨性为例，修补层硬度较高，虽提高了零件的耐磨性，但加工困难；修补层硬度不均匀，会使加工表面不光滑，加剧磨损。此外，耐磨性还与金属组织、表面储油能力等性能有关。如采用多孔镀铬、多孔镀铁、金属喷涂、振动电弧堆焊等修复技术可获得多孔隙的修补覆盖层，有利于提高表面储存润滑油的能力，改善润滑条件，大大降低零件使用中发生表面研伤的风险；镀铬可以获得较高硬度的修补覆盖层，提高零件表面耐磨性，但磨合性较差；使用镀铁、振动电弧堆焊、金属喷涂等技术修复的零件，耐磨性与磨合性都比较好。

4. 可行性与经济性

实施修复技术需配置相应的技术装备和一定数量的技术人员。从可行性角度看，要根据企业现有的装备状况、技术水平、维修生产管理机制，并结合修复技术的发展进步，尽量选用先进的修复技术。

在经济性方面，应综合考虑零件修复成本、修后使用寿命、停机损失等。例如，若采用修复成本较高的技术，可快速修复零件，减少停机损失，从经济性来讲是划算的。一些易加工的、普通材料的简单零件，有时更换比修复更划算。

二、确定零件修复技术方案

编制机械零件修复工艺规程要遵守"优质、高效、低成本"原则，其主要依据是零件的工作状况和技术要求、企业设备状况和修复技术水平、生产经验和有关试验总结以及有关技术文件等。

1. 调查待修零件损伤状态

检查待修零件损伤部位、损伤性质（磨损、腐蚀、变形、断裂）和损伤程度（磨损量大小、磨损均匀程度、裂纹深浅及长度），明确修复零件批量。查阅零件损伤鉴定单、零件制造技术文件、装配图和设计说明书等技术文件，确定零件的功能以及工作条件、材质和技术要求等。在此基础上，根据现有修复技术装备状况、技术水平和经验，估算修复工作量，确定自修还是委外修复。

2. 拟定零件修复工艺规程

拟定零件修复工艺规程的基本原则是:在保证修复质量的前提下,力求选用最少的修复技术种类;力求避免多个修复技术之间的不良影响;尽量采用简易的低成本技术。

零件修复工艺规程主要包括以下内容:

1) 确定零件修复使用的技术种类、方法,分析零件修复中的主要问题并提出相应措施。

2) 安排零件修复工序,提出各工序的技术要求、规范,确定工艺设备和质量检验标准等。

3) 在进行必要试验的基础上,填写修复技术规程卡片,经主管领导批准后执行。

3. 确定零件修复工艺规程应注意的问题

1) 注意保护不修复表面的精度和材料的力学性能不受影响。

2) 安排工序时应将产生较大变形的工序安排在前面,并增加校正工序;将精度要求高、表面粗糙度要求小的工序安排在后面,避免因修复技术(如堆焊)破坏零件原有精度。

3) 零件修复加工时需预先修复定位基准或给出新的定位基准。

4) 有些修复技术可能导致机械零件产生微细裂纹,应注意安排提高疲劳强度的工艺措施和采取必要的探伤检测等手段。

5) 修复高速运动的机械零件,应考虑安排平衡工序。

三、机械零件修复实例

某企业锻造车间的 Y32-1500T 金属锻造压力机是企业的关键设备,因主液压缸柱塞严重划伤,要进行停机修复。主液压缸柱塞修复的工作过程如下:

1. 调查主液压缸柱塞损伤状态

经检查知:柱塞表面有 1 处划伤,划伤面积为 $400 \times 3\,400\ mm^2$(柱塞工作行程 5 m,直径 900 mm)。划痕最深处为 3 mm,最浅处为 0.1 mm,平均约为 0.8 mm,局部有近十个深度为 4 mm 左右的小坑。

2. 拟定零件修复工艺规程

(1) 确定采用的修复技术　修复柱塞划伤的工作面,可供选择的修复技术有电焊修复、机械加工配铜套、钎焊锡-铋合金加镀工作层、黏接修复、喷涂修复、电刷镀修复等。

从技术合理角度考虑,采用大面积电焊修复技术易使柱塞表面受热引起变形;对柱塞机械加工配铜套会降低柱塞原有承受油压的面积;采用钎焊技术,锡-铋合金强度较低;采用黏接修复技术,强度不够,承载能力差;采用喷涂修复技术,大面积喷涂时,整体质量不易保证;采用电刷镀修复技术,镀层性能可靠,可在生产现场进行,设备不用解体,镀后不需要机械加工。

从经济性和可行性进行分析,考虑工厂生产、设备状况(厂里有电镀设备,修复成本低,可节约人力、物力及能源),最终择优选择"电刷镀+焊接"修复技术对柱塞进行修复。

(2) 安排零件修复工艺　柱塞修复工艺过程为:

① 清洗去油污杂质。用水基清洗剂或汽油除去柱塞上的油污;用氧乙炔火焰烤划伤表面,清除油渍。

② 表面初整形。用砂轮、油石、刮刀等去除划伤表面的毛刺并开槽,使划痕与坑底的基体面圆滑过渡。

③ 电焊。用堆焊修复表面深度为 4 mm 左右的小坑。

④ 电镀。用电刷镀修复表面划痕。

（3）**制定零件修复工艺规程**　提出各工序的技术要求、规范,确定工艺设备和质量检验标准等,填写工艺卡片,指导工人操作。

一些典型零件和典型表面的修复技术选择举例见表 3.3。

表 3.3　修复技术选择举例

零件名称	磨损部位	修复方法	
		达到标称尺寸	达到修复尺寸
轴	滑动轴承的轴颈及外圆柱面	镀铬、镀铁、金属喷涂、堆焊并加工至标称尺寸	车削或磨削提高几何形状精度
	装滚动轴承的轴颈及过盈配合面	镀铬、镀铁、化学镀铜	
	轴上键槽	堆焊修复;转位铣削新键槽	键槽加宽、不大于原宽度的 1/7,并重新配键
	轴上螺纹	堆焊后重新车螺纹	车成小一级的螺纹
	外圆锥面	—	磨到较小尺寸
孔	孔径	镶套、堆焊、电镀、黏接	镗孔
	圆锥孔	镗孔后镶套	刮削或磨削修整形状
齿轮	轮齿	1. 利用花键孔,镶嵌新齿圈,插齿 2. 堆焊断裂轮齿,加工成形	大齿轮加工成负变位齿轮
	孔径	镶套、镀铬、镀镍、镀铁、堆焊	磨孔配轴
导轨滑板	滑动面	黏成镶面后加工	电弧冷焊补、钎焊、黏接、刮、磨削
拨叉	侧面磨损	铜焊、堆焊后加工	—

第二节　机械修复技术

利用切削加工、机械连接(螺纹、键、销、铆接、过盈联接等)和机械变形等各种机械方法,恢复失效零件功能的技术称为机械修复技术。常用的机械修复技术有修理尺寸法、镶装零件法、局部修换法和金属扣合法等。

一、修理尺寸法

修理尺寸法常用于轴、孔构成的间隙配合副修复。它采用切削加工方法,恢复配合副主要零件原设计的几何公差、表面粗糙度要求,使其获得一个新尺寸(称为修理尺寸),然后据此尺寸更换或配作另一个配合件,保证原有配合关系不变。例如,主轴和轴承配合副修复,应加工主轴,配换轴承;气缸与活塞配合副修复,应镗、磨气缸,配作镶套或活塞等。

确定修理尺寸时,应先考虑零件的结构可行性和强度是否足够,再考虑切削加工余量。轴颈尺寸减小量一般规定不超过原设计尺寸的 10%;轴上键槽磨损后,可根据实际情况放大一级尺寸。

二、镶装零件法

在磨损零件的结构和强度允许的情况下,对零件磨损部位进行切削加工,再在这个部位镶上一个零件补偿尺寸,恢复零件原有精度的方法称为镶装零件法。常用的有镶套、加垫和机械夹固等方法。

如图 3.1 所示为轴径镶套修复,是在轴径磨损处,镶装一个套筒,并在轴端用固定销固定,防止套筒工作时松动。如图 3.2 所示为较大的铸件产生裂纹后,采用钢板螺钉加固修复。修复时,在裂纹末端钻 $\phi 3 \sim \phi 6$ mm 的止裂孔,防止因为应力集中使裂纹继续发展。

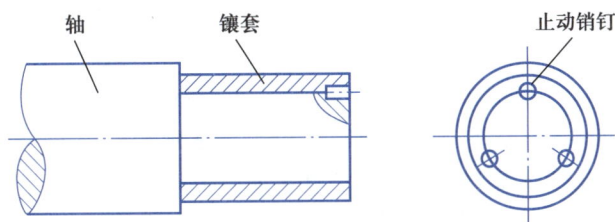

图 3.1 轴径镶套修复

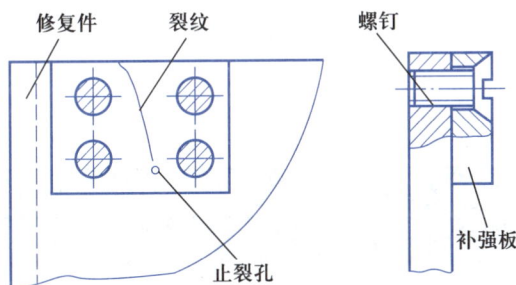

图 3.2 钢板螺钉加固修复裂纹

镶装零件法适用于磨损量较大零件的修复,且不必更换配换件。应用该方法时应注意以下两个问题:

1)镶装件材料尽量与基体材料一致,使两者热膨胀系数相同,保障工作中镶装件的稳固性。

2)镶装件与基体应采用过盈配合。要正确选择过盈量,过盈量过大会胀坏孔,甚至引起基体变形,过小则稳固性不好。

三、局部修换法

对零件某一部分进行修理更换的方法称为局部修换法。局部修换法通常是将零件磨损严重的部位切除,将这部分重制一个新零件,然后用机械连接、焊接或黏接的方法固定在原来的零件上,使零件得以修复。如图 3.3 所示,双联齿轮中磨损严重的小齿轮轮齿被切去,重新制作一个小齿轮,然后

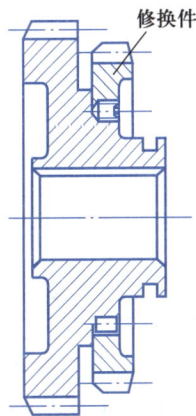

图 3.3 局部修换法

用键联结、骑缝螺钉固定在原来的零件上。

四、金属扣合法

金属扣合法是利用金属扣件(波形键等)的塑性变形或热胀冷缩的性质,将损坏的零件连接起来,达到修复零件裂纹或断裂目的的技术。金属扣合法简单易行,大型机件可在现场修复;修复过程在常温下进行,工件不受热应力影响;修复强度高,修复质量可靠,特别适用于大型铸铁件的修复,也可用于修复不易焊接修复的钢件、有色金属件等。

1. 强固扣合法

如图 3.4 所示,在零件裂纹的垂直方向或折断面方向上,加工出波形槽,并在槽中嵌入波形键;在常温下铆击波形键,使之产生塑性变形后充满槽腔;当波形键的凸缘与槽紧密扣合时,损坏的零件重新牢固地连接成一个整体。该方法用于修复壁厚为 8 ~ 40 mm 的一般强度要求的薄壁零件。

(1) 波形键的设计和制作　波形键的主要尺寸有凸缘直径 d、颈部宽度 b、间距 l 和厚度 t(表 3.4),通常以尺寸 b 作为基本尺寸确定其他尺寸。波形键的凸缘个数由受力情况决定,通常为 5、7、9、11、13 个。波形键材料一般为 12Cr18Ni9 等镍铬钢,高温工作的波形键通常采用热膨胀系数与零件相同或相近的高镍合金钢制造。镍铬钢波形键加工工艺为:下料—冷压成形—机加工上、下平面和修整凸缘圆弧—热处理。

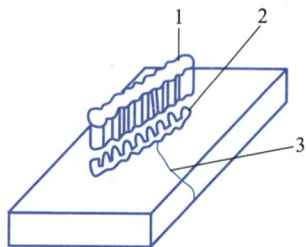

图 3.4　强固扣合法
1—波形键;2—波形槽;3—裂纹

表 3.4　波形键规格尺寸　　　　　　　　　　mm

波形键规格	公称尺寸				
	d	b	l	t	L
3	3	2	3.1	2.5 ~ 3.5	见注
4	4	2.5	4.1	3.5 ~ 5.0	
6	6	4	6.2	5.0 ~ 7.0	
8	8	5	8.2	6.0 ~ 8.0	
12	12	8	12.2	6.0 ~ 8.0	

注:$d = (1.4 ~ 1.6)b$
$l = (2 ~ 2.2)b$
$t \geq b$
$L = (n-1)l + d$
n——凸缘个数

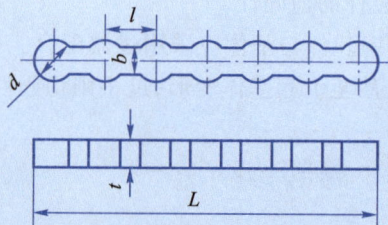

(2) 波形槽的设计和制作　如图 3.5 所示,波形槽与波形键形状相同,槽与键之间的最大间隙允差为 0.1 ~ 0.2 mm。槽深 T 根据零件壁厚 H 确定,一般取 $T = (0.7 ~ 0.8)H$,且大于波形键厚。

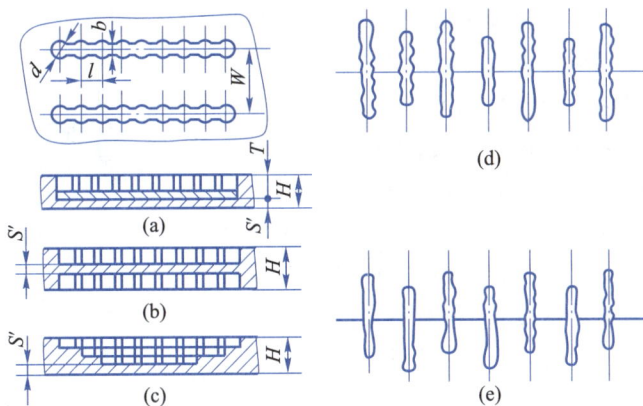

图 3.5　波形槽的尺寸与布置方式

为改善零件受力状况,5 个以上的波形槽通常布置成一前一后或一长一短的方式[图 3.5(d)、图 3.5(e)]。确定波形槽的间距 W 可用经验法和计算法,修复承受弯曲载荷不大的普通铸铁零件时,一般取 $W=(5\sim6)b$;修复承受较大弯曲载荷的高强度铸铁零件时,可按下式计算:

$$W=\frac{bT}{H}\left(\frac{\sigma_\mathrm{p}}{\sigma_\mathrm{g}}+1\right) \tag{3.1}$$

式中,σ_p——波形键铆击后的抗拉强度;σ_g——工件的抗拉强度。

小型波形槽可以在铣床等设备上加工成型,大型零件的波形槽可以采用钻模、手电钻等工具现场加工。现场加工工艺过程如下:

1)划线。

2)在波形槽位置的裂纹上钻波形槽中间的孔 d,深度比壁厚浅 3~5 mm。

3)借助钻模加工波形槽各凸缘孔及凸缘间孔,锪孔至深度 T。

4)钳工修整宽度 b 和两平面,保证槽与键之间的配合间隙。

(3)铆击工艺　为得到理想的扣合强度,铆击工艺应按照如下要求进行:

1)使用频率高、冲击力小的铆击枪,压缩空气的压力控制在 0.2~0.4 MPa。

2)铆击从波形键两端凸缘开始,轮换对称铆击,直至中间凸缘。最后,铆击裂纹上的凸缘。

3)为使波形键充分冷硬化,应先用圆弧冲头铆击中心部位,再用平底冲头铆击边缘。

4)正确掌握铆紧程度,一般控制在每层波形键铆低 0.5 mm 左右为宜。

2. 强密扣合法

该法适用于修复高压密封零件的裂纹和折断,如高压气缸和高压容器等。它是在强固扣合工艺原理基础上,在裂纹或折断面上栽入涂有胶黏剂的缀缝螺钉,形成由胶黏剂和金属组成的密封带,起到防渗漏的作用,如图 3.6 所示。

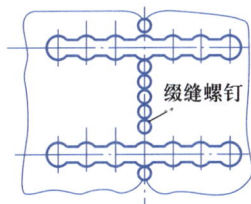

图 3.6　强密扣合法

缀缝螺钉直径一般取 3~8 mm,材料与波形键材料相同,对要求不高的修复部位,也可用低碳钢或纯铜等软质材料;螺钉拧入深度与波形键相同,拧紧后铲掉突出部分并磨平;胶黏剂一般选用环氧树脂或氧化铜-磷酸无机胶。

3. 优级扣合法

该法适用于修复承受高载荷的厚壁零件,如水压机横梁、轧钢机轧辊支架等。如图 3.7 所示,在强固、强密扣合工艺的基础上,先在垂直于裂纹或折断面的修复区域加工出一定形状的空穴(矩形等),将形状尺寸相同的加强件镶入穴中,然后再在机件与加强件的结合处栽入短圆柱销(缀缝螺钉),使载荷分布到更多面积上,满足零件承受高载荷的要求。

　　加强件可根据零件结构、载荷性质、大小和方向等设计成不同形状,如图3.8所示。图3.8(a)为楔形加强件,用于修复钢件,便于拉紧;图3.8(b)为矩形加强件,用于承受冲击载荷处的修复,靠近裂纹处不加缀缝螺钉固定,以保持一定的弹性;图3.8(c)为x形加强件,它有利于扣合时拉紧裂纹;图3.8(d)为十字形加强件,用于承受多方向载荷。

4. 热扣合法

　　热扣合法适用于修复大型飞轮、齿轮和重型设备的机身等。它是根据金属热胀冷缩原理,利用扣合件在冷却过程中产生收缩,将破裂的机件重新密合的一种工艺方法,热扣合件加热所必需的最低温度为

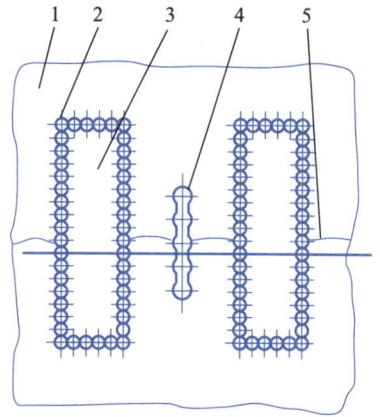

图 3.7　优级扣合法

1—机件;2—短圆柱销;3—矩形加强件;
4—波形键;5—裂缝

$$t_2 = \frac{\delta}{L_2 \alpha} + t$$

式中,α——选择热扣合件材料的线膨胀系数;L_2——损坏部位修复前长度,单位为 mm;t——工作场所的温度,单位为℃;δ——总变形量。

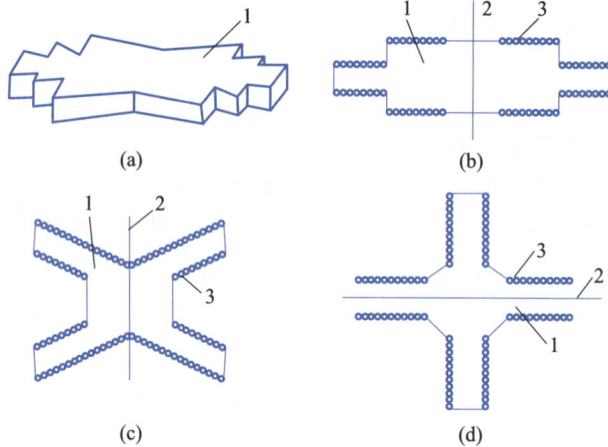

图 3.8　加强件

1—加强件;2—裂纹;3—缀缝螺钉

　　考虑到零件的笨重程度和热扣合时操作的难度,加热时实际温度应比计算温度高 100 ~ 200 ℃。

第三节　焊接修复技术

　　焊接修复技术是用焊接的方法进行零件修补或在零件表面制备抗磨、防腐蚀等涂覆层的一

种维修技术,适用于修复零件表面磨损或局部损伤、裂纹、断裂等。焊接修复使用设备简单,方便现场实施,因此可有效缩短停机时间。其不足之处在于,焊接加工易使修复对象产生热应力和变形,不适宜修复较高精度、薄壳和细长类零件等。

一、堆焊

堆焊适用于修复各种轴类、轧辊类零件以及工具、模具等,在农机、工程机械、冶金、石油化工等行业应用广泛。它是使用焊接方法,在机械零件表面堆覆一层具有一定性能的金属材料的工艺方法,既可以修复失效零件,恢复尺寸、形状要求,又可以强化材料,改善零件表面的耐磨、耐腐蚀等性能。堆焊具有以下工艺特性:堆焊层与基体金属的结合是冶金结合,结合强度高,抗冲击性能好;堆焊层的金属成分与性能方便调节,可根据工况要求,设计出各种合金体系;堆焊层厚度大,可在 2 ~ 30 mm 之间调节,更适合严重磨损的工况。如图 3.9 所示为链轮的堆焊修复。

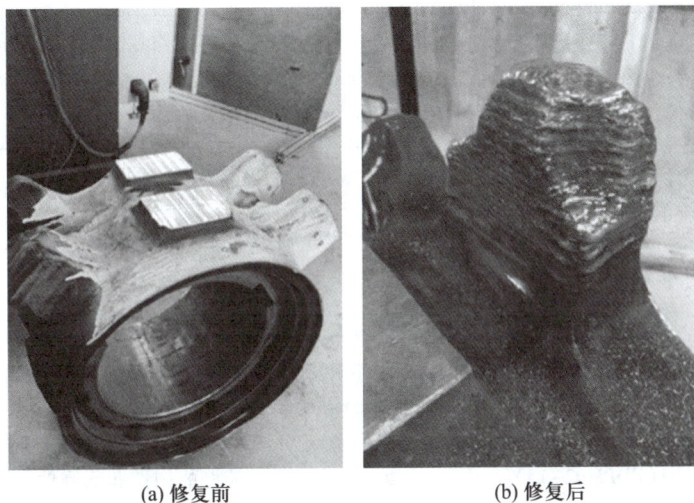

(a) 修复前　　　　　　　　　(b) 修复后

图 3.9　链轮的堆焊修复

1. 堆焊方法及其选择

堆焊的本质是异种金属的熔化焊,因此几乎所有的熔化焊方法都可用于堆焊,常用堆焊方法及其特点见表 3.5,供使用时参考。

表 3.5　常用堆焊方法及其特点

堆焊方法	材料	单层堆焊 最小厚度/mm	特点
焊条电弧堆焊	实心焊丝、管状焊丝	3.2	用于小型或复杂形状零件的堆焊修复和现场修复。机动灵活,成本低
埋弧自动堆焊	根据焊接形式,选用管状焊丝或带极	3 ~ 4.8	用于具有大平面和简单圆形表面零件的堆焊修复。焊缝光洁,接合强度高,堆焊层外形美观,性能好

续表

堆焊方法	材料	单层堆焊最小厚度/mm	特点
熔化极气体(自)保护堆焊	实心焊丝、管状焊丝	3.2	用于承受交变载荷零件的修复,如曲轴等。溶深浅,堆焊层薄而匀,耐磨性好,工件受热影响小
氧-乙炔焰堆焊	实心焊丝、管状焊丝、合金粉末	0.8	成本低,操作较复杂,用于堆焊批量不大的零件。火焰温度较低,稀释率小,单层堆焊厚度可小于1.0 mm,堆焊层表面光滑
等离子弧堆焊	自动化:合金粉末;双热丝自动:焊丝	自动化:0.8;双热丝自动:2.4	用于堆焊各种高合金、高性能材料。生产率高,成形美观,堆焊过程已实现机械化及自动化
激光熔覆	合金粉末	0.9	用于轴类等的修复。工件热变形小,堆焊层组织致密;可在普通材料上覆盖高性能的堆焊层,质量优于传统堆焊和热喷涂工艺

2. 堆焊材料及其选择

目前,堆焊合金已有数百种之多。堆焊合金通常制成丝状、管状、带状或板状,也有的制成合金粉末和焊条,常用堆焊合金特点及用途见表3.6。

表3.6　常用堆焊合金特点及用途

堆焊合金类型	焊条牌号及型号	堆焊层硬度/HRC	性能及用途
普通低中合金钢	D102(EDPMn2-03) D107(EDPMn2-15) D112(EDPCrMo-A1-03) D127(EDPMn3-15)	≥22 ≥22 ≥22 ≥28	较好的韧性和耐磨性,易加工、价廉,多用于堆焊常温下的金属磨损件,如车轮、齿轮、轴等
中碳低合金钢	D172(EDPCrMo-A3-03) D167(EDPMn6-15)	≥40 ≥50	较好的抗中等冲击能力,适于堆焊齿轮、轴、冷冲模等
高碳马氏体钢	D207(EDPCrMnSi-15) D227(EDPCrMoV-Al-15)	≥50 ≥55	较好的抗磨料磨损性能,耐冲击性能较差,用于堆焊推土机刀片、螺旋桨等
高锰钢	D256(EDMn-A-16) D266(EDMn-B-16)	≥170(HBW) ≥170(HBW)	较好的抗磨料磨损性能,耐冲击性能较差,用于堆焊破碎机、推土机等的抗冲击耐磨件
奥氏体高锰钢、铬锰钢	D256(EDMn-A-16) D266(EDMn-B-16) D276(EDCRMn-B-16)	≥170(HBW) ≥170(HBW) ≥200(HBW)	兼有抗强冲击、耐腐蚀、耐高温的特点,用于堆焊挖掘机斗齿、水轮机叶片等

堆焊合金类型	焊条牌号及型号	堆焊层硬度 HRC	性能及用途
奥氏体 镍铬钢	D547（EDCrNi-A-15） D547Mo（EDCrNi-B-15） D557（EDCrNi-C-15）	≥28～34 ≥37 ≥37	优良的耐腐蚀、高温抗氧化性，用于高、中压阀门的密封面等堆焊、开坯轧辊等
马氏体 合金铸铁	D608（EDZ-A1-08） D687（EDZCr-D-15） D698（EDZ-B2-08）	≥55 ≥50 ≥60	很高的抗磨料磨损性能以及较高的耐热腐蚀性能，常用于堆焊混凝土搅拌机、混砂机、犁铧等
高铬 合金铸铁	D642（EDZCr-B-03） D667（EDZCr-C-15） D687（EDZCr-D-15）	≥45 ≥48 ≥58	很高的抗低应力磨料磨损和耐热、耐蚀性能，用于堆焊泵套、破碎机混合叶片等
钴基合金	D802（EDCoCr-A-03） D812（EDCoCr-B-03） D822（EDCoCr-C-03） D822（EDCoCr-D-03）	≥40 ≥44 ≥53 28～38	综合性能好，价格高，用于堆焊高温高压阀门、热剪切刀刃、热锻模等

二、补焊

为修补零件局部缺陷而进行的焊接称为补焊。金属材料的焊接性相差很大，补焊时要根据零件材料选用合理的补焊工艺。

1. 钢制零件的补焊

碳钢的焊接性主要与含碳量有关。含碳量增加，焊接性逐渐变差，即低碳钢零件焊接性较好，中、高碳钢零件焊接性较差，易产生热裂纹、冷裂纹和氢致裂纹等。目前，钢制零件的补焊一般采用电弧焊。

为了防止中、高碳钢零件补焊过程中产生裂纹，可以采取以下措施：

1）零件焊前预热，中碳钢一般为 150～250 ℃，高碳钢为 250～350 ℃。

2）选用低氢焊条以增强焊缝的抗裂性。

3）采用多层焊，使结晶粒细化，改善性能。

4）焊后热处理，以消除残余应力。一般中、高碳钢焊后先采取缓冷措施，再进行高温回火，推荐温度为 600～650 ℃。

2. 铸铁件的补焊

铸铁的含碳量大于 2.11%，焊接性很差。在补焊接头处易产生白口组织、淬硬组织及夹渣、裂纹和气孔，导致补焊失效并且难以机加工。

铸铁件的补焊一般分为热焊和冷焊，常用铸铁件补焊方法及铸铁焊常用焊条牌号及应用见表 3.7 和表 3.8。

表 3.7　常用铸铁件补焊方法

方法	分类	特点
电弧焊	热焊法	采用铸铁心焊条,温度控制同气焊热焊法,焊后不易裂,可加工
	半热焊法	采用钢心石墨型焊条,预热至 400 ℃,焊后缓冷,强度与母材近似,但加工性不稳定
	冷焊法	采用非铸铁组织焊条,焊前不预热,要严格执行冷焊工艺要点,焊后性能因焊条而异
气焊	热焊法	焊前预热至 600 ℃左右,在 400 ℃以上施焊,焊后在 650~700 ℃保温缓冷。采用铸铁填充料,焊件应力小,不易裂,可加工
	冷焊法	焊前不预热,只用焊炬烘烤坡口周围或加热减应区,焊后缓冷。采用铸铁填充料,焊后不易裂,可加工,但减应区选择不当有开裂危险
钎焊	—	用气焊火焰加热,铜合金作钎料,母材不熔化,焊后不易裂,加工性好,强度因钎料而异

表 3.8　铸铁焊常用焊条牌号及应用

牌号	焊芯材料	药皮类型	焊缝成分	主要特点和用途
Z100	低碳钢	氧化型	碳钢	与基体熔合好,价格低;抗裂性差,工艺性差,焊后不能机加工 用于一般灰铸铁件的非加工面
Z116 Z117	低碳钢	含钒铁低氢型	高钒钢	抗裂性能好,焊后可机加工 用于高强度灰铸铁件和球墨铸铁件
Z208	低碳钢	石墨型	灰铸铁	可冷焊,能加工,抗裂性差 用于不重要的小型、薄壁灰铸铁件
Z238	低碳钢	含球化剂石墨型	球墨铸铁	焊前预热 500 ℃,保温缓冷,可机械加工 用于球墨铸铁件
Z248	灰铸铁	石墨型	灰铸铁	可不预热,焊后盖以石棉或其他保温材料,防止开裂及白口 用于重要灰铸铁薄壁件和加工面
Z308	纯镍	石墨型	镍基合金	不需预热,抗裂性和加工性良好,价格昂贵 用于重要灰铸铁薄壁件和加工面
Z408	镍铁合金	石墨型	镍铁合金	强度高,抗裂性好,切削加工性能比 Z308、Z508 略差,不需预热 用于重要高强度灰铸铁件和球墨铸铁件
Z508	镍铜合金	石墨型	镍铜合金	可不预热或 300 ℃预热,抗裂性较差,强度较低,切削加工性接近 Z308 用于强度要求不高的灰铸铁件加工面
Z607	紫铜	低氢型	铜铁合金	抗裂性好,不宜于多层焊,加工有一定困难,价格比镍基便宜 用于灰铸铁件的非加工面

三、堆焊、补焊修复层切削加工

1. 刀具材料牌号

通常零件表面修复层呈高低不平、内部硬度不均匀的状态,在切削加工过程中会产生较大冲击与振动。因此,切削加工刀具材料一般选用硬质合金、聚晶立方氮化硼等。零件修复层切削常用的刀具材料见表3.9。

表 3.9 零件修复层切削常用的刀具材料

零件修复方法		推荐的切削加工用刀具牌号及用途
堆焊 补焊	低合金钢 堆焊层	粗加工:YG8、YT5、YW1 等 精加工:YT15
	高锰钢 堆焊层	粗加工:YG 类、YH 类、YW 类 精加工:YT14、YG6X 等
	不锈钢 堆焊层	YG 类,如 YG6X、YG8 等 聚晶立方氮化硼
	高铬合金铸铁 堆焊层	超细晶粒的 YG6X、YG10H 等 聚晶立方氮化硼

2. 修复层机械加工参数选择

合理选择加工方法、刀具材料、刀具几何参数和切削用量等对保障零件修复质量是非常重要的。

(1) 低合金堆焊层的车削　车削硬度为 20～35 HRC 的中等硬度堆焊层时,可参考以下要求选择切削加工参数:

① 刀具几何参数。前角 $\gamma_0 = 5° \sim 15°$;后角 $\alpha_0 = 6° \sim 8°$;主切削刃上磨出负倒棱,负倒棱前角 $\gamma_{01} = -10° \sim -5°$,负倒棱宽度 $b_{\gamma1} = (0.3 \sim 0.8)f$($f$ 为进给量);主偏角 $K_r = 60° \sim 75°$;副偏角 $K_r' = 15° \sim 30°$;粗加工时,刃倾角 $\lambda_s = -5° \sim 10°$;精加工时,刃倾角 $\lambda_s = 0° \sim 5°$;刀尖半径 $r = 0.5 \sim 1$ mm。

② 切削用量。粗车时:背吃刀量 $a_p = 2 \sim 4$ mm,进给量 $f = 0.4 \sim 0.6$ mm/r,切削速度 $v = 30 \sim 50$ m/min。半精车时:$a_p = 1 \sim 1.5$ mm,$f = 0.2 \sim 0.3$ mm/r,$v = 60 \sim 70$ m/min。精车时:$a_p = 0.1 \sim 0.5$ mm,$f = 0.08 \sim 0.15$ mm/r,$v = 80 \sim 120$ m/min。

(2) 高铬合金铸铁堆焊层的车削　此类堆焊层硬度大于 40 HRC。切削力和切削热都集中在切削刃附近,容易崩刃。

① 刀具几何参数。前角 $\gamma_0 = 0° \sim 5°$;后角 $\alpha_0 = 4° \sim 6°$;刃倾角 $\lambda_s = 0° \sim 5°$;应适当减小主偏角,加大刀尖圆弧半径。

② 切削用量。$a_p = 1.5 \sim 2$ mm,$f = 0.3 \sim 0.4$ mm/r,$v = 14 \sim 18$ m/min。

(3) 堆焊层的磨削

1) 砂轮选择

① 磨削低合金堆焊层的磨料有棕刚玉(A)、白刚玉(WA)。粒度:粗磨选 $36^#$ 或 $46^#$,精磨选 $60^# \sim 80^#$。硬度:中软 1(ZR_1)、中软 2(ZR_2)。黏合剂为陶瓷。组织为 5～7 号。

② 磨削高铬合金铸铁堆焊层的磨料有黑碳化硅（C）、绿碳化硅（GC）。粒度:$36^\# \sim 60^\#$。硬度:软3（R_3）、中软1（ZR_1）。黏合剂为陶瓷。组织为5～8号。

2）切削用量

① 砂轮速度　$v = 20 \sim 30$ m/s,磨内圆时取低值。

② 工件速度　$v = 10 \sim 20$ m/min,精磨时取低值。

③ 轴向进给量　$f_a = (0.2 \sim 0.8)B$（B为砂轮宽度）。表面粗糙度值为$Ra0.63 \sim 2.5$ μm 时,$f_a = (0.5 \sim 0.8)B$。表面粗糙度值为$Ra0.32 \sim 0.63$ μm 时,$f_a = (0.2 \sim 0.5)B$。

④ 径向进给量　$f_r = 0.005 \sim 0.015$ mm/双行程。

第四节　电镀修复技术

电镀修复技术常用于磨损失效零件的修复。它是利用电解原理,把工件（阴极）与直流电源的负极相连,镀层金属（阳极）与直流电源的正极相连,并在两极间保持一定电压,使阳极不断电解形成金属阳离子,至阴极沉积在工件表面,形成金属镀层。金属镀层的厚度受到电流密度、电镀液是否搅拌、电镀液温度、电镀液添加剂、工件材料和表面状况等因素的影响。电镀原理示意图如图 3.10 所示。

电镀修复是在低温（通常 <100 ℃）条件下进行的,零件不会产生热变形,因此镀层结合强度高。常用的电镀技术有镀铬、镀铁、镀镍、镀铜、电镀合金等。

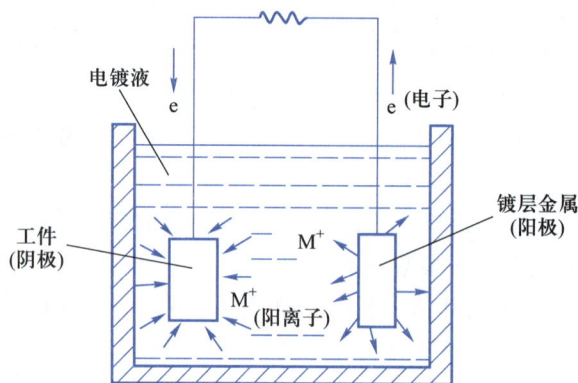

图 3.10　电镀原理示意图

一、镀铬

1. 镀铬层性能和应用

镀铬层具有以下特性:

（1）硬度高,耐磨性好。镀铬层的硬度一般为 $400 \sim 1\ 200$ HV,温度 <300 ℃时硬度无明显下降。滑动摩擦系数小,约为钢和铸铁的40%。抗黏着性好,耐磨性比无镀铬层提高 2～50 倍。

（2）与基体结合强度高。镀铬层与基体金属表面的结合强度高于自身晶间结合强度。

（3）耐热,耐腐蚀,化学稳定性好。

按用途不同,镀铬层可分为硬铬层、多孔铬层、乳白铬层、黑铬层、装饰铬层等类型。用于零件修复的镀铬层主要是硬铬层和多孔铬层。镀铬层的应用见表 3.10。

表 3.10　镀铬层的应用

镀铬层类型	特性	应用
硬铬层	很高的硬度和耐磨性	常用于模具、量具、刀具刃口等耐磨零件,也用于修复磨损件,镀铬层厚度小于 12 μm

镀铬层类型	特性	应用
多孔铬层	表面有无数网状沟纹和点状孔隙,能吸附一定量的润滑油,具有良好的润滑性	用于主轴、镗杆、活塞环、气缸套等摩擦件的镀覆。镀铬层厚度一般为 $12 \sim 50 \ \mu m$
乳白铬层	硬度稍低,结晶细小,网纹较少,韧性较好,呈乳白色	适用于受冲击载荷零件的尺寸修复和表面装饰,如各种量具等

2. 镀铬工艺

镀铬的一般工艺过程如下:

(1) 镀前表面处理

1) 镀前加工。去除零件表面缺陷及锐边尖角,恢复零件几何形状、表面粗糙度要求(一般取 $\leqslant Ra1.6 \ \mu m$)。

2) 绝缘处理。不需要镀覆的表面要做绝缘处理。通常先刷绝缘性清漆,再包扎乙烯塑胶带,工件的孔要用铅堵牢。

3) 镀前清洗。先用有机溶剂、碱溶液等将零件表面清洗干净,然后用 10% ~15% 的硫酸溶液浸泡 $0.5 \sim 1 \ min$,清除零件表面氧化膜,露出金属结晶组织,增强镀层与基体金属的结合强度。

(2) 电镀　将零件上挂具吊入镀槽,根据镀铬层种类和要求选定电镀规范,按时间控制镀层厚度。修复磨损零件经常使用的镀液成分为:铬酐(CrO_3),取 $150 \sim 250 \ g/L$;硫酸取 $1 \sim 2.5 \ g/L$;三价铬取 $2 \sim 5 \ g/L$。工作温度为 $55 \sim 60 \ ℃$,电流密度为 $15 \sim 50 \ A/dm^2$。

(3) 镀后检查和处理

1) 测量。观察镀层表面色泽以及是否镀满,测量镀层尺寸、厚度及均匀性。若镀层厚度不够可重新补镀,若镀层有起泡、剥落等缺陷需退镀后重新电镀。

2) 热处理。对镀层厚度超过 $0.1 \ mm$ 的较重要零件应进行热处理,以消除氢脆、提高镀层韧性和结合强度。热处理一般在热油和空气中进行,温度为 $150 \sim 250 \ ℃$,时间为 $1 \sim 5 \ h$。

3) 磨削加工。根据零件技术要求,进行磨削加工。镀层薄时,可直接镀到尺寸要求。

二、镀铁

铁镀层的成分是纯铁,具有优良的耐磨性和耐蚀性,适于对磨损零件作尺寸补偿。

1. 低温镀铁工艺的特点和应用

低温镀铁技术出现在 20 世纪 70 年代。其镀层硬度可达 $45 \sim 56 \ HRC$,均匀平滑,耐磨性好,镀层与基体结合强度高。低温镀铁能源消耗低,耗电量仅为镀铬的 $1/7 \sim 1/6$;生产率高,沉积速度比镀铬快 10 倍以上,每小时可使工件直径加大 $0.40 \sim 0.90 \ mm$;镀层厚度大,可达 $3 \ mm$(镀铬一般为 $1.5 \ mm$)。低温镀铁工艺排水不带铬毒,以其替代镀铬工艺,有利于实现绿色制造,保护环境。

镀铁层晶粒结构呈网状,具有较好的储油性能,故常用于修复具有润滑要求的、一般机械磨损条件下工作的间隙配合副的磨损表面,也常用于修复过盈配合副的磨损表面和补偿零件加工尺寸的超差。修复腐蚀环境中工作的零件时,镀铁层可作为底层或中间层补偿磨损尺寸,外层可再镀防腐蚀性能好的其他镀层。需要注意的是,镀铁层热稳定性较差,加热到 600 ℃ 再冷却后,硬度会下降。因此,镀铁工艺不宜用于修复高温环境中承受较大冲击载荷的零件,以及干摩擦或磨料磨损工作条件下的零件。

2. 低温镀铁工艺

低温镀铁技术是用不对称交流-直流电在较低温度(4 ℃ 即可开始)下进行的镀铁工艺。其原理是通过一定手段,使交流电两个半波不相等,通电后较大的半波使工件呈阴极极性,镀上一层镀层;另一个较小的半波使工件呈阳极极性,将部分镀层电解掉,但总体上沉积的铁要多于溶解的铁,故镀层逐渐增厚。低温镀铁设备简单,电镀液的温度一般为 20 ~ 50 ℃。低温镀铁工艺过程分为镀前预处理、镀铁和镀后处理。

(1)镀前预处理　主要包括零件除油、除锈、绝缘以及表面活化处理等。镀铁的绝缘要求较高,否则会因漏电长出毛刺,降低沉积速度。表面活化处理是清除工件表面的氧化膜,方法有阳极刻蚀、盐酸浸蚀和交流活化等。

(2)镀铁　分为起镀、过渡镀和直流镀三个阶段。小电流密度的不对称交流起镀可得到应力小、硬度低、韧性好、结合强度高的底层;过渡镀时逐渐增大电流密度,使镀层的应力和硬度缓慢均匀地增加,可防止脱层现象;最后转入电流密度恒定的直流镀,达到所需的镀层厚度。

(3)镀后处理　主要包括清水冲洗和碱性溶液中和处理。

三、电刷镀

电刷镀又称金属笔镀或快速电镀。工作时,零件接电源的负极,镀笔接电源的正极,浸满溶液的镀笔在零件表面不断擦拭,使溶液中的金属离子在零件表面放电结晶,逐渐沉积形成镀层。电刷镀层的结合强度高,镀层厚度易控制,设备和工艺简单,便于现场修复,能完成槽镀难以完成的项目,广泛用于零件表面局部损伤的修复。

1. 电刷镀工艺

使用刷镀电源、镀笔、镀液、辅具及辅助材料,对零件进行镀前处理、沉积镀层和镀后处理,达到零件修复目的的操作方法和过程称为电刷镀工艺。辅具包括能够装夹零件并按一定转速旋转的装置和供液、集液装置等。

(1)镀前表面处理

1)表面修整。用机械加工方法去除零件表面毛刺、锈蚀、疲劳层、磨损层,使表面光洁平整,并修正几何形状。表面粗糙度值一般不高于 $Ra1.6~\mu m$。当镀件表面有油污时,可用汽油、丙酮等清洗。

2)刷镀工装设置。连续均匀刷镀时,一般把零件装夹在机床上,镀笔夹牢,调整机床速度满足刷镀速度要求,调整电源满足刷镀所需电流量。按需用镀液种类,每种准备一支专用镀笔。按实际需要准备好表面处理材料及其他辅助工具。

3)电净处理。镀笔通电,沾电净液,涂刷零件表面除去残留油膜。电净之后,用清水将工件冲洗干净,做到表面水膜均匀满布、无干斑。

4)活化处理。镀笔通电,沾活化液,工作过程同电净处理。

5)镀底层。镀底层的作用是改善基体金属的可镀性,提高工作镀层的结合强度。刷镀底层时,镀液预热至 50 ℃ 为宜,刷镀厚度多为 0.02 ~ 0.05 mm。

镀液应根据工件表面金属的种类和组织情况进行选择。碱铜溶液(SDY403)常用于铸钢、铸铁、锡、铝等材料,底层厚度限于 0.01 ~ 0.05 mm;特殊镍溶液(SDY101)用于一般金属,底层厚度限于 0.02 mm,适用于普通碳钢、不锈钢、铬、铜、镍等材料。

(2) 刷镀工作层　工作层厚度应按零件工作条件确定。首先,将预定镀层厚度储存在计数器中,然后按所用镀液选择电压和相对运动速度。启动电源,开始刷镀工作层,当达到预定厚度时,刷镀工作完成。当需要刷镀较厚的镀层时,可采用组合镀层,即使用多种性能的镀层交替刷镀,但最外一层是所选的工作层。

需要注意的是,随着镀层厚度的增加,镀层内残余应力随之增大,因此同一种镀层一次刷镀的厚度不能过大,否则可能会使镀层产生裂纹或剥离现象。单一镀层一次连续刷镀的安全厚度见表 3.11。

表 3.11　单一镀层一次连续刷镀的安全厚度　　　　　　mm

刷镀液种类	镀层单边厚度	刷镀液种类	镀层单边厚度
特殊镍	过渡层 0.001 ~ 0.002	铁合金	0.2
快速镍	0.2	铁	0.4
低应力镍	0.13	铬	0.025
半光亮镍	0.13	碱铜	0.13
镍-钨合金	0.013	高速酸铜	0.13
镍-钨(D)合金	0.13	锌	0.13
镍-钴合金	0.05	低氢脆镉	0.13
钴-钨合金	0.005		

(3) 镀后处理　零件镀完后,用清水清洗残留镀液并干燥。如不需机械加工,则清除毛刺,修整边角,并进行防锈处理。

2. 电刷镀溶液

电刷镀溶液按不同用途,分为镀前表面处理溶液、镀液、钝化液和退镀液。

(1) 镀前表面处理溶液　镀前表面处理溶液的作用是除去镀件表面油脂和氧化膜,以便获得结合牢固的刷镀层,常用镀前表面处理溶液的基本性能、适用范围和工艺要求见表 3.12。

表 3.12　常用镀前表面处理溶液的基本性能、适用范围和工艺要求

名称	基本性能	适用范围	工艺要求
1 号电净液	碱性,PH = 12 ~ 13,无色透明,有较强效去油污和轻度去锈能力,腐蚀性小,可长期存放	用于各种金属表面的电化学脱脂	工作电压为 8 ~ 15 V,相对运动速度为 4 ~ 8 m/min,零件接电源负极,时间尽量短,电净后用水洗净
1 号活化液	酸性,PH = 0.8 ~ 1.0,无色透明,有去除金属氧化膜的作用,对基体金属磨蚀小,作用温和	用于不锈钢、高碳钢、铬镍合金、铸铁等的活性处理	工作电压为 8 ~ 15 V,相对运动速度为 6 ~ 10 m/min,钢铁件接电源正极,镍铬不锈钢件接电源负极

名称	基本性能	适用范围	工艺要求
2号活化液	酸性,PH = 0.6 ~ 0.8,无色透明,有良好的导电性,去除金属氧化物和铁锈能力较强	用于中碳钢、中碳合金钢、高碳合金钢、铝及铝合金、灰铁、不锈钢等的活化处理	工作电压为6 ~ 14 V,相对运动速度为6 ~ 10 m/min,零件接阳极,活化后用水洗净
3号活化液	酸性,PH = 4.5 ~ 5.5,浅绿色透明,导电性较差,腐蚀性小,对用其他活化液活化后残留的石墨或碳墨具有强效去除能力	用于去除1号或2号活化液活化的碳钢、铸铁等表面残留的石墨(或碳墨)或不锈钢表面的污物	工作电压为10 ~ 25 V,相对运动速度为6 ~ 8 m/min,零件接阳极
4号活化液	酸性,PH = 0.2,无色透明,去除金属表面氧化物能力强	用于经其他活化液活化后仍难以镀上镀层的基体金属材料的活化,并可用于去除金属毛刺或剥蚀镀层	工作电压为10 ~ 15 V,相对运动速度为6 ~ 10 m/min,零件接阳极

(2) **镀液**　根据化学成分,金属镀液可分为单金属镀液、合金镀液和复合金属镀液,常用镀液的主要特点、用途和工艺参数见表3.13。

表3.13　常用镀液的主要特点、用途和工艺参数

镀液名称	主要特点	用途	工艺参数	
			工作电压/V	镀笔相对工件的运动速度/(m/min)
特殊镍	深绿色,PH<2.0(26 ℃),与大多数金属结合良好,镀层致密,耐磨性好	用于钢、不锈钢、铬、铜、铝等零件的过渡层,也可作耐磨表面层	10 ~ 18	5 ~ 10
快速镍	蓝绿色,PH = 7.5,沉积速度快,镀层有一定孔隙,耐磨性良好	用于零件表面工作层,适于作铸铁件镀底层	8 ~ 14	6 ~ 12
低应力镍	深绿色,PH = 3 ~ 4,预热到50 ℃刷镀,镀层致密,应力低	专用作组合镀层的夹心层,改善应力状态,不宜作耐磨层使用	10 ~ 16	6 ~ 10
镍-钨	深绿色,PH = 2 ~ 3,镀层较致密,平均硬度高,耐磨性好,有一定耐热性	用于耐磨工作层,但不能沉积过厚,一般限制在0.03 ~ 0.07 mm	10 ~ 15	4 ~ 12
铁合金(Ⅱ)	PH = 3.4 ~ 3.6,硬度高,耐磨性高于淬火45钢,与金属基体结合良好,成本低廉	用于修复零件表面尺寸,强化表面,提高耐磨性	5 ~ 15	25 ~ 30

镀液名称	主要特点	用途	工艺参数	
			工作电压/V	镀笔相对工件的运动速度/(m/min)
碱铜	紫色,PH=9～10,沉积速度快,腐蚀小,镀层致密,与铝、钢、铁等有良好的结合强度	用于快速恢复尺寸,填充沟槽,特别适用于铝、铸铁、锌等难镀件上的刷镀	8～14	6～12

(3) **钝化液和退镀液**　钝化液用于刷镀铝、锌、镉层后的钝化处理,生成能提高表面耐蚀性的钝态氧化膜,有铬酸盐钝化液、硫酸盐及磷酸盐钝化液等。

退镀液用于退除镀件不合格镀层或损坏的镀层,使用退镀液时应注意避免腐蚀零件基体。

第五节　黏接与表面黏涂修复技术

一、黏接修复技术

黏接修复是用热熔、溶剂、胶黏剂等,对断裂件、磨损件等进行修复的方法,可部分代替焊接、铆接、过盈联接和螺纹联接等,常用于零部件裂纹和破碎部位的修复、铸件砂眼和气孔填补、连接表面的密封补漏、防松紧固等。其缺点是胶黏剂不耐高温,结构胶黏接的工作温度通常<150 ℃,无机胶黏接的工作温度<800 ℃,黏接层耐老化性、耐冲击性、抗剥离性较差。

1. 黏接工艺

黏接技术操作简单,能黏接各种金属、非金属材料,黏接处的防腐性、密封性、耐疲劳性和经济性等较好。黏接过程的工作温度<200 ℃,零件不会产生变形、裂纹、金相组织改变等。黏接工艺流程如图3.11所示。

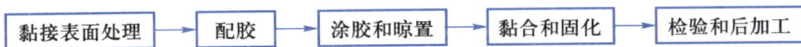

黏接表面处理 → 配胶 → 涂胶和晾置 → 黏合和固化 → 检验和后加工

图3.11　黏接工艺流程

(1) **黏接表面处理**　黏接表面处理包括清洁、粗糙和表面活化处理。通常用丙酮、汽油、三氯乙烯或碱液等擦拭脱脂去油,用锉削、打磨、粗车、喷砂等方法除锈及氧化膜,表面粗糙度值在 $Ra12.5 \mu m$ 为宜。

(2) **配胶**　按规定的配比和调制程序现用现配,搅拌均匀,避免混入空气。不需配制的成品胶使用时要摇匀或搅匀。

(3) **涂胶和晾置**　采用刷涂、刮涂、喷涂和用滚筒布胶等方法涂胶,胶层厚度控制在0.05～0.2 mm,涂层均匀无气孔。晾置的目的是使胶层中的溶剂充分挥发,增加黏度,促进固化。

(4) **黏合和固化**　将需要黏接的表面叠合在一起的过程称作黏合。黏合后,要适当按压、锤压或滚压,将空气挤出,以挤出微小胶圈为宜。

第三章　机械零件修复技术

固化时,应按胶黏剂品种规定的固化温度、时间、压力标准进行操作。加温固化的方式有电热鼓风干燥箱加热法、蒸汽干燥室加热法、电吹风加热法、红外线加热法、高频电加热法、电子束加热法等。

（5）检验和后加工　检验方法有简易检验法和仪器无损检验法。简易检验法采用观察外观、敲击听声音、水压或油压试验法等;仪器无损检验法有超声波法、X射线法、声阻法、激光法等。

黏接件检验合格后,要将黏接表面多余胶剂刮去,并修整光滑。

2. 黏接接头形式

黏接接头形式是保证黏接承载能力的重要因素之一。应该尽可能使黏接接头承受剪切力,避免剥离和不均匀扯离力,增大黏接面积,提高接头承载能力。黏接接头形式如图3.12所示。

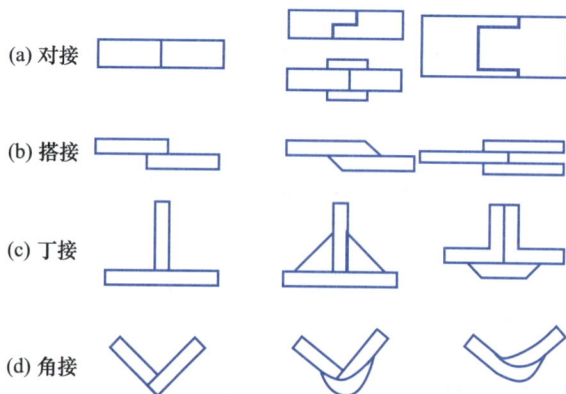

图3.12　黏接接头形式

3. 胶黏剂的选用

按黏料物质属性划分,胶黏剂可分为有机胶和无机胶。按照用途划分,胶黏剂可分为通用胶、结构胶、特种胶三大类。通用胶用于受力小的部位;结构胶黏接强度高,耐久性好,用于承受应力大的部位;特种胶主要满足耐高温、耐超低温、耐磨、耐蚀、导电、导热、导磁、密封等特殊要求。因此,选择胶黏剂时要明确黏接目的,了解被黏物的特性,熟悉胶黏剂的性质及其使用条件,还要考虑工艺和成本。

机械设备修理中常用胶黏剂的主要性能和用途见表3.14。

表3.14　常用胶黏剂的主要性能和用途

类别	牌号	主要成分	主要性能	用途
通用胶	HY-914	环氧树脂,703固化剂	双组分,室温快速固化,室温抗剪强度为22.5~24.5 MPa	60℃以下金属和非金属材料
	KH-520	环氧树脂,703固化剂	双组分,室温固化,室温抗剪强度为24.7~29.4 MPa	60℃以下各种材料
	502	α-氰基丙烯酸乙酯	单组分,室温快速固化,室温抗剪强度为9.8 MPa	70℃以下受力不大的各种材料
结构胶	J-19	环氧树脂,双氰胺	单组分,高温加压固化,室温抗剪强度为52.9 MPa	120℃以下受力大的部位

类别	牌号	主要成分	主要性能	用途
结构胶	J-04	钡酚醛树脂 丁腈橡胶	单组分,高温加压固化,室温抗剪强度为 21.5 ~ 25.4 MPa	250 ℃ 以下受力大的部分
	204	环氧树脂	单组分,高温加压固化,室温抗剪强度为 22.3 MPa	200 ℃ 以下受力大的部分
特种胶 (密封胶)	Y-150 厌氧胶	甲基丙烯酸	单组分,隔绝空气后固化,室温抗剪强度为 10.48 MPa	100 ℃ 以下螺纹堵头和平面配合处紧固密封堵漏
	7302 液体密封胶	聚酯树脂	半干性,密封耐压强度为3.92 MPa	200 ℃ 以下各种机械设备平面法兰螺纹联接部位的密封
	W-1 密封耐压胶	聚醚环氧树脂	不干性,密封耐压强度为0.98 MPa	

二、表面黏涂修复技术

表面黏涂修复技术是以高分子聚合物与功能填料(如石墨、二硫化钼、金属粉末、陶瓷粉末和纤维等)组成的复合材料胶黏剂涂覆于零件表面,实现特定用途(如联结、耐磨、抗腐蚀、绝缘、保温、防辐射等)的一种表面工程技术,广泛应用于耐磨损、耐腐蚀修复,修补零件裂纹、划伤、铸件缺陷以及密封、堵漏等。

表面黏涂修复技术是一种快速、经济的修复方法,大部分磨损零件都能用黏涂耐磨层的方法得以修复。表面黏涂修复技术修复机械零件的质量,应从黏着强度、抗压强度、冲击强度、硬度、摩擦性、耐磨性、耐化学腐蚀性、耐热性和绝缘、导电性等方面进行综合评判。

1. 黏涂层的组成与性能

黏涂层由基料、固化剂、特殊填料和辅助材料组成。基料的作用是把涂层中的各种材料包容并牢固地黏着在基体表面形成涂层,种类有热固性树脂类、合成橡胶类。固化剂的作用是与基料产生化学反应,形成网状立体聚合物,把填料包络在网状体中,形成三向交联结构。特殊填料在涂层中起耐磨、耐腐蚀、绝缘、导电等作用,其种类有金属粉末、氧化物、碳化物、氮化物、石墨、二硫化钼、聚四氟乙烯等,可根据涂层的功能要求选择。辅助材料的作用是改善黏涂层性能,如韧性、抗老化性等,包括增韧剂、增塑剂、固化促进剂、消泡剂、抗老剂、偶联剂等。

按填料种类不同,黏涂层可分为金属、陶瓷、陶瓷金属修补层三类;按用途不同,黏涂层可分为填补涂层、密封堵漏涂层、耐磨涂层、耐腐蚀涂层、导电涂层、耐高(低)温涂层等。

2. 表面黏涂修复技术的应用

黏涂层涂敷工艺过程有五个步骤:表面处理、配胶、涂敷、固化和修整后加工。涂敷常用的方法有刮涂法、刷涂压印法、模具成型法等。一般要求黏涂层与基体的抗剪强度在 10 MPa 以上,抗拉强度在 30 MPa 以上,抗压强度在 80 MPa 以上。

表面黏涂修复技术与其他修复技术配合使用,可获得理想的修复效果。例如,大型油缸缸套或活塞上深度研伤、拉伤,可先用 TG205 耐磨修补剂填补,再用 TG918 导电修补剂黏涂,最后用电刷镀在导电修补剂上刷镀金属层,可大大缩短修复时间。

第六节　热喷涂修复技术

热喷涂修复技术包括热喷涂和热喷焊两种工艺方法。它利用高温热源（电弧、燃烧火焰、等离子体等）将喷涂材料熔化，通过高速气流使其雾化，喷射到工件表面形成覆盖层（喷涂层）。

一、热喷涂技术原理

1. 热喷涂过程

以如图 3.13 所示的粉末火焰喷涂过程为例，喷枪引入氧气和乙炔，两者混合后在喷嘴出口处产生燃烧火焰。喷枪上装有粉斗，利用气流产生的负压，抽吸粉斗中的粉末，使粉末随气流从喷嘴中心喷出进入燃烧火焰，被加热或软化后，焰流推动熔粒以一定速度喷射到零件表面形成涂层。熔融粉末表层在表面张力的作用下趋于球状，其颗粒的大小在一定程度上决定了涂层中变形颗粒的大小和表面粗糙度。

热喷涂按照热源种类可分为：火焰类，包括火焰喷涂、爆炸喷涂、超音速喷涂等；电弧类，包括电弧喷涂、等离子喷涂等；电热类，包括电爆喷涂、感应加热喷涂和电容放电喷涂；激光喷涂等。

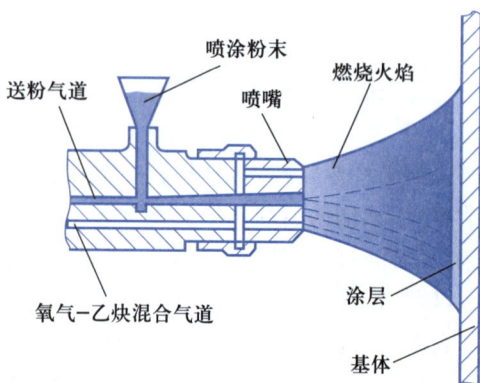

图 3.13　粉末火焰喷涂过程

2. 热喷涂涂层

热喷涂涂层的形成机理决定了其结构，如图 3.14 所示。在热喷涂过程中，加热至熔融、半熔融或高塑性状态的喷涂材料微颗粒，在高速撞击基体表面后，以"盘碟"形状黏附在基体上。扁平粒子相互叠加产生搭桥效应，使得涂层出现孔隙。

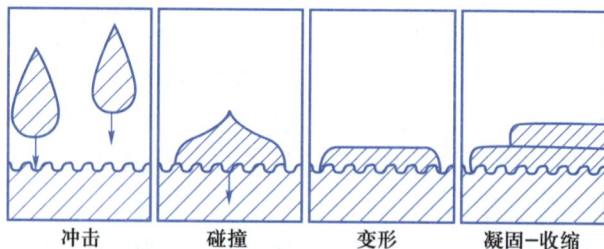

冲击　　碰撞　　变形　　凝固—收缩

图 3.14　热喷涂涂层形成过程

孔隙对涂层质量有重要影响。先进的工艺方法，如高能高速等离子喷涂、低压和可控气氛等离子喷涂、高速火焰喷涂、冷气动力喷涂等方法，可有效地减少气孔产生，改善涂层结构和性能。此外，通过控制工艺过程也可获得理想的涂层结构，如控制涂层厚度方向的气孔分布，可提高厚涂层的可靠性；控制横向裂纹，并诱发纵向裂纹，可提高涂层韧性；控制粒子温度和冲击速度，可获得理想的粒子形状等。

二、热喷涂工艺

热喷涂生产包括三个基本工序:工件表面预处理、喷涂工作层、涂后处理。

1. 工件表面预处理

工件表面预处理对热喷涂涂层的性能,特别是涂层与基体的结合有重要影响。GB/T 11373—2017《热喷涂 金属零部件表面的预处理》规定,根据喷涂涂层的功能和表面初始状态,可采用不同的表面预处理工艺,但都应采用机械方法去除锈蚀物、灰尘及其他污染物。

(1) 脱脂　脱脂前,应除去工件表面的焊接飞溅物和残渣,并特别注意焊缝及钎焊接头的预处理。脱脂的主要目的是清除工件的油污。脱脂处理应特别注意孔、缝和沟槽部位的脱脂,可用加热、浸渍和喷淋等方法脱脂,还可辅以超声波、刷洗或蒸汽喷射等机械方法。为更好地保护环境,应优选无磷酸盐清洗剂,避免使用氯氟烃类清洗剂。脱脂后,应进行清洗和干燥。

在真空等离子喷涂中,可用反极性转移电弧(负极为工件)清除基体上的氧化层。由于真空条件,不会形成新的氧化物,同时对工件进行了预热。

(2) 车螺纹/开槽　零件的内表面(衬套)喷涂耐磨层或厚的修复涂层(不大于 0.8 mm)时,先车螺纹或开槽,随后进行喷砂是必需的。车螺纹时不能使用冷却液体或润滑介质,螺纹不宜过深,螺纹截面要适合于喷涂,矩形截面或半圆形截面不利于涂层的结合;开槽的深度应根据涂层的最终厚度进行调整,避免尖角。

(3) 喷砂　GB/T 11373—2017 推荐使用喷砂工艺使热喷涂表面达到所需的清洁度和表面粗糙度。生产中也可采用其他表面预处理方法,如化学腐蚀法、电火花拉毛法等。

1) 清洁度要求。热喷涂表面应采用合适的磨料进行充分的清洁、粗糙化处理。喷砂过程应持续到要喷涂的区域显示出均匀的金属本色,或符合 GB/T 8923.1—2011 标准中 Sa3 级的要求。

应注意避免由喷砂引起的不必要的材料损失。

喷砂处理根据磨料的类型和粗、细、喷砂参数(如喷砂时间、喷砂距离、喷砂角度、砂粒速度)和喷砂机器的类型而有所不同。此外,磨料的破损率也严重影响表面的喷砂质量。因此,喷砂的操作参数应能够满足表面粗糙度要求,必要时应根据喷砂试件进行优选。

2) 表面粗糙度要求。热喷涂表面的表面粗糙度应根据工艺要求合理确定。

表面粗糙度的测量可采用 GB/T 13288.1—2008 和 GB/T 13288.2—2011 规定的比较样块法,或 GB/T 13288.3—2009 规定的显微镜调焦法、GB/T 13288.4—2013 规定的触针法、GB/T 13288.5—2009 规定的复制带法。评价表面粗糙度时,应注意避免污染已经预处理过的零件表面。

应采取足够的预防措施,除去压缩空气中的油和水分,这些污染物对表面处理质量和涂层的结合强度都有不利影响。

3) 磨料选用。根据 GB/T 17850.1—2017《涂覆涂料前钢材表面处理 喷射清理用非金属磨料的技术要求 第 1 部分:导则和分类》和 GB/T 18838.1—2002《涂覆涂料前钢材表面处理 喷射清理用金属磨料的技术要求 导则和分类》选择非金属和金属喷砂磨料,喷砂磨料应清洁、干燥,确保没有被污染。

根据 ISO 12944-4 规定的表面应用要求选择磨料平均粒度,根据 ISO 11124-2 和 ISO 11126-7 选择磨料的粒度范围。同时,要目测检查砂粒的形状,确保砂粒有棱角。使用中要及时除去细小的和圆形的砂粒,保证喷砂后达到适合喷涂的表面粗糙度值。

具有高硬度和尖锐外形的熔融氧化铝和碳化硅,适合处理极硬的表面。氧化铝和碳化硅的使用寿命有限,应定期检查评价这些磨料的破碎程度。

用碳化硅喷砂时,应优化喷砂参数,减少嵌入的粒子数量。

冷硬铸铁砂具有破损率低、使用寿命长的特点,常用于喷涂表面的喷砂处理,但其颗粒应保持棱角锐利。有色金属或不锈钢基体用冷硬铸铁处理时,有可能增大腐蚀速率。

4)喷砂后处理和测量。喷砂表面残留的砂粒和灰尘的清理对涂层与基体的结合极为重要。清除杂质最好的方法是用真空吸尘清理或用干燥、无油的压缩空气吹扫。

喷砂后,表面的清洁度和表面粗糙度可以根据 GB/T 13288.2—2011 和 GB/T 13288.4—2013 检测确认,也可协商确定。

（4）**结合底层**　为改善涂层与基体材料的结合强度,可先喷涂一层过渡层作为结合底层。常用的结合底层材料有含铝材料、镍基材料、钼或其他金属材料,结合底层厚度一般为 0.08 ~ 0.18 mm。

2. 喷涂工作层

GB/T 19823—2020《热喷涂　工程零件热喷涂涂层的应用步骤》规定了热喷涂涂层应用于提高零件表面性能或废旧零件修复、再制造过程中的一般性工艺规程。

（1）**预热**　喷涂前适当地直接预热待喷涂表面。

工件预热的目的,一是防止水分凝结,工件的温度超过 50 ℃时,可有效避免大气中水分的凝结,普通火焰喷涂时,建议预热温度为 70 ~ 80 ℃;二是减少涂层收缩引起的拉伸应力和裂纹;三是增加涂层结合强度。

（2）**喷涂操作**　喷涂操作主要是选择喷涂方法和喷涂参数。采用何种喷涂方法取决于选用的喷涂材料、工件状况及对涂层质量的要求。

喷涂期间,控制涂层的温度以避免过大的残余应力是十分必要的,残余应力能决定涂层的性能。涂层中粉尘夹杂应减至最小。

常用热喷涂方法的工艺特性见表 3.15。

表 3.15　常用热喷涂方法的工艺特性

比较项目	火焰喷涂	电弧喷涂	等离子喷涂	爆炸喷涂	超音速火焰喷涂
焰流温度/℃	2 500	4 000	18 000	未知	2 500 ~ 3 000
焰流速度/(m/s)	50 ~ 100	30 ~ 500	200 ~ 1 200	800 ~ 1 200	300 ~ 1 200
颗粒速度/(m/s)	20 ~ 80	20 ~ 300	30 ~ 800	30 ~ 800	100 ~ 1 000
热效率/%	60 ~ 80	90	35 ~ 55	未知	50 ~ 70
沉积效率/%	50 ~ 80	70 ~ 90	50 ~ 80	未知	70 ~ 90
结合强度/MPa	>7	>10	>35	>85	>70
最小孔隙/%	<12	<10	<2	<0.1	<0.1
最大涂层度/mm	0.2 ~ 1.0	0.1 ~ 3.0	0.05 ~ 0.5	0.05 ~ 0.1	0.1 ~ 1.2
喷涂成本	低	低	高	高	较高
设备特点	简单,可现场施工	简单,可现场施工	复杂,适合高熔点材料	较复杂,效率低,应用面窄	一般,可现场施工

3. 涂后处理

（1）涂层检验　涂层冷却至室温后应通过以下方法对涂层进行检验：目测检查外观缺陷；测量验证涂层已经达到要求的尺寸。若发现结合不良、裂纹或其他不合格的任何缺陷，都应除去涂层并重新进行预处理及喷涂。

涂层检验项目如下：尺寸精度在规定公差范围内；达到规定的表面粗糙度值；涂层无缺陷，如空洞、划痕、裂纹或起皮；清除所有喷溅。

（2）涂层的后处理　涂层的后处理包括封孔处理和致密化处理。多孔隙是热喷涂涂层的固有缺陷，孔隙度可以从小于1%变到大于15%，或者更高。孔隙可以互相连接，甚至可从表面延伸到基体。封孔处理的目的就是填充孔隙。

致密化处理可以防止或阻止涂层界面处的腐蚀，在某些机械部件中防止液体和压力的密封泄露，防止污染或研磨碎屑进入涂层，保持陶瓷涂层的绝缘强度。

（3）涂层精加工　涂层精加工可采用切削或磨削加工技术。但是，由于热喷涂涂层的特性，为达到涂层所规定的技术要求，需要采用不同的加工工件和精加工参数。

热喷涂工艺实施的技术文件示例见表 3.16 和表 3.17。

表 3.16　确定最佳涂层体系预期目标检查表

应确定下列资料：

1. 零件名称
2. 零件功能概述
3. 待喷涂区域
4. 需遮蔽区域
5. 在喷涂或操作期间采取的特殊措施
6. 涂层的功能：

   是旋转面吗？　　　　　　　　　　　　　　　　　　　　是/否

   如果是，摩擦副是什么？

   有润滑吗？　　　　　　　　　　　　　　　　　　　　　有/无

   如果无，经受磨损吗？　　　　　　　　　　　　　　　　是/否

   如果是，叙述介质

7. 经受化学药品侵蚀吗？　　　　　　　　　　　　　　　　是/否

   如果是，叙述化学药品及浓度

8. 在室温下工作吗？　　　　　　　　　　　　　　　　　　是/否

   如果否，叙述温度

9. 存在热震吗？　　　　　　　　　　　　　　　　　　　　是/否

   如果是，详细说明

10. 是否存在腐蚀气体？　　　　　　　　　　　　　　　　是/否

   如果是，详细说明

11. 如果是修复零件，说明厚度要求

12. 涂层需精加工吗？　　　　　　　　　　　　　　　　　是/否

13. 表面粗糙度有何要求？

14. 如果有，说明精加工尺寸及公差

15. 叙述应用的同心度要求

16. 说明以上未涉及的特殊要求

表 3.17 热喷涂工艺规程实例记录

地点：   预处理和清理方法：

喷涂厂喷涂程序：

参考号：   基体材料材质分析：

喷涂厂：   零件说明：

喷涂操作者的姓名：   涂层的功能：

喷涂工艺（根据 GB/T 18719—2002）定义：   精加工前、后的涂层厚度：

预加工：

喷涂工艺程序

机械加工用（如果可用）草图	喷涂工艺程序

喷涂参数

喷涂工艺	喷涂材料	尺寸	使用气体压力流量	电功率		沉积速率/（kg/h）	喷涂距离/mm
				电压/V	电流/A		

喷涂材料（分类和商品名）：

预热温度：

层间温度：

冷却气：

送粉气：

雾化气（压力）：

加速气：

每道厚度：

其他相关数据：

生产厂商名称：   日期及标识：

三、热喷焊工艺

　　热喷焊是用热源将涂层材料重熔，使涂层内颗粒之间、涂层与基体之间形成无孔隙的冶金结合的技术，喷焊后的表面状况如图 3.15 所示。

1. 喷焊工艺

喷焊有一步喷焊法和二步喷焊法。

（1）一步喷焊法　一步喷焊法是使用同一支喷枪,喷涂一段即熔一段,喷、熔交替进行,适用于小型零件或小面积喷焊。

首先,在预热(碳钢为 200 ~ 300 ℃,耐热奥氏体钢为 350 ~ 400 ℃)后的零件上喷涂 0.1 ~ 0.2 mm 厚的合金粉末,将表面保护起来,防止氧化;然后,对保护层局部加热,等待已喷粉末出现熔融湿润时,立即进行喷粉作业,到适当厚度后,用同一火焰将该区域涂层重熔;待新喷涂层出现"镜面"反光后,将火焰移动到下一区域,重复上述过程。

右侧标注：喷焊层、熔合区、基体

图 3.15　喷焊后的表面状况

喷嘴与零件表面的距离为:喷粉时 50 mm 左右,加热重熔时 20 mm 左右。喷焊层厚度一般为 0.8 ~ 1.2 mm。

（2）二步喷焊法　二步喷焊法是将喷粉和重熔分为两道工序,即先喷粉后重熔。喷粉与重熔均用大功率喷枪。

首先进行喷粉作业,达到预定厚度后停止喷粉,开始重熔。

重熔应在喷粉后立即进行。使用重熔枪,用中性焰或弱碳化焰的大功率柔软火焰,喷距约为 20 ~ 30 mm,火焰与表面夹角为 60° ~ 75°,从距涂层约 30 mm 处开始,将涂层加热,直至涂层出现"镜面"反光,然后进行下一个部位的重熔。

科苑云漫步
热喷涂纳米
涂层技术

若重熔厚度不够,可采用多层重熔。即前一层降温至 700 ℃ 左右时,再进行二次喷粉和重熔,最终的喷焊层厚度可控制在 2 ~ 3 mm。通常重熔作业不宜超过 3 次。

（3）喷焊后处理　喷焊完成后,应采用自然冷却、缓冷或等温退火等对零件进行热处理。通常中低碳钢、低合金钢工件、薄喷焊层、形状简单的铸铁件等,采用自然冷却法;锰、钼、钒合金含量较大的结构钢件、厚喷焊层、形状复杂的铸铁件等,采用在石灰坑缓冷或石棉包裹缓冷法。

根据零件的需要,可使用车削或磨削方法对喷焊层进行精加工,常用刀具材料有添加碳化钽、碳化铌的超细晶粒硬质合金等。

2. 喷涂与喷焊工艺特点比较

（1）工件受热情况　喷涂工件表面温度控制在 250 ℃ 以下,一般不会产生金相组织改变,适用于形状复杂、薄壁、长轴工件及重要工件的修复。喷焊时,重熔烧结温度达 900 ℃ 以上,容易引起应力和变形,多数工件会发生退火及不完全退火。

（2）喷涂层结构与状态　喷涂层有孔隙,喷焊层均匀致密,无孔隙。

喷涂与基材表面的结合以机械咬合为主,结合强度一般为 20 ~ 65 MPa。喷焊形成冶金结合,结合强度一般可达 343 ~ 441 MPa。

喷焊涂层中融入了基材成分。如图 3.16 所示,喷焊材料的融合比为 50% 时,基材成分溶入喷焊层不同位置的金属比例分别为 50%、25% 和 12.5%。

（3）承受载荷性能　喷涂层不能承受冲击载荷和较高的接触应力,适用于各种面接触等场合。喷焊层结合强度大,可承受冲击载荷和较高的接触应力,适用于线接触等场合。

（4）粉末熔融性　喷焊使用自熔性的合金粉末,喷涂使用的粉末不受限制。

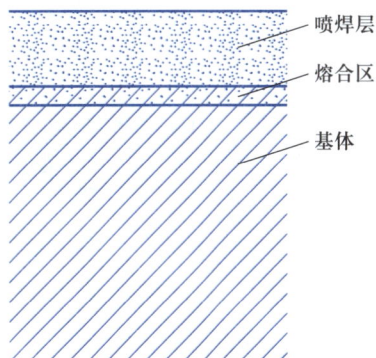

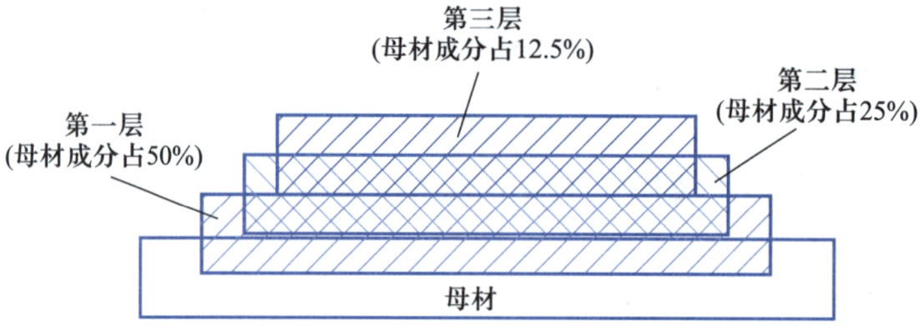

图 3.16 基材成分溶入喷焊层情况

3. 喷涂与喷焊的选择

工件承受负载大,尤其是承受冲击载荷,要求涂层有很高的结合强度或零件在腐蚀介质中使用,或要求涂层致密宜采用喷焊。零件尺寸精度要求高、不允许变形或不允许改变原有组织的,宜采用喷涂方法。

适于喷焊的零件和材料一般是:

1)低碳钢,中碳钢(含碳 0.4% 以下),含锰、钼、钒总量<3% 的结构钢,镍铬不锈钢,铸铁等材料。

2)形状较简单的大型易损零件,如轴、柱塞、滑块、液压缸、溜槽板等。

3)要求表面硬度高、耐磨性好的易损零件,如抛砂机叶片、破碎机齿板、挖掘机铲斗齿等。

四、热喷涂修复技术的应用与发展

热喷涂修复技术既可用于修复机械零件,也能够快速制备各种功能涂层和保护涂层,可用于各种金属及合金、陶瓷、金属陶瓷、金属化合物、非金属矿物、塑料等。

1. 热喷涂修复技术的应用

随着高能等离子喷涂、三阴极等离子喷涂、高速火焰喷涂(HVOF)等设备的问世,热喷涂涂层表面质量、硬度及耐磨性能大幅提升,已部分取代硬铬工艺。热喷涂修复技术与其他修复技术工艺特点的比较见表 3.18,供选用时参考。

表 3.18 热喷涂修复技术与其他修复技术工艺特点的比较

有关参数	热喷涂	堆焊	电镀
零件尺寸	几乎不受限	易变形件除外	受镀槽尺寸限制
零件几何形状	一般适用简单形状	不能用于小孔	范围广
零件材料	几乎不受限	金属	导电材料或导电处理
涂层厚度/mm	1~25	≤25	≤1
孔隙率	1%~15%	通常无	通常无
结合强度	一般	高	良好
热输入	低	通常很高	无
预处理	喷砂	机械清洗	化学清洁或刻蚀
后处理	封孔、致密性	消除应力	消除应力和脆性
公差	好	差	良好

有关参数	热喷涂	堆焊	电镀
可达表面质量	表面粗糙度值低	粗糙	极佳
沉积率/（kg/h）	1~30	1~70	0.25~0.5

2. 热喷涂修复技术的发展方向

解决涂层结合强度不高、发展精密喷涂技术等是热喷涂修复技术研究和发展的主要方向。

1）开发新的涂层材料，改善涂层性能，特别是涂层与基体的结合强度。例如，美国用 BC52、BC51 取代 MCrA1Y 改善涂层剥落现象；在喷涂材料中添加微量稀土元素使基体强韧，改善熔敷层组织致密性和耐磨性。中国科学院金属研究所利用超声雾法化制备了一种快凝 Ni-Mo-Cr-B 合金微晶粉末，使用等离子喷涂法即可将该粉末沉积在金属基体上，获得耐磨型和耐腐蚀性更佳的非晶涂层，非晶态与晶态相比，在电学、磁学、电化学和力学性能等方面有着较大的优越性。

2）涂层结构梯度化。使用功能梯度材料（Functionally Gradient Materials，FGM）可有效解决基体和涂层材料热膨胀系数差异较大引起的涂层剥落问题。功能梯度材料是选用两种（或多种）性能不同的材料，通过连续地改变这两种（或多种）材料的组成和结构，使其材料性能发生缓慢变化的一种新型复合材料。用功能梯度材料作涂层和界面层，可以消除连接材料中界面交叉点以及应力自由端点的应力奇异性，增强连接强度，减小裂纹驱动力。

3）利用数学模型预测涂层性能。综合考虑影响热喷涂涂层质量的因素，建立数学模型预测涂层性能，优化工艺参数。例如，俄罗斯科学院等离子喷涂实验室建立了等离子喷涂气孔的预测模型，获得较好的效果；武汉理工大学测定了不同配比复合材料的物性参数，利用有限元对材料残余应力和工作应力进行计算优化，取得满意的结果。

4）计算机应用于热喷涂技术。利用计算机在线监控和调整热喷涂工艺参数，数控程序控制喷涂设备和机械手等，可以提高工艺参数控制精度，达到提高涂层质量的目的。

第七节　表面强化技术

科苑云漫步
冷喷涂技术

零件表面是零件内部材料与环境的交界面，通常是指深度为几个到几十个微米表层。机械零件的失效大多发生于零件表面。表面强化技术是指在材料表面施加外力或热处理等手段，改变材料表面的组织结构，从而提高表面强度、硬度、抗疲劳和应力腐蚀等性能的技术。

一、表面机械（形变）强化

表面机械（形变）强化是通过喷丸、滚压和内挤压等方法使零件金属表面发生塑性变形，晶粒得到细化的工艺，形变产生的硬化层深度可达 0.3~1.5 mm。

1. 喷丸强化

喷丸强化（图 3.17）是在室温条件下，把高速运动的弹丸喷射到零件表面，使金属材料表面层在再结晶温度下产生弹性和塑性变形，生成一层具有较高残余压应力的冷作硬化层，即喷丸强化层,其深度可达 $0.3 \sim 0.5\ mm$。

决定强化效果的工艺参数有弹丸直径、弹丸硬度、弹丸速度、弹丸流量及喷射角度。通常采用喷丸层强度和表面覆盖率来评定喷丸强化的效果。常用的弹丸有砂粒、钢丸、铸铁丸、不锈钢丸、硬质合金丸等,形状近似球形(实心),直径一般为 $0.5 \sim 2\ mm$,砂粒的材料多为 Al_2O_3 或 SiO_2。喷丸强化方式主要有机械离心式喷丸和风动旋片式喷丸。

喷丸强化能显著提高零件在室温及高温下的疲劳强度和抗应力腐蚀性能,还能用于表面消光、去氧化皮和消除铸、锻、焊件的残余应力。普通碳钢、铝合金、钛合金、镍基或铁基热强合

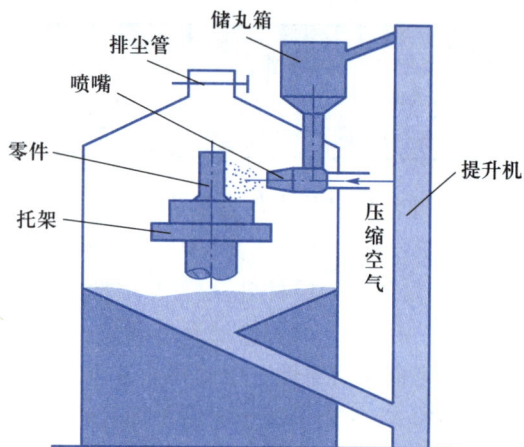

图 3.17　喷丸强化示意图

金等零件均可应用喷丸强化技术。近年来,出现的空气火焰超音速表面喷砂、喷丸技术,其燃烧焰流速度达 $1\ 500\ m/s$,粒子速度为 $300 \sim 600\ m/s$,生产效率是普通喷丸的 $2 \sim 4$ 倍。

2. 滚压强化

滚压强化是在常温条件下,利用硬质滚压头,以一定的压力对零件表面进行滚压运动,使零件表面形变硬化,获得光洁、强化表面的技术。滚压强化的改性层最大深度达 $5\ mm$,滚压余量通常为 $0.01 \sim 0.02\ mm$,滚压后,尺寸公差等级可达 IT7 ~ IT6,表面粗糙度值可达 $Ra0.1 \sim 0.8$,表层强度可提高 $5\% \sim 10\%$,硬化层深度可达 $0.2 \sim 2\ mm$,疲劳强度可提高 $10\% \sim 30\%$。

滚压强化适用于形状简单的板类、轴类和沟槽类零件等,利用特定的工模具(棒、衬套、开合模具等)也可实现对零件的孔壁或周边的挤压,达到滚压强化的目的。

二、表面加热强化

1. 表面热处理强化

表面热处理强化是通过对零件表层加热,使表层温度达到相变点以上,然后快速冷却,使表面获得马氏体组织,得到硬化层,而心部仍然保留原组织状态,从而达到强化零件表面的目的。

表面热处理强化的应用极为广泛,常用工艺有火焰加热表面淬火、盐熔炉加热表面淬火、高频和中频感应加热表面淬火、接触电阻加热表面淬火等。很多机床铸铁导轨的表面淬火使用接触电阻加热表面淬火工艺,这种工艺方法是利用铜滚轮或碳棒和零件间接触电阻使零件表面加热,并依靠自身热传导来实现冷却淬火,淬火后不需回火。它可以提高导轨的耐磨性和抗擦伤能力,但均匀性差,淬硬层也比较薄,通常为 $0.15 \sim 0.3\ mm$。

2. 表面化学热处理强化

表面化学热处理强化主要用于提高零件表面的硬度、耐磨性、疲劳强度或某种化学性能及物理性能等,常用的工艺方法有渗碳、渗氮、碳氮共渗、渗硼、渗金属等。其基本原理是将零件置于适当的介质中加热保温,使一种或几种元素渗入它的表层,以改变其化学成分和组织,从而获得所需性能。

按所渗入的元素,可以将化学热处理分为渗非金属、渗金属及金属与非金属共渗三大类。渗

非金属包括渗碳、渗氮、渗硼、渗硅、渗硫以及碳氮共渗、氧氮共渗、硼硅共渗、硫氮碳共渗等;渗金属包括渗铬、渗铝、渗锌、渗钒及铬铝共渗等;金属与非金属共渗包括铝硅共渗、铬铝硅共渗、铝硼共渗、钛硼共渗等。近年来,发展出另一大类表面化学热处理强化方法,是将具有某种特殊性能的化合物直接沉积于金属基体表面,形成一层覆盖层,例如气相沉积氮化钛、碳化钛等。

常用表面化学热处理强化方法的主要应用性能见表 3.19。

表 3.19　常用表面化学热处理强化方法的主要应用性能

工艺方法	对基体的热影响	强化层组织及厚度	其他特点	性能及应用
渗碳(固体、气体、流态床、真空、离子渗碳等)及碳氮共渗	加热温度常为 880~1 050 ℃,共渗温度较低	马氏体,渗碳层厚度为 1~2mm,共渗形成碳氮结合物薄层,共渗层厚度小于 0.8mm	离子渗碳速度快,表层组织优	增加表面含碳量,提高其硬度、耐磨性、疲劳强度。碳氮共渗可采用含碳量较高的中碳钢
渗氮(气体、气体软渗氮、盐浴渗氮、离子渗氮等)及碳氮共渗	气体渗氮温度一般为 500~580 ℃,共渗温度常为 530~570 ℃	各种碳化物,共渗形成碳氮化合物,渗氮层厚度为 0.6 mm,共渗层厚度为 0.01~0.06 mm	离子渗碳范围宽,可在 400 ℃以下进行,零件变形小,但渗氮速度低	高硬度、高耐磨性、较高的疲劳强度,用于碳钢及含 Cr、Mo、Al、W、V、Ni、Ti 等元素的合金钢,共渗层的韧性和疲劳强度增加
含铝共渗及复合渗	Al-Si、Al-Cr、Al-Ti 粉末法共渗及复合渗温度常为 1 000 ℃	获得含铝的化合物,20 钢渗层厚度为 0.23 mm,45 钢渗层厚度为 0.18 mm;Al-Cr 粉末法为 10 h,1Cr18Ni9Ti 渗层厚度为 0.22 mm	含铝共渗及复合渗较单独渗铝可获得更高的热稳定性和在某些腐蚀介质中的耐蚀性	提高热稳定性和在某些腐蚀介质中的耐蚀性。如用碳钢、低合金钢、经 Al-Si 复合渗代替高合金耐热钢,用廉价钢种经 Al-Cr 共渗代替高合金钢
含铬共渗及复合渗	Cr-Si 共渗温度为 1 000 ℃,Cr-Ti 共渗温度为 1 100 ℃,Cr-RE 复合渗温度为 950 ℃	获得含铬的化合物,Cr-Si 共渗为 10 h,Cr-Ti 共渗为 4 h,共渗层厚度为 0.03~0.06 mm;Cr-RE 共渗为 4~8 h,共渗层厚度为 0.01~0.015 mm	渗层的化合物中,Cr_7C_3 硬度为 1 800~2 300 HV;VC 硬度为 3 000~3 300 HV	提高耐蚀(气体腐蚀、电化学腐蚀)、耐磨、抗氧化性。加适量稀土可提高渗铬速度,改善渗铬层质量
含硼共渗及复合渗	B-Al 粉、B-Si 粉法共渗温度为 1 050 ℃,C-N-B 盐浴法共渗温度为 730 ℃	获得含硼的化合物,45 钢渗硼铝为 6 h,共渗层厚度为 0.36 mm;45 钢渗硼硅为 3 h,共渗层厚度为 0.24 mm	20 碳钢离子渗硼后硬度为 1 800~2 500 HV	提高耐磨性。硼铝、硼硅共渗与复合渗还可提高抗氧化性。五元共渗主要用于高速钢刀具,提高寿命 1~2 倍

三、激光表面处理

激光表面处理是以高能量激光束快速扫描工件,使被照射的金属或合金表面温度以极快速度升高到相变点以上,当激光束离开被照射部位时,在热传导作用下,处于冷态的基体使表面迅速冷却发生自冷淬火。激光表面处理硬化层深度和硬化面积可控性好,能够得到较细的硬化层组织,处理过程中零件变形极小,硬度一般高于常规淬火,适用于强化零部件或工模具的表面,如发动机缸孔、曲轴、冲压模具、铸造型板等。其工艺流程为:预处理(表面清理及预置吸光涂层)—激光淬火(确定硬化模型及淬火工艺参数)—质量检测(宏观及微观检测)。

1. 激光表面处理原理

激光器发射出来的光,通过聚焦集中到一个极小的范围内,可以获得极高的功率密度,可达到 10^{14} W/cm^2。焦斑中心温度可达到几千度到几万度。激光束向金属表层进行热传递,金属表层和其所吸引的激光进行光热转换。由于光子能穿过金属的能力极低,仅能使金属表面的一薄层温度升高,在激光加热过程中,金属表面极薄层的温度在微秒级内就能达到相变或熔化温度。

2. 激光表面处理设备与技术

激光表面处理设备包括激光器、功率计、导光聚集系统、工作台、数控系统和编程软件。激光器是主要设备,主要有固体激光器(如红宝石激光器、钕玻璃激光器)、气体激光器(如 CO_2 激光器、准分子激光器)、液体激光器等。

常用的激光表面强化处理技术有激光表面固态相变硬化、激光表面合金化、激光表面涂敷、激光表面"上光"等。

(1) 激光表面固态相变硬化　具有固态相变的合金(如碳钢、灰铸铁及大部分合金)在高能激光束的作用下,使金属表面的温度迅速升到奥氏体转变温度,激光扫描过后,工件表层温度快速冷却,如同淬火。在 0.1～1 mm 表层内获得超细化的马氏体,硬度比普通淬火高 15%～20%,而且只是表层受热,零件变形很小。该技术用于处理导轨、曲轴、气缸套内壁、齿轮、轴承圈等,效果十分明显。例如,美国通用公司在生产线上使用一台 1 kW 的 CO_2 激光器,每分钟可对 12 个轴承圈进行淬火。又如,我国第一汽车制造厂采用 2 kW 的 CO_2 激光器对组合机导轨进行淬火,其硬度和耐磨性远高于高频淬火的组织。

(2) 激光表面合金化　根据对零件表面性能的要求,先用电镀或喷涂等技术把所需要的合金元素涂敷在金属表面,再用激光照射该表面,也可以涂敷和照射同时进行。利用高能激光束进行加热,使涂敷合金元素和基体表面薄层同时熔化、混合,在表层形成一种组织和化学成分不同的新的合金材料。这样,可以在低性能材料上对有较高性能要求的部位进行表面合金化处理,以提高耐磨性、耐腐蚀性、耐冲击性等性能。该技术比渗碳、渗氮、气相沉积等方法的处理周期要短许多。

(3) 激光表面涂敷　激光表面涂敷是将粉末状涂敷材料预先配置好并黏接在需要的部位,用高功率密度的激光加热,使之全部熔化,同时使基体表面微熔,激光束移开后,表面迅速凝结,从而形成与基体金属牢固结合的具有特殊性能的涂敷层。该工艺可在价格低廉的金属材料上覆盖一层具有特殊性能的材料,与热喷涂、电镀等工艺相比较,操作简单,加工周期短,节省材料。例如,在刀具上涂敷碳化钨或碳化钛、在阀门上涂敷 Co-Ni 合金等,既可满足性能要求,又可节约大量高性能的材料。又如,用激光进行表面陶瓷涂敷,可避免热喷涂方法使涂层内有过多的气孔、熔渣夹杂、微观裂纹和涂层结合强度低等缺点,获得质量高的涂层,延长零件的使用寿命。激光还可以用来在有色金属表面涂敷非金属涂层,如在铝合金表面用激光涂敷硅粉和 MoS_2,可获得较薄的硬化层(0.10~0.20 mm),硬度大大高于基体,但要注意对铝合金的预热温度,以 300~350 ℃为宜。

(4) 激光表面"上光"　用高能量的激光束使具有固态相变的金属表层快速熔化,激光移开后,熔化金属快速凝固获得超细的晶体结构,熔合表层原有的缺陷和微裂纹,有利于提高抗腐蚀性能和抗疲劳性能,对铸件的效果特别明显。如柴油机缸套外壁经激光表面"上光"处理后,表面铸态结构变成超细马氏体和渗碳体的混合结构,大大提高了抗腐蚀的能力。

四、电火花表面强化

电火花表面强化技术也称电火花沉积、电火花堆焊,是一种表面处理技术,其原理是通过电火花放电将电极材料熔渗到工件表面,并与工件表层金属发生合金化作用,以得到结合牢固的强化层。

1. 电火花表面强化原理

电火花表面强化一般在空气介质中进行。在电极与工件之间接上直流电源或交流电源,在振动器作用下,电极与工件之间的放电间隙频繁发生变化,故电极与工件之间不断产生火花放电。

当电极与工件分开较大距离时,强化直流电源经过电阻对电容器充电,同时电极在振动器的带动下向工件运动;当电极与工件之间的间隙接近某一距离时,间隙中的空气被击穿而产生火花放电,这时产生高温,使电极和工件材料局部产生熔化甚至气化;当电极继续向下运动并与工件接触时,在接触处流过短路电流,使该处继续加热;当电极继续下降时,以适当压力压向工件,使熔化了的材料相互黏接、扩散形成合金或产生新的化合物熔渗层;随后电极在振动器的作用下离开工件。由于工件的热容量比电极大,故工件放电部位急剧冷却凝固,多次放电并相应地移动电极的位置,从而使电极的材料黏接,覆盖在工件表面上,形成一层高硬度、高耐磨性和抗腐蚀性的强化层,显著提高被强化工件的使用寿命。

零件的电火花表面强化由火花强化机完成,工艺过程包括强化前准备、实施强化和强化后处理。强化前首先应了解工件材料硬度、表面状况、工件条件及需要达到的技术要求,以便确定是否采用该工艺;其次确定强化部位并清洗干净;最后选择设备和强化规范。实施强化工序是电火花表面强化工艺的重要环节,包括调整电极与工件强化表面的夹角,选择电极移动方式和掌握电极移动速度等。强化后处理主要包括表面清理和表面质量检查。

2. 电火花表面强化特点

1) 电火花表面强化设备的投资和运行费用都很低。电极材料来源广泛,且材料消耗量很少。对于以提高耐磨性为目的的沉积,可选用 YG 类硬质合金,能形成高硬度、高耐磨、抗腐蚀的沉积层;以修复机器零件已磨损部位为目的的沉积,可采用碳素钢、紫铜、黄铜等材料作为电极。

2) 强化层与基体结合牢固,不会发生剥落。因为强化层是电极和工件材料在放电时的瞬时高温高压条件下重新合金化而形成的新合金层,它们是冶金结合,而不是电极材料简单的涂覆和堆积。

3）高能量密度加热,心部组织与性能无变化,处理后零件无变形。可对平面和曲面施行局部沉积,工件不受尺寸限制,特别适用于大件的局部处理。

3. 电火花表面强化应用

在机电设备修理中,电火花表面强化主要应用于硬质合金堆焊后粗加工、强化和修复零件的磨损表面,电火花表面强化修复层的厚度可以达到 0.5 mm。还可以把硬质合金材料涂到碳素钢刀具、量具及零件表面,提高表面硬度到 70 ~ 74 HRC,提高使用寿命 1 ~ 2 倍。

第八节 机械维修使用的量具和仪器

一、直角尺、平尺和平板

1. 直角尺

直角尺用于检验零部件的垂直度误差,适用于 0.04 ~ 0.06 mm/m 的垂直度公差的检验。直角尺基本参数见表 3.20。

表 3.20 直角尺基本参数(GB/T 6092—2021)

名称	简图	说明	基本参数/mm	
圆柱直角尺		L——测量面长度; D——基面直径; α——直角尺的工作角; 1——凹面; 2——基面; 3——测量面; 4——中心孔。 准确度等级:00 级、0 级	L	D
			200	80
			315	100
			500	125
			800	160
			1 250	200
矩形直角尺		L——测量面长度; B——基面长度; α——直角尺的工作角; β——直角尺的工作角; 1——测量面; 2——基面; 3——侧面。 准确度等级:00 级、0 级、1 级	L	B
			125	80
			200	125
			315	200
			500	315
			800	500

续表

名称	简图	说明	基本参数/mm	
刀口矩形直角尺		L——测量面长度； B——基面长度； α——直角尺的工作角； β——直角尺的工作角； 1——测量面； 2——基面； 3——侧面； 4——隔热板。 准确度等级:00级、0级	L	B
			63	40
			125	80
			200	125
三角形直角尺		L——测量面长度； B——基面长度； α——直角尺的工作角； 1——测量面； 2——基面； 3——侧面。 准确度等级:00级、0级	L	B
			125	80
			200	125
			315	200
			500	315
			800	500
			1 250	800
刀口直角尺		L——测量面长度； B——基面长度； 1——刀口测量面A； 2——长边； 3——基面B； 4——短边； 5——基面C； 6——侧面； 7——刀口测量面D； 8——隔热板。 准确度等级:0级、1级	L	B
			50	32
			63	40
			80	50
			100	63
			125	80
			160	100
			200	125
宽座刀口形直角尺			L	B
			50	40
			75	50
			100	70
			150	100
			200	130
			250	165
			300	200
			500	300
			750	400
			1 000	550

续表

名称	简图	说明	基本参数/mm	
平面形直角尺	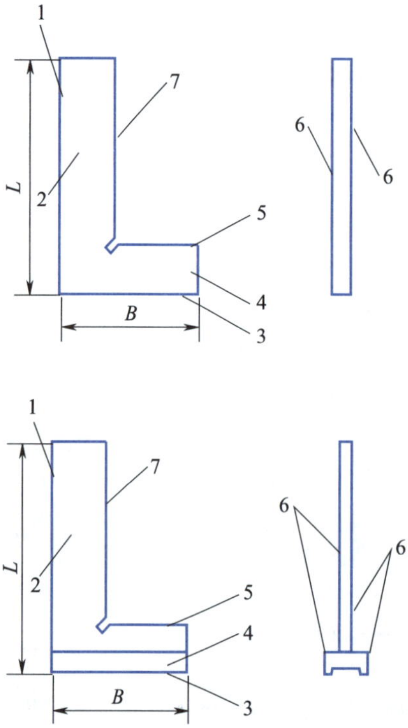 （带座型）	L——测量面长度； B——基面长度； 1——刀口测量面A； 2——长边； 3——基面B； 4——短边； 5——基面C； 6——侧面； 7——刀口测量面D。 准确度等级：0级、1级、2级	L : 50, 75, 100, 150, 200, 250, 300, 500, 750, 1 000	B : 40, 50, 70, 100, 130, 165, 200, 300, 400, 550
宽座直角尺	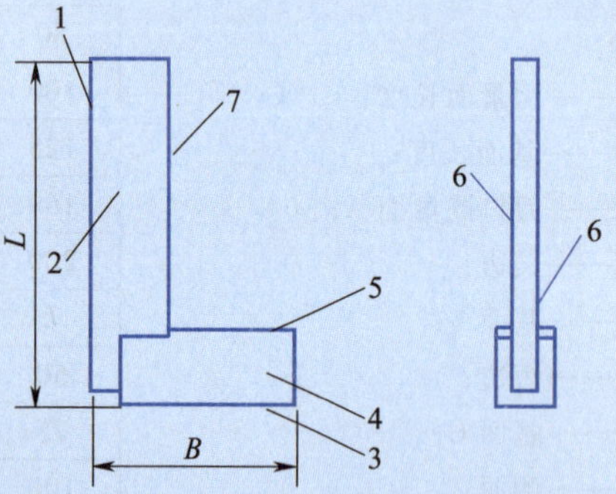	L——测量面长度； B——基面长度； 1——刀口测量面A； 2——长边； 3——基面B； 4——短边； 5——基面C； 6——侧面； 7——刀口测量面D。 准确度等级：0级、1级、2级	L : 63, 80, 100, 125, 160, 200, 250, 315, 400, 500, 630, 800, 1 000, 1 250, 1 600	B : 40, 50, 63, 50, 100, 125, 160, 200, 250, 315, 400, 500, 630, 800, 1 000

2. 平尺

平尺主要用于检验工件的直线度、平面度误差，也可作为刮研的基准，有时还用来检验零部件的相互位置精度。铸铁平尺基本参数见表3.21。

表 3.21　铸铁平尺基本参数（GB/T 24760—2009）

名称	简图	基本参数/mm			
		L	B	C	H
Ⅰ字形和Ⅱ字形平尺	上工作面 端面 端面 下工作面 L（长度）　侧面的公共平面 C（厚度）H（高度）侧面 B（宽度）C 侧面的公共平面	400	30	8	75
		500			
		630	35	10	80
		800			
		1 000	40	12	100
		1 250			
		1 600	45	14	150
		2 000			
		2 500	50	16	200
		3 000	55	20	250
		4 000	60		280

名称	简图	L	B	C	H
桥形平尺	工作面 端面 端面 支承脚 支承面 L（长度）B（宽度）C（厚度）侧面 侧面 H（高度）侧面的公共平面	1 000	50	16	180
		1 250			
		1 600	60	24	300
		2 000	80	26	350
		2 500	90	32	400
		3 000	100		
		4 000		38	500
		5 000	110	40	550
		6 300	120	50	600

注:铸铁平尺准确度等级为 00 级、0 级、1 级、2 级。

3. 铸铁平板

铸铁平板是用于工件检测或划线的平面基准器具,按用途分为检验平板、划线平板、装配平板、铆焊平板、焊接平板、压砂平板等。其中检验平板主要用于检验工件误差的基准;划线平板主要用于各种零件的平面划线及立体划线等。

使用铸铁平板检验零件的直线度误差、平面度误差等可采用涂色法,与其他量具、量仪配合使用,还可检验尺寸精度、角度、形位误差等,铸铁平板也可用来做刮研基准。

GB/T 22095—2008 规定铸铁平板准确度等级为 0、1、2、3 级四个等级,形状有长方形和方形,尺寸范围从 160 mm×100 mm 到 2 500 mm×1 600 mm,如图 3.18 所示为铸铁平板结构。

图 3.18　铸铁平板结构

二、锥柄检验棒和圆柱检验棒

1. 锥柄检验棒

锥柄检验棒是机床检验的常备工具,主要用来检验主轴、套筒类零件的径向跳动、轴向窜动,也用来检验直线度、平行度、同轴度、垂直度等。

锥柄检验棒由插入被检验孔的锥柄和做测量基准用的圆柱体组成(图 3.19),用工具钢经精密加工制成,可镀铬或不镀。锥柄检验棒的精度见表 3.22。

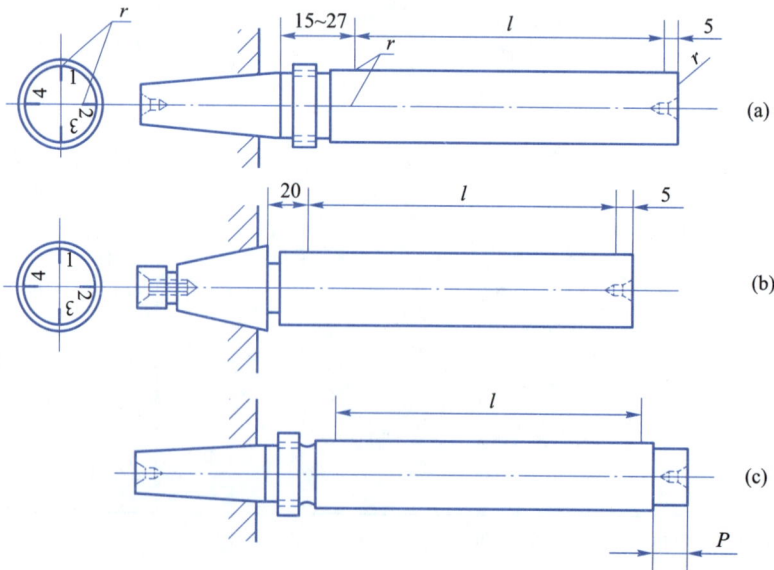

图 3.19　锥柄检验棒的结构

表 3.22　锥柄检验棒的精度

测量长度 L/mm	75	150	200	300	500
径向跳动/μm	2			3	
圆柱体直径差/μm	2			3	
锥柄精度	应与锥度量规的精度相一致				

锥柄检验棒在使用时应注意以下几点：

1）锥柄和机床主轴的锥孔必须擦净,以保证接触良好。

2）检验径向跳动时,锥柄检验棒应在相隔 90° 的四个位置依次插入主轴锥孔,误差以四次测量结果的平均值计。

3）检验零部件的侧向位置精度或平行度时,应将锥柄检验棒和主轴旋转 180°,依次在锥柄检验棒圆柱面的两条相对的母线上进行检验,误差以两次测量结果的平均值计。

4）锥柄检验棒插入主轴锥孔后,应稍待一段时间,以消除从操作者手部传来的热量,使锥柄检验棒的温度稳定。

5）使用 0 号及 1 号莫氏锥度的锥柄检验棒时应考虑其自然挠度。

2. 圆柱检验棒

圆柱检验棒(图 3.20)两端有顶尖孔可安装于两顶尖间,其外圆柱面的母线作为测量用的直线基准。

圆柱检验棒一般用热拔无缝钢管制成,管子的壁厚应有足够的强度。两端堵头上有经过研磨的供制造和检验用的带保护的中心孔,外表面需精磨,精磨前需经淬硬和稳定性处理,也可镀硬铬,以提高其耐磨性。

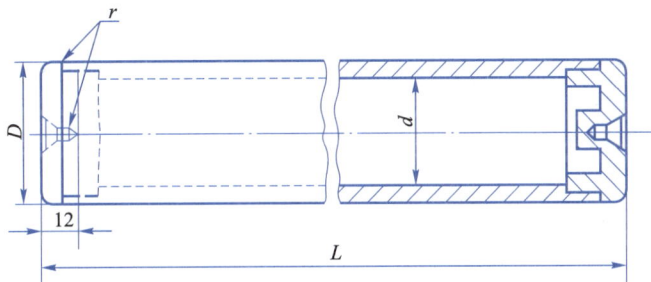

图 3.20　圆柱检验棒的结构

用于测量精度为 300 mm 长度上误差为 0.01 mm 的圆柱检验棒,其直线度误差应满足 300 mm 长度上的误差不大于 3 μm。表 3.23 所列的四种圆柱检验棒适用于机床上需要的大多数检验。

表 3.23　圆柱检验棒的技术规格

总长度 L/mm	外径 D/mm	内径 d/mm	不带堵头的质量/kg	自然挠度/μm	精度/μm		
					直径差	径向跳动	表面粗糙度值
150~300	40	0	1.5~3	0.02~0.4	3	3	$Ra0.4$ ~ $Ra0.1$
301~500	63	50	2.7~4.5	0.1~0.7	3	4	

续表

总长度	外径	内径	不带堵头	自然挠	精度/μm		
L/mm	D/mm	d/mm	的质量/kg	度/μm	直径差	径向跳动	表面粗糙度值
501～1 000	80	60	8.3～16	0.5～8	4	7	Ra0.4～
1 001～1 600	125	105	28.2～45	3～19	5	10	Ra0.1

使用圆柱检验棒检验平行度时,先在圆柱检验棒圆柱面上的一条母线上测取读数,然后将圆柱检验棒旋转180°,在相对的另一条母线上测取读数,最后,将圆柱检验棒掉头,重复上述测量过程。四次读数的平均值即为平行度误差。用这种方法测量,可以消除因圆柱检验棒本身误差所引起的大部分测量误差。

三、条式和框式水平仪（GB/T 16455—2008）

水平仪是机械设备安装调整和机床精度检测中使用最广泛的精密测角仪器,常用的普通水平仪有条式水平仪和框式水平仪。水平仪的结构如图3.21所示,其参数尺寸见表3.24。

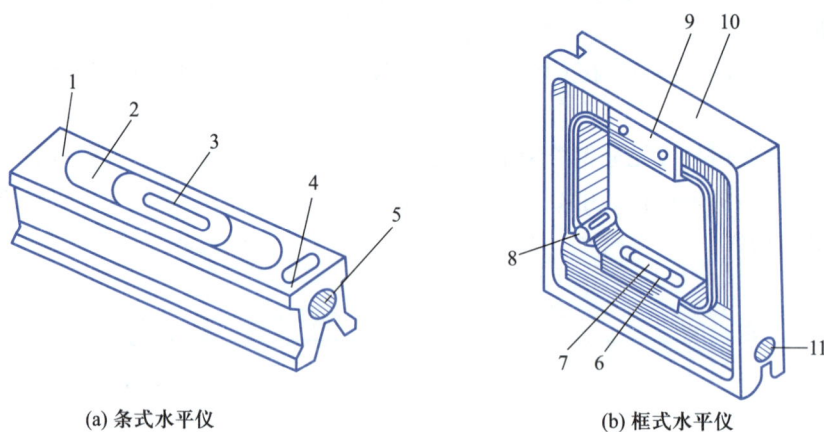

(a) 条式水平仪　　　　　　　　　　(b) 框式水平仪

图 3.21　水平仪的结构

1、10—主体;2、6—盖板;3、7—主水准器;4、8—横向水准器;5、11—零位调整装置;9—隔热手把

表 3.24　条式和框式水平仪参数尺寸

规格/mm	分度值/(mm/m)	工作面长度 L/mm	工作面宽度 w/mm	V 形工作面夹角 α/°
100		100	≥30	
150		150	≥35	
200	0.02;0.05;0.10	200		120～140
250		250	≥40	
300		300		

水平仪的主要组成部分是主水准器即水准管,水准管牢固地安装于水平仪主体的可调支架上。水平仪下工作面称为基准面,当基准面处于水平状态时,气泡应在居中位置。水准管是一个密闭的玻璃管,内装精馏乙醚,并留有一定量的空气,以形成气泡。水准管倾斜度改变时,气泡永

远保持在最上方,就是说液面永远保持水平。水准管内表面轴向截面为腰鼓形,如图 3.22(a)所示,是经过研磨加工的弧面,通过管上的刻度可观测出倾斜度的变化。管内腔的母线曲率半径决定了水准器的分度值。

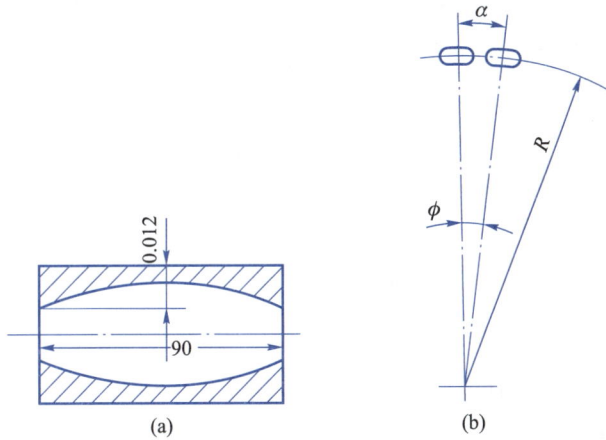

图 3.22　4″水准管内腔曲率

以分度值为 0.02/1 000 的水平仪为例,分度值 0.02/1 000 即分度值为 4″。从图 3.22(b)可以看出,由于角度 ϕ 很小,所以有

$$\tan \phi \approx \phi$$
$$a = R\tan \phi \approx R\phi$$

取
$$a = 2 \text{ mm}, \phi = 4'' \approx 1.939\ 27 \times 10^{-5} \text{ rad}$$

则
$$R = \frac{a}{\phi} = \frac{2}{1.939\ 27 \times 10^{-5}} \text{ mm} \approx 103\ 132 \text{ mm}$$

取近似值
$$R \approx 100 \text{ m}$$

即水准管内腔轴向截面母线曲率半径为 100 m,水准管气泡每移动一格(2 mm),其倾斜度变动为 4″。

如气泡偏移 3 格,则倾斜夹角为 12″,若求在 400 mm 长度上的高度差,则为

$$\frac{0.02}{1\ 000} \times 3 \times 400 \text{ mm} = 0.024 \text{ mm}$$

四、合像水平仪(GB/T 22519—2008)

合像水平仪应用于精密机床修理,其工作面长度为 166 mm,V 形槽角度为 120°,分度值为 0.01 mm/m,量程范围为 0 ~ 10(20) mm/m,可精确地检验表面的平面度、直线度和安装位置的准确度,还可测量工件的微小倾角。

如图 3.23(a)所示为光学合像水平仪的简图,其结构原理如图 3.23(b)所示。水准器中水准泡的水平位置可以通过调节旋钮,经丝杆螺母和杠杆系统调整。

水准泡两端圆弧,通过棱镜反射至目镜,如图 3.23(c)所示,形成左右两半合像。当光学合像水平仪不在水平位置时,两半气泡 A、B 差 Δ,不重合,如图 3.23(d)所示;在水平位置时,两半气泡 A、B 重合,如图 3.23(e)所示。

分度板　测微螺杆　水准泡　刻度盘　　　　平工作面　V形工作面

(a)

2″
0.01 mm/m

(b)　　　　　　　　　　　(c)　　　　　　　　(d)　　　　(e)

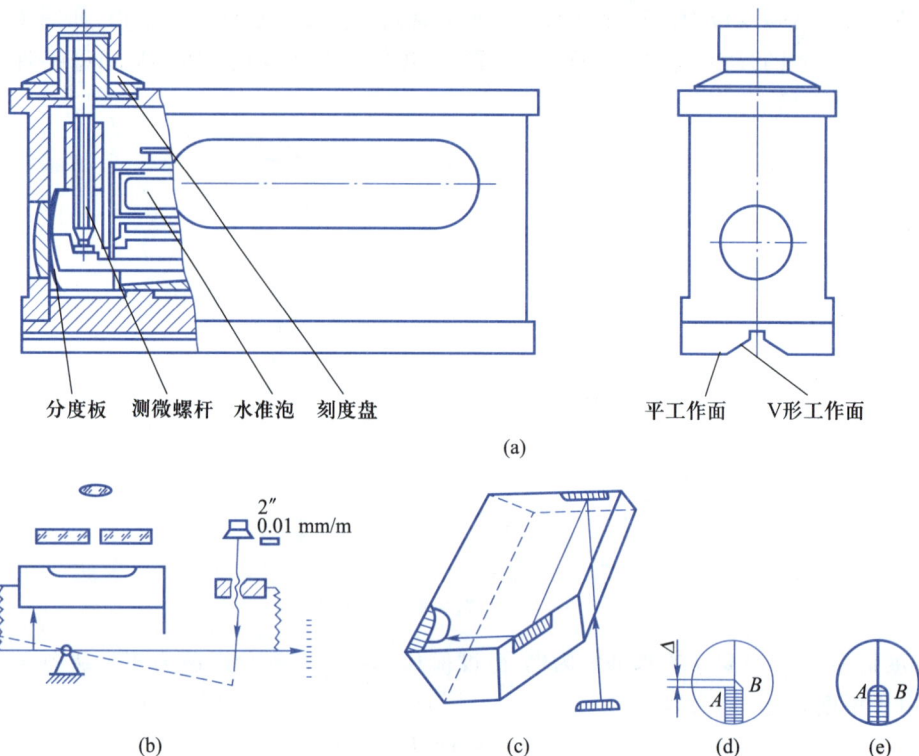

图 3.23　光学合像水平仪

五、电子水平仪（GB/T 20920—2007）

电子水平仪有指针式和数显式两种,其分度值有 0.001 mm/m、0.01 mm/m、0.02 mm/m 和 0.05 mm/m,其外形如图 3.24 所示。

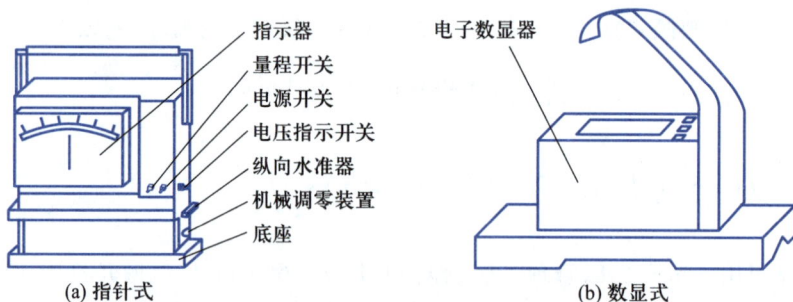

指示器
量程开关
电源开关
电压指示开关
纵向水准器
机械调零装置
底座

电子数显器

(a) 指针式　　　　　　　　　　　(b) 数显式

图 3.24　电子水平仪外形

电子水平仪的工作原理是传感器中的电子水准泡将微小角度变化转换成微小的电量变化。电子水准泡是一个密封的玻璃管,内注有导电溶液,并留有一个气泡。管内壁的前后位置上对称地贴了四片铂金电极。测量时若气泡偏移,就会改变四片铂金电极间导电溶液呈现的电阻值,从而将机械位移转变成电量变化信号。电信号经过指示器中电子电路的调制、放大、解调和滤波后形成具有线性和极性的直流电压输出,表头指针的指示值即为相应的角度变化值。

六、光学准直仪和光学平直仪

在机械设备修理中,还会使用到光学量仪,如光学准直仪、光学平直仪等。光学仪器在测量过程中受到外界因素(如温度)的影响小,测量精度高。

1. 光学准直仪

光学准直仪可以精确地测量微小的角度,测量导轨在垂直面内或水平面内的直线度、平面度误差,测量零件各表面间相对位置的平行度、垂直度。光学准直仪配置相应的附件或与其他仪器配合,其测量的范围更广泛,如测量轴和丝杠的轴向窜动量、工作台的回转误差、各类分度机构的分度误差等。

光学准直仪由平行光管 a 和望远镜 b 组合使用,平行光管提供平行光束,望远镜用于瞄准方向。光学准直仪的工作原理如图 3.25 所示。

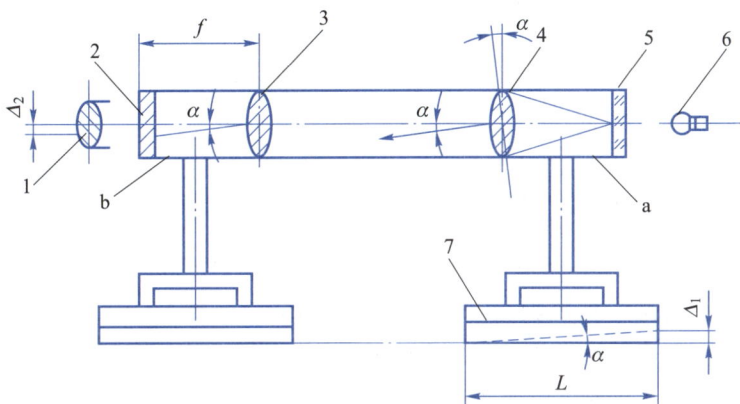

图 3.25　光学准直仪的工作原理
1—目镜;2、5—分划板;3、4—物镜;6—光源;7—垫铁

平行光管由光源 6、刻有十字线的分划板 5 和物镜 4 组成。光源发出的光经分划板 5 和物镜 4,将十字线图像以平行光束射入望远镜内。望远镜中的分划板 2 位于物镜 3 的焦平面上,平行光束中的十字线图像便成像在带有瞄准线的分划板 2 上。当被测导轨的直线度误差 Δ_1 使平行光管的垫铁产生一个微小倾角 α 时,投射在分划板 2 上的十字线与瞄准线不重合,而有 Δ_2 的距离。由于 Δ_2 可从目镜 1 的测微鼓轮上读取,且 L 和 f 为已知值,从而可得

$$\Delta_1 = \Delta_2 L / f$$

测量时,将固定在专用垫铁上的平行光管放置在导轨一端的被测面上,调整设置在导轨另一端可调支架上的望远镜,使平行光管分划板上的十字线图像与望远镜分划板的瞄准线对准。然后按水平仪测量直线度时分段测量的方法(节距法)测得一组 Δ_2 值,最后处理数据,用作图法或计算法求得被测导轨的直线度误差。

2. 光学平直仪(自准直仪)

光学平直仪是一种利用光的自准直原理将角度测量转换为线性测量的计量仪器,可用于检测数控机床的定位精度、重复定位精度、微量位移精度等,也可用于检测直线度、垂直度、俯仰与偏摆、平面度、平行度等。

光学平直仪和光学准直仪的区别是光学平直仪将平行光管和望远镜做成一体,具有自准直

性能,所以也叫自准直仪。HYQ03 型光学平直仪原理如图 3.26 所示,其由仪器本体和反射镜两部分组成。检查时将本体固定,将反射镜稳定放置在移动部件上,或专用桥板和专用底座上。

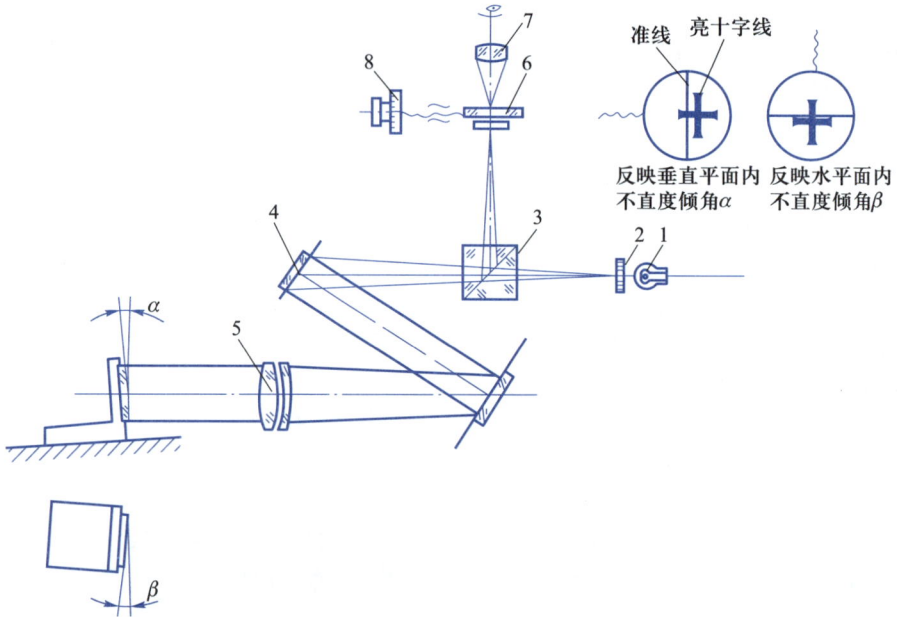

图 3.26　HYQ03 型光学平直仪原理

1—发光灯泡;2—固定分划板;3—立方棱镜;4—平面反射镜;5—物镜;6—可动分划板;7—放大目镜;8—测微手轮

仪器本体里装有发光灯泡 1、刻有"十"字形线的固定分划板 2、由双三棱镜组成的立方棱镜 3、两块相互平行的平面反射镜 4 及由两片透镜组成的物镜 5,组成平行光管;由可动分划板 6、放大目镜 7 及测微手轮 8 等组成读数显微镜。

光线由灯泡发出,将位于物镜焦平面上固定分划板的十字像,经立方棱镜、两平面反射镜及物镜形成平行光发射至反射镜,若反射镜的平面与平行光束垂直,则光线经原光路反射回来,立方棱镜对角平面上涂有半透明膜,反射回来的光线一部分经此反射向上聚焦在可动分划板 6 上成像,可动分划板位于目镜焦平面上,呈现清晰十字像。

若反射镜有微量倾斜,则经反射镜反射回来的光线在可动分划板上的十字像亦随之产生位移,由手轮、丝杠和刻度盘组成的测微机构可测出此位移量,从而测出反射镜的倾角变化。通过测量倾角变化测量垂直平面内的直线度,此时测微机构如图 3.27(a)所示。测微机构连同可动分划板还可转动 90°,如图 3.27(b)所示,可测出反射镜座绕垂直轴的转角值,因此又可测量导轨在水平面内的直线度。加上光学直角器附件的光学平直仪可测量垂直度。

七、激光干涉仪

物质在受到与其分子固有振荡频率相同的能量激发时,都会产生不发散的强光——激光。激光干涉仪是利用激光波长作为长度基准对被测长度进行测量的仪器,有单频的和双频的两种。单频激光干涉仪主要用于在计量室中的精密测量,双频激光干涉仪适宜在车间中使用。激光干涉仪配合各种折射镜、反射镜等,可测量线性位移、小角度、直线度、垂直度、平行度、平面度等,也可进行动态测量,如测量位移、速度等。

1. 激光干涉仪工作原理

如图 3.28 所示,从激光头射出的激光光束到达分光镜 A 时,被分成两束光。这两束光分别被传送到反射镜 B 和 C 中,然后再反射回分光镜 A。反射回来的激光光束,一束经固定反射镜 B 形成参考光,另一束经移动反射镜 C 形成测量光,并在嵌于激光头中的探测器中汇合,形成干涉光束。

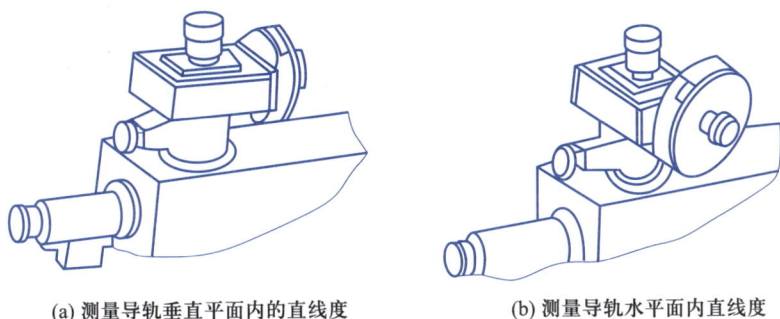

(a) 测量导轨垂直平面内的直线度　　　　(b) 测量导轨水平面内直线度

图 3.27　读数目镜座的位置

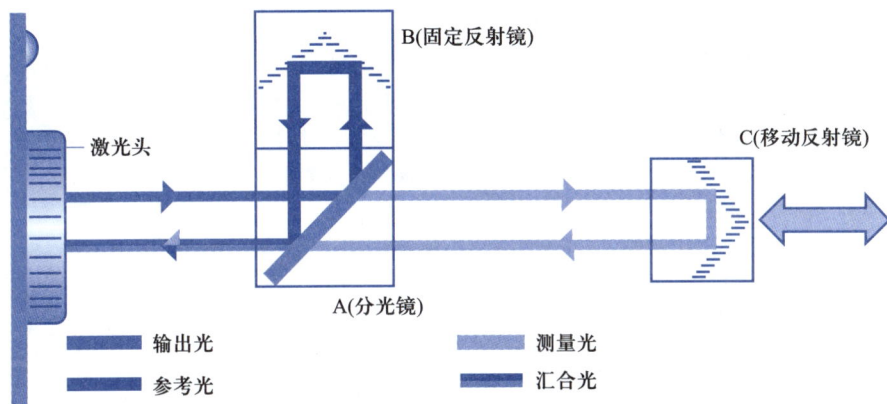

图 3.28　激光干涉仪工作原理示意图

如果测量光路长度改变(移动反射镜 C),干涉光束的相对相位将改变,由此产生的相长干涉和相消干涉的循环将导致叠加光束强度的明暗周期变化。反射镜 C 每移动一段距离,就会出现一个光强变化循环(明—暗—明),通过计算这些循环就可实现距离测量。若在这些循环之间进行相位细分,则可实现更高分辨率(如 1 nm)的测量。

2. 单频激光干涉仪

单频激光干涉仪采用分振幅的方法,将激光器射出的圆偏振光通过一个偏振分光棱镜分为两束,一束作为参考光,一束作为测量光,测量光携带测量信息后返回与参考光合束,得到干涉条纹,通过光电探测器记录干涉条纹的数目和强度,即可得到移动的距离。

单频激光干涉仪工作时,移动可动反射镜,光电接收器会输出信号,当信号超过计数器的触发电平时,就会被记录下来。但是,当测量环境存在空气湍流、机床油雾、切削屑等时,会使光束发生偏移或波面扭曲,导致激光束强度发生变化,就可能使光电信号低于计数器的触发电平,从而使计数器停止工作。因此,单频激光干涉仪不适宜在环境因素变化较大的场合使用。

单频激光干涉仪能够修正测量中的非线性误差,测量速度不受频差限制,适宜高精度、高速测量。

3. 双频激光干涉仪

双频激光干涉仪采用塞曼稳频或者其他方式将单频激光分为两个互相垂直的振动方向,输出具有一定频差的双频激光。其中,一部分光作为参考光,频率差为 $f1-f2$,另一部分光由激光头射出。通过分光镜,可以将两个振动方向互相垂直的线偏振光分开,一束频率为 $f1$ 的光由固定角锥反射镜反射返回,另一束频率为 $f2$ 的光作为测量光,由移动角锥反射镜反射,在返回时由于多普勒效应,相应的光频变化为 $f2\pm\Delta f$。此时光 $f1$ 和光 $f2\pm\Delta f$ 作为测量光入射到激光头中,测量光的频率为 $f1-f2\pm\Delta f$,将其与参考光的频率进行对比后,可得到测量结果。

双频激光干涉仪常用于检定测长机、三坐标测量机、光刻机和加工中心等的坐标精度,也可用作测长机、高精度三坐标测量机等的测量系统。利用相应附件,还可进行高精度直线度测量、平面度测量和小角度测量。

复习思考题

3.1　修复磨损、失效的机械零件可以选择哪些修复技术?选择时应考虑哪些因素?

3.2　简述编制机械零件修理工艺规程的方法。

3.3　什么是修理尺寸法?修理尺寸如何确定?

3.4　局部修换法与镶装零件法相比有何区别?应用局部修换法时,应主要考虑哪些问题?

3.5　简述金属扣合法的分类及其各自应用的范围。

3.6　简述强固扣合法的原理和过程。

3.7　用堆焊技术修复的目的是什么?常用堆焊方法的修复特点是什么?

3.8　铸铁件的补焊特点是什么?常用铸铁件补焊方法有哪些?

3.9　电刷镀与普通电镀的基本原理是什么?两者有何异同?

3.10　镀铬与一般金属电镀相比,工艺上有哪些特点?

3.11　简述电刷镀技术和电刷镀过程。

3.12　电刷镀溶液有几类?它们有哪些作用?

3.13　如何合理选择胶黏剂?

3.14　简述黏接工艺过程,并说明黏接工艺的关键步骤。

3.15　什么是表面黏涂修复技术?它有什么特点?

3.16　试述表面黏涂修复技术的应用及黏涂层涂敷工艺过程。

3.17　什么是热喷涂修复技术?它在机械设备修理中的主要用途是什么?

3.18　简述粉末-火焰喷涂的特点、使用设备及工艺过程。

3.19　机械设备修理中常用的表面强化技术有哪些?它们的工作原理是什么?各有何应用?

3.20　直角尺有什么用途?圆柱直角尺与宽座直角尺的用途有何区别?

3.21　平尺的用途有哪些?各种平尺的结构、用途有什么不同?

3.22　平板的用途是什么?不同精度的平板的应用场合有何不同?

3.23　锥柄检验棒和圆柱检验棒各有何用途?使用时应注意哪些事项?

3.24　水平仪有何用途?它是由哪些主要部分组成的?水准管内表面轴向截面为何形状?分度值为 4″ 的水平仪的水准管内表面的曲率半径为什么是 100 m?

3.25　合像水平仪和电子水平仪的工作原理是什么?各有何用途?

3.26　光学平直仪与光学准直仪在原理、结构和使用上有哪些不同?

3.27　激光检测利用了激光的哪些特性?为什么?

3.28　双频激光干涉仪的工作原理是什么?怎样使用激光干涉仪?

能力和素质养成训练

1. 请用层次结构图的形式总结常用的机械零件修复技术。

2. 任选 1~2 种机械零件修复技术,就技术发展与社会进步的联系发表自己的观点,撰写一篇 1 500 字以上的文章。

3. 学习小组讨论:结合选择机械零件修复技术应考虑的因素,谈谈对社会主义核心价值观之——"敬业"的理解。

第 四 章

典型机械设备修理

⚙ 导学

合理确定设备大修理技术方案是设备大修理质量的保证。

⚙ 知识和能力目标

1. 熟悉机械设备大修理的内容和要求,掌握大修理工艺过程。
2. 熟悉常用零件修换标准,掌握常用设备拆卸、清洗方法。
3. 掌握轴、滚动轴承、滑动轴承、齿轮、丝杠螺母副、导轨等典型零部件的修理方法。
4. 能完成修配法和调整法装配的尺寸链计算。
5. 能够制定车床、铣床等机械设备大修理技术方案。

⚙ 职业素养和价值观目标

1. 初步具有典型机械设备装配、维修、调试的能力。
2. 树立安全文明生产意识,具有良好的协作工作能力。

本章详细介绍设备拆卸方法和主轴、丝杠、蜗轮、导轨等部件常用修理方法,并在此基础上讨论修理装配方法和卧式万能升降台铣床的修理方法。

第一节　机械设备的大修理

一、大修理的内容和要求

（一）设备大修理的内容

设备大修理简称设备大修,是全面清除大修前设备存在的缺陷、恢复设备规定的精度与性能、工作量最大、修理时间较长的一类修理。机械设备大修的工艺过程一般可分为修前准备、修理过程和修后验收三个阶段,并包含以下内容:

1）对设备的全部或大部分部件解体并进行检查。

2）编制设备大修技术文件,准备好技术资料、工具、检具以及备件和材料。

3）修复基础件。

4）更换或修复磨损、损坏的零件。

5）修理、调整机械设备的电气系统。

6）更换或修复机械设备附件。

7）大修总装配，并调试到达大修质量标准。

8）设备全新涂装。

9）设备大修质量验收。

除了上述内容之外，还要对设备使用中发现的原设计制造缺陷进行改造，并按实际需要提高少数主要部件的精度。

（二）设备大修的要求

1）设备大修首先应达到预定的技术要求。

各种机械设备大修的技术要求有所不同，设备大修之后应清除修前所有缺陷，达到设备出厂的性能和精度标准或企业大修标准。

设备大修之后应清除修前所有缺陷。

2）设备大修应降低修理成本，提高经济效益。

在设备大修过程中，要积极采用现代管理方法，做好技术、生产和经济的管理工作。在保证修理质量的前提下，尽量缩短停机修理时间，降低修理成本，提高经济效益。

3）设备大修中尽量采用新技术、新材料、新工艺，提高大修的技术水平。

二、大修前的准备

设备大修准备工作包括技术准备和生产准备两方面。技术准备主要包括预检前的调查准备、预检、大修技术文件的编制等；生产准备主要包括备件、材料和专用工、检、研具的订购、制造和验收入库，以及大修作业计划的编制等。

（一）预检前的调查准备

为了全面了解设备状态劣化的具体情况，在设备大修之前安排停机检查，称其为预检。设备预检前要做以下调查工作：

1）查阅以下设备档案：设备出厂检验记录；设备安装验收的精度、性能检验记录；历次设备事故、故障情况及修理内容，修后的遗留问题；历次修理的内容，更换修复的零件，修后的遗留问题；设备运行中的状态监测记录、设备普查记录。

2）阅读设备说明书和设备图册。

3）向设备操作者和维修工调查设备运行中易发生故障的部位及原因，设备的精度、性能状况，设备现存的主要缺陷，大修中需要修复和改进的具体意见等。

4）向技术、质量和生产管理等部门征求对设备局部改进的意见。

（二）预检

1. 预检目的

通过预检可以全面深入地掌握设备状况劣化情况，更加明确产品工艺对设备精度、性能的要求，以确定需要更换或修复的零件，进而测绘或核对这些零件的图样，满足制造修配的需要。

2. 预检内容

一般根据设备的类型和修前调查确定预检内容。以下机床大修预检内容可供参考：

1）按国家或企业的设备出厂精度标准和检验方法逐项检验几何精度和工作精度，记录实测值。

2）检查机床运行状况：运动时操作系统是否灵敏、可靠；各种运动是否达到规定的数值；运动是否平稳，有无振动、噪声、爬行等。

3）检查机床导轨、丝杠、齿条的磨损情况，测出磨损量。

4）检查液压、气动、润滑系统：动作是否准确，元件有无损坏，有无泄漏，若有泄漏查找原因。

5）检查电气系统：电气元件是否老化和失效。

6）检查安全保护装置：各限位装置、互锁装置是否灵敏、可靠，各种指标仪表和防护门罩有无损坏。

7）检查设备外观及附件：设备有无掉漆，各种手柄有无损坏，标牌是否齐全，附件是否完整、有无磨损等。

8）部分解体检查，以便根据零件磨损情况确定零件是否需更换和修复。

在预检中尤其对大型复杂的铸锻件、高精度的关键件和外购件要逐一检查，确定是否更换和修复。

（三）编制大修技术文件

根据预检掌握的设备状况，确定修换件之后，进入大修技术准备的最后一个阶段——编制大修技术文件，主要工作下面进行详述。

1. 编制设备大修技术任务书

设备大修技术任务书应有以下内容：

1）设备大修前的技术状况。

2）主要修理内容。说明设备解体、清洗和零件检查的情况，确定需要修换的零件；简要说明基础件、关键件的修理方法；说明必须仔细检查和调整的机构和其他需要修理的内容；指出结合大修进行改善维修的部位和内容。

3）修理质量要求。指出设备大修各项质量检验应用的通用技术标准的名称及编号，将专用技术标准的内容附在任务书后面。

2. 编制设备大修工艺

设备大修工艺有典型修理工艺和专用修理工艺两种，是大修工作必须遵守和执行的修理技术文件，应结合实际情况，本着技术上可行、经济上合理的原则编制设备大修工艺。

设备大修工艺包括以下内容：

1）整机和部件的拆卸程序、方法以及拆卸过程中应检测的数据和注意事项。

2）主要零部件的检查、修理和装配工艺以及应达到的技术条件。

3）总装配程序和装配工艺应达到的精度要求、技术要求以及检查测量方法。

4）关键部位的调整工艺及应达到的技术条件。

5）总装配后试车程序、规范及应达到的技术条件。

6）设备大修过程中需要的通用或专用工、检、研具和量仪明细表，其中对专用的应加以注明。

7）大修作业中的安全措施等。

3. 确定大修质量标准

设备大修质量验收可直接参照相关国家标准、行业标准和企业标准进行,或按修理委托方和施工方协商的标准进行,也可将机械设备出厂技术标准作为大修质量标准。

(四) 备件、材料和专用工、检、研具的准备

主修技术人员应及时将修换件明细表,材料明细表,专用工、检、研具明细表以及有关图样交给管理人员。管理人员核对库存后提出订货或安排制造,保证按时供给设备大修时使用。

(五) 大修作业计划的编制

大修作业计划的内容包括作业程序、分部分阶段作业所需工人数及作业天数、对分部作业之间相互衔接的要求、需要委托外单位协作的项目和时间要求等。

一般大修作业计划可采用"横道图"式作业计划并加上必要的文字说明。对于结构复杂的高精度、大型、关键设备的大修计划应采用网络技术编制,以便合理使用资源、缩短工期、提高经济效益。

三、大修的工艺过程

金属切削机床大修的工艺过程如图4.1所示。

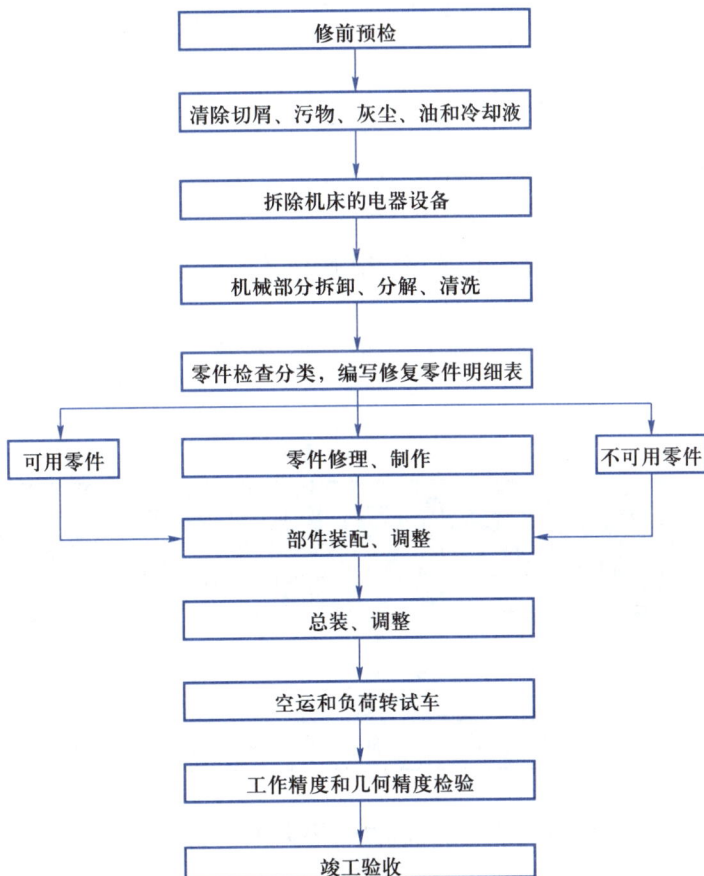

图 4.1　金属切削机床大修的工艺过程

四、大修的质量要求与精度检验

（一）机床大修质量检验通用技术要求

1. 零件加工质量

1）更换或修复工件的加工质量应符合图样要求。

2）滑移齿轮的齿端应倒角。丝杠、蜗杆等第一圈螺纹端部厚度小于 1 mm 部分应去掉。

3）刮削面不应有切削加工的痕迹和明显的刀痕，刮削点应均匀。用涂色法检查时，每 25 mm×25 mm 面积内，接触点不得少于表 4.1 所列的规定数。

表 4.1 刮削面的接触点数　　　　　点数/（25 mm×25 mm）

机床类别	刮削面性质						镶条压板滑动面	特别重要的固定结合面
	静压导轨		移动导轨		主轴滑动轴承			
	导轨宽度/mm		导轨宽度/mm		直径/mm			
	≤250	>250	≤100	>100	≤120	>120		
高精度机床	20	16	16	12	20	16	12	12
精密机床	16	12	12	10	16	12	10	8
普通机床	10	8	8	6	12	10	6	6

4）各类机床刮削接触点的计算面积，按高精度机床、精密机床和不大于 10 t 的通用机床为 100 cm^2，大于 10 t 的通用机床为 300 cm^2 来计算。

5）对于两配合件的结合面，若一件采用切削加工，另一件是刮削面加工，则用涂色法检验刮削面的接触点数不少于表 4.1 规定的 75%。

6）两配合件的结合面均采用切削加工时，用涂色法检查，接触应均匀，接触面积不得小于表 4.2 所列的规定。

表 4.2 结合面的接触程度标准　　　　　%

机床类别	结合面性质					
	滑动、滚动导轨		移动导轨		特别重要的固定结合面	
	全长上	全宽上	全长上	全宽上	全长上	全宽上
高精度机床	80	70	70	50	70	45
精密机床	75	60	65	45	65	40
普通机床	70	50	60	40	60	35

7）零件刻度部分的刻线、数字和标记应准确、均匀、清晰。

2. 装配质量

1）装配到机床上的零部件，要符合质量要求。不允许放入总装图样上未规定的垫片和轴套等。

2）变位机构应保证准确定位。啮合齿轮宽度小于 20 mm 时,轴向错位不得大于 1 mm;齿轮宽度大于 20 mm 时,轴向错位不超过齿轮宽度的 5% ,但不得大于 5 mm。

3）重要结合面应紧密贴合,紧固后用 0.04 mm 塞尺检验,不得插入。特别重要的结合面,除用涂色法检验外,在紧固前、后均应用 0.04 mm 的塞尺检验,不得插入。

4）对于滑动结合面,除用涂色法检验外,还要用 0.04 mm 的塞尺检验,插入深度符合下列规定:

机床质量≤10 t,小于 20 mm

机床质量>10 t,小于 25 mm

5）采用静压装置的机床,其"节流比"应符合设计要求。静压建立后,运动应轻便、灵活。静压导轨空载时,运动部件四周的浮升量差值不得超过设计要求。

6）装配可调整的轴承和镶条时,应有调修的余量。

7）有刻度装置的手轮、手柄,其反向空程量不得超过下列规定（r 为转速）:

高精度机床　　　　　　　　　　　　　　　1/40 r

不大于 10 t 的通用机床和精密机床　　　　 1/20 r

大于 10 t 的通用机床和精密机床　　　　　 1/4 r

8）手轮、手柄的操纵力在行程范围内应均匀,不得超过表 4.3 所列的规定。

表 4.3　手轮、手柄的操纵力　　　　　　　　　　　　　　N

机床质量/t	高精度机床		精密和普通机床	
	常用	不常用	常用	不常用
≤2	40	60	60	100
>2	60	100	80	120
>5	80	120	100	160
<10	100	160	160	200

9）对于机床的主轴锥孔和尾座锥孔与心轴锥体的接触面积,除用涂色法检验外,锥孔的接触点应靠近大端,并不得低于下列数值:

高精度机床　　　　　　　　工作长度的 85%

精密机床　　　　　　　　　工作长度的 80%

普通机床　　　　　　　　　工作长度的 75%

10）机床运转时,不应有不正常的周期性尖叫声和不规则的冲击声。

11）机床上滑动和滚动配合面、结合缝隙、润滑系统、滚动及滑动轴承,在拆卸的过程中均应清洗干净。机床内部不应有切屑和污物。

3. 机床液压系统的装配质量

1）液压设备的拉杆、活塞、缸、阀等零件修复或更换后,工作表面不得有划伤。

2）在液压传动过程中,在所有速度下都不得发生振动,不应有噪声以及显著的冲击、停滞和爬行现象。

3）压力表必须灵敏可靠、字迹清晰。调节压力的安全装置应可靠,并符合说明书的规定。

4）液压系统工作时,油箱内不应产生泡沫,油温一般不得超过 60 ℃。当环境温度高于 35 ℃时连续工作 4 h,油箱温度不得超过 70 ℃。

5）液压油路应排列整齐,管路尽量缩短,油管内壁应清洗干净,油管不得有压扁、明显坑点和敲击的斑痕。

6）储油箱及进油口应有过滤装置和油面指示器,油箱内外清洁,指示器清晰明显。

7）所有回油管的出口必须伸入油面以下足够的深度,以防止产生泡沫和吸入空气。

4. 润滑系统的质量

1）润滑系统必须完整无缺,所有润滑元件(如油管、油孔)必须清洁干净,以保证畅通。油管排列整齐,转弯处不得变成直角,接头处不得有漏油现象。

2）所有润滑部位都应有相应的注油装置,如油杯、油嘴、油壶或注油孔。油杯、油嘴、注油孔必须有盖或堵,以防止切屑、灰尘落入。

3）油位的标志要清晰,能观察油面或润滑油滴入情况。

4）毛细管用作润滑滴油时,均必须放置清洁的毛线绳,油管必须高出储油部位的油面。

5. 电气部分的质量

1）对不同的电路,应采取不同颜色的电线;如用同一颜色电线,则必须在端部装有不同颜色的绝缘管。

2）在机床的控制线路中,电线两端应装有与接线板上表示接线位置相同的数字标志。标志应不易脱落和被污损。

3）对于机床电气部件,应保证其安全,不受切削液和润滑油及切屑等物的影响。

4）机床电气部分全部接地处的绝缘电阻,用 500 V 摇表测量时不得低于 1 MΩ;电动机绕组(不包括电线)的绝缘电阻不得小于 0.5 MΩ。

5）用磁力接触器操纵的电动机,应有零压保护装置。在突然断电或供电路电压降低时,能保证电路切断,电压复原后能防止自行接通。

6）为了保护机床的电动机和电气装置不发生短路,必须安装熔断器或类似的保险装置,并要符合电气装置的安全要求。

7）机床照明电路应采用不大于 36 V 电压的电源。

8）机床底座及电气箱、柜上,应装有专用的接地螺钉和地线。

9）电气箱、柜的门盖上,应装有扣门。

6. 机床的外观质量

1）机床不加工的外表面,应喷涂浅灰色油漆,或按规定的其他颜色涂漆。

2）电气箱及储油箱、主轴箱、变速箱和其他箱体内壁,均应漆成白色或其他浅色。

3）油漆要符合标准,不得出现起皮、脱落、皱纹及表面不光泽的现象。

4）机床的各种标牌应齐全、清晰,装置位置正确牢固。

5）操纵手轮、手柄的表面应光亮,不得有锈蚀。

6）机床所有防护罩及其他孔盖等,均应保持完整。

7）机床的附属电气及附件的未加工表面,均应与机床的表面油漆颜色相同。

7. 机床运转试验

1）机床的主传动机构应从最低速度开始,依次进行运转,每级速度运转不得少于 2 min,最高速度运转不得少于 30 min,并使主轴轴承达到稳定温度。用交换齿轮、带传动变速和无级变速的机床,可作低、中、高速度运转。

2）在主轴轴承达到稳定温度时,检验主轴轴承的温度和温升,不得超过下列规定：

滑动轴承　　　温度 60 ℃　　　温升 30 ℃

滚动轴承　　　温度 70 ℃　　　温升 40 ℃

温度上升幅度每小时不得超过 5 ℃。

3）机床的进给机构应做低、中、高进给速度空运转试验,快速移动机构应做快速空运转试验。

4）机床在运转试验中,各机构的启动、停止、制动、自动动作变速转换和快速移动等,均应灵活可靠。

5）所有液压、润滑、冷却系统,均不得有渗漏现象。

6）气动系统及管道不得有漏气现象。

7）机床的安全防护、保险装置应齐全、牢固、灵敏可靠。

8）载荷试验前后,均应对机床的精度进行检验。不做载荷试验的机床,在空运转试验后应进行精度检验。

（二）机械设备大修精度检验

机械设备大修后按验收标准进行验收,不同设备均有各自的验收标准和检验方法。以金属切削机床为例,国际标准化组织（ISO）制定了各种机床的精度检验标准和机床精度检验通则,我国也制定了与国际标准等效或相近的标准。在这些标准中规定了机床精度的检验项目、内容、方法和公差,它们是机床精度检验的依据。目前机床修理是按几何精度和工作精度标准进行验收的。

1. 机床几何精度的检验

机床的几何精度是指最终影响机床工作精度的零部件的精度,包括基础件的单项精度、部件间的位置精度、部件的运动精度、定位精度、分度精度和传动链精度等。

几何精度的检验一般在机床静态下进行。进行机床几何精度检验前,首先要做好安装和调平工作。按照机床使用说明书中的要求,将机床安装在符合要求的基础上并调平。调平的目的是要保证机床的静态稳定性,以利于检验时的测量,特别是那些与零件直线度有关的测量。

2. 机床试验

由于机床的几何精度是在静态下进行检验的,因而它不能完全代表机床的修理质量。机床在运动状态和负载作用下能否保持原有的几何精度,必须通过机床的各种试验才能鉴定。机床修理试验的内容,主要包括机床空运转试验、负载试验以及工作精度试验。

（1）机床空运转试验　机床空运转试验的目的是进一步鉴定机床各部件动作的正确性、可靠性、操作是否方便正常,以及各运动部件的温升、噪声等是否正常。

机床空运转试验的主要内容是在试验主轴速度、进给速度的同时,检查有关部位的运转情况。

机床空运转试验之前,应该检查是否已全部完成大修内容,各项修理是否达到质量要求,然后对各油池加油,并对各润滑点润滑。在按安全操作规程做好各项准备之后,方可按照所用机床精度检验标准规定的空运转试验方法进行各项检查。

（2）机床负载试验　机床负载试验的目的是考核机床主运动系统能否达到设计允许的最大扭矩功率,并考核这时机床所有机构工作是否正常,各部件之间的位置是否有变动,变动是否在允许范围之内,以及振动、噪声、温升等是否正常。

机床负载试验主要是进行切削负载试验,就是按规定的要求选择刀具和切削用量对某种材料、规格的试件的加工表面进行切削。在负载试验时,主轴转速以及进给量与理论数据相比,允许偏差在 5% 以内。

(3)机床工作精度试验 机床工作精度试验的目的是试验机床在加工过程中各个部件之间的相互位置精度能否满足被加工零件的精度要求。

在试验之前,必须对其几何精度进行复查。

机床工作精度试验就是根据机床精度检验标准按照规定的材料和切削规范,加工一定形状的工件,并对加工后的工件进行测量。若所加工工件精度达到标准要求,则机床工件精度合格。

被加工试件表面的几何精度应在所采用机床精度检验标准规定的公差范围之内,粗糙度值不高于规定标准。

第二节 机械设备的拆卸、清洗与修换

一、机械设备的拆卸原则和注意事项

机械设备在拆卸之前,应当制订详细的拆卸计划。设备拆卸时,应遵守拆卸原则,注意有关事项,做好详细记录。

1. 拆卸的一般原则

1)拆卸之前,应详细了解机械设备的结构、性能和工作原理,仔细阅读装配图,弄清装配关系。

2)在不影响修换零部件的情况下,其他部分能够不拆就不拆,能够少拆就少拆。

3)要根据机械设备的拆卸顺序,选择拆卸步骤。一般由整机到部件,由部件到零件,由外部到内部。

2. 拆卸注意事项

1)拆卸前做好准备工作。准备工作包括选择并清理好拆卸工作地,保护好电气设备和易氧化、锈蚀的零件,将机械设备中的油液放尽。

2)正确选择和使用拆卸工具。拆卸时尽量采用合适的专用工具,不能乱敲和猛击。用锤子直接打击拆卸零件时,应该用铜或硬木作衬垫。连接处在拆卸之前最好使用润滑油浸润,不易拆卸的配合件,可用煤油浸润或浸泡。

3)保管好拆卸的零件。注意不要碰伤拆卸下来零件的加工表面,丝杠、轴类零件应涂油后悬挂于架上,以免生锈、变形。拆卸下来的零件,应按部件归类并放置整齐,对偶件应打印记并成对存放,对有特定位置要求的装配零件需要作出标记,重要、精密零件要单独存放。

二、零件的拆卸

微课
锤子的使用方法

1. 螺纹连接件的拆卸

拆卸螺纹连接件时,要注意选用合适的呆扳手或一字(十字)旋具,尽量不用活扳手。在弄清螺纹的旋向之后,按螺纹相反的方向旋转即可拆下。

(1) 成组螺纹连接件的拆卸　为了避免连接力集中到最后一个连接螺纹件上,拆卸时先将各螺纹件旋转 1~2 圈,然后按照先四周后中间、十字交叉的顺序逐一拆卸。拆卸前应将零部件垫放平稳,将成组螺纹全都拆卸完成后,才可拆分连接件。

(2) 锈蚀螺纹的拆卸　锈蚀螺纹不容易拆卸,可采用下列方法:

1) 先用煤油润湿或者浸泡螺纹连接处,然后轻击震动四周,再行旋出。不能使用煤油的螺纹连接,可以用敲击震松锈层的方法。

2) 可以先旋紧四分之一圈,再退出来,反复松紧,逐步旋出。

3) 采用气割或锯断的方法拆卸锈蚀螺纹。

(3) 断头螺纹的拆卸

1) 在螺钉上钻孔,攻反向螺纹,拧入螺钉将断头螺钉旋出[图 4.2(a)],也可钻孔后打入多角淬火钢锥将螺钉拧出[图 4.2(b)]。

2) 螺钉断头有一部分露在外面时,可在断头上用钢锯锯出沟槽或加焊一个螺母[图 4.2(c)],然后将其旋出。

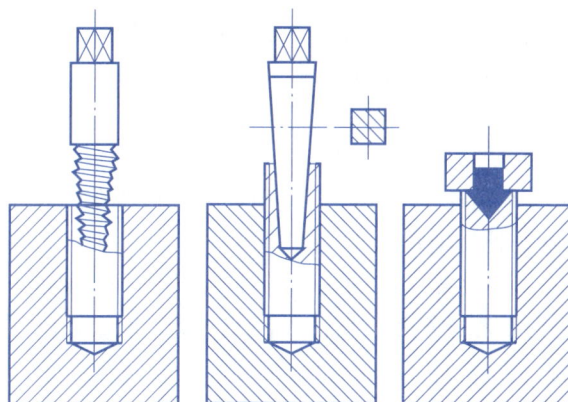

(a) 攻反向螺纹　　　(b) 打入多角淬火钢锥　　　(c) 加焊螺母

图 4.2　断头螺钉的拆卸

2. 滚动轴承的拆卸

滚动轴承与轴、轴承座的配合一般为过盈配合。滚动轴承的拆卸一般有以下方法:

1) 使用拆卸器。拆卸滚动轴承通常都要使用拆卸器。一般用一个环形件顶在轴承内圈上,拆卸器的卡爪作用于环形件,就可以将拉力传给轴承内圈,如图 4.3 所示。在拆卸轴承中,有时还会遇到轴承与相邻零件的空间较小的情况,这时要选用薄些的卡爪,将卡爪直接作用在轴承圈上。

2) 使用压力机。拆卸滚动轴承可以使用压力机,如图 4.4 所示。使用这种方法拆卸轴末端的轴承时,可用两块等高的半圆形垫铁或方铁,同时抵住轴承内、外圈,压力压头施力时,着力点要正确。

3) 使用手锤、铜棒。在没有专用工具的情况下,可以使用手锤、铜棒拆卸滚动轴承。拆卸位于轴末端的轴承时,在轴承下垫垫块,用硬木棒、铜棒抵住轴端,再用手锤敲击。

图 4.3　拆卸器拆卸轴承　　　图 4.4　压力机拆卸轴承

1—拆卸器；2—轴承；3—环形件；4—轴

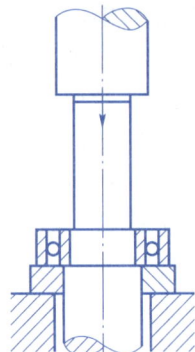

4）利用热胀冷缩。拆卸尺寸较大的滚动轴承时，可以利用热胀冷缩原理。拆卸轴承内圈时，可以用热油加热内圈，使内圈膨胀孔径变大，便于拆卸。在加热前用石棉把靠近轴承的那一部分轴隔离开来，用拆卸器卡爪钩住轴承内圈，然后迅速将加热到 100 ℃ 左右的热油倒入轴承，使轴承内圈加热，随后从轴上开始拆卸轴承。

拆卸直径较大或配合较紧的圆锥滚子轴承时，可用干冰局部冷却轴承外圈，使用倒钩卡爪形式的拆卸器，迅速从轴承座孔中拉出轴承外圈。

3. 轴上零件的拆卸

1）齿轮副的拆卸。为了提高传动链精度，对传动比为 1 的齿轮副，装配时将一外齿轮的最大径向跳动处的齿间与另一个齿轮的最小径向跳动处的齿相啮合。因此，为恢复原装配精度，拆卸齿轮副时，应在两齿轮啮合处做上标记。

2）轴承及垫圈的拆卸。精度要求高的主轴部件，主轴轴颈与轴承内圈、轴承外圈与箱体孔在周向的相对位置是经过测量和计算后装配的。因此在拆卸时，应在周向做出标记，便于按原始方向装配，保证装配精度。

3）轴和定位元件的拆卸。拆卸齿轮箱中的轴类零件时，先松开装在轴上不能通过轴盖孔的齿轮、轴套等零件的轴向定位零件，如紧固螺钉、弹簧卡圈、圆螺母等，然后拆去两端轴盖。在了解轴的阶梯方向，确定拆轴时的移动方向，并注意轴上的键能随轴通过各孔之后，才能用木槌打击轴端，将轴拆出。

4. 铆、焊接件的拆卸

铆接件拆卸时可用锯、錾或者气割等方法割掉铆钉头。焊接件拆卸时可用锯、錾或气割切割的方法，也可用小钻头钻排孔后再錾、再锯等方法。

三、零件的清洗

从机械设备上拆卸下来的零件，其表面沾满脏物，应立即清洗，以便进行检查。零件的清洗包括清除油污、水垢、积炭、锈层以及旧涂装层等。

微课
压块机的拆卸

1. 清除油污

（1）清洗方法　零件上的油污，一般使用清洗剂，经过人工或机械方式清洗。有擦洗、浸洗、喷洗、气相清洗及超声清洗等方法。

1）人工清洗。人工清洗是把零件放在装有煤油、轻柴油或化学清洗剂的容器中,用毛刷刷洗或棉丝擦洗。清洗时,不准使用汽油,如非用不可,要注意防火。

2）机械清洗。机械清洗是把零件放入清洗设备箱中,由传送带输送,经过被搅拌器搅拌的洗涤液,清洗干净后送出箱中。

3）喷洗。喷洗需要专用设备,它是将具有一定压力和温度的清洗液喷射到工件上,来清除油污。喷洗的生产效率高。

(2) 清洗剂　经常使用的清洗剂有碱性化学溶液和有机溶剂。

1）碱性化学溶液。它是采用氢氧化钠、碳酸钠、磷酸钠和硅酸钠等化合物,按一定比例配制而成的溶液,其配方、使用条件、应用范围等见表4.4。

表4.4　碱性化学溶液

配方/（g/L）		配方号			
		1	2	3	4
氢氧化钠（NaOH）		30～50	10～15	20～30	
碳酸钠（Na_2CO_3）		20～30	20～50	20～30	30～50
磷酸钠（$Na_3PO_4 \cdot 12H_2O$）		50～70	50～70	40～60	30～50
硅酸钠（Na_2SiO_3）		10～15	5～10		20～30
OP乳化剂			50～70	非离子型润滑	
使用条件	使用温度/℃	80～100	70～90	90	50～60
	保持时间/min	20～40	15～30	10～15	5
应用范围		钢铁零件	除铝、钛及其合金外的黑色金属和铜及其合金		橡胶、金属零件

2）有机溶剂。主要有煤油、轻柴油、丙酮、三氯乙烯等。

三氯乙烯是一种溶脂能力很强的氯烃类有机溶剂,稳定性好,对多数金属不产生腐蚀,其毒性比苯、四氯化碳小。企业产品大批量高净度清洗,有时用三氯乙烯溶液来脱脂。

(3) 清洗注意事项

1）零件经清洗后应立即用热水冲洗,以防止碱性溶液腐蚀零件表面。

2）零件经清洗,在干燥后应涂机油,防止生锈。

3）零件在清洗及运送过程中,不要碰伤工件表面。清洗后要使油孔、油路畅通,并用塞堵封闭孔口,以防止污物掉入,装配时拆去塞堵。

4）使用设备清洗零件时,应保持足够的清洗时间,以保证清洗质量。

5）精密零件和铝合金零件不宜采用强碱性溶液浸洗。

6）采用三氯乙烯清洗时,要在一定装置中按规定的操作条件进行,工作场地要保持干燥和通风,严禁烟火,避免与油漆、铝屑和橡胶等相互作用,注意安全。

2. 清除锈蚀

零件表面的氧化物,如钢铁零件表面的锈蚀,在机械设备修理中应彻底清除。目前,修理中主要采用以下三种方法：

1）机械法除锈。机械法除锈是指人工刷擦、打磨，或者使用机器磨光、抛光、滚光以及喷砂等方法除去表面锈蚀。

2）化学法除锈。化学法除锈是利用一些酸性溶液溶解零件表面氧化物，去除锈蚀。除锈的工艺过程是：脱脂——→水冲洗——→除锈——→水冲洗——→中和——→水冲洗——→去氢。常用酸性化学除锈剂的配方、使用条件、应用范围等见表4.5。

表 4.5　常用酸性化学除锈剂

配方		配方号				
		1	2	3	4	5
盐酸（HCl，工业用）		100 ml		100 ml		
硫酸（H_2SO_4，工业用）			60 ml	100 ml		
磷酸（H_3PO_4）					15% ~ 25%	25%
铬酐（CrO_3，工业用）					15%	
缓蚀剂		3 ~ 10 g	3 ~ 10 g	3 ~ 10 g		
水		1 L	1 L	1 L	60% ~ 70%	75%
使用条件	使用温度/℃	室温	70 ~ 80	30 ~ 40	85 ~ 95	60
	保持时间/min	8 ~ 10	10 ~ 15	3 ~ 10	30 ~ 60	15
应用范围		适用于表面较粗糙、形状较简单、无小孔窄槽、尺寸要求不严的钢零件			适用于锈蚀程度不太严重，而尺寸精度要求较严格的零件（包括铝合金）	

此外，为避免材料产生氢脆和简化除锈前的脱脂工艺，也可以选用碱性化学溶液除锈。这种溶液用葡萄糖酸钠（58 g/L）和氢氧化钠（225 g/L）的混合水溶液组成。除锈时，溶液温度为70 ~ 90 ℃，除锈时间为3 ~ 10 min。

3）电化学法除锈。电化学法除锈又称电解腐蚀，常用的有阳极除锈，即把锈蚀的零件作为阳极。还有阴极除锈，即把锈蚀的零件作为阴极，用铅或铅锑合金作阳极。这两种除锈方法效率高、质量好。但是，阳极除锈使用电流过高时，易腐蚀过度，破坏零件表面，故适用于外形简单的零件。阴极除锈没有过蚀问题，但易产生氢脆，使零件塑性降低。

3. 清除涂装层

清除零件表面的保护、装饰涂装层时，可根据涂装层的损坏情况和要求，进行部分或全部清除。涂装层清除后，要冲洗清洁，准备按涂装层工艺喷涂新层。

清除涂装层的一般方法是采用刮刀、砂纸、钢丝刷或手提式电动、风动工具进行刮、磨、刷等。也可采用化学方法，即用配制好的各种退漆剂退漆。

退漆剂有碱性溶液退漆剂和有机溶液退漆剂。使用碱性溶液退漆剂时，将其涂刷在零件的涂层上，使之溶解软化，然后要用手工工具进行清除。使用有机溶液退漆剂时，要特别注意安全，操作者要穿戴防护用具，工作地要防火、通风。

四、零件的检查与修换

机械设备拆卸后,通过检查,把零件分为继续使用件、更换件和修复件三类。需要更换的零件,要准备备件或者重新制作。修复件经过修理,经检验合格,才可重新使用。

1. 零件的检查

机械设备修理时对零件的检查,需要综合考虑零件损坏对零件使用性能的影响,例如裂纹对强度、研伤对运动、划痕对密封、磨损对配合性质的影响等。

机械修理中常见的零件检查方法有:

1）目测。对零件表面进行宏观检查。如表面有无裂纹、损伤、腐蚀等。

2）耳听。通过机械设备运转发出的声音,判断零件的状况。

3）测量。使用测量工具对零件的尺寸、形状位置精度进行检测。

4）试验。某些性能,可通过耐压试验、无损检测等方法来测定。

5）分析。如通过金相分析了解材料组织,通过射线分析了解零件的隐蔽缺陷,通过化学分析了解材料的成分等。

2. 零件的修换原则

决定设备零件是否需要修理或更换的原则如下:

1）根据磨损零件对设备精度的影响情况,决定零件是否修换。如设备的床身导轨、滑座导轨、主轴轴承等基础零件磨损严重,引起被加工的工件几何精度超差;以及相配合的基础零件间间隙增大,引起设备振动加剧,影响加工工件的表面粗糙度值时,应该对磨损的基础零件进行修换。

2）根据磨损零件对设备性能的影响情况,决定零件是否修换。如离合器失去传递动力的作用,凸轮因磨损不能保持预定的运动规律时,零件应该进行修换。

3）重要的受力零件在强度下降接近极限时,应进行更换。如低速蜗轮由于轮齿不断磨损,齿厚逐渐减薄,超过强度极限,锻压设备的曲轴、起重设备的吊钩发生表面裂纹时,都应该进行更换。

4）对磨损零件是修复使用还是更换新件的确定原则。主要考虑修换的经济性、零件修复的工艺性、零件修复后的使用性和安全性等。

3. 常用零件的修换标准

(1) 轴承

1）主轴滑动轴承有调节余量时,可进行修刮,否则应更换。

2）滚动轴承的滚道或滚动体发生伤痕、裂纹、保持架损坏及滚动体松动时应更换新件。

3）轴套发生磨损,轴瓦发生裂纹、剥层时应进行更换。

(2) 轴类零件

1）传动轴。传动轴的轴颈磨损、安装齿轮的圆柱表面磨损,可以通过涂镀、修磨等方法修复。轴上键槽损坏,可以修复。一般细长轴允许校直恢复精度。装有齿轮的轴弯曲度大于中心距允许误差时,不能用校直法修复,必须更换新轴。

2）花键轴。花键轴符合以下情况可以继续使用,否则应更换新件。花键轴键侧没有压痕及不能消除的擦伤,倒棱未超过侧面高度的30%;键侧表面粗糙度 Ra 值不大于 6.3 μm,磨损量不大于键厚的 2% ;定心轴颈的表面粗糙度 Ra 值不大于 6.3 μm ,间隙配合的公差等级不超过次一级精度。

3）曲轴。曲轴的支承轴颈处表面粗糙度 Ra 值大于 3.2 μm 。轴颈的几何精度超过其公差带大小的 60% 以上时应进行修复。修复后的轴颈尺寸,最大允许减小其名义尺寸的 3% 。

4）丝杠。丝杠、螺母的轴向间隙不大于原螺纹厚度的 5% ,可以继续使用。一般传动丝杠螺纹表面粗糙度 Ra 值不大于 6.3 μm ,精密丝杠螺纹表面粗糙度 Ra 值不大于 3.2 μm ,可以继续使用。一般传动丝杠弯曲时允许校直,精密丝杠弯曲时必须进行修复。修复丝杠时,要求丝杠外径减小量不得超过原外径的 5% 。

（3）齿轮

1）圆柱齿轮与锥齿轮。齿轮的齿面有严重疲劳点蚀现象（约占齿长的 30% 、高度的 50% 以上）,或者齿面有严重明显的凹痕擦伤时,应更换新件。在齿轮齿形磨损均匀的前提下,弦齿厚的磨损量中主传动齿轮允许为 6% ,进给齿轮允许为 8% ,辅助传动齿轮允许为 10% ,超过时应更换新件。齿轮齿面接触偏斜,接触面积低于装配要求时,应换新件。齿部断裂时,中小模数的齿轮应进行更换;大模数($m>6$)齿轮损坏的齿数不超过两齿时,允许镶齿;补焊部分不超过齿牙长度的 50% 时,允许补焊。

2）蜗轮、蜗杆。蜗轮、蜗杆表面粗糙度 Ra 值大于 3.2 μm 时,应进行修复。齿的接触面积低于装配要求时,应进行修理。齿面磨损经修复后,齿厚减薄量不能超过原齿厚的 8% 。

（4）离合器

1）爪式离合器。离合器的爪部有裂纹或端面磨损倒角大于齿高的 25% 时,应更换新件。齿部允许修磨,但齿厚减薄量不得大于齿厚的 5% 。

2）片式离合器。离合器的摩擦片平行度误差超过 0.2 mm 或出现不均匀的光秃斑点时,应更换新件。表面有伤痕,修磨平面时,厚度减薄量应不大于原厚度的 25% 。由厚度减薄而增加的片数应不超过两片。

3）锥体离合器。离合器的锥体接触面积小于 70% ,锥体径向圆跳动大于 0.05 mm 时,应修磨锥面。无法修复时,可更换其中一件。

第三节　典型零件的修理

一、机床主轴部件的修理

主轴部件是机床上的一个关键部件,由主轴、主轴轴承和安装在主轴上的传动件、密封件等组成。下面以 CA6140 卧式车床主轴为例,介绍主轴部件的修理方法。

（一）主轴的修理

1. 主要的失效形式及检查

在机床使用过程中,主轴磨损和损坏的形式一般有:

1）与轴承配合的轴颈表面出现磨损、烧伤或裂纹。

2）与夹具、刀具配合的锥孔或轴颈表面出现磨损或者较深的划痕。

3）主轴弯曲变形。

在主轴修理前,应按照图样要求,对主轴的精度和表面粗糙度值进行检查。CA6140 卧式车床主轴的检测方法如图 4.5 所示,将主轴支承轴颈用等高 V 形架支承着放置在倾斜的平板上,在主轴尾端安装与轴孔配合的堵头,在堵头中心做中心孔,用 φ6 mm 的钢球将主轴支承在挡铁上。回转主轴,用百分表检测装配齿轮轴颈、主轴锥孔、台肩面等相对于主轴前后轴颈的径向圆跳动和端面圆跳动误差值。然后在主轴锥孔内插入标准锥度检验棒,用百分表触及其圆柱表面,回转主轴,在近主轴端和距主轴端 300 mm 处分别检测锥孔的径向圆跳动。

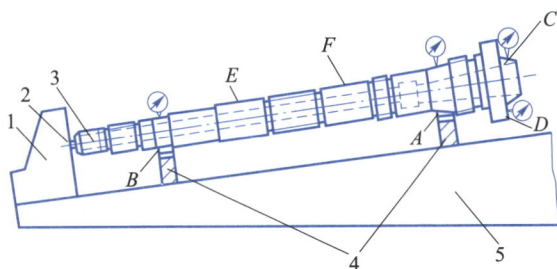

图 4.5　CA6140 卧式车床主轴的检测方法

1—挡铁；2—钢珠；3—堵头；4—V 形架；5—底座

主轴经检查后,有下列缺陷的,应予以修复:

1）有配合关系的轴颈、锥孔、端面之间的相对位置误差超过原图样规定公差。

2）与滚动轴承配合的轴颈,其直径尺寸精度超过原图样配合要求的下一级配合公差,或其圆度和圆柱度超过原定公差。

3）与滑动轴承配合的轴颈,其圆度和圆柱度超过原定公差。

4）有配合关系的轴颈表面有划痕或其表面粗糙度值比图样要求的高一级或 Ra 值在 0.8 μm 以下。

2. 主轴的修复方法

根据主轴磨损的程度,可采取以下修复方法:

1）主轴精度超差较少时,宜用研磨套、研磨平板(宽度等于轴颈的长度)以及锥孔研磨棒进行研磨,恢复配合轴颈表面几何形状、相对位置和表面粗糙度值的要求。同时调整或更换与主轴配合的零件,保持原来的配合关系。

2）当主轴各项精度超差较大,或有较深的划痕时,可采用精磨加工恢复其精度要求。对于滑动轴承结构的轴颈,可精磨轴颈,配以新轴承。主轴锥孔易磨损,修理时通常采用磨削法恢复其表面精度。

3）滚动轴承结构的主轴轴颈,可采用精磨后刷镀等方法在磨损表面覆盖一层金属,以恢复轴颈的原始尺寸和精度。应该指出,滑动轴承结构的主轴轴颈表面,不得采用镀铬的方法来修复。因为实践证明,用这种方法修复的轴颈会在使用过程中产生脱铬的现象。

4）高精度主轴弯曲变形,一般校直后难以恢复精度,多采用更换新轴的方法。高速旋转的主轴,探伤检查发现裂纹则应更换。

3. 主轴的修理方案和工艺

如图 4.5 所示,主轴技术条件主要是支承轴颈 A、B 处的圆度、径向跳动允差要求,以及短锥

C、端面 D、莫氏 6 号锥孔、配合轴颈 E、F 等处对轴颈 A、B 处的跳动允差要求。

主轴最容易因磨损而丧失精度的部位是 A、B、F 处。主轴修理时常采取精磨或研磨恢复磨损部位的精度要求,然后调整或更换与其配合的零件(如轴承)的方法。精磨修理轴颈时,应注意以下规定:

1)渗碳淬硬的轴颈修磨加工深度不得大于 0.5 mm;渗氮的轴颈修磨加工深度不得大于 0.05 mm。

2)修磨后轴颈表面硬度不得低于原图样要求的下限值。

3)与滑动轴承相配合的轴颈修磨后尺寸不得小于原图样尺寸的5%。

4)修磨主轴锥孔时,磨后锥孔端面位移量要求莫氏 4 号不得超过 4 mm,莫氏 5 号不得超过 5 mm,莫氏 6 号不得超过 6 mm。

CA6140 卧式车床主轴修理工艺如下:

1)在主轴两端锥孔中分别镶装堵头。

2)在车床上使用中心架,以轴颈 A、B 找正,分别在两端堵头上钻中心孔,保证 A、B 处对两端中心孔的径向跳动误差小于 0.01 mm。

3)在外圆磨床上,以中心孔为定位基准,精磨 A、B 处(及 F、C、D),各项精度达到原图样要求。

4)拆去堵头,在万能外圆磨床上使用中心架,校正 A、B 处径向跳动不超过 0.005 mm,使用内圆磨头磨削莫氏 6 号锥孔达到要求。

(二)主轴滚动轴承的调整与更换

轴承是主轴部件中最重要的组件,轴承的类型、精度、结构、配置、安装调整、冷却、润滑等状况,都直接影响主轴的工作性能。机床上常用的主轴轴承有滚动轴承、液体动压轴承、液体静压轴承和空气静压轴承等。此外,还有自调磁浮轴承等适应高速加工的新型轴承。对主轴轴承的主要要求是旋转精度高、刚度高、承载能力强、极限转速高以及适应变速范围大等。

滚动轴承在主轴部件中使用十分广泛。滚动轴承磨损后,精度已丧失,一般采用更换新轴承的方式,不进行修复。更换新轴承时,需要进行精度的选配和间隙的调整以及适当预紧,机床主轴使用高精度滚动轴承时还需定向装配提高其回转精度。

1. 滚动轴承的预紧与调整

(1)预紧　预紧就是在安装轴承时预先在轴向给它一个等于径向工作载荷 20% ~30% 的力,消除滚道与滚子之间的间隙,并使滚子与内外圈滚道产生一定的弹性变形,保证受到外部载荷时轴承不会产生新的间隙,从而确保主轴部件的回转精度和刚度。主轴支承轴承的预紧量要根据载荷和转速来确定,预紧力通常分为三级:轻预紧、中预紧和重预紧,代号分别为 A、B、C。轻预紧适用于高速主轴,中预紧适用于中、低速主轴,重预紧适用于分度主轴。

科苑云漫步
主轴支承配置
形式

预紧力或预紧量用专门仪器测量。轴承预紧量的确定方法有测量法和感觉法两种。

1)测量法。如图 4.6 所示,测量时在平板上放置一个专用圆座体,将套筒放在轴承的外圈上,再在套筒上压一重物,其重力为所需的预加负载量。轴承在重物作用下消除了间隙,并使滚子与滚道产生一定的弹性变形。用百分表测量轴承内外圈端面轴向位移 a,即为单个轴承内外圈厚度差。角接触轴承预加负载量可参考表 4.6 选取。

2)感觉法。感觉法是根据修理人员实际经验确定内外隔圈厚度差的方法。如图 4.7 所示,

将成对轴承面对面安放,装好内外隔圈,外隔圈事先在夹角各为120°的三个方向上分别钻三个 $\phi 2 \sim \phi 4$ mm 的小孔,用 $\phi 1.5$ mm 的测棒依次通过三个小孔触动内隔圈,通过手感觉内外隔圈阻力相等。若感觉阻力不等,应通过研磨减小阻力大的隔圈的端面厚度,直到感觉一致为止。

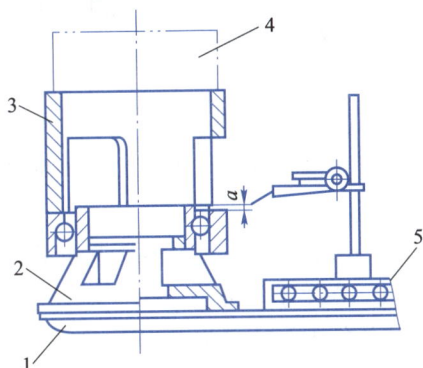

图 4.6　测量法确定轴承预紧力

1—平板;2—圆座体;3—套筒;

4—重物;5—水平尺

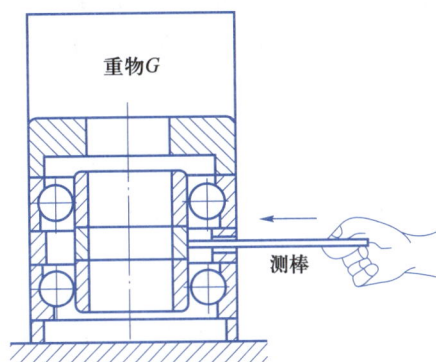

图 4.7　感觉法确定轴承预紧

表 4.6　角接触轴承预加负载量　　　　　　　　　　　　　　　　　N

轴承内径/mm		17	20	25	30	35	40	45	50
主轴最高转速/(r/min)	$n < 1\ 000$	140	180	220	320	450	580	630	680
	$1\ 000 < n \leqslant 2\ 000$	100	120	150	210	300	380	420	450
	$n > 2\ 000$	70	90	110	160	230			

(2) 轴承间隙的调整方法

1) 主轴前支承角接触轴承调整方法。角接触轴承间隙调整一般采用如图 4.8 所示的几种方法。如图 4.8(a)所示是将内圈(或外圈)相靠两端面各磨去一个根据预加载荷量确定的厚度 a,当压紧内圈(或外圈)时,即得到原定的预紧量。该方法在重调间隙时必须把轴承从主轴上拆下,有些不方便。如图 4.8(b)所示是在两个轴承之间装入两个厚度差为 $2a$ 的垫圈,然后将其夹紧。如图 4.8(c)所示是在两轴承之间沿圆周均布放入一些弹簧,靠弹簧力可持久获得可靠的预紧。如图 4.8(d)所示是在两轴承外圈之间放入一适当厚度的外套,靠装配技术使内圈受压后移动一个 a 的装配量,该方法操作方便,在初调和重调中都可使用。

2) 主轴前、后支承双列短圆柱滚子轴承调整方法。前支承双列短圆柱滚子轴承径向间隙调整和预紧的方法是先旋松主轴最前端调整螺母,然后将前支承后调整螺母上的紧定螺钉松开,向前拧紧后调整螺母,使轴承内锥面向主轴锥面大端轴向移动,此时轴承内圈径向弹性膨胀,从而调整轴承径向间隙或预紧程度。后支承双列短圆柱滚子轴承间隙通过拧

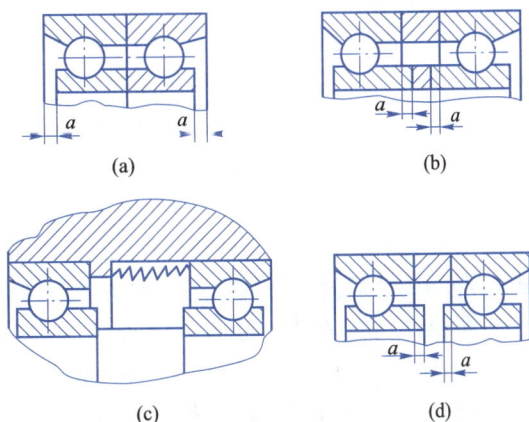

图 4.8　角接触轴承间隙调整

紧主轴尾端的一个调整螺母实现。

　　双列短圆柱滚子轴承的另一个预紧方法是在轴承内圈锥面大端端面和主轴锥面大端轴肩之间放置整体式或刨分式调整隔套,通过修磨调整隔套的长度达到调整轴承间隙或预紧量的目的。轴承内圈在主轴锥面的轴向固定可通过主轴上的调整螺母实现。有的主轴不加工螺纹,而采用过盈轴套轴向固定,通过过盈轴套上的小孔往套内注射高压油可实现过盈轴套的拆卸。

　　2. 轴承定向装配

　　主轴和滚动轴承都有一定的制造误差,定向装配就是用滚动轴承的误差补偿主轴的误差,减少误差对主轴回转精度的影响。主轴定向装配方法如下:

　　1)主轴检测。将主轴前后轴颈放置在 V 形架上,将标准检棒装入主轴锥孔中并拉紧,旋转主轴,用百分表测出检棒距主轴前端 300 mm 处最高点,并在主轴该方位做标记。

　　2)轴承检测。以滚动轴承外环为定位基准,使用百分表测头触及内环表面,并将表调零。旋转内环读数,当读数出现"加表"的最大值时,即为内环高点,在内环该方位做标记。

　　以此检测方法分别找出主轴前、后轴承内环高点。

　　3)定向装配　主轴装配时将前后轴承内环高点对准主轴标记方位,使三点标记位于通过主轴轴线的同一个平面内,且在轴线的同一侧。

　　轴承装配前应仔细清洗,不能用压缩空气吹。装配时严禁直接敲打轴承,可垫铜棒、铜套筒,使用木槌均匀敲击内外圈,也可使用压力机压装。

　　(三)动压滑动轴承的修理

　　磨床和重型机床主轴支承常采用动压滑动轴承。

　　1. 动压滑动轴承的结构类型

　　动压滑动轴承的工作原理是当主轴旋转时,带动润滑油从间隙大处向间隙小处流动,形成压力油楔进而产生压力油膜将主轴浮起。

微课
螺纹联接和
滚动轴承
拆卸方法

　　普通传动轴一般使用整体式或对开式的标准轴承座,在轴承座内安装轴承。一般机械设备主轴上使用的动压滑动轴承称为轴瓦,根据工作时形成的油楔情况可分为单油楔和多油楔两类。机床主轴多采用多油楔动压滑动轴承。多油楔轴承有固定油楔和活动多油楔两种。

　　轴承间隙调整方式有径向和轴向两种。

　　径向调整间隙的轴承一般为对开式单油楔动压滑动轴承和活动多油楔(3 瓦或 5 瓦式)动压滑动轴承。对开式单油楔动压滑动轴承结构如图 4.9 所示。

　　活动多油楔动压滑动轴承利用浮动轴瓦自动调位来实现油楔,如图 4.10 所示。这种轴承由 3 块或 5 块瓦组成,各有一球头螺钉支承,可以稍做摆动以适应转速或载荷的变化。瓦块的压力中心 O 离油楔出口处的距离 b_0 约等于瓦块宽 B 的 0.4 倍,即 $b_0 \approx 0.4B$,也就是瓦块的支承点不通过瓦块宽度的中心。当主轴旋转时,由于瓦块上的压强分布不均匀,瓦块可自动摆动至最佳间隙比 $h_1/h_2 = 2.2$ 后处于平衡状态。轴承径向间隙靠螺钉调节。

　　轴向调整间隙的轴承分为内锥外圆式和内圆外锥式,如图 4.11 所示。如图 4.11(a)所示,旋转螺母使滑动轴承轴向移动,即可调整轴承间隙。如图 4.11(b)所示,滑动轴承上对称切 4 个槽,其中一个切通,通过旋转螺母使滑动轴承轴向移动,以张大或收缩切口来调整轴承径向间隙。

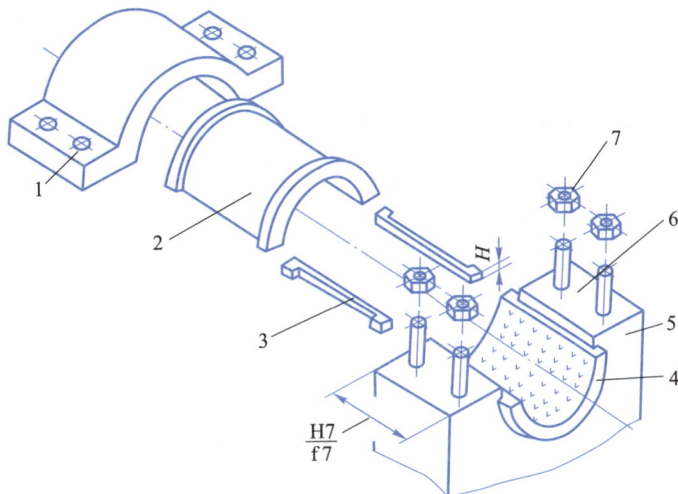

图 4.9 对开式单油楔动压滑动轴承结构

1—轴承盖；2—上轴瓦；3—垫片；4—下轴瓦；5—轴承座；6—双头螺栓；7—螺母

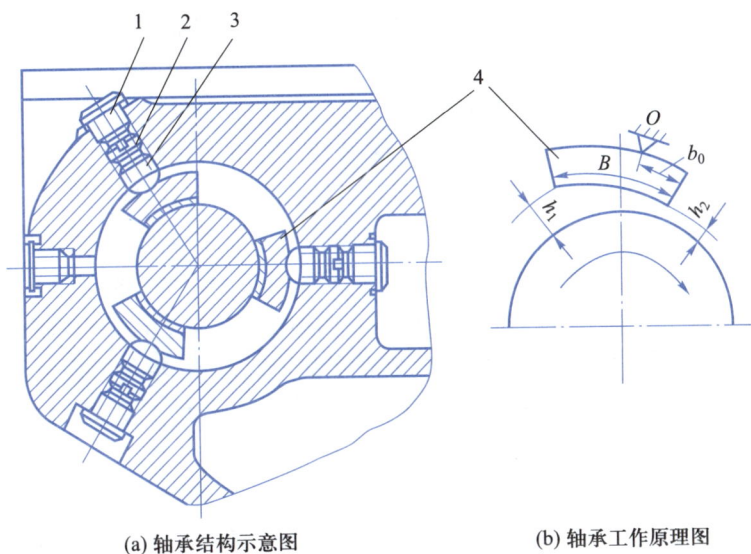

(a) 轴承结构示意图　　　　　(b) 轴承工作原理图

图 4.10 活动多油楔动压滑动轴承

1—封口螺钉；2—螺套和锁紧螺钉；3—球头螺钉；4—扇形瓦块

2. 动压滑动轴承的失效与修理

动压滑动轴承的失效形式一般为轴承内孔磨损和咬伤、拉毛,修理的目的是恢复轴承内孔的圆度、圆柱度、表面粗糙度值和配合轴颈的接触面积,以及和同轴孔系其他轴承内孔的同轴度要求,修理方式有调整间隙、更换轴承(轴套)和刮削、研磨等。

一般传动轴的滑动轴承座都是标准的,修理时更换标准轴承(或轴套)即可。更换后的轴承配合间隙应达到以下要求:低速和承受重载的轴承,其间隙取轴颈直径尺寸的 0.007% ~ 0.01%;低速和承受中载的轴承,其间隙取轴颈直径尺寸的 0.01% ~ 0.012%;高速和承受中载的轴承,其间隙取轴径直径尺寸的 0.025% ~ 0.041%。

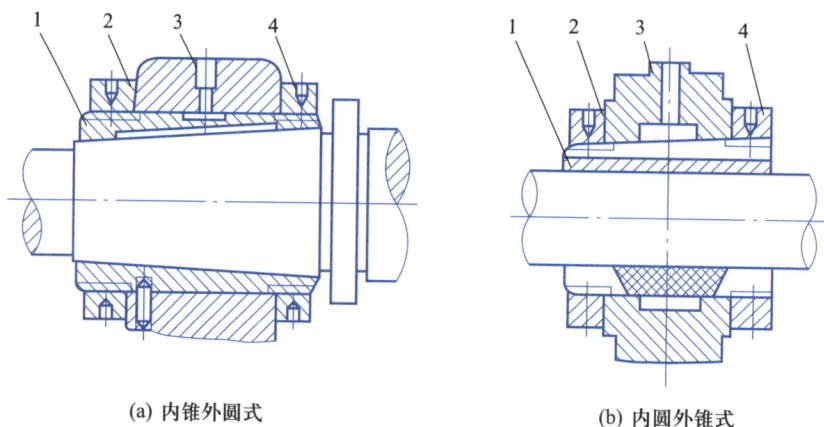

(a) 内锥外圆式　　　　　　　　　　(b) 内圆外锥式

图 4.11　轴向调整间隙的轴承
1—滑动轴承；2—螺母；3—轴承架；4—螺母

　　用主轴轴颈配刮或研磨的方法修复轴承内孔时,刮削大型轴瓦、精密轴瓦一般需要制造假轴作研具。假轴的精度应与相配轴径一致,基本刮削合格后,才能以相配轴径对研精刮。刮削余量一般为 0.02~0.08mm,轴瓦孔径大、长度大时取大值。轴削刮削使用曲面刮刀,常见的有三角刮刀、圆头刮刀、柳叶刮刀等。在刮削操作时,刀具角度要随时变化,应保持刮刀的切削角度基本一致,避免产生振纹和毛刺,保证刮削表面的精度。

　　(1) 对开式单油楔动压滑动轴承的修理　修理对开式单油楔轴瓦时,一般先刮削刮分面或垫片厚度,再刮削(或刮磨)轴承内孔,直至得到适当的配合间隙和接触面,并恢复轴承的精度。

　　1) 刮削前,将下轴瓦装于轴承座的圆弧内,下轴瓦的台肩靠紧轴承座的两端面,并达到一定的配合要求,一般传动轴为 H7/f7,机床主轴为 H7/g7 或 H7/h6,使下轴瓦外圆与轴承座圆弧紧密配合,用木槌敲击时应听到实音。加工前将油孔、油槽等加工好,并用纱棉将油孔口堵塞。

　　2) 研点时,先在下轴瓦滑动面涂显示剂,装好配刮轴或假轴,均匀紧固轴承盖的螺栓,同时轻轻转动轴,使轴在轴瓦内能轻轻转动,松紧适当。可调整垫片的厚度 H 用于调整轴与轴承的间隙。

　　3) 刮削显点过程中,轴瓦结合面附近不得有研点,轴瓦口部点数较内部密。在刮削重型承载轴瓦时,有时刮削后还要在轴上按其工作状态适当施加载荷,进一步研点,使轴与轴瓦的接触情况更适合工作状态。

　　(2) 活动多油楔动压滑动轴承的修理　活动多油楔轴瓦多用于各种外圆磨床、无心磨床和平面磨床中,其轴瓦刮削工艺如下:

　　1) 轴瓦圆弧凹坑与球头螺钉接触检查。球头螺钉与轴瓦背面凹坑为配合对偶件,拆卸时应打标记。应着色检查接触率≥75%,表面粗糙度 Ra 值不大于 0.08 μm。若达不到可将球头螺钉卡在车床上与轴瓦对研到规定要求。

　　2) 粗刮轴瓦。粗刮时,为避免拉毛主轴表面,可另制一根短轴代替,短轴直径比主轴小0.005 mm。粗刮后轴瓦表面研点应达到每 25 mm×25 mm 面积内 12 点,要求轴瓦的两端厚度差不超过 0.01 mm,前后轴承相对应的两块轴瓦厚度差也不超过 0.01 mm。

　　3) 精刮轴瓦。精刮研点时,必须将轴瓦安装在箱体内,按旋转方向对号入座。依次装入球头螺钉组件,调整间隙后,用手按旋转方向转动主轴 5~8 转进行研点。再卸下主轴和轴瓦进行精刮,反复刮削达到轴瓦表面显点细密而均匀,研点达到 20 点以上。可使用圆头刮刀沿轴线 45°方向交叉刮削。精刮合格后,在轴瓦的主轴旋入方向一侧,约 3 ~ 5 mm 宽度,在距离轴瓦两端边缘均为 5 ~ 6 mm 的中间处刮低 0.3 ~ 0.5 mm,形成封闭进油槽,以利于进油。

4)研磨轴瓦。精刮轴瓦后要进行研磨。研磨时,在轴瓦表面涂氧化铬,重新装配主轴和轴瓦,转动主轴进行研磨,转动方向与主轴旋转方向一致,要不断注入清洁煤油,边旋转边作微量移动。研磨达到要求后拆下轴瓦并清洗干净,再按要求重新调整组装。

(3) 内圆外锥式滑动轴承的修理 内圆外锥式滑动轴承内孔采用研磨或与主轴轴径配刮的方法修理。修理顺序如下:

1)刮削箱体锥孔。首先刮削与轴承外锥配合的外套孔或箱体孔,以标准锥度心棒研点刮削,达到所需精度要求。

2)刮削轴瓦外锥面。以外套孔或箱体孔为基准,刮削轴瓦外锥面,研点时按工作位置转动45°,转角不宜过大。刮削时应交叉刮削,不能按一个方向一刮到底。轴承外表面与箱体孔接触面积应在 60% 以上。

3)刮削轴瓦内孔。与轴径配合的轴瓦内孔刮削时一般轴承两端的研点应硬而密些,中间的研点可软化而稀些,轴承承载面的研点应适当密些。

4)复核外锥接触情况。刮完内孔之后,还应复核外锥接触情况,如果发现问题,应重新刮削各接触表面达到要求。

(4) 轴向止推滑动轴承的修理 轴向止推滑动轴承精度的修复可以通过刮削、精磨或研磨两端面来解决。修复后调整主轴,使其轴向窜动量在允许误差范围内。

二、滑动丝杠螺母副的修理

(一) 滑动丝杠螺母副的主要失效形式及检查

滑动丝杠螺母副是将旋转运动变成直线运动的传动机构,主要用于实现直线进给运动和机构调整。滑动丝杠螺母副的主要失效形式和检查方法有:

(1) 丝杠的磨损 丝杠螺纹经常使用的部分磨损大,在全长上磨损不均匀,影响工作台或刀架的运动精度。可以通过测量丝杠螺距误差和螺距累积误差检查磨损情况。可采用加工丝杠螺纹面恢复螺距精度,重新配制螺母的方法修复。不能修复的可更换新的滑动丝杠螺母副。

(2) 丝杠与螺母的间隙加大 滑动丝杠螺母副中的螺母一般由锡青铜或铸铁制成,磨损量比丝杠大。随着丝杠、螺母的不断磨损,丝杠与螺母的轴向间隙随之增大,影响运动部件运动的平稳性,增加反向运动误差。对于有消除间隙机构的螺纹传动副应及时调整间隙,对于无消除间隙机构的应更换螺母。

(3) 丝杠弯曲 有些较长的丝杠经长时间使用会发生弯曲。丝杠弯曲会使传动运动阻力增加,影响运动部件运动的平稳性。检查时可用顶尖或等高 V 形架将丝杠两端支承起来,使用平头百分表靠在丝杠外圆表面转动丝杠,用百分表在丝杠不同轴向位置检测,观察表针摆动,准确地测出丝杠弯曲量。

(4) 丝杠的轴向窜动超差 在机床精度标准中,对丝杠轴向窜动都有要求。使用百分表可以测出丝杠轴向窜动的数值,如果超差,需要检查丝杠端部轴承的磨损状况和轴承的紧固情况,然后根据情况调整或更换。

（二）滑动丝杠螺母副的修理

滑动丝杠螺母副的修理主要采取加工丝杠螺纹面恢复螺距精度,重新配制螺母的方法。

1. 丝杠的修理

丝杠的修理过程是先检查与校直丝杠,再精车螺纹和轴颈,最后研磨丝杠。普通丝杠的弯曲度超过 0.1 mm/1 000 mm 时(由于自重产生的下垂应除去)就要进行校直。经过测量和估算螺纹齿厚度的修后减小量,如果超过标准螺纹厚度的 15%,则该丝杠不能再用。

（1）丝杠的校直　丝杠的弯曲度超差一般采用压弯校直法和锤击校直法校直。

压弯校直法是在测出丝杠弯曲的最高点和最低点并做标记之后,用 V 形架支承在相邻最低点,用压力机下压最高点,下压时用力要恰当并适当超过平衡位置。如此反复,直到丝杠恢复直线度,如图 4.12 所示。

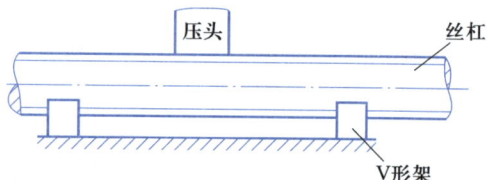

图 4.12　压弯校直法

锤击校直法是将丝杠弯曲凸部朝下,用硬质斜木放在弯曲部分下面垫实,将丝杠垫起,将带有凹圆形头部的铜棒放在丝杠弯曲低点附近的螺纹小径上,然后用锤子敲击铜棒上端进行校直,如图 4.13 所示。

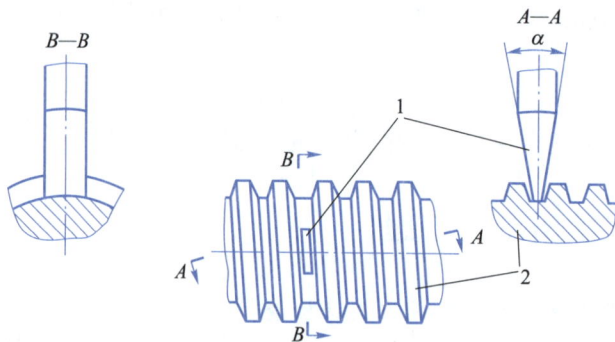

图 4.13　锤击校直法
1—铜棒;2—丝杠

（2）精车螺纹和轴颈　对于未淬硬的丝杠,可在精度较好的车床上,重新精车螺纹,将螺纹两侧面的磨损和损伤痕迹全部车去。其吃刀量 h 可按下式计算:

$$h = \frac{b}{\sin\frac{\alpha}{2}} \tag{4.1}$$

式中,h——吃刀量;b——螺纹单面磨损厚度;α——螺纹牙型角。

修好螺纹面后,可精车大径,使其在全长上直径一致,并使螺纹达标准深度。然后精车修复轴颈,以保证丝杠螺纹与轴颈的同轴度。

如果原丝杠精度要求较高,可先将丝杠两端中心孔修研好后,放到螺纹磨床上修磨螺纹表面。淬硬丝杠磨损的修复应在螺纹磨床上进行。丝杠支承轴颈的磨损可用刷镀等方法修复,恢复原配合性质。

（3）丝杠的研磨　为了保证丝杠的修复质量,提高精度。精车后的螺纹表面可用专门制作的螺纹研磨套,在其内表面涂上一薄层研磨剂,进行研磨。

修复丝杠安装在车床两顶尖之间,由主轴带动其旋转,用手扶住研磨套,不让它随丝杠旋转,而是沿丝杠轴向移动。研磨套可用灰铸铁或中等硬度的黄铜制作,粗研和精研使用不同的研磨剂。如果丝杠齿廓两个工作面都要研磨,可采用双研磨套研磨,其结构如图 4.14 所示。

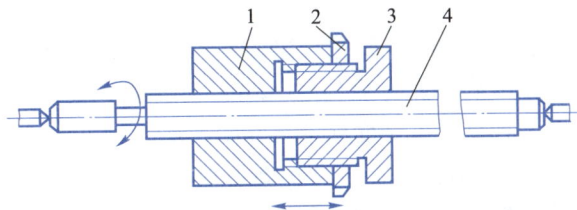

图 4.14　研磨套结构和丝杠研磨

1—研磨套;2—螺母;3—可调研磨套;4—丝杠

2. 螺母的修理

一般情况下,修复后的丝杠均需要更换螺母。在更换螺母时,应注意螺母的轴线位置。在修理过程中,由于尺寸链的变化,往往使丝杠与螺母的轴线发生偏移,在加工新螺母时需重新设置螺母轴线位置以补偿其变化。另外,螺母的尺寸、牙型应按修复后的丝杠配制。配制的螺母与丝杠应保持合适的轴向间隙,旋转时手感松紧合适。采用双螺母消除间隙机构的丝杠副,主、副螺母均应重新配制。

修理开合螺母时,一般是与开合螺母体、溜板箱燕尾导轨修理同时进行。开合螺母先制成整体。其内螺纹应与修理后的丝杠尺寸配合,外径与开合螺母体内孔配合。

修配开合螺母时,加工出其外径,内孔先不加工,与开合螺母体装配成一体;然后按照溜板箱燕尾导轨来研配开合螺母体的导轨及楔铁,连同开合螺母的手柄轴、开合螺母和开合螺母体一起装配在溜板箱体上。根据距离光杠中心线的尺寸,在镗铣床上加工内螺纹小孔径。最后,在车床上校正开合螺母螺纹小径孔,精车内螺纹至要求。在做完上述工作之后,将开合螺母拆下,铣切开螺母为两半部分,再装配开合螺母,如图 4.15 所示。

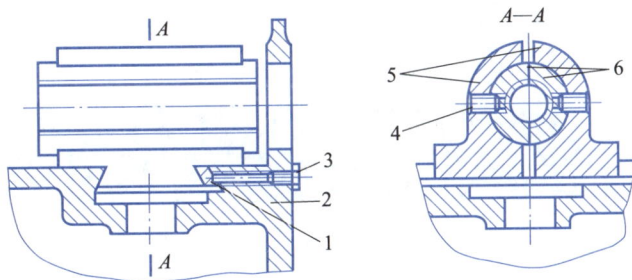

图 4.15　修配开合螺母

1—楔铁;2—溜板箱体;3—调节螺钉;4—紧固螺钉;5—开合螺母体;6—开合螺母

三、分度蜗轮副的修理

分度蜗轮副是分度机构的关键部分,广泛应用于齿轮加工机床、螺纹加工机床、坐标镗床、加工中心等精密机床,其失效形式主要是磨损和点蚀。通常分度蜗轮副精度超差,采用修复方法比较经济。

（一）分度蜗轮副的精度检查

分度蜗轮副精度的检测方法一般有以下两种：

1. 静态综合测量法

这种方法是将分度蜗轮副装入机器后，按规定的技术要求，调整好各部分的间隙和径向圆跳动误差，用测量仪器测出蜗杆准确回转一周（或 $1/z_1$ 转）时，蜗轮所转过的实际角度（或弦长）对理论正确值的实际偏差，通过计算得出分度蜗轮副分度误差。

综合测量所得误差是将分度蜗轮副在啮合状态下的传动精度和工作台（或主轴）回转精度在某瞬间的综合值，它包括蜗轮、蜗杆零件的制造精度，分度蜗轮副的安装精度、回转精度和工作台精度。

2. 动态综合测量法

分度蜗轮副的动态综合测量应在单面啮合仪上进行。一对相啮合的蜗轮、蜗杆在中心距一定的条件下进行单面啮合测量，很接近实际使用情况，能较真实地反映分度蜗轮副的运动误差、累计误差和周期误差三项综合指标。

如图 4.16 所示为动态测量分度蜗轮副的磁分度检查仪原理图。在蜗杆 3 上接入连续运动后，装在蜗杆 3 和蜗轮 2 上的磁分度盘就连续分度。因此，可在机床运转过程中测量分度蜗轮副的运动误差。在磁分度盘连续分度过程中，由于磁头 4、8 接收信号的相位差不变，运动中每一个不均匀的运动信号都将使两个磁盘的比值发生变化，最后通过磁头记录相位差发生的变化。这种变化经比较仪 6 后，由记录器 7 记录下来，便可得到一个周期的误差曲线。

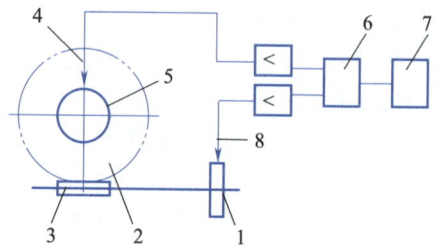

图 4.16　磁分度检查仪原理图

1、5—磁分度盘；2—蜗轮；
3—蜗杆；4、8—磁头；6—比较仪；7—记录器

（二）分度蜗轮副的修复方法

分度蜗轮副常用的修复方法见表 4.7。

表 4.7　分度蜗轮副常用的修复方法

蜗轮修复方法	蜗杆修复方法	
	固定中心距	可调中心距
精滚、剃齿、珩齿、刮削	配制新蜗杆	配制新蜗杆，修磨旧蜗杆或利用旧蜗杆

1. 固定中心距分度蜗轮副修复

蜗轮修复无论采取精滚、剃齿、珩齿、刮削中的哪种方法，都需配制新的蜗杆。通常精滚所用滚刀是特制的，并在加工滚刀时将工作蜗杆一起制出，以保证两者相应齿面压力角完全一致，并控制齿厚。在精滚时应严格控制加工时的中心距、刀具齿厚和轴向窜刀量。用珩磨修复蜗轮时也按上述方法制造专用珩磨蜗杆，以保证修复质量。

2. 可调中心距分度蜗轮副修复

由于中心距可调，通常采用精磨修复蜗杆，径向变位修复蜗轮的方法。蜗杆应在蜗杆磨床或精磨螺纹磨床上加工，齿面压力角应和修复蜗轮所用滚刀的压力角一致，修理齿厚减薄参考值为

0.15~0.3 mm。精滚修复蜗轮在精密滚齿机上加工,齿厚减薄量参考值为 0.26~0.5 mm,剃齿参考值为 0.1~0.2 mm。

四、机床导轨的修理

导轨的功用是承受载荷和导向,它承受安装在导轨上的运动部件及工件的质量和切削力。运动部件沿导轨运动,长期使用会产生非均匀磨损,另外由于导轨表面的不清洁和润滑不足等原因也会引起局部磨损和研伤,结果会使导轨的精度下降。如果直线运动导轨的几何精度(导轨在竖直和水平平面的直线度、平面度和导轨面之间的平行度)超过有关机床精度标准规定,将会影响机床的工作精度,使加工质量下降,必须修理。导轨精度下降的程度是决定机床是否大修的一个重要因素。导轨修理是机床大修的一项重要内容。

目前机床导轨的修理方法有以下几种:

(一) 导轨局部表面损伤的修复

机床导轨局部表面出现较深的研伤、碰伤、划伤时,应及时修理防止恶化。常用的方法有:

1)焊接。例如可采用黄铜丝气焊、银锡合金钎焊、锡铋合金钎焊、特制镍焊条电弧冷焊、锡基轴承合金化学镀铜钎焊等。

2)黏补。使用黏合剂直接黏补导轨研伤,例如 KH501、AR 系列机床耐磨黏合剂、HNT 耐磨涂料、合金粉末黏补剂等。

3)电刷镀。机床导轨上出现局部凹坑时,可采用电刷镀修复。

(二) 导轨的刮削修理

使用刮削技术修复磨损和研伤的机床导轨,虽然劳动强度大,但适应性强、精度高、去除金属少,目前仍然是一种常用的修理方法。

1. 刮削技术

刮削是一种利用刮刀、拖研工具、检测器具和显示剂,以手工操作的方式,边刮削、边研点、边测量,使工件达到规定的尺寸精度、几何精度和表面精度等要求的精加工工艺。常用刮削工具、检具有刮刀、平尺、角尺、平板、角度垫铁、检验心棒、检验桥板、水平仪、光学准直仪、塞尺、相应量具和显示剂等。

(1) 平面刮削的方法、步骤 平面刮削常用的操作方式有手推式和挺刮式。刮削时分为粗刮、细刮、精刮、刮花四个步骤依次进行。

中小型工件的研点一般是基准平板固定,工件待刮面在平板上拖研。当工件面积等于或略超过平板时,拖研工件超出平板的部分不得大于工件长度的 1/4,否则容易出现假点。对于大型工件,一般是将平板或平尺在工件被刮削面上拖研。对于质量不对称的工件,拖研时应单边配重或采取支托的办法,以反映出正确的研点。

(2) 平面刮削余量 平面刮削前应留有刮削余量。平面刮削余量见表4.8,可根据具体情况选用。

(3) 刮削质量检查 平面刮削的质量有两个指标,一是有关的几何形状,如与刮削表面相关的平行度、垂直度和厚度尺寸等,二是有关的表面质量。

工件刮削后的表面质量常用研点检查法检验,方法是利用一块薄铁皮或硬纸片,挖出一个 25 mm×25 mm 的方孔,将方孔放在被检查的平面上,数孔内点数,在整个检查平面内任何位置上进行检查,均应达到规定的点数。应达到规定的点数见表 4.1。

表 4.8　平面刮削余量

mm

平面宽度	平面长度				
	100 ~ 500	500 ~ 1 000	1 000 ~ 2 000	2 000 ~ 4 000	4 000 ~ 6 000
0 ~ 100	0.1	0.15	0.2	0.25	0.3
100 ~ 500	0.15	0.2	0.25	0.3	0.4

2. 导轨刮削的要求

(1) 有良好的工作环境　导轨刮削要求工作地清洁,周围没有严重振源的干扰,环境温度变化不大,避免太阳直接照射。特别对于较长的床身导轨和精密机床导轨,最好在恒温车间内进行刮削。

(2) 刮削前安装好机床床身　在导轨刮削前要用可调机床垫铁将床身垫平,垫铁位置与实际安装一致,避免变形,减少误差。

(3) 导轨磨损严重时,刮前要预加工　对于损伤严重(深度超过 0.5 mm)的机床导轨,应先对导轨表面进行刨削或车削加工后再进行刮削。另外,有些机床,如龙门刨、龙门铣、大立车等,应在机床拆修前将损伤较多的工作台面自车或刨削,去除工作台表面的冷作硬化层。如果在导轨精刮总装后再去掉冷作硬化层,由于应力作用会影响已修复的导轨接触点。

(4) 重视机床部件对导轨精度的影响　机床制造厂在装配时可能对某些零部件作预变形加工处理。修理人员应掌握这些经验数据。因此,拆卸前应对有关导轨精度进行测量,记录数据,拆卸后再测量,比较前后两次数值,供刮削时参考。尤其是大型机床,各部件质量较大,装上或卸下对床身导轨精度都会产生一定的影响。应在部件拆卸前后,对导轨有关精度进行测量、记录,找出变化规律,供刮削时参考。

精刮精密机床床身导轨时,应把影响导轨精度的部件预先装上,或用等重物代替。例如,精刮精密外圆磨床床身导轨时,应预先装上液压操纵箱。

3. 导轨的刮削顺序和基准选择

(1) 导轨的刮削顺序　机床导轨是由各运动部件构成的几副相互关联的导轨副,它们之间的相互位置各有要求,修理时要按正确的刮削顺序操作,才能保证位置要求。一般可按下列原则安排:

1) 先刮与传动部件有关联的导轨,后刮无关联的导轨。

2) 先刮形状复杂(控制自由度多)或施工困难的导轨,后刮简单的、容易施工的导轨。如 V 形与平面组合导轨,应先刮 V 形导轨,再刮平面导轨。

3) 先刮长的或面积大的导轨,后刮短的或面积小的导轨。

4) 双 V 形、双平面或矩形等相同形式的组合导轨,应先刮磨损量小的导轨。

5) 导轨副在配刮时,一般先刮大工件(如床身导轨),再配刮小工件(如工作台导轨);先刮刚度大的,配刮刚度小的;先刮长导轨,配刮短导轨。

(2) 导轨刮削修理基准　导轨刮削修理应合理选择基准。一般选择机床制造时的原始基准,如选不需修理的固定结合面或轴孔作为导轨的修理基准。对于常见的直线移动导轨,可在其直线度测量的垂直平面和水平平面内各取一个。如卧式车床床身导轨的修理基准,在垂直平面内可选择主轴箱安装平面和纵向齿条安装平面,在水平面内可选择进给箱安装平面和光杠、丝杠、操纵杆托架安装平面。

有时可选择修刮工作量大、刮削困难的表面作为修理基准,将其修复后,再以它为基准,刮削修理其他导轨和表面。

4. 导轨刮削修理方法

(1) 矩形导轨的刮削 如图 4.17 所示为单条矩形导轨,它的作用面有 3 个或 4 个。表面Ⅱ和Ⅳ保证垂直平面内的直线移动,而表面Ⅰ和Ⅲ保证水平面内的直线移动。

单条矩形导轨的刮削方法如下:

1) 先刮表面Ⅱ。如是短导轨,可选用大于导轨全长 2/3 的平尺直接研点刮削;若导轨较长,则用水平仪或自准直仪检测。根据导轨运动曲线研点后,先刮去凸起部分,经多次研点、刮削,达到精度为止。

2) 在刮削表面Ⅰ时,若为中小型机床,则将导轨表面Ⅰ转到水平位置,采用上述方法刮削至合格;若不便翻转,可用光学平直仪检测表面Ⅰ在水平面内的直线度,根据结果,画出误差曲线。按误差曲线找出导轨最低点作为刮削起点,每隔一段距离作出标记并计算该处刮去金属层的厚度。在每个标记处以刮到同标坐标为基准,以平尺研点,粗、细、精刮整条导轨面,这种方法称为预选基准刮削法。应注意表面Ⅰ与Ⅱ的垂直度。

3) 表面Ⅲ可用平行导轨 3 点刮削法,即在表面Ⅲ两端与中间 3 点,刮出 3 个基准点,与表面Ⅰ等距,然后按 3 处基准点用平尺研点刮削至合格。

4) 表面Ⅳ是与压板配合的滑动面,应与表面Ⅱ平行。中小型机床可翻转刮削。

(2) 燕尾形导轨的刮削 燕尾形导轨一般采取成对交替配刮的方法进行。如图 4.18 所示,A 为支承导轨,B 为动导轨。刮削时,先将动导轨平面 3、6 在平板上拖研刮削达到要求。然后再以此两平面为基准,在调平的支承导轨 A 上拖研刮削支承导轨面 1、8。两平面平行度的测量方法如图 4.19 所示。另外,还要测量这两平面在垂直方向与基准孔中心线的平行度。平面导轨刮削达精度要求之后,再用角度平尺拖研刮削基准斜面 2,并保证该斜面与基准孔中心线在水平方向的平行度。然后刮削斜面 7,不但要达到接触精度,还要边刮边检查平行度。可用两个圆柱检验棒分别卡在两侧斜面,用千分尺测量。斜面 7 和斜面 2 精度达到要求后,最后再分别研刮动导轨 B 的燕尾斜面 4 和 5。另外在动导轨与支承导轨燕尾斜面之间镶有楔形镶条,楔形镶条在平板上拖研粗刮后,放入斜面 5 与 7 之间配刮完成。

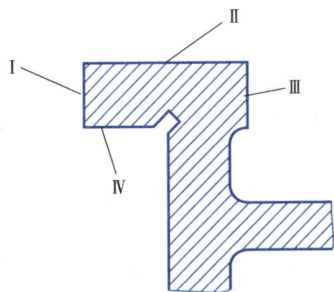

图 4.17 单条矩形导轨

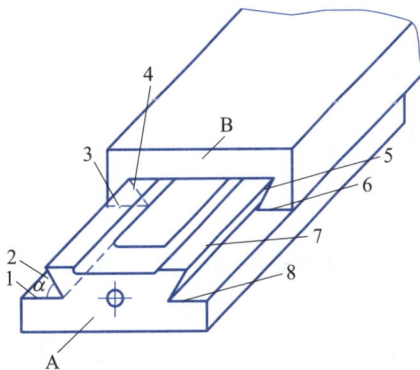

图 4.18 燕尾形导轨

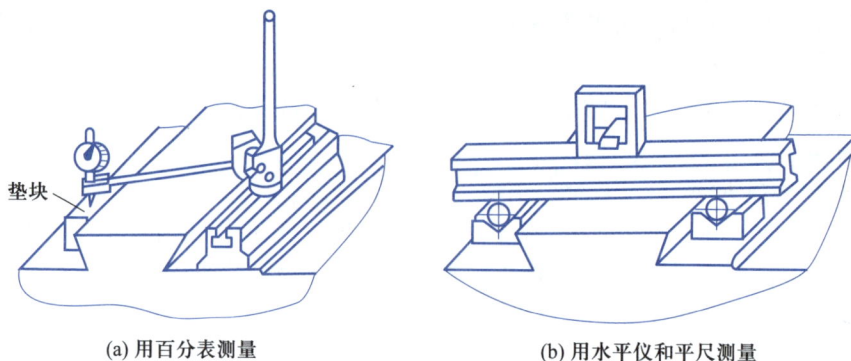

(a) 用百分表测量　　　　　　　　　　(b) 用水平仪和平尺测量

图 4.19　燕尾形导轨两平面平行度的测量方法

（三）机床导轨的精刨修理

精刨、精车、精磨等机床加工方式可代替刮削。其中，精刨可修理未经淬硬的直导轨，精车可修理未经淬硬的圆导轨。精刨(车)修理机床导轨去除的金属层比刮削法和精磨法要多，精度也低于刮削法和精磨法。

精刨代刮是指刨削时，用刃口平直的宽刃刨刀，以很低的切削速度和极小的吃刀量，不进给或者采用很大的进给，切去工件表面一层极薄的金属。精刨以后，导轨直线度误差可达 0.02/1 000，表面粗糙度 Ra 值下降至 $1.6 \sim 0.4 \ \mu m$，加工铸铁导轨时，还可以更小。这一加工精度已能满足一般机床导轨的技术要求，不再需要进行手工刮削。

1. 精刨机床

用精刨法修理导轨要求机床精度高、刚度大、运动平稳、换向无冲击。为了减少振动，刀架、拖板的配合间隙应调到最小值，并对机床精度进行调整以满足使用要求。一般可按表 4.9 所列的要求调整机床。

表 4.9　精刨机床工作台的运动精度

工作台移动的直线度/mm		导轨全长/m			
		≤4	≤8	≤12	≤16
在垂直平面内	在每米长度上	0.01			
	在全长上（中凸）	0.02	0.03	0.04	0.06
在水平平面内	在每米长度上	0.01			
	在全长上	0.02	0.03	0.04	0.06
工作台移动时的倾斜每米及全长		1 000∶0.01			

2. 精刨工件及其安装

工件导轨在精刨前要去除导轨表面的拉毛、划伤、不均匀磨损或床身的扭曲变形，表面粗糙度 Ra 值达 5 μm。

工件在机床工作台上的安装，可用有关原始加工基准找正，也可在自为基准的基础上按修理要求找正。装夹时，应尽可能使导轨处于自由状态，减少装夹时所产生的应力。夹紧力应尽量小，但必须落在工件的定位支承上，只需压板轻压，或靠螺钉支撑，或用挡铁靠住。

3. 精刨工具

精刨刀杆材料为 45 钢，镶装硬质合金刀片为 YG6 或 YG8 以及高速钢 W18Cr4V(硬度 62 ~

65 HRC）。精刨刀杆有直的和弯的,精刨刀按加工导轨形状和位置不同有多种类型。

精刨常用的宽刃精刨刀、大刃倾斜宽刃精刨刀及其他精刨刀的参数和使用条件可根据需要查阅有关手册。

4. 精刨操作要点

1）精刨前,机床应空运转一段时间,待机床导轨中的油膜、黏度稳定后,再进行切削,以免影响工件的直线度精度。

2）精刨过程中,不允许停车,也不允许中途换刀,避免产生接刀痕迹。

3）精刨铸铁工件时,精刨前应先涂上一层煤油,使其渗透。在刨削过程中要用清洁煤油连续不间断喷射。

4）精刨加工总余量为 0.09 mm 左右,分为 3 刀,吃刀量分别为 0.04 mm、0.03 mm、0.02 mm 左右,最后在无进给下往复两次。切削速度为 3 ~ 5 m/min。

（四）机床导轨的精磨和配磨修理

在机床导轨的修理中常使用"以磨代刮"的工艺方法,特别是硬度高的导轨面的修复加工,一般均采用导轨磨床进行磨削,与其相配合件的导轨面的修复加工采用配磨工艺。

1. 导轨精磨

导轨磨床有双柱龙门式、单柱工作台移动式、单柱落地式和数控导轨磨床。其中双柱龙门式导轨磨床主要采用周边磨削法,单柱落地式导轨磨床主要采用端面磨削法,磨削工艺如下:

（1）工件的装夹与找正　工件装夹时应尽量接近使用的实际状态,如对于刚度差的床身,可将有关部件（或配重）装上再进行磨削,以避免装配工件后导轨变形引起的精度变化。

装夹后,应尽可能使工件处于自由状态,减少装夹产生的应力。对于刚性差的细长形床身,在装夹时要采用多点支承,垫铁位置应与机床说明书上规定的安装用的机床垫铁位置一致,使支承力均匀。对于刚度好的小型工件,可采用三点支承。为了便于找正工件及防止磨削时发生水平方向的位移,可在工件四周侧面用数个螺钉夹紧。

（2）磨削方法与砂轮选择

1）端面磨削。端面磨削目前在机床修理上应用较广泛。通常端面磨削采用干磨法,加工中需要采取风冷或自然冷却等工艺措施防止工件热变形,生产效率和加工表面粗糙度值都不如周边磨削。

端面磨削时,推荐使用绿碳化硅（GC）和白刚玉（WA）砂轮,两种砂轮均宜选择以下参数:粒度为 F 36,硬度为中硬 3,使用陶瓷结合剂（V）。绿碳化硅（GC）的散热和防止堵塞效果较好,白刚玉（WA）砂轮磨削的表面粗糙度值较小。端面磨削所用砂轮的磨削面应修窄,端面留有 2 ~ 3 mm 小带。

磨削时工件的进给速度:粗磨为 5 ~ 7 m/min,精磨为 0.8 ~ 2 m/min。加工后的导轨表面粗糙度 Ra 可达 1.25 μm,Ra 最小可达 0.63 μm。

2）周边磨削。周边磨削加工时不仅发热少,且易于冷却润滑。周边磨削时,砂轮同时磨削各导轨面,加工精度比端面磨削高,导轨表面粗糙度值可达 Ra 0.2 μm。推荐使用白刚玉（WA）砂轮,砂轮参数:粒度为 F 60 ~ 80,硬度为中软 2,使用陶瓷结合剂（V）。

磨削时工件的进给速度:粗磨可达 20 m/min,精磨可达 1.8 ~ 2.5 m/min。表面粗糙度 Ra 可达 1.25 μm,较高精度的磨头 Ra 可达 0.32 μm。

2. 导轨配磨

在机床修理中已成功地采用了配磨代替配刮。采用导轨配磨工艺时,配磨导轨副除应达到形状、位置精度外,其接触面也应达到规定的标准。因此,需要相应的技术措施和专用测量工具来保证。配磨方法也比较多,有基本互换性配磨、单配性配磨等。

现以如图 4.20 所示的 V–平面导轨副为例,简单介绍导轨的配磨方法。

(1) 相配导轨必须满足的条件

1) 两平面导轨平行。

2) V 形导轨的形状相同,半角相等,即 $\alpha_I = \alpha_{II}$,$\beta_I = \beta_{II}$。

3) V 形导轨的理论顶尖距平面导轨高度相等,即 $h_I = h_{II}$。

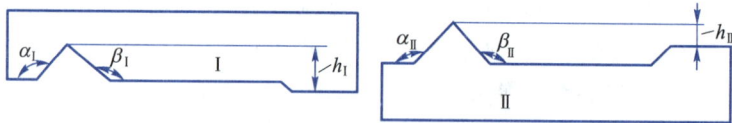

图 4.20　V–平面导轨副

(2) 床身磨削　将卧式车床床身置于导轨磨床的调整垫铁上,按齿条安装面 A、B 找正,选择 1、2 两面为工艺基准,分别放置等高垫铁及平行平尺,如图 4.21(a)所示。旋转磨头,用装在角形表杆上的百分表检测,经过调整使两端读数相等。磨头换砂轮磨削 1、2 面,再重复检查一次,两端读数相等。然后磨削 3、B 平面。再如图 4.21(b)所示,按平尺放置的角度尺,旋转磨头用百分表分别找正后,磨削 V 形导轨面 4、5、6、7。

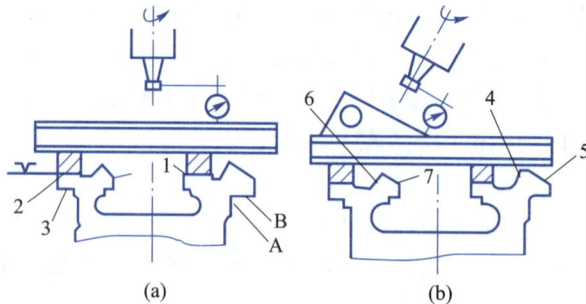

图 4.21　床身导轨磨削找正

各 V 形导轨面磨完后,按如图 4.21(a)所示调整磨头,使主轴恢复对平行平尺的垂直位置。然后将如图 4.22 所示的检验桥板放在磨好的 V 形导轨上,利用螺钉调整,使其上平面 P 与磨头主轴轴线垂直并旋转磨头主轴校表一致。用高度尺量出平面导轨至桥板上平面 P 的距离 $H_{测}$ 值。$H_{测}$ 与专用桥板常数 $H_{定}$(可计算并打印在桥板上)之差 δ 为配磨溜板测量垫块厚度,即 $\delta = H_{定} - H_{测}$。

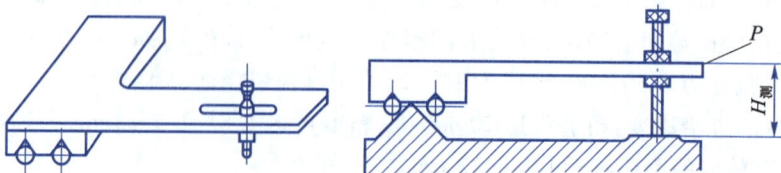

图 4.22　检验桥板及其测量方法

（3）**床鞍配磨**　床鞍导轨面安装找正如图 4.23（a）所示。燕尾两端垫等高垫铁并压紧防止变形,溜板丝杠孔插入专用检验棒横向找正,按溜板箱安装平面找平。工艺基准面按检验棒上的母线找正,工作台上放一平行平尺与母线平行以便放置角度尺,磨削 1、2、3 面。

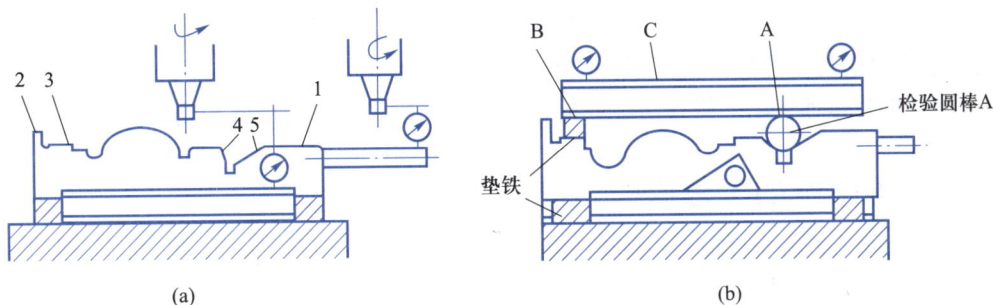

图 4.23　床鞍导轨面安装找正

　　如图 4.23（b）所示,在 V 形导轨处放置已定直径 d_1 的检验圆棒 A,在平面导轨处放置厚度为 δ 的垫铁 B。在它们上面放置平行平板,用带表高度尺测量 A、B 两点的高度差,即床鞍导轨面 4、5 的垂直磨削量。磨头用角度尺找正,先将 4 面磨好,然后磨削 5 面时,边磨削边测量,待 A、B 两点等高时,磨削完毕。

　　显然床身与床鞍 V-平面导轨副之间的配磨是通过直径为 d_1 的检验圆棒和厚度为 δ 的垫铁来达到 $h_{\mathrm{I}}=h_{\mathrm{II}}$ 这一目的的。

　　配磨后,要用涂色法检查接触率;纵向为 70% 以上,横向为 50% 以上。另外,用 0.02 mm 厚的塞尺不得塞入 25 mm 以上。

　　（五）导轨的镶装、黏接修理方法

　　在机床导轨的修复中还经常采用在导轨上镶装、黏接、涂敷各种耐磨塑料或夹布胶木板或金属塑料复合板的修理方法。这种修理方法不仅可以补偿导轨磨损尺寸,恢复机床原尺寸链,还因这些材料摩擦因数小,耐磨性好,改善了导轨的运动特性,特别是低速运动的平稳性。

　　塑料导轨用喷涂法或黏接法覆盖在导轨面上,通常对长导轨用喷涂法,对短导轨用黏接法。修理短的运动导轨时采用塑料软带黏贴修复法。塑料软带以聚四氟乙烯（PTFE）为基体,添加适量青铜、二硫化钼、石墨等填料,具有吸振、耐磨、自润滑、低速运动平稳性好的特点。将这种软带用特种黏合剂黏接在导轨表面上,可以改善导轨的工作性能。尤其是当软带需要更换时,可将原软带剥离干净后,重新黏接新软带,操作方便。

　　塑料涂层应用较多的有坏氧涂层、含氟涂层、HNT 耐磨涂层。它们以环氧树脂为基体,加固体润滑二硫化钼和胶体石墨及其他铁粉充填而成。这种涂层有较高的耐磨性、硬度、强度和热导率,在无润滑油的情况下能防止爬行。

　　金属塑料复合导轨板是在钢板上烧结一层多孔青铜,再在青铜间隙中压入聚四氟乙烯及其他填料。

　　例如,龙门刨床和立式车床工作台导轨通常采用镶装、黏接夹布胶木板和铜-锌合金板的方法修复;平面磨床和外圆磨工作台导轨通常采用黏接聚四氟乙烯薄板的方法修复;卧式车床床鞍导轨通常采用涂敷 HNT 耐磨涂层的方法修复。

第四节　机械设备的修理装配

把经过修复的合格零件、更换的新件和可继续使用的零件,按照一定的技术标准和顺序装配起来的过程,称为修理装配。修理装配成的整台设备应达到规定的精度和使用性能。

一、修理装配的工艺原则

(一)技术准备工作

1)研究和熟悉机械设备及各部件总装配图,熟悉相关的技术文件、资料和标准。了解清楚机械设备及各零部件的作用、结构特点、相互连接的关系及连接方式。尤其注意有配合要求、运动精度较高或有其他特殊要求的部位。

2)根据零部件结构特点和技术要求,确定合适的装配工序、方法和程序。同时准备好施工的工、夹、量具。

3)按明细核对备装件的种类、数量,检查零部件的尺寸精度、修复质量,核查技术要求。

4)零件装配前应清洗,可使用压缩空气将金属碎末和灰尘吹净,使用压力油清洗疏通润滑系统、液压系统。

(二)装配的一般工艺原则

装配时的顺序应与拆卸顺序相反。装配时要求根据零部件的结构特点,采用合适的工具或设备,严格仔细地按顺序装配,注意零部件之间的方位和配合精度要求。

1)装配过渡配合和过盈配合零件,如滚动轴承的内圈与轴、滚动轴承的外圈与箱体孔时,应使用专门工具和采取工艺措施进行装配,需要时可加热加压装配,不可乱敲乱打。

2)过盈配合件装配时,应先涂润滑油,装配过程中应根据零件拆卸下来时所作记号进行装配。

3)摩擦副装配前均应涂适量的润滑油,以利于装配和减少表面磨损。

4)油封件的装入要使用心棒等专用工具。装配前对配合表面要仔细检查和清洁,不能有毛刺。装配后的密封件不能覆盖润滑油、水和空气,密封部位不能有渗漏。

5)有平衡要求的旋转零件,如飞轮、磨床主轴、风扇叶轮等,装配前要按要求进行静平衡或动平衡试验,合格后才能装配。

6)对有装配技术要求的部位,如装配间隙、啮合齿痕、灵活度等,应边安装边检查、并随时调整。

7)装配完成后,必须认真仔细检查和清理,防止有遗漏或错装的零件。确认没有问题后,先手动再低速运行设备。

(三)装配精度

装配精度一般包括三个方面:

(1) 各部件的相互位置精度　包含距离精度、平行度、垂直度、同轴度等。如车床主轴中心与尾座顶尖孔中心的等高度、主轴中心对床鞍移动的平行度等。

（2）各运动部件之间的相对运动精度　包含直线运动精度、圆周运动精度、传动精度等。

（3）配合表面之间的配合精度和接触精度　配合精度是指配合表面之间达到规定的配合间隙或过盈的接近程度，它直接影响配合的性质。接触精度是指配合表面之间达到规定的接触面积与分布状况的接近程度，它主要影响零件之间接触变形的大小，从而影响配合和寿命。

二、装配方法

在机械设备的大修中，获得修理装配精度的常用装配方法有完全互换法、修配法和调整法，有时需要几种方法一起使用。

（一）完全互换法

完全互换法装配是指使用合格零件装配，不需要选择、修理和调整，就能装配成符合精度要求的机械设备。这种装配方法的特点是装配简单，备件供应方便，修理周期短，装配质量有保证，但成本高。完全互换法适用下列修理工作：

1）按设备原设计结构特点，确定原尺寸链是完全互换法解算的，如各种典型变速箱传动零件，装配前应按原设计要求制造。

2）结构参数标准化的更换件，如齿轮、蜗轮、花键、螺纹等，装配前按原设计要求准备备件或制造。

3）标准件、外购件、外协件按标准尺寸和公差加工制造。

装配方法与尺寸链的解算方法密切相关。部件装配尺寸链以部件装配精度要求为封闭环，以对装配精度有影响的有关零件的尺寸或相互位置为组成环。产品总装尺寸链以产品精度为封闭环，以总装中有关零部件的尺寸为组成环。完全互换法就是使用极值法解算装配尺寸链，确定各组成环的公差。极值法计算公式如下：

（1）基本尺寸计算

$$A_0 = \sum_{i=1}^{n} \overrightarrow{A_i} + \sum_{i=n+1}^{n} \overleftarrow{A_i} \tag{4.2}$$

式中　A_0——封闭环的基本尺寸；$\overrightarrow{A_i}$ 和 $\overleftarrow{A_i}$——分别为增环和减环；n——增环数；m——组成环数。

（2）极限尺寸的计算

$$A_{0max} = \sum_{i=1}^{n} \overrightarrow{A_{imax}} - \sum_{i=n+1}^{n} \overleftarrow{A_{imin}} \tag{4.3}$$

$$A_{0min} = \sum_{i=1}^{n} \overrightarrow{A_{imin}} - \sum_{i=n+1}^{n} \overleftarrow{A_{imax}} \tag{4.4}$$

式中　A_{0max} 和 A_{0min}——分别为封闭环的最大和最小极限尺寸；$\overrightarrow{A_{imax}}$ 和 $\overrightarrow{A_{imin}}$——分别为增环的最大和最小极限尺寸；$\overleftarrow{A_{imax}}$ 和 $\overleftarrow{A_{imin}}$——分别为减环的最大和最小极限尺寸。

（3）上下偏差的计算

$$ESA_0 = \sum_{i=1}^{n} ES\overrightarrow{A_i} - \sum_{i=n+1}^{n} EI\overleftarrow{A_i} \tag{4.5}$$

$$EIA_0 = \sum_{i=1}^{n} EI\overrightarrow{A_i} - \sum_{i=n+1}^{n} ES\overleftarrow{A_i} \tag{4.6}$$

式中 ESA_0 和 EIA_0——分别为封闭环尺寸的上偏差和下偏差；$ES\overrightarrow{A_i}$ 和 $EI\overrightarrow{A_i}$——分别为增环尺寸的上偏差和下偏差；$ES\overleftarrow{A_i}$ 和 $EI\overleftarrow{A_i}$——分别为减环尺寸的上偏差和下偏差。

（4）封闭环公差的计算

$$T_0 = \sum \overrightarrow{T_i} + \sum \overleftarrow{T_i} = \sum_{i=1}^{m-1} T_i \tag{4.7}$$

式中 T_0——封闭环公差；T_i——组成环公差。

（5）各环平均公差计算

$$T_M = \frac{T_0}{n-1} \tag{4.8}$$

式中 T_M——组成环平均公差。

例1 如图 4.24 所示部件，装配后应保持间隙为 $0 \sim 0.2$ mm，已知尺寸 $A_1 = 80$ mm、$A_2 = 50$ mm 和 $A_3 = 30$ mm，齿轮、套需要更换，箱体需要修复。试确定各尺寸的公差。

解 由于间隙是在装配后获得的尺寸，故应为封闭环 A_0。由图 4.24 可知，A_1 为增环、A_2 和 A_3 为减环。由公式可得封闭环基本尺寸为

$$
\begin{aligned}
A_0 &= \overrightarrow{A_1} - (\overleftarrow{A_2} + \overleftarrow{A_3}) \\
&= [80 - (50+30)] \text{ mm} \\
&= 0
\end{aligned}
$$

则 $A_0 = 0^{+0.2}_{0}$ mm，$T_0 = 0.2$ mm

图 4.24 机构的装配尺寸链

按等公差法分配，各组成环平均公差由式 4.8 可得为

$$T_M = \frac{T_0}{n-1} = \frac{0.2}{4-1} \text{ mm} \approx 0.067 \text{ mm}$$

根据各组成环的加工难易程度，参照国家标准，考虑到公差向金属体内伸展的入体原则，对各组成环尺寸公差进行调整。

A_1 是箱体零件内尺寸，加工难，给予较大的公差，定为 $T_1 = 0.12$ mm（IT10）。又因其是内尺寸，故规定下偏差为零，上偏差为正值，定为 $A_1 = 80^{+0.12}_{0}$ mm。

A_2 是齿轮两端面距离尺寸，考虑到使用要求和加工难易程度，给予适度公差为 $T_2 = 0.062$ mm（IT9）。因其是外尺寸，故规定上偏差为零，下偏差为负值，定为 $A_2 = 50^{0}_{-0.062}$ mm。

A_3 是零件套的长度尺寸，容易加工，作为协调环，其公差计算为 $T_3 = T_0 - (T_1 + T_2) = [0.2 - (0.12 + 0.062)]$ mm $= 0.018$ mm（IT6 ~ IT7）。又因其是外尺寸，故规定上偏差为零，下偏差为负值，定为 $A_3 = 30^{0}_{-0.018}$ mm。

验算装配精度能否保证封闭环 $A_0 = 0^{+0.2}_{0}$
$$ESA_0 = \{0.12 - [(-0.062) + (-0.018)]\} \text{ mm} = 0.2 \text{ mm}$$
$$EIA_0 = 0 - (0+0) = 0$$

计算证明所确定的各组成环的上下偏差满足封闭环上下偏差的要求，并且符合修复装配精度要求。

（二）修配法

修配法是把零件的尺寸公差放大制造，零件装配时，其积累误差用修配加工个别零件来解

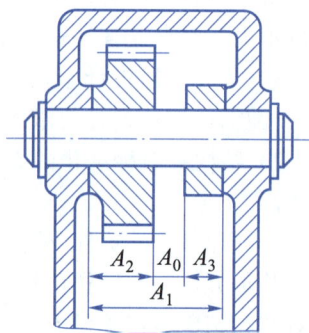

决,最后达到所要求的装配精度。修配法中,待修配的零件称为补偿件(修配件),在尺寸链中需修配的尺寸称为补偿环(修配环),装配精度为封闭环。修配法也可以解释为:用机械加工和钳工修配等修理方法改变尺寸链中补偿环的尺寸,以满足封闭环的要求。

修配法适用于装配精度要求高而组成环较多的部件,以及加工尺寸精度不易达到而必须通过修配法才能保证其装配的情况。修配法适用于单件小批装配和维修。

采用修配法应正确选择补偿件和补偿环,其选择原则如下:

1)尽量利用尺寸链中原有的典型补偿件。

2)需要更换新的补偿件时,应选择容易拆装和测量,且最后装配的零件作为补偿件。

3)尽量选择尺寸链中的形状简单,具有精加工基准和易加工表面的零件作为补偿件。

4)应选择尺寸链中的单一环作为补偿件,不要选择公共环。

5)选择尺寸链中增环或减环为补偿环,修配时可在补偿件上去除金属(而不是增加)。具体补偿量一般刮削为 0.1 ~ 0.3 mm,平面修磨为 0.05 ~ 0.15 mm。规定补偿后使装配间隙变小,为正补偿,反之为负补偿。也可以认为当修配环为增环时补偿量为正,修配环为减环时补偿量为负。

（三）调整法

调整法与修配法相似,各组成环可按经济精度加工,由此而引起封闭环累积误差的超出部分,可以通过改变某一组成环的尺寸来补偿。但两者方法不同,修配法在装配时通过对修配环的修配加工来补偿,增加了装配劳动量。而调整法是通过调整某一个零件的位置或装入一个变更调节环来补偿封闭环的超差部分,不修磨掉金属层。

常用的调整法有可动调整法和固定调整法两种。

1. 可动调整法

采用改变调整件位置来保证装配精度的方法称为可动调整法。如图 4.25(a)所示,轴向装配间隙应通过调整轴套位置来达到。轴套有一定位移,当齿轮与轴套间距离达到要求的装配间隙以后,将轴套用定位螺钉固定好。如图 4.25(b)所示为卧式车床中滑板丝杠螺母间隙调整机构,调整时先将固定螺钉松开,再通过调节螺钉使两螺母间的楔块在垂直方向移动,通过斜面调节两螺母与丝杠的间隙。

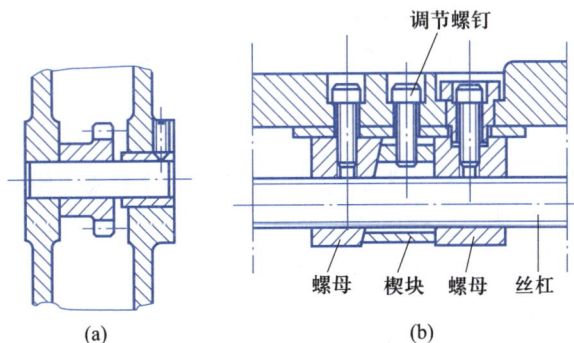

图 4.25　可动调整法实例

可动调整法一般不需要应用尺寸链的公式进行计算,只在机构设计时应用尺寸链关系进行必要的分析,从结构上解决补偿结构和补偿零件的调节与固定。

可动调整法又可分为自动调整法和定期调整法。自动调整法是靠自动补偿零件随时调整封闭环的精度,如外圆磨床中主轴轴瓦。定期调整法则是利用定期调整补偿零件恢复机床精度的一种简便方法,如卧式车床中的滑板丝杠螺母调整机构。

2. 固定调整法

在装配尺寸链中,选择一个组成环(或设置一个专门的零件)作为调整环,该环按一定尺寸分级制造一套零件。装配时根据各组成环所形成的累积误差的大小,在这套零件中选择一个合适的零件进行装配,以保证装配精度的要求,称为固定调整法。由于固定调整法经常是选用简单容易加工的垫片来进行补偿的,因此有时也称为补偿垫片法。

如图 4.26 所示为固定调整法实例。齿轮传动的结构中增加了一个补偿垫来代替可动调节法的轴套调节。各组成零件的轴向尺寸放大制造公差,封闭环代表的轴向间隙 ΔN 会有超差,可根据实际超差的大小,采用不同厚度的补偿垫来补偿。

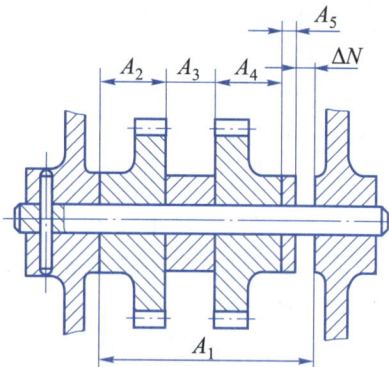

图 4.26 固定调整法实例

固定调整法需要通过尺寸链的分析计算来合理确定补偿量。补偿量的作用和修配法完全相同,不同的是修配法是通过修磨而除去一定的补偿量,调整法则是增加或者添入一定的补偿量。

三、零件的装配与调整

(一)螺纹联接件的装配

螺栓联接的常用装拆工具有活扳手、呆扳手、内六角扳手、套筒扳手、棘轮扳手、旋具等。

1. 螺纹联接的装配

螺纹联接件的装配和拆卸一样,不仅要使用合适的工具、设备,还要按技术文件的规定施加适当的拧紧力矩。用扳手拧紧螺柱时,应视直径的大小确定是否用套管加长扳手。重要的螺纹联接件都有规定的拧紧力矩,安装时应用指针式扭力扳手按规定拧紧螺柱。

2. 螺纹联接装配时的注意事项

(1)为便于拆装和防止螺纹锈死,在螺纹的联接部分应加润滑油(脂)。

(2)螺纹联接中,螺母应全部拧入螺栓,且螺栓应高出螺母外端面 2~5 个螺距。

(3)双头螺柱与机体螺纹的联接应有足够的紧固性,联接后的螺栓轴线应和机体表面垂直。

(4)螺纹联接件在工作中受振动或冲击载荷时,要安装防松装置。

(5)被联接件应均匀受压,互相紧密贴合,联接牢固。拧紧成组螺栓或螺母时,应根据被联接件形状和螺栓的分布情况,按一定顺序进行操作,防止受力不均或工件变形,如图 4.27 所示。

(二)齿轮传动的修理、装配与调整

1. 齿轮的失效形式与修复

齿轮的失效形式多种多样,开式齿轮传动主要是齿面磨损,闭式齿轮传动主要是疲劳点蚀、齿面胶合和齿根断裂。

中小模数齿轮失效,一般不进行修复,而是更换新齿轮。一般成对更换,以保证啮合性能。如果没有备件,可用精整方法修复大齿轮,更换小齿轮。如果齿轮单侧齿面点蚀,当齿轮结构允许时,可将齿轮反装让非磨损面参与工作。

大模数齿轮磨损时,可用喷涂方法修复其尺寸然后再精整齿面。对于断齿和有裂纹的大模数齿轮,用镶齿或补焊方法修复。

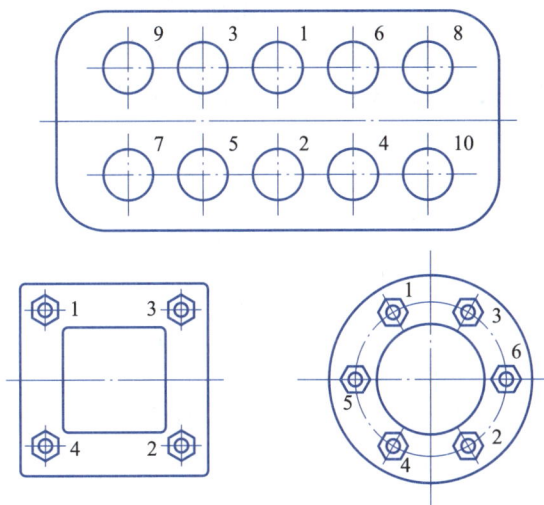

图 4.27 成组螺纹联接件拧紧顺序

2. 齿轮传动的装配与调整

装配之前要检查箱体孔、齿轮和轴的精度,检查的项目有:

1)箱体孔的尺寸、形状、位置精度,孔之间的中心距和孔的表面粗糙度值。

2)检测齿轮和轴的装配尺寸精度,必要时试装。

3)检测轴上键的配合性能,修整安装表面的毛刺及倒角。

齿轮装配后应经过调整才能达到精度要求。调整时应达的要求有:

1)轴向定位正确。要逐一调整相啮合的齿轮,应以轴向中心平面为基准对中:当轮缘宽度低于 20 mm 时,轴向错位不得大于 1 mm;当轮缘宽度大于 20 mm 时,轴向错位不得大于轮缘宽度的 5%,但最多不得大于 5 mm。

2)啮合间隙合适。齿轮啮合间隙可用塞尺、百分表等方法检查,其间隙应符合标准。用千分表检查啮合间隙的方法如图 4.28 所示,将表座 1 放在箱体上,把检验杆 2 装在齿轮 A 的轴上,千分表顶住检验杆,使齿轮 B 不动,转动齿轮 A 记下千分表指针读数。其间隙为

$$\Delta = \delta_0 \frac{r}{L} \tag{4.9}$$

式中,δ_0——千分表读数,mm;r——转动齿轮 A 的节圆半径,mm;L——检验杆中心到千分表触头间的距离。

3)啮合位置正确。用着色法通过接触斑点判断,齿轮正确的啮合位置应当在节圆附近和齿宽中段,如图 4.29(a)所示。而如图 4.29(b)、(c)所示为齿轮中心距不合适,如图 4.29(d)所示为齿轮歪斜,这些都需查找原因予以修正。

4)轴向滑移配合适当。用键或滑键连接的齿轮应能在轴上灵活的轴向滑移,但周向间隙要小。

5)运转平稳。装配后的齿轮要求转动平稳,无异常声响。对于精密传动的齿轮,要定向装配并检测装配精度。

3. 齿轮传动的精度补偿调整法

齿轮传动副装配时,若采用普通装配法难以达到精度要求,可采用精度补偿调整法提高齿轮

的传动精度。补偿调整法又称相位补偿法。

1）将齿轮的最大径向跳动处与轴的最小径向跳动处相补偿。

2）对于安装滚动轴承的轴应使安装后轴径的径向跳动误差与轴承的径向跳动误差相补偿；对于固定不转的轴，可调整轴的周向位置，使之适当补偿轴的中心距误差。

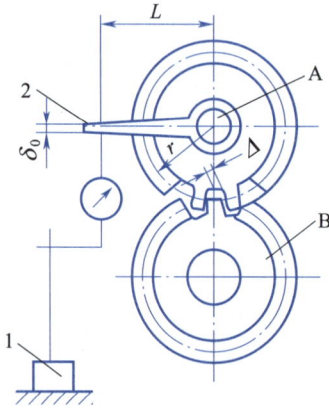

图 4.28 用千分表检查啮合间隙

1—表座；2—检验杆

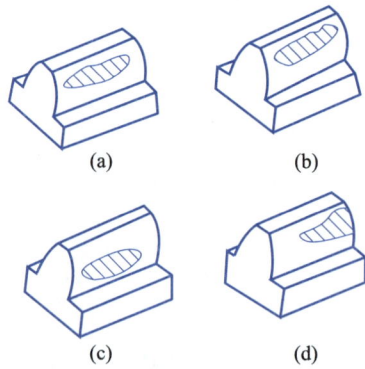

图 4.29 用着色法检验齿轮啮合情况

（三）减速箱的装配与调整

如图 4.30 所示的减速箱应根据部件总成的功能、装配要求，调整修复后的蜗杆副、锥齿轮副的正确啮合和各轴的轴向窜动。

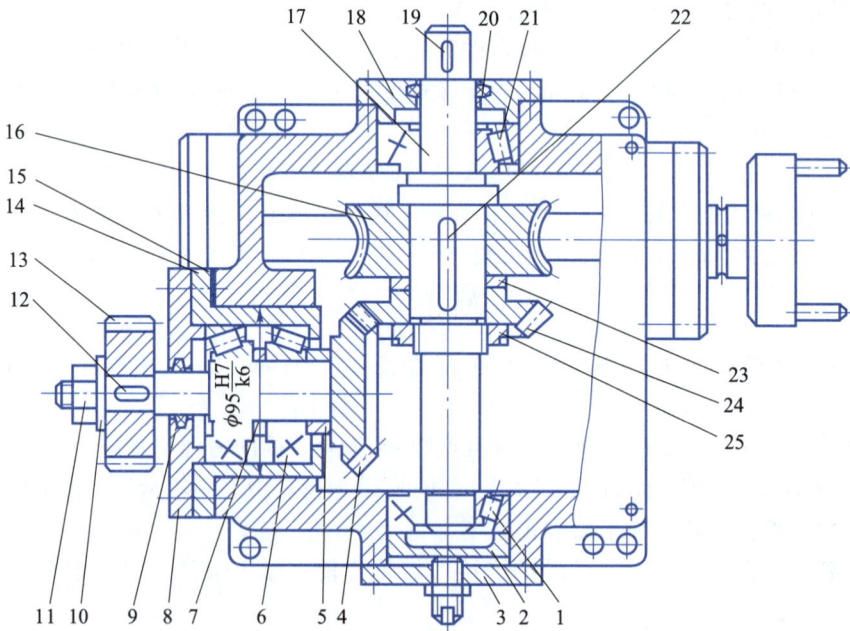

图 4.30 减速箱部件装配图

1、6、21—圆锥滚子轴承；2—压盖；3、8、18—轴承盖；4、24—锥齿轮；5—衬垫；7—隔套；9、20—毛毡垫；10、23—垫圈；11、25—螺母；12、19、22—键；13—齿轮；14—轴承套；15—调整垫；16—蜗轮；17—轴

减速箱部件装配与调整的步骤如下：

（1）**蜗杆轴的装配**　将蜗杆轴装配于箱体的孔中，如图 4.31 所示，然后安装右轴承盖 1，并用螺钉紧固，再装左轴承盖 3 及调整垫圈 4，用塞尺检测间隙 ΔL_1，确定调整垫圈的厚度；待调整垫圈厚度合适后，将左轴承盖 3 用螺栓紧固。在伸出的轴端中心孔黏一钢球，用平头百分表检测蜗杆轴窜动，使其保持 0.01～0.02 mm 的轴向窜动量即可。

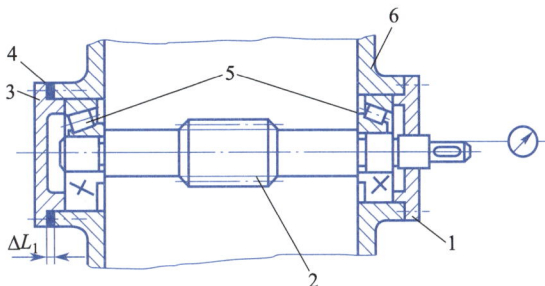

图 4.31　蜗杆轴的安装调整

1—右轴承盖；2—蜗杆轴；3—左轴承盖；4—调整垫圈；5—轴承；6—箱体

（2）**蜗轮装配**　蜗轮的装配如图 4.32 所示，先将左端圆锥滚子轴承 4 的内圈与滚动体压装在轴的大端，通过箱体孔装上已预装试配好的蜗轮 1。为了调整时拆卸方便，暂以轴承套 6 代替右端的圆锥滚子轴承，调整蜗轮圆弧中心与已装配好的蜗杆 2 的中心线在同一平面内；然后用游标深度卡尺检测孔的深度 h，以 h 为标准调整轴承盖 7 的止口深度，使止口深度等于 $h_{-0.02}^{0}$ mm，使左端圆锥滚子轴承保持轴向间隙在 0.02 mm 以内。

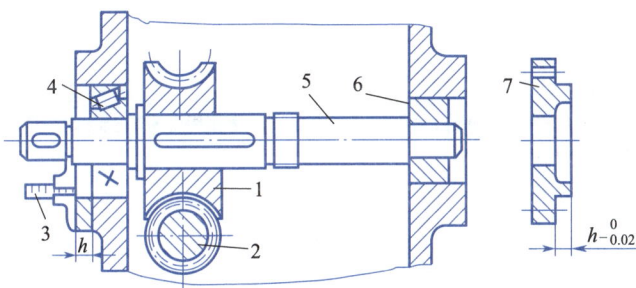

图 4.32　蜗轮的安装调整

1—蜗轮；2—蜗杆；3—游标深度尺；4—圆锥滚子轴承；5—轴；6—轴承套；7—轴承盖

（3）**轴承套组件装配**　轴承套组件装配顺序如图 4.33 所示。

（4）**锥齿轮及轴承套组件装配**　将蜗杆副调整好后，再把轴承套组件和锥齿轮副装上去。如图 4.34 所示，调整轴承套组件间隙 h_1 和锥齿轮至蜗轮端面的距离 h_2，使锥齿轮副正确啮合，背锥平齐，检测 h_1、h_2 的尺寸，然后配磨调整垫圈厚度分别等于 h_1 和 h_2，误差控制在 0.02 mm 以内。这时，仍以轴承套代替蜗轮轴小端的圆锥滚子轴承，以使调整时拆装方便。经过调整后，各轴的轴向间隙合格，锥齿轮副和蜗杆副啮合均正确无误，即可拆下蜗轮轴小端的轴承套，换上圆锥滚子轴承，并清洗箱体内腔，在齿轮和蜗杆副上涂润滑油，转动蜗杆副使润滑脂均匀分布，最后装配箱盖。

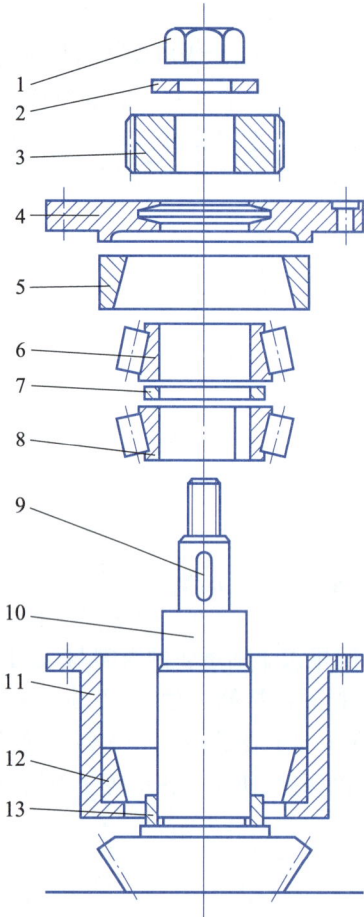

图 4.33　轴承套组件装配顺序

1—螺母；2—垫圈；3—齿轮；4—轴承盖；
5、12—轴承外圈；6、8—轴承内圈；7—隔套；
9—键；10—锥齿轮轴；11—轴承套；13—衬垫

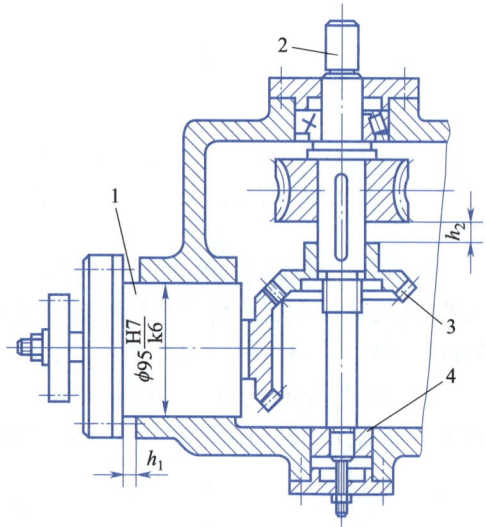

图 4.34　锥齿轮的装配与调整

1—轴承套组件；2—轴；3—锥齿轮；4—轴承套

第五节　卧式万能升降台铣床的修理

卧式万能升降台铣床由底座、床身、主轴、悬梁、悬梁支架、纵向工作台、回转盘、床鞍和升降台等组成。铣削加工时，机床的主运动为铣刀旋转运动，工作台相对于主轴的垂直或平行运动为进给运动。它可使用各种铣刀，铣削平面、成形面、各种形式的沟槽和螺旋槽等。现介绍 X6132型（X62W）卧式万能铣床的修理。

一、铣床的常见故障分析与检修

铣床的常见故障分析与检修举例见表 4.10。

表 4.10　铣床的常见故障分析与检修举例

故障征兆	故障原因分析	故障排除与检修
启动按钮后，主轴不转	1. 机床电器控制系统故障 2. 主传动电动机与变速箱轴联轴器损坏 3. 变速箱变速排挡未扳好，齿轮未啮合好	1. 检修电器控制系统故障 2. 检修联轴器、连接销、平键等 3. 扳好变速排挡，然后开车
主轴变速失灵	1. 选速盘与选速盘轴连接键脱落，造成转速值与标记刻度不符 2. 变速手柄与扇形齿轮连接销断（脱）落 3. 变速齿条的圆柱形推杆弯曲或有毛刺 4. 拨动滑移齿轮拨叉断裂或严重磨损 5. 由于没停稳车就变速，造成齿轮相撞，使齿轮损坏、传动轴弯曲，造成变速失灵 6. 变速操纵手柄上电器开关失灵	1. 主轴转速调到最高或最低，然后安装连接键 2. 更换断裂或脱落的连接销 3. 修除推杆毛刺，更换弯曲推杆 4. 更换断裂拨叉或修复 5. 更换磨损或因顶齿而损坏的齿轮副，弯曲的传动轴则应更换 6. 修理电器开关
主轴变速无瞬时冲动动作	1. 变速手柄与扇形齿轮连接销断裂或脱落 2. 变速操纵手柄上电器开关失灵	1. 更换或重配连接销 2. 修理电器开关
主轴高速运转不久，突然停车，且温度升高	1. 主轴前轴承无润滑油或润滑不良 2. 主轴部件装配时，主轴轴承间隙过小	1. 加强轴承润滑，但注入油量不宜过大 2. 调整轴承间隙，调后试车和测定主轴精度及轴承温度
主轴运转时噪声严重	1. 主传动齿轮箱内无润滑油或润滑不良 2. 主传动电动机与轴联轴器损坏 3. 主传动齿轮箱内的齿轮损坏或缺齿运行 4. 主轴部件上轴承间隙增大或轴承已损坏 5. 主传动电动机上的轴承损坏或无润滑油 6. 主传动齿轮箱内各传动轴的轴向锁紧螺母未锁紧到位，引起齿轮轴轴窜和间隙	1. 检修润滑油泵，添足油液 2. 检修联轴器、连接销、平键等 3. 检修与更换已损坏的齿轮 4. 调整轴承间隙，或更换轴承 5. 更换损坏的轴承或添加润滑油 6. 调整各传动轴的锁紧螺母并调整垫圈间隙

续表

故障征兆	故障原因分析	故障排除与检修
铣床主轴承受切削力后产生让刀	1. 机床在长期使用后使主轴轴承产生间隙 2. 主轴轴承上锁紧螺母松动,使主轴产生轴向间隙(X62W 万能铣床) 3. 主轴中轴承和前轴承的锁紧调整螺母松动,导致主轴轴向和径向均有间隙(X6132 铣床)	1. 用调整法消除轴承间隙 2. 调整间隙。方法:松开锁紧螺母并用扳手钩住,用铁棍扳动主轴前端键,使主轴顺时针旋转至转不动为止,此时中、前轴承均无间隙;然后扳动主轴反转一个角度,使中、前轴承获得合适间隙,主轴跳动达规定要求 3. 调整前轴承间隙。方法:把轴承前端半圆垫圈的厚度适量地磨薄,然后安装好,拧紧锁紧螺母上的紧定螺钉
工件铣削后粗糙度值达不到要求	1. 主轴径向跳动和轴向窜动 2. 主轴轴承因润滑不良烧坏 3. 刀具磨损或刀具材料选择不对 4. 工作台过分松动,铣削时产生振动 5. 工件装夹不合理 6. 主轴转速和进给量选择不合理	1. 调整轴承的轴向和径向间隙 2. 更换烧坏的轴承 3. 更换刀具 4. 调整并检修工作台 5. 修改工件装夹方式 6. 选择合适的切削参数
工件接刀铣削后表面不平	1. 床身立柱与工作台垂直度不符合要求 2. 床身立柱导轨与上工作台平行度不符合要求 3. 工件定位基准选择得不对	1. 调整至加工精度要求 2. 校正上工作台与床身导轨的平行度 3. 选择合理的定位基准
工件的两被加工面之间不垂直	1. 床身立柱导轨与工作台垂向运动几何精度超差 2. 升降台与立柱导轨间隙增大 3. 升降工作台与立柱导轨间镶条调整过紧或过松 4. 工件装夹时,夹具或工件加工基准未找正 5. 工件、夹具未夹牢或工作台不清洁	1. 检查并调整机床几何精度 2. 锁紧升降工作台压板螺栓 3. 调整镶条间隙 4. 重新找正 5. 夹牢工件、夹具,清洁工作台
工件的两被加工面不平行	1. 铣床主轴轴心线与工作台不垂直 2. 夹具、工件的定位面与工作台之间有杂物 3. 工件装夹不牢固,引起切削时工件松动 4. 机床几何精度超差	1. 校正垂直度误差 2. 清除杂物 3. 夹牢工件 4. 机床大修或项修
有工作进给,但无快速运动	1. 右侧电磁离合器的线圈烧毁、断线或离合器电刷接触不良(X6132 铣床) 2. 摩擦片的花键孔与花键套配合太紧 3. 摩擦片调整得太松	1. 更换线圈,接通导线,更换调整电刷至合适位置 2. 用油石修磨摩擦片的内花键孔 3. 摩擦片间隙调整至松开状态时总间隙为 2 ~ 3 mm

故障征兆	故障原因分析	故障排除与检修
工作台或升降台的进给运动出现明显爬行	1. 工作台或升降台导轨副严重磨损或由于污垢阻滞,而使导轨副的摩擦力急剧增大 2. 纵向、横向、垂向丝杆螺母副磨损,或轴承润滑不良 3. 钢球安全离合器调整过松,离合器的钢球产生打滑现象或钢球安全离合器中部分弹簧疲劳损坏或滚柱被夹紧,使安全离合器传递的力矩减小(X62W铣床)	1. 清洗并修刮导轨,增加润滑。对于咬毛严重的导轨进行修复 2. 修光丝杆螺母副的磨损处,改善轴承润滑,更换磨损严重零件 3. 调整离合器。方法:用螺母调整离合器中弹簧压力和间隙,螺母与齿轮的间隙控制在 0.4～0.6 mm;更换损坏的弹簧及滚柱
进给箱声音沉重,摩擦片温升高	摩擦片的总间隙调整得过小,在铣床工作进给时,内外摩擦片仍然在相互摩擦,从而产生沉重的声音和大量的热量	适当调松摩擦片,使摩擦片的总间隙控制在 2～3 mm
工作台底座横向移动手摇沉重	1. 丝杆受冲击力作用产生弯曲变形 2. 横向进给传动丝杆与螺母同轴度差	1. 校直或更换丝杆 2. 调整丝杆与螺母的同轴度在 0.02 mm 内

二、铣床几何精度的影响和修理尺寸链分析

（一）万能升降台铣床几何精度对加工精度的影响

铣床几何精度对加工精度的影响因素主要有：

1）工作台面对床身导轨面的垂直度超差。由于重力作用使床身导轨面与升降台导轨面之间产生不均匀磨损,使两者形成钝角,影响所加工零件平面对安装基准面的垂直度及平行度。

2）工作台平面度超差。当工作台表面磨损后,在工作台面上安装加工零件时,造成零件的被加工面对其基准面的平行度超差,同时也影响零件的安装刚性,造成零件被加工面对基准面的垂直度和平行度超差,对零件的表面粗糙度值也产生影响。

3）铣床工作台移动平行度超差。此时所加工零件表面对基准面的平行度和垂直度都产生误差。

4）铣床工作台纵、横向移动的垂直度超差。此时所加工零件侧面与立面之间的垂直度必然超差。

5）主轴轴向窜动超差及主轴锥孔轴线径向跳动超差。此时在主轴上安装铣刀时,刀具运转会产生摆动,影响加工零件表面的表面粗糙度值和加工表面之间的平行度。

6）铣床升降台移动的直线度超差。它影响铣床多项加工精度,主要有:加工面对基准面的平行度和垂直度、两加工面之间的平行度和垂直度、沟槽的对称度以及所加工的表面粗糙度值等。

（二）万能升降台铣床主要修理尺寸链分析

机械设备修理尺寸链与设计、制造尺寸链不同,尺寸链的各环已不是图样上的设计基本尺寸和公差,而是可以精确测量的实际尺寸。建立修理尺寸链应遵循最短尺寸链原则,以最大限度地减少需要修理的环数,扩大各环的修理公差值。

修理尺寸链的分析方法,首先是研究设备的装配图,根据各零部件之间的相互尺寸关系,查明全部尺寸链。然后根据各项规定允差和其他装配技术要求,确定有关修理尺寸链的封闭环及其公差,正确分配各组成环公差。尤其要注意尺寸链之间的联系,特别是并联、串联、混联尺寸链,不要孤立考虑。如图 4.35 所示为万能升降台铣床修理尺寸链简图,现分析这些尺寸链如下。

1. 保证工作台上表面对主轴轴线平行度的尺寸链

工作台上表面对主轴轴线的平行度,是加工零件的上表面与底面平行度的重要保证。此尺寸链是由主轴轴线到高度基准线距离 A_1、基准线与升降台顶面距离 A_2、床鞍高度 A_3、回转盘厚度 A_4、工作台上表面到主轴轴线间距离 A_5 及工作台上表面与主轴轴线平行度误差 A_0 组成。由铣床装配关系可知,A_0 为封闭环,故各环关系为

$$A_0 = A_1 - A_2 - A_3 - A_4 - A_5$$

图 4.35　万能升降台铣床修理尺寸链简图

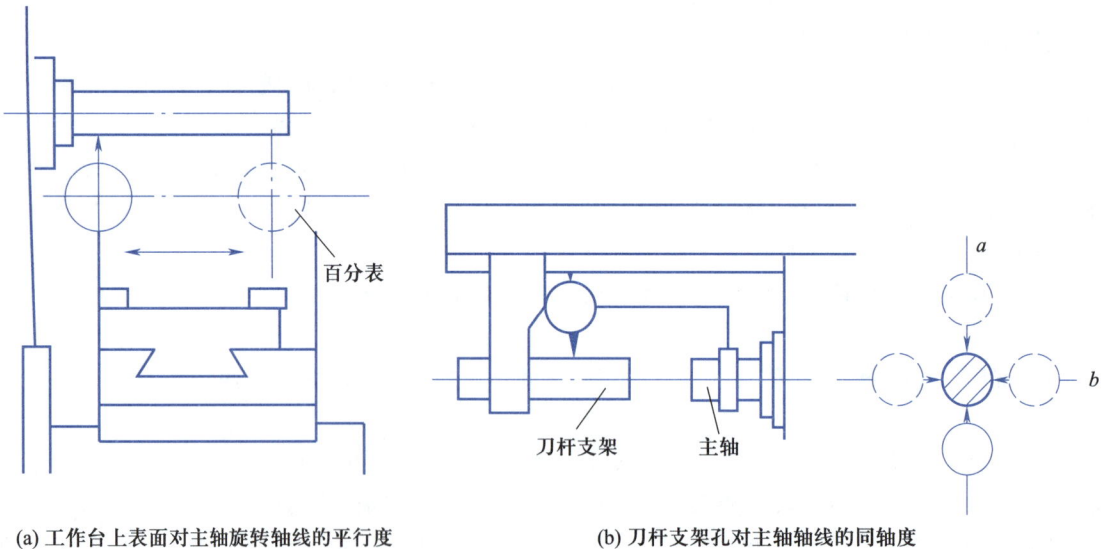

封闭环 A_0 的公差为 ±0.01/300。影响封闭环误差大小的有:主轴旋转轴线对床身垂直导轨的垂直度,升降台水平导轨面对垂直导轨面的垂直度,床鞍的横向平行度,回转盘的横向平行度,工作台的横向平行度。主轴轴线精度检验方法如图 4.36 所示。

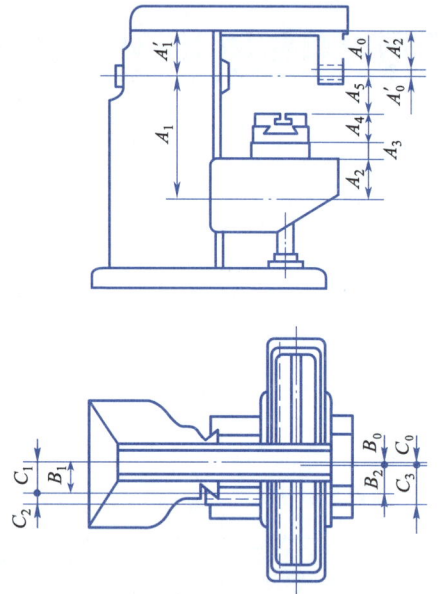

(a) 工作台上表面对主轴旋转轴线的平行度　　　　(b) 刀杆支架孔对主轴轴线的同轴度

图 4.36　主轴轴线精度检验方法

铣刀加工零件时产生的切削力使导轨表面受力不均匀,造成铣床导轨不均匀磨损,以及工作台表面的磨损,都会使工作台上表面对主轴轴线平行度误差增加。这项误差可通过修正工作台、回转盘、床鞍等恢复精度。一般选床鞍为修配环,最为易拆易修。但造成封闭环超差的主要原因为升降台或床身时,应修理升降台的导轨面和床身垂直导轨面。

2. 保证刀杆支架孔对主轴轴线同轴度的尺寸链

刀杆支架孔对主轴轴线的同轴度在水平平面内和垂直平面内的检测,如图 4.36(b)所示。在垂直平面内的尺寸链由主轴轴线到悬梁安装面距离 A_1',悬梁安装面到刀杆支架孔轴线距离 A_2',主轴轴线到刀杆支架孔轴线间距离 A_0' 组成。尺寸链各环关系为

$$A_0' = A_1' - A_2'$$

式中,A_0' 为封闭环,要求其尺寸为 ±0.02 mm。

在水平面内的尺寸链由铣床主轴轴线到悬梁导轨安装基面与测量平面交线间距离 B_1,悬梁导轨安装基面与测量平面交线到刀杆支架轴线间距离 B_2 及刀杆安装孔与主轴轴线误差 B_0 组成。它们之间的关系为

$$B_0 = B_1 - B_2$$

在使用过程中,由于刀杆支架在悬梁导轨上的滑动,以及悬梁在床身导轨上的滑动,造成各导轨表面产生磨损,两组尺寸链变化,使主轴与刀杆支架孔同轴度超差。修理时一般使用专用工装,依靠主轴自镗支架孔的方法恢复精度。

3. 控制回转盘中心对主轴轴线对称度的尺寸链

回转盘中心对主轴轴线对称度的尺寸链是由主轴轴线所在平面到升降台与床身导轨接触基面中线之间距离 C_1,升降台与床身导轨接触基准面中线与床鞍横向导轨基面间距离 C_2,床鞍横向导轨到回转盘中心距离 C_3 及回转盘中心与主轴轴线所在平面间偏差 C_0 组成。其中 C_0 为封闭环,各环间的关系为

$$C_0 = C_1 + C_2 - C_3$$

这项误差可通过修理床身及升降台导轨补偿。

三、主要部件的修理

主要部件修理之前,应按拆卸顺序将铣床解体。然后从主轴开始,按床身导轨—升降台—床鞍—回转盘—工作台等的顺序依次修复,中间穿插变速机构及操纵机构的修理,也可以几个部件同时或交叉进行修理。

(一)铣床拆卸顺序

X6132 卧式万能铣床部件的拆卸顺序如下:

1)电气部分拆卸。拆下电气接线、照明灯、线路板、电动机等。

2)拆下刀杆支架及滑枕。

3)拆下工作台。拆下工作台两边的手轮及挂脚,松开塞铁,吊出工作台。

4)拆下回转盘。松开锁紧螺栓后吊出回转盘。

5)拆卸床鞍。

6)拆卸升降台。将升降台吊稳,拆去升降台压板、塞铁及升降丝杠螺母座螺钉、定位销。

7)拆卸进给变速箱(也可在升降台拆卸前进行)。

8)拆卸床身上的变速操纵机构、床身内部的传动系统。

9)床身与底座分开。

(二)主轴部件的修理

主轴是床身导轨的修理基准,也是铣床工作台的测量基准。

铣床主轴（图 4.37（a））的技术要求主要是轴颈 A、B 的同轴度、圆柱度、圆度误差均不大于 0.005 mm，锥孔径向跳动误差在靠近轴端不大于 0.005 mm，在远离轴端 300 mm 处不大于 0.01 mm，端面 M 对主轴轴线的垂直度误差不大于 0.005 mm，主轴前端轴颈与轴承内孔接触面积不少于 85%。

1. 主轴的修复

若表面 A、B、P 磨损严重，可按图 4.37（b）的方法在主轴前端矩形槽内镶上铁条，紧固找正后打中心孔，在外圆磨床上磨削磨损部位，然后进行涂镀修复。修磨轴颈达到精度要求，再以修复后的轴颈为基准修磨锥孔及其他工作面，达到精度要求。

若磨损不严重，可直接修磨内孔，同时将表面 M、N 修复。若锥孔只有轻微磨损，可用锥度心棒研磨修复。

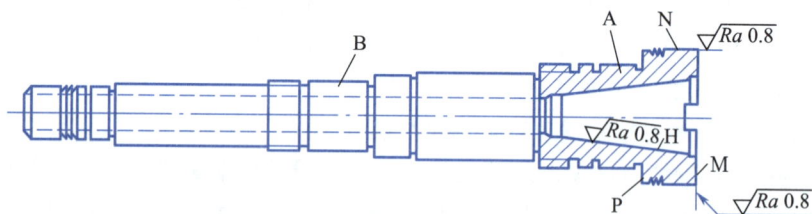

(a) 主轴修复图

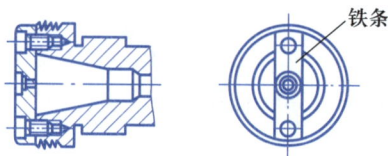

(b) 在主轴上打中心孔修复图

图 4.37　X6132 铣床主轴修复图

2. 主轴的装配

如图 4.38 所示是 X6132 铣床主轴装配图。主轴有 3 个轴承：前轴承为双列圆柱滚子轴承，中轴承为两角接触球轴承，后轴承为深沟球轴承。在主轴前、中轴承之间装有输入动力的齿轮 5，在后、中轴承之间，装有飞轮 26。

主轴的回转精度主要由前、中轴承精度决定。安装时应按铣床原轴承精度级别选用，并测量前、中轴承的偏心量以及轴颈的偏心量，作出标记。再调整测量中间角接触球轴承的预加负载量，磨削隔圈厚度，然后修磨调整半环调整圈 16。

装配时按图 4.38 所示的装配关系，将主轴从箱体前端推入，同时，在箱体内将隔套、调整螺母、大小齿轮、角接触球轴承、隔圈、调整螺母、飞轮和后轴承等按顺序安装在主轴上，并逐步调整到位。在装配前轴承时，将测得的主轴轴颈高点与轴承内孔高点对应配装，以提高主轴的回转精度。

3. 主轴部件的装配精度要求

主轴部件装配后应达到下列要求：

1）主轴锥孔中心跳动误差靠近主轴端不大于 0.01 mm，远离主轴轴端 300 mm 处不大于 0.02 mm。

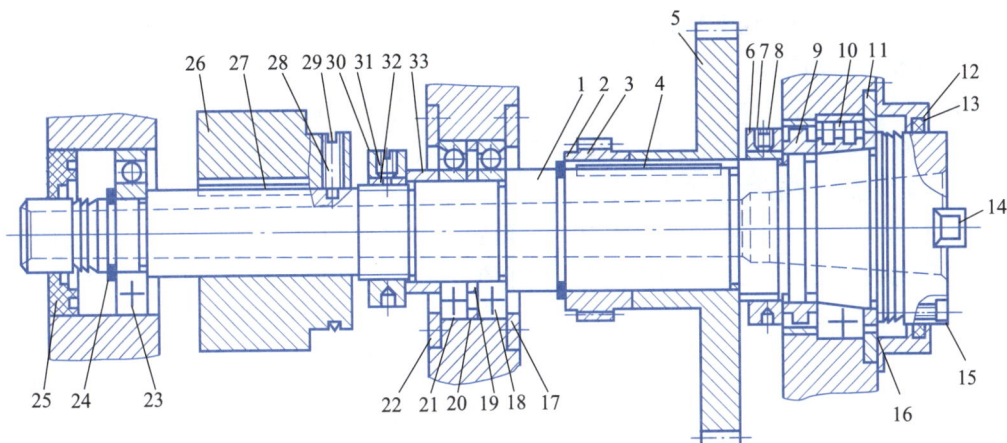

图 4.38　X6132 铣床主轴装配图

1—主轴；2、24—挡环；3、5—齿轮；4、27—平键；6—间隙调整螺母；7、32—压块；
8、28、31—防松螺钉；9、33—隔套；10—前轴承；11—挡圈；12、25—密封圈；
13—法兰；14—端面键；15—螺钉；16—半环调整圈；17、22—端盖；18—中轴承；
19—内隔圈；20—外隔圈；21—中轴承；23—后轴承；26—飞轮；29—铅丝；30—调整螺母

2）主轴的轴向窜动误差不大于 0.015 mm。

3）主轴轴肩端面跳动误差不大于 0.025 mm。

4）主轴轴颈的颈向跳动误差不大于 0.015 mm。

4. X6132 铣床主轴装配的调整方法

主轴装配精度的超差原因往往是由于主轴前、中轴承的间隙调整不当造成的。可采取如下调整方法：

1）当径向跳动超差时，一般需适当减小前轴承的间隙。调整时，应修去前部两半圆调整垫圈一定厚度，将轴承内圈向前轴颈大端移动。由于前轴颈是带 1/12 锥度的锥体结构，因而内圈的移动可以改变前轴承的径向间隙。

2）当轴向窜动超差时，一般需要调整中轴承的间隙。可以按前面介绍的预加载荷法修正内外隔圈的厚度差。

3）当采用上述调整后仍发现装配精度超差，则应检查床身前、中轴承孔的同轴度是否超差，主轴精度是否合格，各调整件、紧固件是否装配到位。

（三）床身导轨的修复

床身导轨的修复主要是恢复床身导轨的几何精度及位置精度，一般不作补偿尺寸处理。

床身导轨修复示意图如图 4.39 所示。图中 1、2、3、4 导轨面为升降台导轨，5、6、7、8 导轨面为悬梁导轨。

床身升降导轨的修复一般采用磨削，磨损较轻的可采用刮削。磨削或刮削导轨面时，都要以修复并安装后的铣床主轴为测量基准，保证导轨平面与主轴轴线的垂直度。

磨削床身升降导轨时，需要在主轴 7∶24 锥孔内安装专用量具，

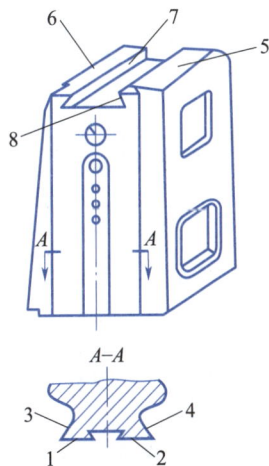

图 4.39　床身导轨
修复示意图

砂轮架以量具上与主轴轴线垂直的面为基准找正,然后磨削各导轨面,各表面粗糙度 Ra 应小于 0.8 μm,各项精度达到要求。

使用刮削方法时,首先用平板拖研 1、2 平面,然后用角度研板拖研导轨 3、4 面,保证接触点不少于 10 ~ 12 点/(25 mm×25 mm)。要测量和控制导轨平面对主轴轴线的垂直度要求。

床身升降导轨修复后应达到的精度为:

1) 如图 4.39 所示,导轨平面 1、2 对主轴回转中心的纵向垂直度误差不大于 0.015 mm/1 000 mm,只允许主轴回转轴线向下偏移,横向垂直度误差不大于 0.01 mm/300 mm。

2) 导轨平面 1、2、3 的直线度误差不大于 0.02 mm(只许中凹)。

3) 导轨平面 1 与 2 及 3 与 4 的平行度误差全长上不大于 0.02 mm。

精度测量如图 4.40 所示。

(四) 升降台及床鞍的修复

1. 升降台导轨的修复

如图 4.41 所示为升降台修复示意图,由图可知,升降台侧面有升降燕尾导轨(1、2、3 面组成)和横向矩形导轨(4、5、6、7、8、9 面组成)。在修理时,首先要在导轨面 3 镶贴补偿尺寸垫板,以补偿因床身导轨及升降台各相关导轨面磨损后而引起的床鞍定位环中心与主轴轴线的偏差。然后修复各导轨面,使之达到精度要求。

升降台导轨面的修复可用配磨或配刮。

升降台导轨面的刮削顺序有两种:一种是先将升降台导轨导向面 1、2、3 与床身上相应导轨配刮,再刮削升降台导轨压板和塞铁。而后将升降台安装在床身上,并将床身底座、升降丝杠、螺母部件及手摇升降机构安装好。然后再刮削横向矩形导轨面 4、5、6、7 至要求。这种方法使垂直度易于控制。另外一种是先刮床鞍导轨导向面 4、5、6、7、8、9 至精度要求,再与床身导轨配刮升降导轨导向面 1、2、3 及塞铁、压板至要求。这种方法需要控制好刮削量,经常测量床鞍导轨对床身导轨的垂直度。

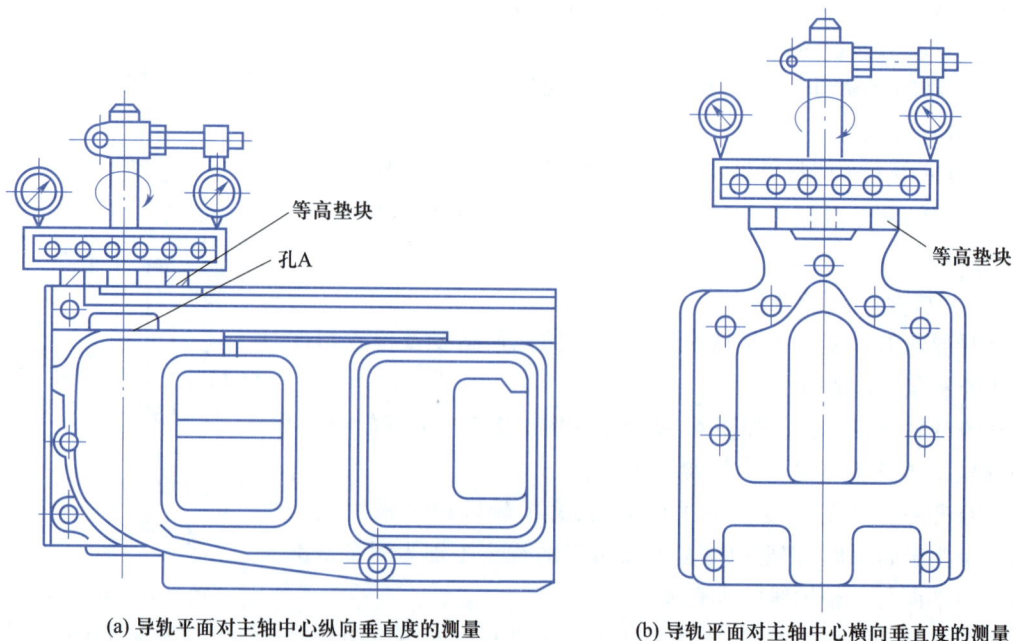

(a) 导轨平面对主轴中心纵向垂直度的测量　　　　(b) 导轨平面对主轴中心横向垂直度的测量

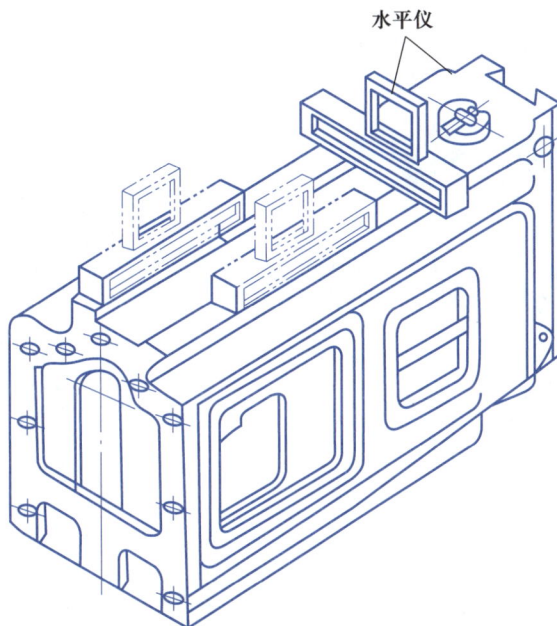

(c) 导轨平面的直线度及相互平行度的测量

图 4.40 床身升降台导轨平面的精度测量

2. 床鞍回转定位环中心与主轴轴线偏差的补偿

床鞍回转定位环中心与主轴轴线的偏差是床身导轨面、升降台导轨面 3、升降台横向导轨面 6、床鞍导轨面修复后产生的,可通过在升降台导轨面 3 表面镶贴垫板补偿。垫板补偿尺寸的确定方法如下:

1) 如图 4.42 所示,将修复的床身水平安置,在主轴锥孔内插入锥度球形检验棒,将升降台及床鞍依次在床身上安装好,并使床鞍导轨面与升降台导轨面 6 靠紧。

2) 加工制造专用定位盘安装在床鞍上,定位盘与床鞍定位环零间隙配合。

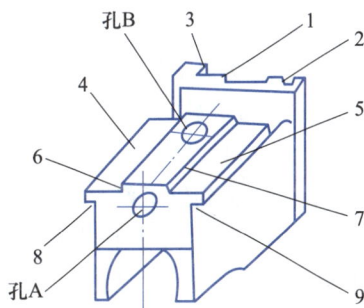

图 4.41 升降台修复示意图

3) 将百分表磁性表座吸合在定位盘上,表头与球形检验棒的球头接触。

4) 调整升降台与床身相对位置,使表针读数不大于 0.015 mm。

5) 检测升降台导轨面 3 与床身导轨面之间的间隙 Δ。

6) 以间隙 Δ 为基本尺寸,加上升降台导轨面修整量 a,以及床鞍导轨平面修整量 b,即为补偿环尺寸量 c

$$c = \Delta + a + b$$

在升降台导轨面 3 上镶贴补偿垫时,应采取措施防止垫片脱落。

3. 床鞍的修复

床鞍修复示意图如图 4.43 所示。通常导轨面 1、2、3 磨损较重,回转平面 6 仅在回转盘调整工作台角度时使用,一般磨损不大,不需修整。

(1) 床鞍导轨面的修复 床鞍导轨面修复时,可用配磨也可用配刮。配刮有两种方法:

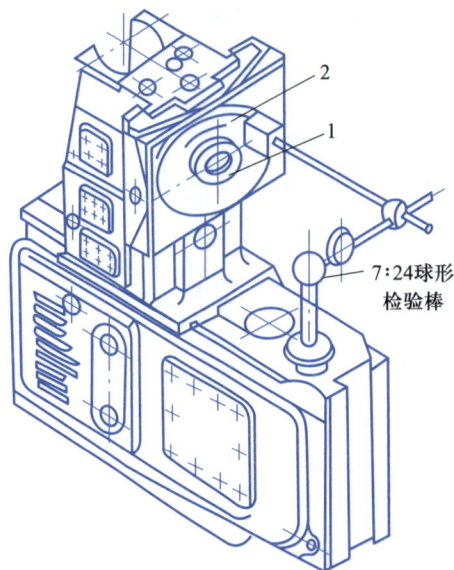

(a)定位环中心对主轴回转中心偏移量测量　　(b)补偿垫片尺寸的测定

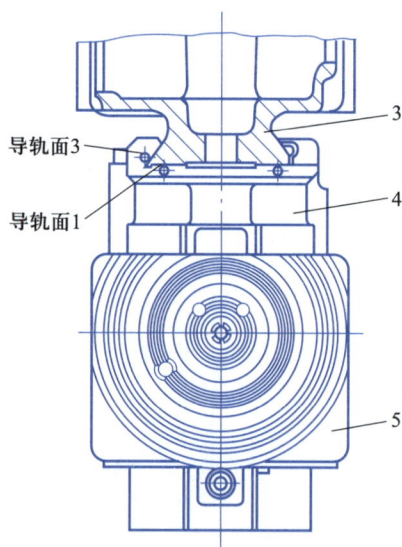

图 4.42　床鞍回转定位环中心与主轴轴线偏差的补偿

1—定位环；2—专用盘；3—床身；4—升降台；5—床鞍

1）先用平板和平尺刮削床鞍，后以床鞍为研具对研升降台横向导轨。

2）先用鞍形平板对研升降台横向导轨，后以升降台横向导轨对研床鞍导轨。

（2）床鞍修复后的精度要求　床鞍导轨与升降台导轨对研、拼装后应达到以下要求：

1）床鞍移动对主轴中心线平行度误差：在垂直面内 300 mm 测量长度不大于 0.03 mm，只许主轴前端下偏；水平面内 300 mm 测量长度上不大于 0.02 mm。

图 4.43　床鞍修复示意图

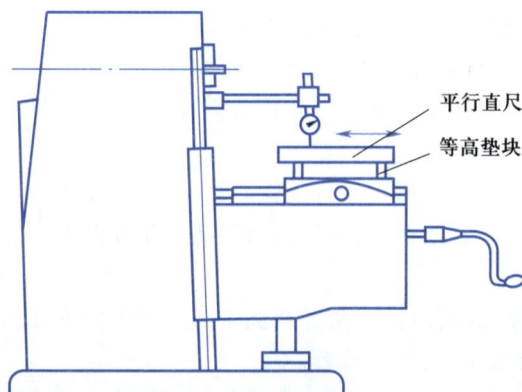

2）床鞍上平面对其移动方向的平行度误差：在 300 mm 测量长度上不大于 0.03 mm（图 4.44）。

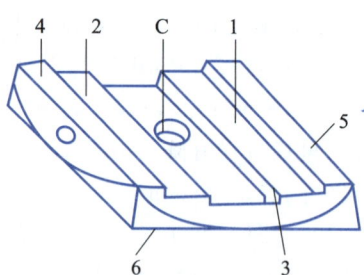

图 4.44　床鞍上平面对其移动方向平行度测量

3）升降台移动对床鞍上平面的垂直度误差：横向在 300 mm 测量长度上不大于 0.03 mm，只许上端朝向床身，纵向在 300 mm 测量长度上不大于 0.02 mm（图 4.45）。

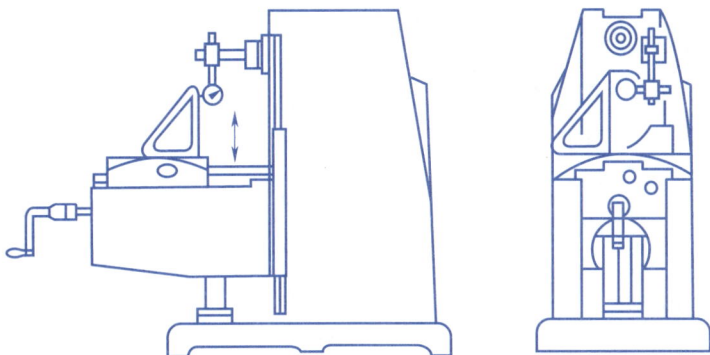

图 4.45　升降台移动对床鞍上平面的垂直度测量

4）压板及塞铁与导轨面的接触精度密合度，用 0.03 mm 塞尺插入量小于 20 mm，接触点不少于 8 点/(25 mm×25 mm)。

5）床鞍回转平面 6 对中心孔 C 的垂直度误差：在 100 mm 测量长度上不大于 0.03 mm，平面 6 的平面度误差不大于 0.015 mm，只许中凹。

4. 横向进给螺母座孔修理

由于升降台的导轨面 4、5、6 及床鞍导轨面 1、2、3 经过磨削或刮削后，横向进给丝杠螺母座孔将与丝杠安装中心偏移 Δ_1、Δ_2（图 4.46），致使装配后的丝杠螺母副不能正常工作。应对偏移量予以修正，修复可在镗床上进行。修复示意图如图 4.47 所示。

1）将修复好的床鞍置于镗床工作台上，将百分表头固定在镗头主轴上，移动工作台，校正床鞍导轨 1、2、3 面对主轴中心的平行度，如图 4.47（a）所示，然后将其装夹好。

2）将升降台翻置于床鞍上，让升降台侧导轨面 6 与床鞍导轨面 3 紧密结合，并用 0.03 mm 塞尺检查接触情况。用装在镗头主轴上的百分表以

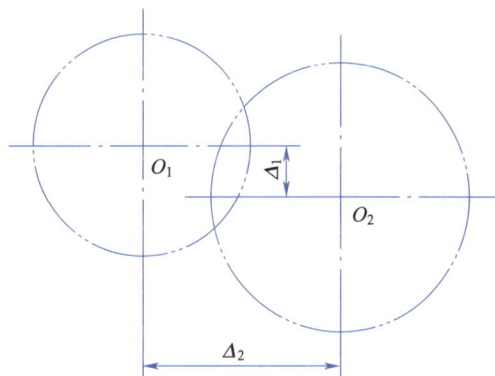

图 4.46　横向进给螺母座孔与丝杠安装孔的偏移

升降台上的丝杠安装孔 A 为基准找正，如图 4.47（b）所示，然后锁紧工作台及镗头主轴箱。

3）移走升降台，把横向进给丝杠螺母托架装到床鞍上，安装固定好。按调整好的镗头主轴位置镗削加工托架上的螺母孔，修正偏心量。

4）再按修正后放大的螺母孔直径尺寸，配制衬套或加工螺母。

（五）回转盘与工作台的修理

回转盘与工作台修理的主要工作是回转盘与床鞍回转平面的配刮、回转盘导轨与工作台的配刮、工作台面的修复等，其修复示意图如图 4.48 所示。

1. 回转盘的修理

回转盘是安装于工作台与床鞍之间的工作部件。如图 4.48（a）所示，在回转盘上有与工作

台导轨相接触的导轨面 1、2、3 及与床鞍相接触的回转平面 5。在修复回转盘导轨面 1、2、3 时,要保证各导轨面对螺母孔 E 的平行度,也要保证导轨面对回转面 5 的平行度。

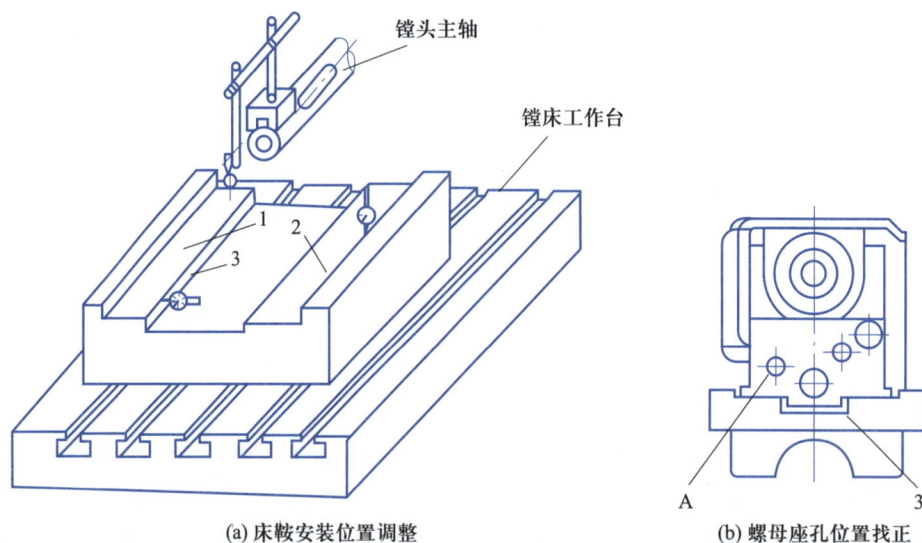

(a) 床鞍安装位置调整   (b) 螺母座孔位置找正

图 4.47　丝杆螺母座孔修复示意图

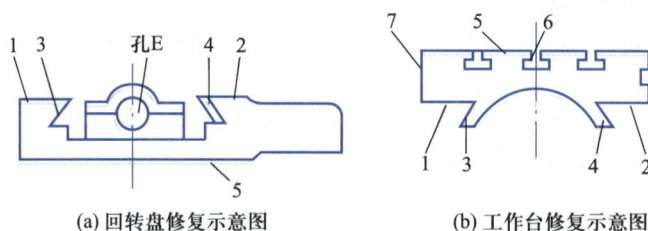

(a) 回转盘修复示意图   (b) 工作台修复示意图

图 4.48　回转盘与工作台的修复示意图

修回转盘时,应先以床鞍为研具(安装定位环),对研回转平面 5,达到接触精度后,再以修磨后的工作台燕尾导轨面为研具,对研回转盘导轨面 1、2、3。刮削时要测量导轨面 1、3 对 E 孔的平行度,误差控制在 0.02 mm 之内(在 500 mm 测量长度上)。最后再配刮塞铁,达到接触精度要求。上述各导轨面刮削时,接触精度不少于 10 点/(25 mm×25 mm)。

2. 工作台的修理

工作台如图 4.48(b)所示。主要修复工作台面 5,燕尾导轨面 1、2、3、4。燕尾导轨面较长,一般在导轨磨床上加工。工作台面 5 一般在龙门刨床上精刨加工。

在导轨磨床上磨削工作台燕尾导轨时,先要检查 7 面对 T 形槽侧面 6 的平行度,然后以修复后的工作台面 5、7 为基准,一次装夹修磨导轨面 1、2、3、4,以保证各面之间的平行度。

工作台修复后应达到下列要求:

1)工作台平面 5 的平面度误差:在 1 000 mm 测量长度上不大于 0.03 mm,只允许中凹,工作台表面不允许有大的碰伤和划伤。

2)导轨面 1、2 平面度误差不大于 0.015 mm,只允许中间凹。

3)导轨面 1、2 对表面 5 的平行度误差不大于 0.015 mm,只许中间凹。

4）导轨面 3 的直线度误差：在 1 000 mm 测量长度上不大于 0.02 mm，只许中间凹。

5）导轨面 3 对 T 形槽侧面 6 的平行度误差不大于 0.02 mm。

（六）悬梁部件的修复

悬梁部件由悬梁及刀杆支架两部分组成。

1. 悬梁的修复

悬梁的修复工作应与床身顶面燕尾导轨一起进行。悬梁导轨的修复可采用磨削或刮削，达到精度后与床身顶面燕尾导轨配磨或配刮。

悬梁导轨的刮削是用 55°角度平尺，修刮导轨面 1、3（图 4.49），达到接触精度要求后，再刮削 2、4 面。床身顶面燕尾导轨以修复后的悬梁导轨为研具，配刮达到以下精度要求是导轨面 5、6、7（图 4.39）对主轴轴线的平行度误差：在 300 mm 测量长度上不大于 0.025 mm（测量方法如图 4.50 所示）。悬梁与导轨接触精度不少于 8 点/（25 mm×25 mm）。

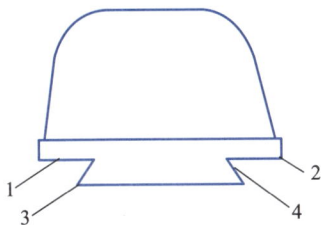

图 4.49 悬梁修复示意图

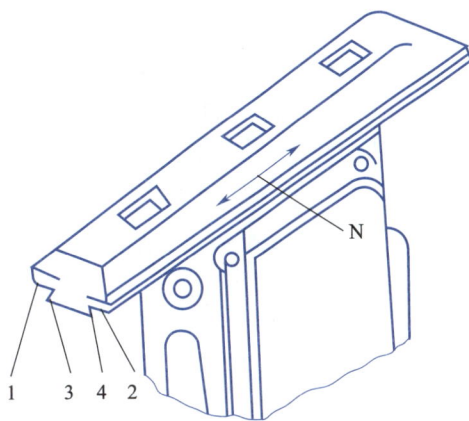

图 4.50 床身顶面导轨对主轴轴线平行度测量

悬梁导轨表面严重磨损、拉毛或变形较大时可采用配磨方法修复。

2. 刀杆支架的修复

刀杆支架如图 4.51 所示。刀杆支架的主要失效形式是支架导轨和支架轴承的磨损，修理时不但要修复这些磨损部件，还要恢复刀杆支架轴承孔与主轴轴线的同轴度。

刀杆支架导轨面的修复主要采用刮削工艺，将支架导轨与修复的悬梁导轨对研，使两者间的接触精度不少于 8 点/（25 mm×25 mm）。刀杆支架与悬梁导轨间因磨损和修复所造成的间隙可用黏接等方法补偿。

床身、悬梁、刀杆支架导轨面的修复，都会使刀杆支架孔与主轴同轴度超差。修复的方法是镶套重镗支架孔，镗孔则是利用铣床自身加工完成。

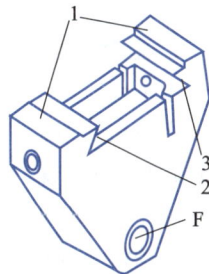

图 4.51 刀杆支架

四、铣床传动部件的装配与调整

（一）主轴变速箱及操纵机构的修理

1. 主轴变速箱的修理

主轴变速箱结构如图 4.52 所示，动力从轴Ⅰ输入，经过轴Ⅱ三联滑移齿轮，轴Ⅳ三联滑移齿轮及双联滑移齿轮,将动力传递到主轴Ⅴ。使主轴获得 18 级转速。在轴Ⅰ上的电磁制动器 M1 吸合可使主轴快速制动。

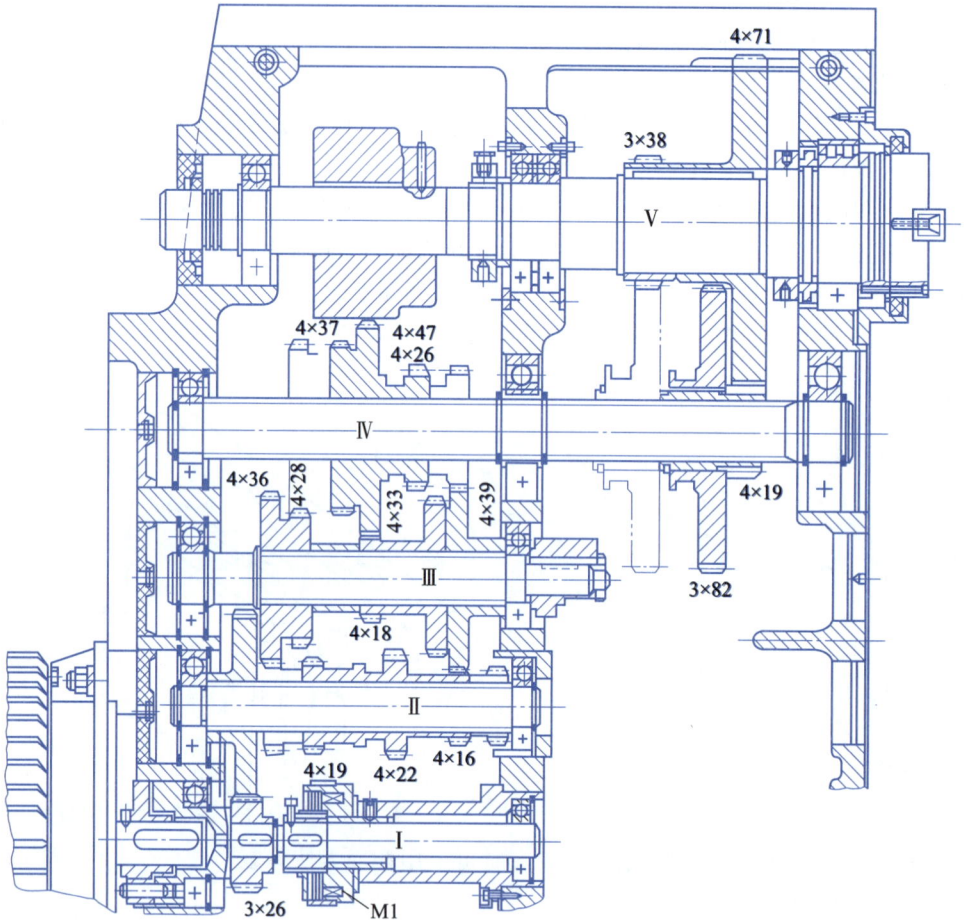

图 4.52　主轴变速箱结构

2. 主轴变速箱的修理

主轴变速箱的修理主要是修换滑移齿轮、电磁制动器摩擦片,轴Ⅰ联轴器及损伤的轴承。

将损伤的零件修换并清洗后,按图 4.52 所示结构关系装配。装配时应特别注意主轴Ⅴ和轴Ⅰ的调整。调整轴Ⅰ时,要保证电磁制动器中动、静摩擦片的间隙,使之在制动器断电时,动、静摩擦片能自由脱开,通电时又能可靠地压紧。

主轴箱变速机构的控制多是采用孔盘变速控制方式,新型铣床已将孔盘的拉出和推回动作改为由液压油缸自动操纵。主轴变速操纵机构装好后,扳动手柄、转动选速盘,在 18 种转速情况下,孔盘与 3 组 6 根齿条轴的推杆之间,应该进出自如,轻快。如有干涉现象,应及时调整。最后将操纵机构合装在床身上。

(二)进给变速箱的修理与装配

大修时需要更换内外摩擦片。装配时,重点是做好轴Ⅵ的装配和调整。

可参照图 4.53 按下列顺序进行装配。首先将电磁离合器 M2、宽齿轮 8、花键套 14 等组装成一体,控制调整环 11 的厚度,调整离合器 M2 内外摩擦片的间隙,使其总和在 3 mm 左右。用同样方法将离合器 M3、花键套 4、5、17、18 等组装成组件。然后将左端的轴承装入轴承座内并装好定位挡圈;在箱体内安置好两个电磁离合器组件,使其孔与轴承孔对正;然后将轴Ⅵ从右至左穿入箱体;再装入右端花键套 4 上的平键、滚针(图中未表示)、齿轮 2、齿轮 1 等零件。最后根据齿轮 2 与轴Ⅴ齿轮间的正确啮合位置,配装轴承座定位螺钉。

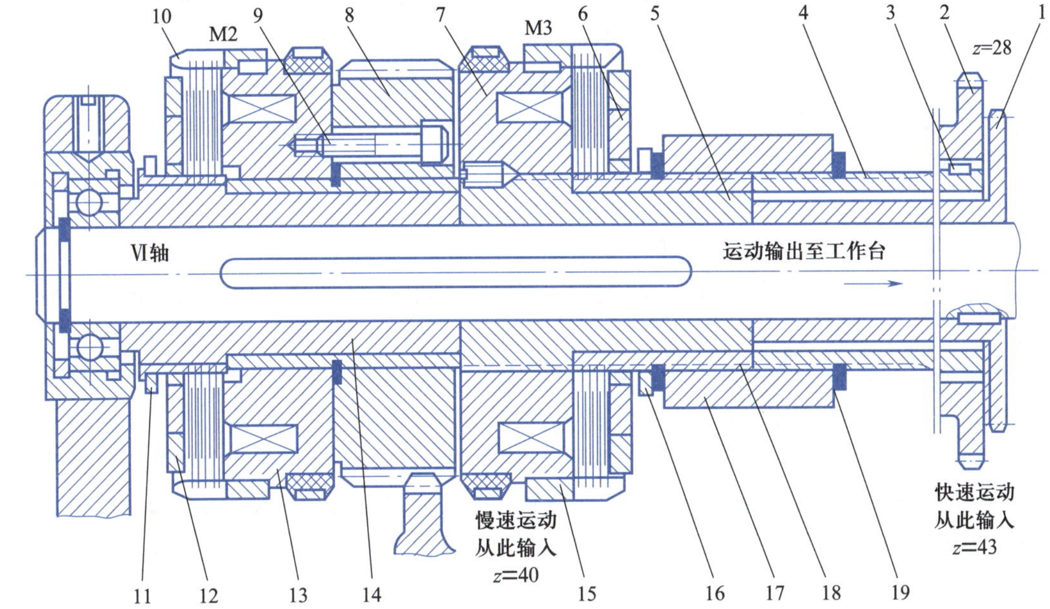

图 4.53 进给变速箱轴Ⅵ结构

1、2—齿轮;3—平键;4、5、14、17、18—花键套;6—衔铁;7—磁轭;8—宽齿轮;9—螺钉;
10、15—外摩擦片外套;11、16—调整环;12—衔铁;13—磁轭;19—挡圈

进给箱内其他各轴装配与调整可参照有关内容,按常规的装配要求进行,最后要达到各齿轮的啮合位置正确,啮合间隙合适,滑移齿轮滑动无阻滞现象,各传动轴运转平稳,无噪声,润滑装置工作正常等要求。

(三) 升降台的装配与调整

升降台的装配与调整主要是指垂直升降丝杠副、手摇机构、X 轴、轴Ⅷ上电磁离合器及各轴的装配与调整。

X6132 型万能升降台铣床中的垂直进给丝杠采用滚珠丝杠副,一般磨损不大,经保养和调整后可继续使用。若磨损较大或因事故产生弯曲变形时,应更换丝杠副。

电磁离合器的装配与调整,主要是更换摩擦片,检查离合器导线接点和线圈是否完好,衔铁是否有磨损和变形,其装配可参照进给箱中电磁离合器的装配与调整进行。

1. 垂直升降丝杠螺母机构的装配与调整

滚珠丝杠上的锥齿轮是带动丝杠实现升降台升降的传动零件。由于径向是滑动摩擦支承,经过一段时间运转后,锥齿轮外套面将会产生磨损,导致上支承座的孔间间隙增大,影响升降平稳性。同时锥齿轮的啮合间隙也会因齿面磨损而增大,导致空程量增大,升降定位不可靠。调整和修复以上情况的常用方法是更换锥齿轮,更换并调整垫圈的厚度,使锥齿轮的啮合间隙恢复到合适值。

2. 自锁机构的装配与调整

在升降台轴Ⅷ设置有自锁机构,以防止升降台因自重而产生的下滑。在大修时需要对自锁机构进行修理与调整。

自锁机构主要由法兰套、调整螺母、碟形弹簧和超越离合器等零件组成。在升降台自重作用下,丝杠做顺时针转动,此转动通过齿轮带动Ⅷ轴做逆时针转动。此时,与Ⅷ轴经键或花键连接的超越离合器星形体也随Ⅷ轴做逆时针转动。滚柱被推向狭窄处,带动离合器外圈一起转动。碟形弹簧的压力通过压盖将离合器外圈压住,阻止离合器外圈转动,防止升降台下滑。

装配时,碟形弹簧压紧量应适当调整,过松将导致自锁不可靠,过紧会引起机动或手动下降阻力过大。一般调整为:上升时施加在手柄上的作用力不大于 60 N,下降时不大于 50 N。

(四) 铣床工作台及回转盘传动机构的修理

1. 工作台及回转盘传动机构修理

在工作台及回转盘传动机构中,工作台两端的超越离合器和丝杠及回转盘上的锥齿轮容易磨损,修理时,应仔细检查后再修复或更换。

由于升降台导轨侧面及床鞍导轨面侧向定位面的修整,致使床鞍中心的上、下锥齿轮的托架中心相对升降台内花键轴Ⅸ的轴心线发生偏离,导致该轴上锥齿轮与托架上的下锥齿轮啮合位置发生偏离。因此,装配前应消除这个偏离量,一般采取配作一个偏心套的方法。即将锥齿托架 5(图 4.54)的外圆车小,然后按其实际尺寸及床鞍中心实际尺寸配作一偏心套,用套的偏心量消除上述两轴的偏心量。此时,还要调整锥齿轮垫圈 6 的厚度,保证锥齿轮与丝杠同轴锥齿轮的啮合间隙。

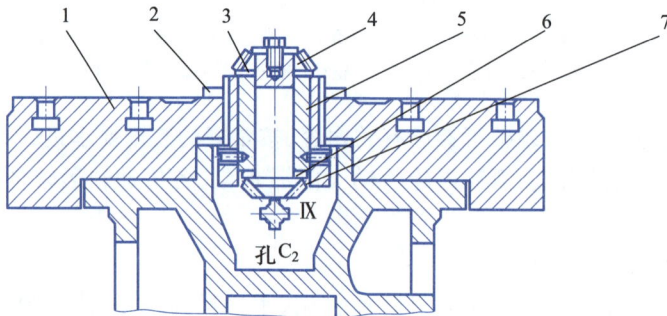

图 4.54　回转盘托架中心偏移量的调整
1—床鞍；2—定位环；3、6—垫圈；4、7—锥齿轮；5—托架

2. 工作台及回转盘的装配

(1) 进给丝杠轴向间隙的调整　进行装配时,先手摇丝杠,推动工作台运动,消除左支架上超越离合器端面与轴架端面之间的间隙,然后将其零件装配到位,再调节螺母,使右支架上超越离合器的端面与轴架的端面之间留有 0.05 mm 的间隙,锁紧螺母。注意两端离合器的安装方向。

(2) 丝杠支架与丝杠间隙的调整　丝杠两端支架孔与螺母中心应保证同轴度。装配时,先调整丝杠一端支架,手摇工作台感到轻松、无阻滞时,将丝杠一端的螺母紧固好。再装入螺母、推力轴承后,再调整丝杠另一端支架,并来回摇动工作台达到手感灵活,最后将丝杠另一端紧固螺母锁紧。

(3) 操纵机构装配　按装配图和操纵动作要求装配工作台操纵机构,应达到动作准确、定位可靠,离合器啮合准确,电气开关接触到位。

五、铣床的检验与调整

铣床大修完成后,应进行机床空运作试验和负载试验,并根据 GB/T 3933.2—2002《升降台铣床检验条件 精度检验 第 2 部分:卧式铣床》进行几何精度检验和工作精度检验。

（一）精度检验项目

GB/T 3933.2—2002 规定的几何精度检验项目,共计 15 项。

1. **轴线运动**

（1）升降台垂直移动的直线度。

（2）滑座横向移动（Z 轴）对工作台纵向移动（X 轴）的垂直度。

（3）工作台纵向移动（X 轴）的角度偏差。

2. **工作台**

（1）工作台面的平面度。

（2）工作台面与滑座横向移动（Z 轴）在 YZ 垂直平面内的平行度。

（3）工作台面与工作台纵向移动（X 轴）在 XY 垂直平面内的平行度。

（4）工作台中央或基准 T 形槽的直线度。

（5）中央或基准 T 形槽与工作台纵向移动（X 轴）的平行度。

3. **主轴**

（1）主轴定心轴颈的径向跳动（用于有定心轴颈的机床）、周期性轴向窜动、主轴轴肩支承面的跳动（包括周期性轴向窜动）。

（2）主轴锥孔的径向跳动。

（3）主轴轴线对工作台的平行度。

（4）主轴轴线与工作台横向移动（Z 轴）的平行度。

（5）主轴轴线与工作台中央或 T 形槽的垂直度。

4. **刀杆支架**

（1）悬梁导轨对主轴轴线的平行度。

（2）刀杆支架孔轴线与主轴轴线的同轴度。

5. **工作精度检验**

工作精度检验 1 项（检验要求见表 4.12）。

（二）铣床空运转试验

空运转试验主要完成以下各项:

1）主传动空运转试验从主轴低速开始,逐级试验,各级转速的运转时间不少于 30 min,主轴轴承达到稳定运行时的温度不得超过 60 ℃。

2）起动进给电动机,逐级进行纵、横向及升降进给运动试验和快速移动试验,各种进给量的运转时间不少于 2 min,最大进给量运转试验达到稳定温度时,轴承温度不超过 50 ℃。

3）在所有转速的运转试验中,铣床各机构应正常,无冲击、振动和异常的噪声。

4）铣床运转时,润滑系统各润滑点应得到充足的润滑,各处不得有漏油现象。

（三）机床负载试验

铣床负载试验的目的是检验机床主运动系统能否承受原出厂标准所规定的工作规范。可根据情况选取最佳工作规范的 2/3 进行试验。一般选下述项目的一项进行切削试验。

1. 铣削 45 钢,正火处理 210~220HRS

（1）用圆柱铣刀　铣刀直径为 $\phi100$ mm,铣刀齿数为 4,铣削宽度为 50 mm,侧吃刀量 a_e（铣削深度）为 3 mm,铣刀转速为 750 r/min,进给量为 750 mm/min。

（2）用端面铣刀　铣刀直径为 $\phi150$ mm,铣刀齿数为 14,铣削宽度为 100 mm,背吃刀量 a_p（铣削深度）为 5 mm,铣刀转速为 37.5 r/min,进给量为 190 mm/min。

2. 铣切铸铁 HT200,硬度为 180~200HBS

（1）用圆柱铣刀　铣刀直径为 $\phi90$ mm,铣刀齿数为 18,铣削宽度为 100 mm,侧吃刀量 a_e（铣削深度）为 11 mm,铣刀转速为 47.5 r/min,进给量为 118 mm/min。

（2）用端面铣刀　铣刀直径为 $\phi200$ mm,铣刀齿数为 16,铣削宽度为 100 mm,背吃刀量 a_p（铣削深度）为 9 mm,铣刀转速为 60 r/min,进给量为 300 mm/min。

（四）主要几何精度的检验和调整方法

铣床主要几何精度检验和调整方法见表 4.11。铣床工作精度检验要求见表 4.12。

表 4.11　铣床主要几何精度检验和调整方法

简图	检验项目	允差/mm	检验工具	检验方法	调整方法
	升降台垂直移动的直线度：a）在机床的横向垂直平面内（YZ 平面）b）在机床的纵向垂直平面内（XY 平面）	a）和 b）在任意 300 测量长度上为 0.02	指示器和角尺	用角尺的垂直边代替平尺　调整角尺,使其在测量长度两端的读数相等。直线度误差以指示器读数的最大差值计　工作台位于行程的中间位置：a）横向滑座（Z 轴）锁紧 b）工作台（X 轴）锁紧　如果主轴可以锁紧,可将指示器固定在主轴上。如果主轴不能锁紧,应将指示器装在机床的一个固定部件上	修整床身垂直导轨的直线度,并且升降台与床身要合研

简图	检验项目	允差/mm	检验工具	检验方法	调整方法
	a）工作台面与滑座横向移动（Z轴）在 YZ 垂直平面内的平行度 b）工作台面与工作台纵向移动（X轴）在 XY 垂直平面内的平行度	a）和 b）在任意 300 测量长度上为 0.025 最大允差值为 0.05	指示器和平尺	指示器测头应尽量放在刀具的切削位置上 在与工作台面平行放置的平尺上测量 当工作台长度大于 1 600 mm 时，采用逐步移动平尺的方法进行检验 升降台（Y轴）锁紧 a）锁紧工作台（X轴） b）锁紧横向滑座（Z轴） 如果主轴可以锁紧，可将指示器固定在主轴上，如果主轴不能锁紧，应将指示器装在机床的一个固定部件上	影响横向平行度的因素有：工作台、床鞍、回转盘的横向平行度。当横向平行度超差时，可选择回转盘修整 当纵向精度超差时，修整工作台下面的燕尾形导轨，一般下导轨凸出 0.01 ~ 0.02/1 000，容易合格
	中央或基准 T 形槽与工作台纵向移动（X 轴）的平行度	在任意 300 测量长度上为 0.015 最大允差值为 0.04		锁紧横向滑座（Z 轴）和升降台（Y轴） 如果主轴可以锁紧，可将指示器固定在主轴上，如果主轴不能锁紧，应将指示器装在机床的一个固定部件上	修整工作台基准导轨面，使其与中央 T 型槽平行。如果由镶条接触不良引起，则应修刮镶条

表 4.12 铣床工作精度检验要求

简图和试件尺寸/mm	检验性质	切削条件	检验项目	允差/mm	检验工具	说明(参照 GB/T 17421.1—1998《机床检验通则 第1部分:在无负荷或精加工条件下机床的几何精度》)
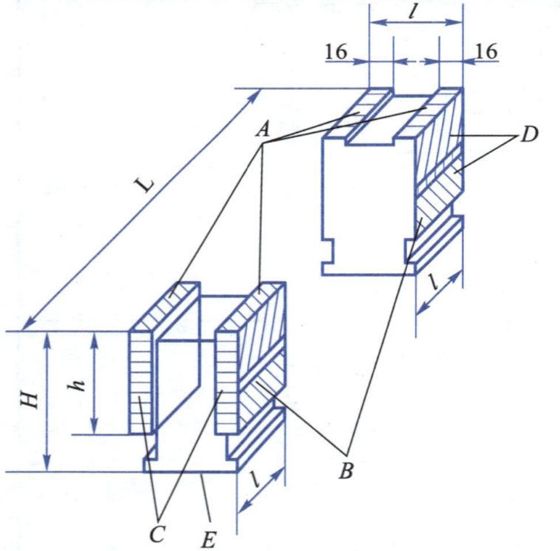 *L* 为试件的长度或两试件外侧面之间的距离 *L*=1/2 纵向行程 *L*=*h*=*h* 纵向行程 *L*≤500 时,l_{max}=100 500<*L*≤1000 时,l_{max}=150 *L*>1 000 时,l_{max}=200 l_{min}=50 注 1. 纵向行程 ≥400:切削一个或两个试件,纵向行程应超过两端试件的长度 2. 纵向行程 <400:切削一个试件,纵向切削应超过试件的全长 3. 材料:铸铁	a) 用工作台纵向机动和升降向手动进给铣削 *B* 面,接刀处重叠 5~10 mm b) 用工作台纵向机动和升降向手动及横向手动进给铣削 *A*、*C* 和 *D* 面	a) 用套式面铣刀 b) 用同样的铣刀进行滚铣	a) 每个试件 *B* 面的平面度 b₁) *C* 和 *A* 面、*D* 和 *A* 面的相互垂直度及 *A*、*C*、*D* 面分别对 *B* 面的垂直度 b₂) 试件的等高度	a) 0.02 b₁) 0.02/100 b₂) 0.03	a) 平板和指示器 b₁) 角尺和量块 b₂) 千分尺	试切前应确保 *E* 面平直 切削试件应沿工作台纵向轴线放置,使长度 *L* 相等地分布在工作台中心的两边 注:应经用户与供应商或制造厂协商同意,简图所示的试件可用具有完整侧面的较简单形状的试件来代替,但至少要与图示试件的检验具有相同的精度 铣刀应装在刀杆上刀磨,安装时应符合下列公差: 1) 径向跳动:≤0.02 mm; 2) 端面跳动:≤0.03 mm。 切削时所有非工作滑动面均应锁紧

复习思考题

4.1 什么是设备大修？它包括哪些内容？

4.2 设备大修前的准备工作内容是什么？

4.3 需要编制的机械设备大修文件有哪些？

4.4 简述设备大修工艺过程。

4.5 机械设备拆卸前要做哪些准备工作？拆卸的一般原则是什么？拆卸时的注意事项有哪些？

4.6 简述常用零部件的拆卸方法。

4.7 零件清洗包括哪些内容？试述其清洗方法。

4.8 机械修理中常用的零件检查方法有哪些？

4.9 设备零件修理和更换的原则是什么？

4.10 机床主轴常见的磨损部位有哪些？常采用哪些修复方法？

4.11 为什么要在滚动轴承上施加预加载荷？如何确定轴承预紧量？

4.12 什么是机械设备的修理装配？修理装配的工艺原则是什么？

4.13 装配精度一般指哪些？

4.14 简述万能升降台铣床主轴部件的修理和调整方法。

4.15 铣床升降台修复需要刮削哪些导轨面？试述其刮削顺序。

4.16 简述铣床工作台及回转盘的修理工艺。

4.17 铣床垂直升降丝杠螺母机构怎样调整与装配？

4.18 铣床空运转试验主要完成哪些项目？

4.19 试述升降台垂直移动的直线度、工作台面对工作台移动的平行度、工作台中央T型槽对工作台纵向移动的平行度的检验和调整方法。

4.20 简述 XA6132 卧式万能升降台铣床工作精度检验的内容与方法。

能力和素质养成训练

1. 能够对压块机进行拆卸，并对零件进行清洗、维修，完成压块机的装配、调试。

2. 学习小组讨论：谈一谈进行设备维修时，团队合作的重要性。

3. 从"工欲善其事，必先利其器"谈一谈机械设备维修的注意事项。

第 **五** 章

液压系统维修

⚙ 导学

运用简易诊断和检测仪器准确诊断液压系统故障位置和原因、修理常用液压元器件是维修人员的必备能力。

⚙ 知识和能力目标

1. 了解液压系统故障特征及故障诊断的方法。
2. 熟悉液压泵、液压缸、液压阀、液压辅件的常见故障以及修理方法。
3. 熟悉设备液压部分大修内容、液压元件测试项目,掌握液压元件与管道安装要求与方法,以及液压系统调试的内容与方法。
4. 能够对机床液压系统进行故障诊断与维修。

⚙ 职业素养和价值观目标

1. 能够运用液压综合知识,准确诊断液压元件的常见故障并进行修理。
2. 培养克服困难、坚持不懈的意志,以及勇于质疑、建立自信的精神。

液压传动或液压控制设备在工程领域应用广泛,当前很多机电产品都是机械、液压、电子电气一体化产品,因此液压系统故障诊断与维修的作用尤为重要。

第一节　液压系统故障诊断方法

液压系统的功能是由油液的压力、流量和液流方向实现的。根据这一特征,采用简单可行的诊断方法和利用监测仪器进行分析可以找出液压系统的故障及原因。然后通过对液压元件的修复、更换、调整,排除这些故障,保证设备正常运行。

一、液压系统故障特征

（一）不同运行阶段的故障特征

1. 新试制设备调试阶段的故障特征

液压设备调试阶段的故障率较高,存在问题较为复杂,其特征是设计、制造、安装调整以及质

量管理等问题交织在一起。除机械、电气问题外,一般液压系统常见故障有:

1)接头、端盖处外泄漏严重。

2)速度不稳定。

3)由于脏物使阀芯卡死或运动不灵活,造成执行油缸动作失灵。

4)阻尼小孔被堵,造成系统压力不稳定或压力调不上去。

5)某些阀类元件漏装了弹簧或密封件,甚至管道接错而使动作混乱。

6)设计不妥,液压元件选择不当,使系统发热,或同步动作不协调,位置精度达不到要求等。

2. 定型设备调试阶段故障

定型设备调试时的故障率较低,其特征是由于搬运中损坏或安装时失误而造成的一般容易排除的小故障,其表现如下:

1)外部有泄漏。

2)压力不稳定或动作不灵活。

3)液压件及管道内部进入脏物。

4)元件内部漏装或错装弹簧及其他零件。

5)液压件加工质量差或安装质量差,造成阀芯动作不灵活。

3. 设备运行到中期的故障

设备运行到中期以后,故障率逐渐上升,由于零件磨损,液压系统内外泄漏量增加,效率降低。这时应对液压系统和元件进行全面检查,对有严重缺陷的元件和已失效的元件进行修理或更换,适时安排设备中修或大修。

（二）偶发事故性故障特征

这类故障特征是偶发突变,故障区域及产生原因较为明显。如碰撞事故使零部件明显损坏,异物落入液压系统产生堵塞,管路突然爆裂,内部弹簧偶然断裂,电磁线圈烧坏,密封圈断裂等。

二、液压系统故障诊断方法

液压系统的故障分析诊断是一个复杂的问题。分析诊断之前应弄清楚液压系统的功能、传动原理和结构特点,然后根据故障现象进行判断,逐渐深入,逐步缩小可疑范围,确定区域、部位,直到某个液压元件。

（一）液压设备故障诊断方法

液压设备故障诊断方法可分为简易诊断技术和精密诊断技术两种。

1. 简易诊断技术

简易诊断技术是由维修人员利用简单的仪器和实践经验对液压系统出现的故障进行诊断,判别产生故障的原因和部位。这是普遍采用的方法,可概括为:看、听、摸、问、阅。具体内容如下:

1)看液压系统工作的真实现象。看执行机构运动速度有无变化和异常现象,液压系统中各测压点的压力值有无波动,油液是否满足要求,是否有漏油现象。

2)用听觉判别液压系统和泵的工作是否正常。听液压泵和液压系统工作时的噪声是否过大,液压缸活塞是否有撞击缸底的声音,油路板内部是否有连续不断的泄漏声。

3)用手摸运动中的部件表面。摸油泵、油箱和阀体外表面的温升,感觉是否烫手,摸运动部件和管子,感觉有无振动,摸工作台有无爬行。

4)向操作者询问设备运行状况,了解设备维修、保养和液压元件调节的情况。

5)查阅设备技术档案中有关故障分析与维修的记录。

通过上述程序,对设备故障情况有了详细了解,结合修理者实际维修经验和判断能力,可对故障进行简单的定性分析。必要时需停机拆卸某个液压元件,放到试验台做定量性能测试,才能弄清楚故障原因。

2. 精密诊断技术

精密诊断技术是在简易诊断技术的基础上对有疑问的异常现象,使用各种监测仪器对其进行定量分析,从而找出故障原因。

状态监测用的仪器种类很多,通常有压力、流量、速度、位移和位置传感器,油温、油位、振动监测仪和压力增减仪等。把监测仪器测量到的数据输入计算机系统,计算机根据输入的信号提供各种信息和各项技术参数,由此可判别出某个执行机构的工作状况,并可在屏幕上自动显示出来。在出现危险之前可自动报警、自动停机或不能启动另外一个执行机构等。

(二)查定故障部位的方法

应用逻辑流程图可以查定较复杂液压系统的故障部位。

首先由维修专家设计逻辑流程图,并把逻辑故障流程图经过程序设计输入到计算机中储存。当某个部位出现不正常的技术状态时,计算机可帮助人们及时找到产生故障的部位和原因,使故障得到及时处理。如图 5.1 所示的液压缸无动作,对这一故障可以从流程中一步一步地查找下去,最后找到发生故障的真实原因。

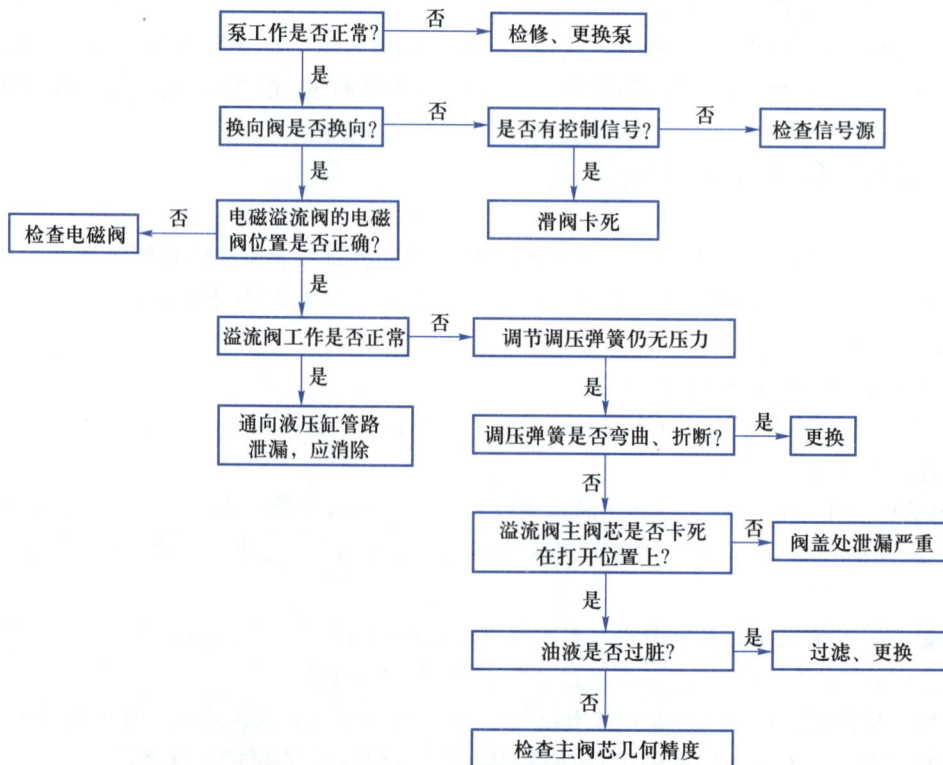

图 5.1　逻辑流程图

第二节　液压元件维修

设备液压部分大修时,应对液压缸、液压泵、液压阀、油箱及管道等各类辅助元件进行全面检修。经过修理或更换的液压元件应经过液压试验台测试合格后,才能安装。液压元件与管道应按规定的要求进行安装,安装完成后,液压系统要经过检查、空载调试、负载调试达到原设计或使用要求后,才可交付使用。

一、设备液压部分大修内容

设备大修时,液压系统的检修内容如下:

1)液压缸应清洗、检查、更换密封件。如果液压缸已无法修复,应成套更换。对还能修复的活塞杆、活塞、柱塞和缸筒等零件,其工作表面不准有裂缝和划伤。修理后技术性能要满足使用要求。

2)所有液压阀均应清洗,更换密封件、弹簧等易损件。对磨损严重且技术性能已不能满足使用要求的元件,应检修或更换。

3)液压泵应检修,经过修理和试验,泵的主要技术性能指标已达到要求,才能继续使用。若泵已无法修复,应换新泵。

4)对旧的压力表要进行性能测定和校正,若不合质量指标,应更换质量合格的新压力表。压力表开关要调节灵敏、安全可靠。

5)各管子要清洗干净。更换被压扁、有明显敲击斑点的管子。管道排列要整齐,并配齐管夹。高压胶管外皮已有破损等严重缺陷的应更换。

6)油箱内部、空气滤清器等均要清洗干净。对已经损坏的滤油器应更换,油箱中的一切附件应配齐,排油管均应插入油面以下,防止吸入空气和产生泡沫。

7)液压系统在规定的工作速度和工作压力范围内运动时,不应发生振动、噪声以及明显冲击等现象。

8)系统工作时,油箱内不应当产生泡沫。油箱内油温不应超过55 ℃,当环境温度高于35 ℃时,系统连续工作4 h,其油温不得超过65 ℃。

二、液压泵的常见故障与维修

(一)齿轮泵的故障与修理

齿轮泵是应用最为广泛的液压泵。外啮合齿轮泵结构如图5.2所示。

1. 齿轮泵的常见故障及排除方法

齿轮泵的常见故障及排除方法见表5.1。

2. 齿轮泵主要零件的修理方法

(1)齿轮的修理　齿轮泵工作时,啮合齿轮以一定方向旋转,一个齿的两侧齿形面只有一面相啮合工作。当齿轮的啮合表面磨损不严重时,可用油石将磨损处产生的毛刺修整掉,如无结构限制,再将两只齿轮翻转安装,利用其原来非啮合的齿面进行工作,可以延长啮合齿轮的使用寿命。当齿轮的啮合表面磨损较多或有较深的沟槽时,则需更换齿轮。

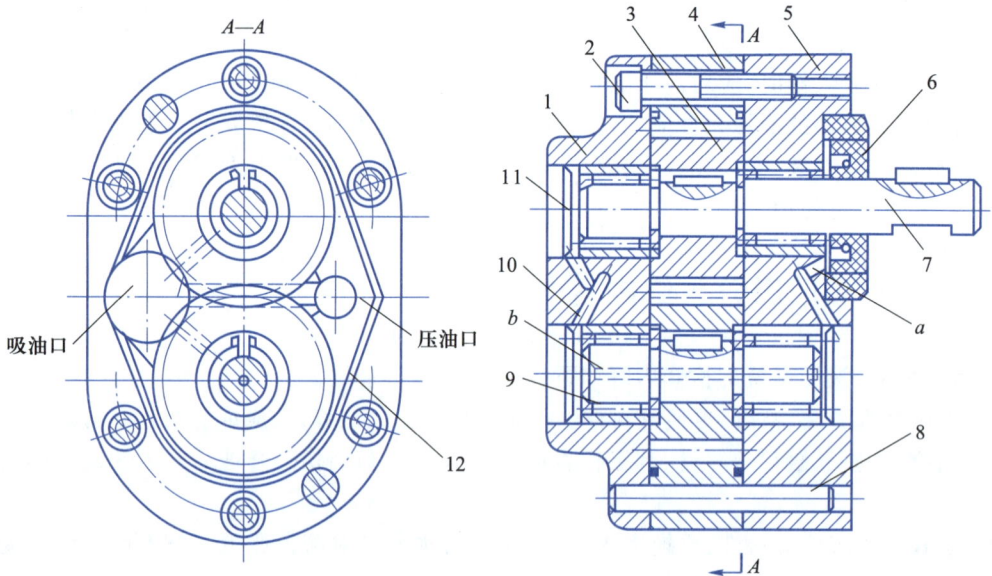

图 5.2　外啮合齿轮泵结构

1、5—端盖；2—螺钉；3—齿轮；4—泵体；6—密封圈；7—主动轴；
8—圆柱销；9—从动轴；10—泄漏小孔；11—压盖；12—卸荷槽；a、b—泄漏通道

　　齿轮经过长期使用后,齿轮外圆处因受不平衡径向液压力的作用,偏向一边与泵体内孔摩擦而产生磨损及刮伤,使径向间隙增大。磨损较轻时继续使用,情况严重时应更换齿轮。

　　齿轮两侧端面与前后端盖及轴承外圈因有相对运动而磨损。当磨损不严重时,只需用研磨方法将痕迹研去并抛光,即可重新使用。若磨损严重,则需要将两只齿轮同时放在平面磨床上修磨,表面粗糙度应达到 Ra 值为 1.25 μm,端面与孔中心线的垂直度在 0.005 mm 以内,并用油石将锐边修钝。

表 5.1　齿轮泵的常见故障及排除方法

故障征兆	故障原因分析	故障排除与检修
齿轮泵密封性差,产生漏气	1. 泵体与前、后端盖接触面平面度差,齿轮高速旋转时会进入空气 2. 长轴左端和短轴两端塑料密封压盖,因热胀冷缩或损坏产生泄漏 3. 吸油口管道密封不严,密封件损坏 4. 油池的油面过低,吸油管吸入空气	1. 检查接触面。若平面度差,可在平板上用金刚砂研磨或在平面磨床上修磨端盖 2. 用丙酮或无水酒精将其清洗干净,再用环氧树脂胶粘剂涂敷 3. 紧固吸油口管道密封螺母,更换密封圈 4. 加油至标线。吸油管长度应浸入油面2/3 高度处

故障征兆	故障原因分析	故障排除与检修
噪声大	1. 齿轮的齿形精度不高或接触不良 2. 齿轮泵进入空气 3. 前后端盖端面修磨后，两卸荷槽距离增大，产生困油现象 4. 齿轮与端盖端面间的轴向间隙过小 5. 泵内滚针轴承或其他零件损坏 6. 装配质量低，轴转动有时轻时重现象 7. 齿轮泵与电动机连接的联轴器碰擦 8. 出现空穴现象	1. 更换为齿形精度较高的齿轮，或对研修整 2. 按上述齿轮泵漏气故障处理 3. 修整卸荷槽间距尺寸，使之符合设计要求（两卸荷槽间距为 2.78 倍齿轮模数） 4. 修磨齿轮厚度，较之泵体薄 0.02 ~ 0.04 mm 5. 更换轴承或其他零件 6. 拆检后重新装配调整 7. 调整联轴器，使两轴同轴度误差小于 0.1 mm 8. 检查吸油管、油箱、过滤器、油位及油液黏度，排除空穴现象
容积效率低、流量不足、压力提不高	1. 齿轮啮合间隙增大，或轴向间距与径向间隙太大，内泄漏严重 2. 泵体有砂眼、缩孔等缺陷 3. 各连接处有泄漏 4. 油液黏度太大或太小 5. 进油管进油位置太高 6. 因溢流阀故障使压力油大量泄入油箱	1. 更换啮合齿轮或泵体，调整轴向间隙在 0.02 ~ 0.04 mm，径向间隙在 0.13 ~ 0.16 mm 2. 更换泵体 3. 修复漏点 4. 选用机床说明书规定的油液，同时考虑气温影响 5. 应控制进油管的进油高度不超过 500 mm 6. 检修溢流阀
机械效率低	1. 啮合齿轮旋转时与泵体孔或端盖碰擦 2. 装配不良，如前后盖板与轴的同轴度不好，轴上弹性挡圈圈脚太长 3. 泵与电动机间联轴器同轴度没调整好	1. 重配轴向和径向间隙尺寸至要求的范围内 2. 重新装配调整，要求用手转动主动轴时无时轻时重和碰擦感觉 3. 调整联轴器，使两轴同轴度误差小于 0.1 mm
密封圈被冲出	1. 密封圈与泵的前盖配合过松 2. 泵体方向装反，出油口接通卸荷槽而产生压力，将密封圈冲出 3. 泄漏通道被污物堵塞	1. 检查配合间隙，若间隙大，更换密封圈 2. 重新装配泵体 3. 取出堵塞物
压盖在运转时经常被冲出	1. 压盖堵塞了前后盖板的回油通道，回油不畅，压力增大，将压盖冲出 2. 泄漏通道被污物堵塞	1. 将压盖取出重新压进，注意不要堵回油通道，且不出现漏气现象 2. 取出堵塞物

（2）泵体的修理　由于修磨两齿轮端面，使齿轮厚度变薄，因此应根据齿轮实际厚度，配磨泵体端面，以保证齿轮的轴向间隙在规定的范围。

泵体内孔与齿轮外圆有较大间隙，一般磨损不大，若发生轻微磨损或刮伤时，只需用金相砂纸修复即可使用。若由于启动时的压力冲击而使齿轮外圆与泵体内孔摩擦,使内孔产生较大磨损时,需更换新的泵体。

由于齿轮和轴受到高压油单方向的作用,而使泵体内壁的磨损多发生在吸油腔一侧,磨损量不应大于 0.05 mm。磨损后可用刷镀修复,修复后其圆度、圆柱度误差应小于 0.01 mm,表面粗糙度 Ra 值应达到 0.8 μm。

(3) 传动轴的修理　齿轮泵长、短轴与滚针轴承相接触处会产生磨损,长轴外圆与密封圈接触处也会产生磨损。若磨损比较轻微,则用金相砂纸修光后继续使用。当磨损较严重时,可用电镀或刷镀技术修复。若损坏严重则需调换新轴。

(4) 轴承圈的修理　滚针轴承圈的磨损发生在与滚针接触的内孔和齿轮接触的端面处。内孔磨损较严重时,一般更换轴承圈。也可内圆磨削增大孔径,应保证孔的圆度和圆柱度误差不大于 0.005 mm,再根据轴承圈内孔和传动轴外圆的实际尺寸选择合适的滚针。

当轴承圈端面磨损或拉毛时,可将四个轴承圈放在平面磨床上,以不接触齿轮的端面为基准,磨削轴承圈的另一端面即可。

(5) 端盖的修理　端盖与齿轮端面相对应的表面会产生磨损和擦伤,形成圆形磨痕。端盖磨损后,采用磨削或研磨方法修复平整,应保证端面与孔中心线的垂直度,平面表面粗糙度 Ra 值应达到 1.25 μm。

(二) 叶片泵的故障与修理

YB 型双作用叶片泵结构如图 5.3 所示。

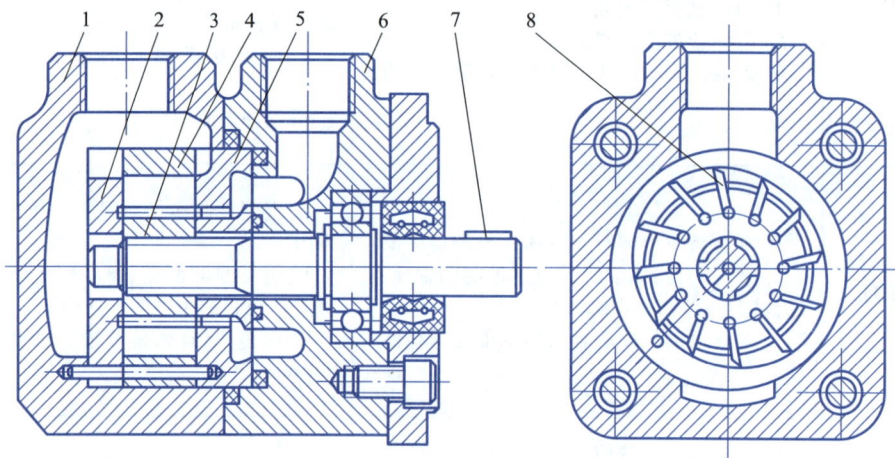

图 5.3　YB 型双作用叶片泵结构

1—左体壳;2、5—配油盘;3—转子;4—定子;6—右体壳;
7—花键轴;8—叶片

1. 叶片泵的常见故障及排除方法

叶片泵常见故障及排除方法见表 5.2。

2. 叶片泵主要零件的修理

(1) 定子的修理　当叶片泵工作时,叶片在压力油和离心力作用下,紧靠在定子内表面上,叶片与定子内表面因表面接触压力大而产生磨损。特别是吸油腔部分,叶片根部有较高的压力油顶住,其内曲面最容易磨损。

表 5.2　叶片泵常见故障及排除方法

故障征兆	故障原因分析	故障排除与检修
泵不出油，压力表显示没有压力	1. 泵旋转方向反了 2. 吸油管及滤油器被污物堵塞 3. 油箱内油面过低，吸不上油 4. 油液黏度过大，使叶片移动不灵活 5. 吸油管过长 6. 吸油腔部分(油封、泵体、管接头)漏气 7. 叶片在转子槽内被卡住 8. 配油盘和盘体接触不良，高低压油互通 9. 未装配连接键，或花键断裂 10. 泵体有砂眼、气孔、疏松等缺陷，造成高、价压油互通	1. 改变泵旋转方向 2. 取出堵塞物 3. 加入油液 4. 使用黏度低的油液 5. 应使油泵靠近油箱 6. 检查吸油腔是否有砂眼、气孔，吸油管有无裂纹，管接头及油封密封性等 7. 叶片去毛刺或单配叶片，使叶片在槽内移动灵活 8. 配油盘在压力油作用下有变形，应修整配油盘接触面 9. 装配或更换键 10. 更换泵体
油量不足	1. 径向间隙太大 2. 轴向间隙太大 3. 叶片与转子槽配合间隙太大 4. 定子内腔曲面有凹凸或起线，使叶片与定子内腔曲面接触不良 5. 进油不通畅	1. 配油盘内孔或花键轴磨损严重时，应更换 2. 修配定子、转子和叶片，间隙控制在 0.04～0.07 mm 3. 单配叶片，间隙控制在 0.013～0.018 mm 4. 在专用磨床上修磨定子曲线表面，若无法修磨，则需调换定子 5. 清洗过滤器，定期更换工作油液，并保持清洁
容积效率低，压力提不高	1. 叶片或转子装反 2. 个别叶片在转子槽内移动不灵活，甚至被卡住 3. 轴向间隙太大，内泄漏严重 4. 叶片与转子槽的配合间隙太大 5. 定子内曲线表面有刮伤痕迹，致使叶片与定子内曲线表面接触不良 6. 定子进油腔处磨损严重；叶片顶端缺损或拉毛等 7. 配油盘内孔磨损 8. 进油不通畅 9. 油封安装不良或损坏	1. 正确安装叶片或转子 2. 检查配合间隙，若配合间隙过小，应根据槽尺寸配研叶片 3. 修配定子、转子和叶片，间隙控制在 0.04～0.07 mm 4. 根据转子叶片槽单配叶片 5. 使用装有特种凸轮工具的内圆磨床对定子内表面进行修磨 6. 定子翻转180°装上，在对称位置重新加工定位孔；修磨叶片顶端缺陷 7. 磨损严重时，需更换新配油盘 8. 疏通进油管路 9. 重新安装油封，若损坏则需更换

续表

故障征兆	故障原因分析	故障排除与检修
噪声大	1. 定子内曲面拉毛 2. 配油盘端面与内孔、叶片端面与侧面垂直度差 3. 配油盘压油窗口的节流槽太短 4. 传动轴上密封圈过紧 5. 叶片倒角太小,运动时作用力突变 6. 进油口密封不严,混入空气 7. 进油不通畅,泵吸油不足 8. 泵轴与电动机轴不同轴 9. 泵在超过规定压力下工作 10. 电动机振动或其他机械振动引起泵振动	1. 抛光定子内曲表面 2. 修磨配油盘端面和叶片侧面,使其垂直度在 0.01 mm 以内 3. 修长配油盘压油腔处的节流槽 4. 放松密封圈 5. 叶片一侧倒角或加工成圆弧形 6. 检查进油口 7. 清除过滤器污物,加大进油管道,调整油液黏度 8. 校正两轴的同轴度误差,使其小于 0.1 mm 9. 降低泵工作压力,应低于额定工作压力 10. 泵和电动机与安装板连接时应安装一定厚度的橡胶垫

定子内曲线表面磨损出现沟痕时,可先用粗砂纸磨平消除沟痕,再用细砂纸抛光。若磨损严重或表面呈锯齿状时,可放在数控或专用的内圆磨床上修复,定子修理后,内表面与端面垂直度为 0.008 mm,表面粗糙度 Ra 为 0.4 μm。若无磨床进行修复时,需更换新的定子。

双作用叶片泵定子内表面由四段圆弧和四段过渡曲面线构成,是对称的。可以采用一种简单的方法,就是将定子翻转 180° 安装,并在对称位置重新加工定位孔,使定子上原来的吸油腔变为压油腔。

(2) 转子的修理　转子两端面与配油盘端面有相对运动,容易产生磨损。端面磨损后间隙增大,内部泄露增加。磨损不严重时,可用油石将拉毛处修光、研磨,或在平板上研磨平整。若磨损严重时应将转子放在磨床上修磨两端面,消除磨损痕迹,两端面的平行度为 0.008 mm,表面粗糙度 Ra 为 0.16 μm,端面与孔的垂直度为 0.01 mm。

应注意转子端面磨削后,也应对定子端面进行磨削,以保证转子与配油盘之间的正常间隙为 0.04 ~ 0.07 mm。同时应对叶片宽度按转子宽度配磨,并保证叶片宽度比转子宽度小 0.005 mm。

转子的叶片槽因叶片在槽内频繁的往复运动,磨损量较大易引起油液内泄。叶片槽磨损后,可在工具磨床上用超薄砂轮修磨,两侧面平行度误差为 0.01 mm,表面粗糙度 Ra 应达到 0.1 μm,再单配叶片,以保证其配合间隙在 0.013 ~ 0.018 mm 的范围内。若叶片在槽内运动不够灵活,可用研磨的方法修复。

(3) 叶片的修理　叶片与定子内曲线表面接触的顶端和与配油盘有相对运动的两侧面最容易磨损。磨损后,可用专用夹具装夹,磨修其顶部的倒角及两侧面。修磨后,需用油石修去毛刺。

叶片与转子槽接触的两平面磨损较缓慢。如有磨损可放在平面磨床上进行修磨或进行研磨,但应保证叶片与槽的配合间隙在 0.013 ~ 0.018 mm 以内,否则需要更换新的叶片再配磨或配研。

(4) 配油盘的修理　配油盘的端面和内孔最易磨损。端面磨损轻微时,可在平板上研磨平整。当磨损较为严重时,可采取切削加工的方法修复,应保证端面与内孔的垂直度为 0.01 mm,与转子接触平面的平面度在 0.005 ~ 0.01 mm,端面粗糙度 Ra 为 0.2 μm。配油盘内孔磨损不多时,用金相砂纸磨光。磨损严重时可采用扩孔镶套再加工到原来尺寸的方法,也可调换新的配油盘。

（三）柱塞泵的故障与修理

1. 柱塞泵的主要故障

柱塞泵的主要故障是吸油量不足,以及形不成压力。引起故障的主要原因如下:

（1）柱塞泵内有关零件的磨损。其中柱塞与柱塞孔、缸体与配油盘最易磨损,磨损使间隙增大,内泄漏严重。

（2）柱塞泵变量机构动作失灵。由于柱塞泵伺服滑阀磨损,间隙太大,或其他有关零件的损坏,使流量调节机构不能准确调节输出流量。

（3）泵的装配不良。由于主要零件的配合间隙太大或太小,密封圈安装不当、螺钉紧固力不均匀等装配原因也会引起吸油不足,形不成压力。

2. 柱塞泵主要零件的修理

（1）**缸体修理**　缸体上柱塞孔的修复,可使用研磨棒研磨,消除孔径的不圆度和锥度,经过抛光后再配柱塞。柱塞可以电镀、刷镀或喷镀。缸体与配油盘接触端面的修复,可在磨床上精磨,然后再用抛光膏抛光。加工后粗糙度 Ra 达到 $0.2\ \mu m$,端面平面度误差应在 $0.005\ mm$ 以内。

（2）**配油盘的修理**　配油盘的配油面应保证与缸体接触面接触达 85%。使用中产生磨损,出现磨痕数量不超过 3 个,刮伤深度在 $0.01 \sim 0.08\ mm$ 之间,经研磨修复后仍可使用。

修理方法:将配油盘放在二级精度平板上,用氧化铝研磨,边研磨边测量平面度和两面平行度,然后在煤油中洗净,再抛光。端面修磨后表面粗糙度 Ra 不得小于 $0.05\ \mu m$,且不得大于 $0.2\ \mu m$,以利于贮存润滑油,修后端面平面度误差应在 $0.005\ mm$ 以内,两端面平行度误差不大于 $0.01\ mm$。

3. 斜盘与滑靴的修理

斜盘与滑靴接触的表面会产生磨损和划痕。可在平板上研磨至表面粗糙度 Ra 为 $0.08\ \mu m$,平面度误差在 $0.005\ mm$ 之内。

球头松动的柱塞滑靴,当轴向串动量不大于 $0.15\ mm$ 时,可使用专用工具推压或滚合,边推压(滚合)边转动、推拉柱塞杆,直到滑靴与球面配合间隙不大于 $0.03\ mm$。

液压泵的密封圈、弹簧也是容易损坏的零件,在液压泵的修理中应选择符合标准的元件进行更换。

三、液压缸的常见故障及修理

液压缸是把液压能转换为机械能的执行元件,液压缸分为活塞缸和柱塞缸两种类型。液压缸使用一段时间后,由于零件磨损、密封件老化失效等原因而常发生故障,即使是新制造的液压缸,由于加工质量和装配质量不符合技术要求,也容易出现故障。

（一）活塞缸的常见故障及排除方法

1. 活塞缸的常见故障及排除方法见表5.3

2. 活塞缸主要零件的修理

（1）**缸体的修理**　活塞缸内孔产生锈蚀、拉毛或因磨损成腰鼓形时,一般采用镗磨或研磨的方法进行修复。

　　修理之前应使用内径千分表或光学平直仪检查内孔的磨损情况。测量时,沿缸体孔的轴线方向,每隔 100 mm 左右测量一次,再转动缸体 90°测量孔的圆柱度,并且做好记录。

　　缸体内孔的镗磨一般使用立式或卧式镗磨机。没有镗磨机时,可用其他机床进行改装。一般镗磨头以 10 ~ 12 m/min 的速度做往复运动,缸体以 100 ~ 200 r/min 速度旋转,依靠对称嵌在镗磨头上的油石对缸体内孔进行镗磨。镗磨分粗、精镗磨两种,粗镗磨使用的油石粒度为 80,精镗磨的油石粒度为 160 ~ 200。

　　当缸体长度较短时,可用机动或手动研磨方法修复缸体内孔。手工粗研时,将缸体固定,操纵研磨棒做转动和往复运动。精研时,将研磨棒固定,操纵缸体做旋转和往复运动。研磨棒的长度应大于被研缸体长度的 300 mm 以上。一般粗研采用 300 号金刚砂粉,半精研采用 600 号金刚砂粉,精研采用 800 ~ 1 200 号金刚砂粉或研磨软膏。

表 5.3　活塞缸的常见故障及排除方法

故障征兆	故障原因分析	故障排除与检修
活塞杆(或液压缸)不能运动	1. 液压缸长期不用,产生锈蚀 2. 活塞上的密封圈老化、失效 3. 液压缸两端密封圈损坏 4. 污物进入滑动部位 5. 液压缸装配质量差 6. 液压缸内孔精度差、表面粗糙度的值大或磨损,使内泄漏增大	1. 去除锈蚀 2. 更换密封圈 3. 更换两端密封圈 4. 取出污物 5. 重新装配和安装,更换不合格零件 6. 研磨液压缸内孔
推力不足,工作速度太慢	1. 液压系统压力调整较低 2. 缸体孔与活塞外圆配合间隙太大,造成活塞两端高、低压油互通 3. 液压系统泄漏 4. 两端盖内的密封圈压得太紧 5. 缸体孔与活塞外圆配合间隙太小,或活塞密封圈槽过浅 6. 活塞杆弯曲 7. 液压缸两端油管因装配不良被压扁 8. 导轨润滑不良	1. 调整溢流阀,使系统压力保持在规定范围内 2. 根据缸体孔的尺寸重配活塞 3. 检修系统泄漏部位 4. 调整压紧螺钉,以端盖密封不泄漏为限 5. 重配缸体与活塞的配合间隙,车削活塞上槽的深度 6. 校正活塞杆,全长误差在 0.2 mm 以内 7. 更换油管 8. 加入润滑油
爬行或局部速度不均匀	1. 导轨润滑不良 2. 液压缸内混入空气,未能将空气排除干净 3. 活塞杆全长或局部产生变形 4. 活塞杆与活塞的同轴度差 5. 液压缸安装精度低 6. 缸内壁腐蚀、局部磨损严重、拉毛 7. 密封压得过紧或过松	1. 适当增加导轨润滑油的压力或油量 2. 打开排气阀,将工作部件在全程内作快速运动,强迫排除空气 3. 调整两端盖螺钉,不使活塞杆变形 4. 调整,控制同轴度误差在 0.04 mm 以内 5. 重新安装 6. 除去锈斑、毛刺,严重时重磨内孔 7. 调整密封圈

续表

故障征兆	故障原因分析	故障排除与检修
外泄漏	1. 活塞杆表面损伤,密封件损坏 2. 装配不当,密封唇口装反、被损 3. 缸盖处密封不良 4. 管接头密封不严或油管挤裂	1. 修复活塞杆,更换密封件 2. 调整密封唇口方向,更换损坏件 3. 修复缸盖处密封 4. 更换油管
快速进退液压缸缓冲装置产生故障	1. 活塞上的缓冲节流槽太短、太浅 2. 活塞上的缓冲节流槽过深、过长,不起节流阻尼作用 3. 污物堆积,使活塞上缓冲节流槽阻塞 4. 快速进退液压缸的定位装置未调整好,使活塞行程不足,缓冲节流开口失去阻尼作用 5. 单向阀全开或钢球与阀座封闭不严,未经缓冲节流口而从单向阀直接回油 6. 活塞外圆与缸体孔配合间隙太大或太小 7. 缸内的活塞锁紧螺母松动	1. 用60°三角形整形锉修整节流槽 2. 将原节流槽用锡或铜焊平,再用60°三角整形锉重新修整节流槽 3. 取出堵塞物 4. 重新调整定位装置,将活塞与前端盖之间的间隙控制在 0.02 ~ 0.04 mm,使活塞上的缓冲节流槽充分起阻尼作用 5. 更换钢球或修复单向阀阀座,使之封油良好 6. 正常间隙为 0.02 ~ 0.04 mm。间隙过小,修磨活塞外圆;间隙过大,重配活塞 7. 拆下后端盖,拧紧锁紧螺母

经镗磨或研磨修复后的内孔应达到的圆度误差为 0.01 ~ 0.02 mm、直线度为 100∶0.01、表面粗糙度 Ra 为 0.16 μm 等项要求。

（2）活塞的修理　缸体孔修复后孔径变大,可根据缸体孔径重配活塞,或对活塞外圆进行刷镀修复。

（二）柱塞缸的常见故障及排除方法

柱塞缸依靠油液的压力推动柱塞向一个方向运动,称为单作用液压缸。其反向运动由弹簧、自重或反向柱塞缸来实现。柱塞缸的常见故障及排除方法见表5.4。

表5.4　柱塞缸的常见故障及排除方法

故障征兆	故障原因分析	故障排除与检修
推力不足	1. 液压系统压力不足 2. 柱塞和导套磨损后,间隙增大,漏油严重 3. 进油口管接头损坏或螺母未拧紧	1. 适当提高系统工作压力 2. 更换导套,内孔与柱塞外圆配合间隙为 0.02 ~ 0.03 mm 3. 更换管接头或拧紧螺母
推不动	柱塞严重划伤	小型柱塞更换新件。大型柱塞用堆焊修复柱塞表面深坑,采用刷镀修复大面积划伤的工作表面
泄漏	柱塞与缸筒间隙过大	对柱塞进行刷镀可以减少间隙。也可以采用增加一道 O 形密封圈并修改密封圈沟槽尺寸,使 O 形密封圈有足够的压缩量

四、液压元件修理后的测试

液压元件修理后,应经过技术性能测试来验证和确定其是否达到使用标准或达到使用要求。

液压元件修理后应测试下列项目：

1. 液压泵测试

1）压力。压力是液压泵的主要性能参数，需做额定压力测试。

2）排量。排量是液压泵的主要性能参数，应在额定转速和额定压力下测试液压泵的排量。

3）容积效率。它是衡量液压泵修理装配质量的一个重要指标，不得低于规定值。其计算公式为

$$容积效率=\frac{满载排量（公称转速下）}{空载排量（公称转速下）}\times100\%$$

4）总效率。它是衡量液压泵修理质量的一个技术指标。其计算公式为

$$总效率=\frac{输出功率}{输入功率}\times100\%$$

5）运转平稳性。在额定转速下，空运转或负载运转都要平稳，且无噪声和振动现象。

6）压力摆差。它是液压泵的一个性能参数，压力摆差值不能超过技术标准。

7）变量泵机构性能试验。对变量泵要做变量特性试验。要求变量机构动作灵敏、可靠，并达到技术要求。

8）测量泵壳温度，其温升范围不得超过规定值。

9）不准有外泄漏现象。

2. 液压缸测试

1）运动平稳性。在空载下对液压缸进行全行程往复运动试验，应达到运动平稳。

2）最低启动压力。要求最低启动压力不超过规定值或满足使用要求。

3）最低稳定速度。要求液压缸在最低速度运动时无爬行等不正常现象。

4）内泄漏量。液压缸内泄漏量是指液压缸有负载时，通过活塞密封处从高压腔流到低压腔的流量。测量在额定压力下进行，其值不得超过规定值或能满足使用要求。

5）耐压试验。被测液压缸公称压力小于 16 MPa 时，试验压力为其公称压力的 1.5 倍，保压 1 min 以上；被测液压缸公称压力大于 16 MPa 时，试验压力为其公称压力的 1.25 倍，保压 2 min 以上，不得有外泄漏等不正常现象。

6）缓冲效果。对带有缓冲装置的液压缸要进行缓冲性能及效果的试验。试验时按设计要求的最高速度往复运动，观察其缓冲效果，应达到设计要求或使用要求。

3. 方向阀测试

1）换向平稳性。换向阀在换向时应平稳，换向冲击不应超过规定值或满足使用要求。

2）换向时间和复位时间。换向阀主阀芯换向时应灵活、复位迅速，换向压力和换向时间的调节性能必须良好。换向时间和复位时间不得超过规定值或达到使用要求。

3）压力损失。在通过额定流量时，压力损失不得超过规定值或满足使用要求。

4）内泄漏。在额定压力下，测量内泄漏量，不得超过规定值或满足使用要求。

5）外泄漏。在额定压力下，在阀盖等处不得有外泄漏现象。

4. 压力控制阀测试

1）调节压力特性。在最低压力至额定压力范围内均能调节压力，且压力值稳定。调节螺钉应灵敏、可靠。

2）压力损失。在额定流量下，测量阀的压力损失，其值不得超过规定值或满足使用要求。

3）压力摆差。压力摆差的大小反映该阀的稳定性,其值不得超过规定值。

4）内泄漏与外泄漏测试的要求与方向阀要求相同。

5. 流量控制阀测试

1）调节流量特性。在最小流量至最大流量范围内均能调节流量,且流量值稳定。调节机构灵敏、可靠。

2）稳定性。通过调速阀的流量变化要求小,以保证液压缸运动速度稳定。试验时,将节流开口调节到最小开度,测量通过调速阀的流量稳定情况。其变化值不得超过规定值或满足使用情况。

3）内泄漏与外泄漏测试的要求与方向阀要求相同。

五、液压元件与管道的安装

（一）液压元件的安装要求

修复或新更换的液压元件经测试合格后才可进行安装,安装前液压元件应清洁并准备好安装工具,按设计图样的规定和要求进行安装。

1. 液压泵的安装要求

1）液压泵的轴与电动机轴的同轴度误差应在 0.1 mm 以内,倾斜角不得大于 1°。安装联轴节时,不应敲打,以免损坏泵内零件。安装要正确、牢固。

2）安装时应注意液压泵轴与电动机轴的旋转方向应是泵要求的方向。

3）紧固液压泵、电动机或传动机构的地脚螺钉时,螺钉受力应均匀并牢固可靠。

4）用手转动联轴节时,应感觉到液压泵转动轻松,无卡住或异常现象,然后才可以配管。

2. 液压缸的安装要求

1）安装前要严格检查液压缸的装配质量,装配质量合格后才能进行安装。

2）将液压缸活塞杆伸出并与被带动的机构（工作台）连接,用手推、拉工作台往复数次,并保证液压缸中心与移动机构（工作台）导轨面的平行度误差在 0.1 mm 以内。

3）液压缸活塞杆带动工作台移动时要灵活轻便,在整个行程中任何局部均无卡滞现象。调整好后拧紧紧固螺钉,要牢固可靠。

3. 液压阀的安装要求

1）检查板式阀结合面的平直度和安装密封件沟槽的加工尺寸和质量,若有缺陷应修复或更换。

2）安装阀时要注意进、出、回、控、泄等油口的位置,防止装错。换向阀以水平安装为好。

3）安装时要对密封件质量精心检查,不要装错,避免在安装时损坏。紧固螺钉拧紧时受力要均匀,对高压元件要注意螺钉的材质和质量,不符合要求的螺钉不准使用。

4）安装时要注意清洁,不准戴着手套进行安装,不准用纤维织物擦拭安装结合面,防止纤维类脏物侵入阀内。

5）阀安装完毕应进行检查。用手推动换向阀滑阀,要达到复位灵活、正确;换向阀阀芯的位置尽量处于原理图上所示的位置状态;调压阀的调节螺钉应处于放松状态;调速阀的调节手轮应处于节流口较小开口状态;应该堵住的油孔是否堵上了,该安装油管的油口是否都安装了。

4. 蓄能器安装要求

1）安装前先将瓶内的气体排空,不准带气进行搬运或安装。

2）蓄能器作为缓冲用时,应将蓄能器尽可能垂直安装在产生冲击装置的附近,油口应向下。

3）为了便于蓄能器的检修和充气,应在通油口的管道上安装截止阀。

4）检查蓄能器连接口螺纹是否损坏,若有异常不准使用,油管接头、气管接头都要连接牢固可靠。

5）直接安装于管路上的蓄能器,要用支承板牢固支承,以防产生跳跃事故。

(二)液压管道安装

液压管道安装一般分为两次,第一次为预安装,第二次为正式安装。管道安装质量好坏将影响整个液压系统的工作性能,因此对各种管道的配管和安装均有不同的要求。

1. 钢管

(1)配管方法

1）检查钢管质量。首先应检查钢管材料、尺寸和质量是否符合设计规定;然后检查外观是否有严重压扁、弯曲或有裂缝,内外壁表面是否有腐蚀。不符合要求的或有严重缺陷的管子不准使用。

2）测量配管尺寸。对已就位的液压泵、液压阀板、主机、辅机及有关部位的位置应仔细测量,力求准确。形状复杂的管子可先做一个样板,然后按尺寸或样板切割管子。

3）弯管。根据管路布置图或施工现场情况弯管时,一般先做成样板,然后再按样板弯制管子。根据钢管的外径、弯曲角度和弯曲半径确定冷弯、热弯或焊弯。

冷弯法。管子通径在 25 mm 以内时,可用手动弯管机弯制;管子通径在 25～50 mm 时,可用机动弯管机弯制。管子最小弯曲半径见表 5.5。

表 5.5　管子最小弯曲半径　　　　　　　　　　　　mm

管子外径 D		8	10	14	18	22	28	34	42	50	63	75	90	100
最小弯曲半径 R	热煨	—	—	35	50	65	75	100	130	150	180	230	270	350
	冷弯	25	35	70	100	135	150	200	250	300	360	450	540	700
最短长度 L		20	30	45	60	70	80	100	120	140	160	180	200	250

热煨法。管子通径 $D \geqslant 50$ mm 时,一般采用热煨法。热煨管子容易变形,所以在管内应填实干燥的沙子,以防止煨弯时管子被压扁、起皮。灌沙还能延长管子的冷却时间,使冷却速度均匀。灌沙时,先用木塞堵住管子一端,装入洁净、干燥、直径为 3～4 mm 的沙子,使管内无空隙,装满后要用塞子堵住另一端。然后将管子加热到 850～950 ℃,加热过程中要经常转动管子,使其受热均匀,并在管子上面加盖用薄钢板做的保温罩。煨弯时可用人力或动力机械,直径大于 65 mm 时,一般使用动力机械煨弯。待弯管冷却后,再进行清沙。

焊制法。管子通径 $D > 120$ mm 时,用焊制法较多。推荐选用弯曲半径 $R = (1-1.5)D$。焊制弯头要严格检查焊缝质量,不准有缺陷,并将焊渣等杂物清除干净。

4）耐压试验。对所有焊接的管道都要进行耐压试验。试验时先将管子内的空气排净,然后分阶段进行加压。第一步加压至工作压力 50% 左右,保压 3 min。第二步加压至工作压力,保压 3 min;第三步加压至工作压力的 150%,保压 3 min。每次加压检查焊缝质量,均无异常,被试管件可认为合格。

5）管子酸洗。钢管焊接后要进行酸洗,酸洗液可选用10%硝酸或20%硫酸溶液或用盐酸溶液,钢管酸洗之后要用温水清洗并烘干或吹干。

（2）安装要求

1）安装管道应按设计图样或实际位置合理布置。

2）安装时要将经过酸洗的管子用气吹干净。

3）安装时,管接头、法兰都应进行质量检查,合格件要用煤油清洗并用气吹干净。

4）管道连接时不得强压对接口,管子与连接件对接口应达到内壁整齐,局部错口不得超过管子壁厚的10%。

5）各管子接头连接要牢固,各结合面密封要严密,不准有外漏。

6）管子的交叉要尽量少。对于平行或交叉的管子之间、管子和设备主体之间必须要相距12 mm以上的间隙,防止互相干扰和避免振动时引起敲击。整机（或全条自动线）管子排列要整齐、美观、牢固,并便于拆装和维修。对连接管道较长的管子,应分段安装并在中间增设中间接头,以便于拆装。法兰盘端面应与管子中心线垂直。

7）加工弯曲的管道,其弯曲半径按表5.5中的规定。两段弯曲管道的焊接配管不能在圆弧部位焊接,而必须在平直部位焊接。

8）压力油管安装应牢固、可靠和稳定。在容易产生振动的地方要加橡胶垫或木块减振。管道安装后要在管子上相隔一定距离的地方安装管夹和固定支架,防止管道振动。

9）安装时要精心检查密封件质量,不符合要求的密封件不准使用。安装密封件时要注意唇口方向,安装时不要划伤或损坏密封件。

2. 高压软管

（1）配管方法

1）检查软管质量。要查明软管通径、钢丝层数和成套软管的规格尺寸是否符合设计规定。检查胶管内外径表面是否有脱胶、老化、破损等缺陷,有严重缺陷的不准使用。

2）测量配管长度。管子长度要根据已就位的主机、辅机及有关部位的位置进行测量,并稍有富余。软管接上后要避免软管受拉或扭曲。软管安装时的弯曲半径应大于软管外径的9倍,软管的弯曲半径中心距离接头为软管外径的6倍。

3）软管装配。软管接头种类有可拆卸式、不可拆卸式和对壳式。软管与接头装配时要注意胶管的压缩量,并根据胶管内径和胶管钢丝层外径的变化和具体的接头形式进行计算,压缩率应符合规定要求。

接头装配时,先将胶管外胶削去一段（为扣压长度）,再将外胶按1∶5斜角磨去,但不得损伤钢丝。装入时,在胶管内壁上涂润滑油,然后平正地拧入接头体内,不准有胶管钢丝层外露现象,胶管内壁不准损伤和出现余胶堵住等现象。

4）清洗。对每根软管都要用气吹净,并把管接头两端用塑料布包住,以免侵入脏物。

（2）安装要求

1）由于软管在工作压力变动下有-4%～2%的伸缩量变化,因此管子不允许出现拉紧状态。

2）胶管不允许有扭曲现象。

3）要在胶管外表面加导向保护装置,如用钢丝或钢板保护。

4）要避免接头处急剧弯曲,装配时弯曲半径应大于软管外径的9倍,软管的弯曲中心距接头距离为直径的6倍。

六、液压系统调试

新制造的和经过大修后的液压设备,都要对液压系统进行各项技术指标和工作性能的调试。及时排除和改善在调试过程中出现的缺陷和故障,使液压系统工作时稳定可靠。

（一）调压方法及注意事项

合理调整压力是保证液压系统正常工作的重要因素之一。首先要了解设备结构、加工精度和使用范围,了解液压、机械、电气的相互关系。然后根据液压系统图及液压元件,制定调压方案和步骤,制定安全调压操作规程。

1. 调压方法

调压前,先将所要调节的压力阀的调节螺钉放松（其压力值能推动执行机构）,同时要调整好执行机构的极限位置（停止挡铁位置）,然后把执行机构（工作台连同液压缸活塞）移动到终点或停止在挡铁限位处,或利用有关液压元件切断液流通道,使系统建立压力。

调压时,要按设计要求的工作压力或按实际所需的压力进行调节。逐渐升压至所需压力值为止,并将调节螺钉的背帽拧紧,以免松动。

2. 调压范围

调压元件的调节压力值要根据设备使用说明书的规定或按实际使用条件确定,也可对液压系统实际管道、元件进行分析后计算确定。

装有压力继电器的系统,压力继电器的调定压力应比它所控制的执行机构的工作压力高 $0.3 \sim 0.5$ MPa。装有蓄能器的液压系统,蓄能器工作压力调定值应和它所控制的执行机构的工作压力值一致。当蓄能器安置在液压泵站时,其压力调定值应比压力阀调定的压力值低 $0.4 \sim 0.7$ MPa。液压泵的卸荷压力,一般应控制在 0.3 MPa 以内。为了确保液压缸运动平稳,增设背压阀时,其压力值一般是 $0.3 \sim 0.5$ MPa。回油管道的背压一般在 $0.2 \sim 0.3$ MPa 范围内。

3. 调压注意事项

1）不准在执行元件（液压缸、液压马达）运动状态下调节系统工作压力。

2）调压前应先检查压力表是否正常,若有异常应更换压力表,然后再调压。无压力表的系统,不准调压。需要调压时,应装上压力表后再调压。

3）按实际使用要求进行压力值调节时,其值不准大于使用说明书规定的压力值。

4）压力调节后应将调节螺钉锁紧,防止松动。

（二）调试内容

1）液压系统各个动作的每项参数要求（如力、速度、行程的始点与终点以及各动作的时间和整个工作循环的总时间等）均应调到原设计要求。

2）调整全线或整个液压系统,使工作性能达到稳定可靠。

3）在调试过程中要判别整个液压系统的功率损失和工作油液温升变化状况。

4）要检查各可调元件的可靠性以及各操作机构灵敏度和可靠性。

5）修复、更换不合格元件,排除故障。

（三）调试步骤

1. 调试前的准备与检查

1）调试前应仔细阅读设备使用说明书和液压原理图,熟悉设备和调试规程。

2）调试前应使设备运动部件处于规定的安全位置,各种按钮、手柄处于正确位置,做好各项安全保护措施。

3）检查所用的油液是否符合使用说明书的要求。

4）检查油箱中储存的油液是否达到油标高度。

5）检查各液压元件的安装是否正确牢靠,各处管路的连接是否可靠,液压泵和各种阀的进、出油口、泄漏口的位置是否正确。

6）各控制手柄应处于关闭或卸荷位置。

2. 空载调试

1）启动液压泵电动机,观察其运动方向是否正确,运转是否正常,有无异常噪声,液压泵是否漏气。

2）液压泵在卸荷状态下,其卸荷压力是否在规定范围内。

3）调整压力控制阀,逐渐升高系统压力至规定值。

4）系统内装有排气装置的应打开排气。

5）开启开停阀,调节节流阀,使液压缸动作逐渐加速,行程由小至大,然后做全行程快速往复运动,以排除系统中的空气。

6）关闭排气装置。

7）检查各管道连接处、液压元件结合面及密封处有无泄漏。

8）检查油箱油液是否因进入液压系统而减少太多,若油液不足,应及时补充,使液面高度始终保持在油标指示位置。

9）检查各工作部位是否按工作顺序工作,各动作是否协调,运动是否平稳。

10）当空载运转 2 h 后,检查油温及各工作部件的精度是否达到要求。

3. 负载调试

1）系统能否达到规定的工作要求。

2）振动和噪声是否在容许的范围。

3）检查各管路连接处、液压元件的内外泄漏情况。

4）工作部件运动和换向时的平稳性。

5）油液温升是否在规定范围内。

第三节　液压系统检修实例

一、内圆磨床液压系统常见故障诊断与检修

M2110A 型内圆磨床的磨削内孔直径为 $\phi 6 \sim \phi 100$ mm,磨削孔深度为 6～150 mm,工作台最高速度为 8 m/min。

（一）M2110A 型内圆磨床液压传动系统

该机床的液压传动系统用于完成工作台的往复运动、工作台的快速退离与趋近、砂轮修整器

的运动和床身导轨的润滑等。其液压传动系统如图 5.4 所示。液压系统采用 CB-B25 型齿轮泵 *B* 供油,系统工作压力在 0.8 ~ 1.0 MPa 范围由溢流阀 *Y* 调整。

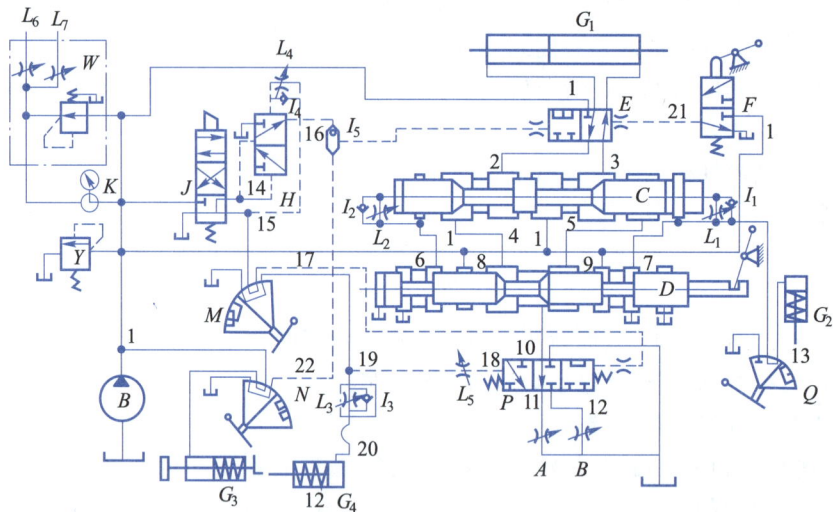

图 5.4 M2110A 型内圆磨床液压传动系统

（二）M2110A 液压系统常见故障与检修

1. 工作台运动速度不稳定,低速时有爬行

1）液压系统中存在过量空气。在工作台液压缸左端有一节流小孔,当发现液压系统内有大量空气时,应启动工作台,使液压缸内活塞快速全程往复运动,使液压缸左右两腔与节流小孔接通,在压力油的作用下,将液压缸内空气排出。

2）工作台各部分运动摩擦阻力太大。若工作台导轨润滑不良,应调整节流阀 L_6、L_7,增加润滑油量。液压缸两端密封圈压得过紧时,应重新调整其松紧程度。若发现活塞杆弯曲,或与工作台连接松动时,应校直活塞杆,使其弯曲量在全长上未超过 0.15 mm,并调整紧固活塞杆与工作台连接处。

3）齿轮泵磨损,输出油量不足,滤油器堵塞,油箱储油不满,造成齿轮泵供油不均匀或发生压力波动。

修理 CB-B25 齿轮泵,若齿轮磨损严重,则应更换新齿轮或新的齿轮泵。清洗滤油器,并向油箱内加足液压油。

2. 工作台三种运动速度失控

1）工作台上、中、停压板或修整砂轮压板位置没有调整好。调整或修整砂轮压板,使之能将行程阀阀杆压下 7 mm,而中停压板又能把行程阀阀杆再压下 5 mm,调整后把螺母紧住。

2）行程阀中弹簧失灵。检查弹簧是否发生疲劳或折断,当不能修复时应更换。

3）回油分配阀两端弹簧不平衡,阀芯移动不灵活。检查清洗回油分配阀,更换两端弹簧,要求弹簧力平衡,使回油分配阀居中,并保持阀芯移动灵活。

4）行程阀自锁机构失灵。检查行程阀自锁机构的锁片或弹簧是否损坏,仔细调整使其动作可靠。

5）工作台磨削速度节流阀或砂轮修整速度节流阀堵塞。清洗并修复相关节流阀,使之畅通无阻、调节灵敏。

3. 工作台换向呆滞或发生冲击

1）操纵箱上换向阀两侧盖板内的单向阀弹簧过硬,使工作台换向呆滞。这种情况应选用较软的弹簧,使钢球不能任意滚出即可。

2）操纵箱内先导阀控制尺寸太短,液压自动换向时产生呆滞现象,但手动换向时正常。这种情况可将先导阀上的两个制动锥长度磨长 0.20～0.30 mm,但制动锥角度不能变动,可使工作台换向灵敏。

3）换向阀两端的单向阀封油不良,引起换向冲击。这种情况应研磨单向阀的阀座及更换钢球,使其密封良好。

4）工作台液压缸活塞杆两端的紧固螺母松动。这种情况需要适当拧紧活塞杆两端的螺母,但不能过紧,否则会引起工作台变形,导致工作台产生爬行,甚至不能移动。

4. 砂轮架自动进给不均匀

1）进给液压缸与活塞配合不好,致使进给动作不灵活。这种情况应清洗液压缸,调整或修复活塞,使缸筒与活塞间隙在 0.04～0.06 mm。

2）摩擦轮和滚子传动失灵。这种情况应调整摩擦轮拉紧弹簧,使动作协调。

3）砂轮架移动导轨与丝杠润滑不良。这种情况应疏通油路,使导轨与丝杠润滑正常。

5. 砂轮修复器有冲动现象

1）砂轮修复器单向阀 I_3 中钢球的圆度差或弹簧失效。这种情况应修复砂轮修复器单向阀,更换钢球或弹簧。

2）砂轮修整器节流阀 L_3 小孔堵塞。这种情况应清洗砂轮修整器节流阀小孔,调整节流阀调节螺钉。

3）砂轮修整器液压缸弹簧失效,活塞运动不正常。这种情况应更换砂轮修整器液压缸弹簧,使活塞能灵活运动。

二、折弯机液压系统故障的诊断与排除

板料折弯机是一种通用的板料弯曲机械,广泛应用于各工业部门。WB67Y-100/3200 型液压板料折弯机采用了主液压缸间接驱动上模板(滑块)的结构,其简图如图 5.5 所示,主液压缸 4 活塞外伸端通过主摆杆和连杆、被动摆杆间接地传给上模板动力和运动。副液压缸 9 柱塞外伸端与上模板连接。上模板作用于工件上的力是主、副液压缸作用力之和。它的特点是克服了传统方式,采用一对直接作用的液压缸所产生的平衡问题;即使在承受偏载时,滑块仍能保持水平,不会倾斜。其液压传动原理如图 5.6 所示。

现将液压系统故障与维修中的三个问题进行介绍如下:

1. 工作滑块没有工作行程,即液压原理图中主液压缸 12 活塞无右行动作

1）空载试验。起动液压泵,使三位四通换向阀 6 的 2DT 通电,主液压缸 12 活塞左行,滑块回程上行并制动,观察压力表 4 有一定显示压力值。

接着,使换向阀 6 的 1DT 通电,并用 φ6 mm×50 mm 紫铜棒触及电磁铁 1DT 阀芯检查,阀芯已吸合到位,此时主液压缸 12 活塞无右行程动作且压力表 4 无显示值。再观察各连接处均无外泄。

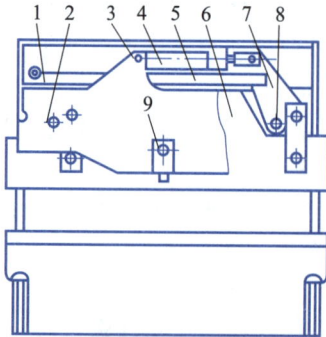

图 5.5　液压板料折弯机结构简图

1—被动摆杆；2、3、8—轴销；4—主液压缸；5—连杆；
6—滑块（上模板）；7—主摆杆；9—副液压缸

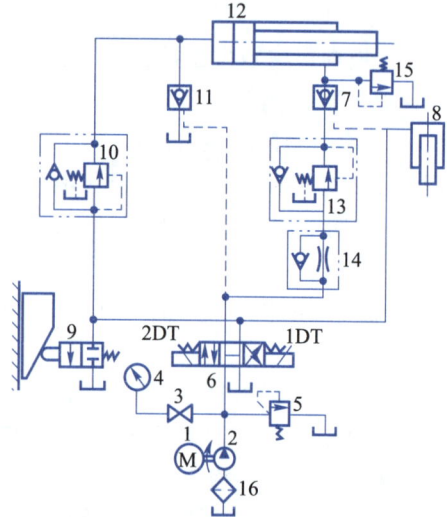

图 5.6　液压板料折弯机液压传动原理

分析上面试验，说明工作油液回油箱卸荷，液压泵 2 及溢流阀 5 正常工作，液压缸 12 右腔连接油路没有故障。故障可能出现在阀 9、阀 11、阀 10 或换向阀 6 的右位功能上。

2）拆下油管检查。停机将行程伺服阀 9、液控单向阀 11 回油管接头拆下，起动液压泵，使 1DT 通电，检查阀 9、阀 11 有无回油泄漏。若无泄漏，说明这两个阀工作正常。

3）拆卸解体液压阀检查。将单向顺序阀 10 和换向阀 6 解体检查。阀 10 良好。用吹烟法检查阀 6：用一根 $\phi 8$ mm×100 mm 塑料管，一端插入 P 口，另一端徐徐吹入烟雾，同时手动调节阀芯位置。检查发现阀 6 右位功能丧失，拆下阀芯，发现其右位阀腔口崩损，形成四通口互串卸荷。更换阀 6，故障消除。

2. 滑块在任意位置不能停住，有下滑现象，即主液压缸 12 活塞无右行制动

1）空载试验。经空载试验，滑块工进和回程功能正常，但滑块回程停机后，仍有下滑现象。说明液压缸 12 右腔回油背压不足，故障出在背压油路的液控单向阀 7、溢流阀 15 上。

2）拆卸解体液压阀检查。将阀依次解体后，发现液控单向阀 7 回位弹簧折断多处，致使阀芯卡住，溢流阀 15 阀芯被杂质卡住。经研合阀芯、阀孔及清洗，更换弹簧并适当调整溢流阀背压后故障消除。

3. 压力表示值达指定值，但不能折弯工件

从液压原理上分析，当换向阀 6 的电磁铁 1DT 通电后，油液由两路分别进入主液压缸 12 左腔和副液压缸 8 油腔。由于进入液压缸 8 的压力油无外泄，而且这条油路中间没有任何控制阀，说明故障不在这条油路上。同时压力表 4 示值达到指定值，说明系统工作已建立，并且没有严重外泄。故障有可能出在主液压缸进、出油路控制系统上。

将溢流阀 15 压力调整为零进行试验，上模板仍不能折弯工件且无回程运动，当调整溢流阀 15 压力至一定值，上模板回程运动恢复时，说明主液压缸 12 右腔油路控制系统不会造成这种故障。所以故障可能出现在主液压缸 12 左腔控制油路系统上，即单向顺序阀 10 故障所致。

起动液压泵并使换向阀 6 的 1DT 通电，将单向顺序阀 10 调整螺杆徐徐旋出一定位置，故障消除。说明故障是单向顺序阀 10 所调定压力值超过溢流阀 5 调定压力值所引起。

三、双动薄板冲压机液压系统故障的分析与检修

冲压机用于各种金属薄板的拉伸、成形、弯曲、冲裁、挤压和翻边等工艺，Y28－450A 型双动薄板冲压机液压系统原理如图 5.7 所示。

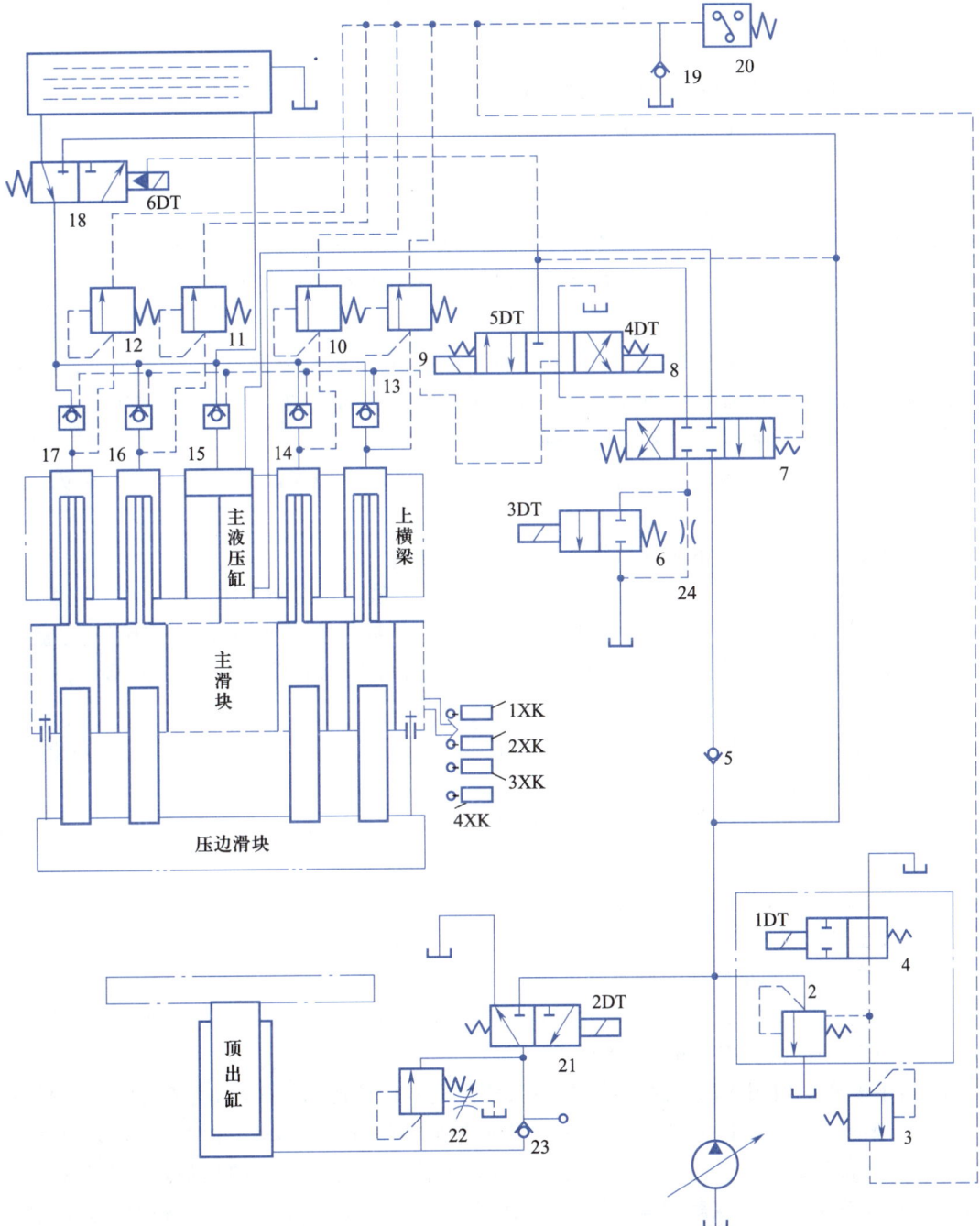

图 5.7　Y28－450A 型双动薄板冲压机液压系统原理

（一）液压传动系统

该冲压机主机包括主滑块（拉伸滑块）、压边滑块、顶出缸（液压垫）三部分。整个系统用一台大流量变量泵供油。工作过程如下：

1. 压边滑块与主滑块一起快速下降

电磁铁 4DT 和 3DT 通电。主油路进油：油泵→单向阀 5→液动换向阀 7→主液压缸上腔。又由于滑块自重，所以主滑块快速下降。主液压缸上腔由油泵供油并由充液阀 15 充油，四个分别由两个油缸串联的压边缸由充液阀 13、14、16、17 充油。主油路回油：主液压缸下腔 →液动换向阀 7→电磁换向阀 6→油箱。

2. 在接近工件前，压边滑块和主滑块同时减速

这时电磁铁 3DT 断电，6DT 通电。主液压缸下腔回油由节流阀 24 调节流量，压边缸改由油泵供油。

3. 压边滑块压紧坯料周边

板料拉伸时，为防止坯料周边起皱，须用压边圈将坯料四周压紧，并在拉伸过程中继续保持压边力，即要求压边缸保压。当压边滑块接触坯料时，高压油经换向阀 18 和充液阀 13、14、16、17 进入 4 个压边缸。

在拉伸过程中，特殊结构的串联压边缸将向外排油，除了补偿泄漏外，多余的油从压边缸的溢流阀 9、10、11、12 溢回油箱，实现保压。各压边缸可以通过各自的溢流阀单独调压。

4. 主滑块继续下降加压，完成工作行程

电磁铁 3DT 通电，主液压缸下腔回油经液动换向阀 7 和电磁换向阀 6 回油箱。主液压缸上腔由油泵供油加压。

5. 主滑块回程，在行程中途带动压边滑块同时回程

电磁铁 4DT、6DT、3DT 断电，5DT 通电。泵经单向阀 5、液动换向阀 7 向主液压缸下腔供油，使主滑块回程。从电磁换向阀 8 来的控制油路压力升高，打开液控单向阀 13、14、15、16、17，主液压缸和压边缸的回油流回补油箱。回程结束后，5DT 断电，换向阀 8 回到中位，液动阀 7 回到中位。

6. 顶出缸柱塞上升顶出工件

电磁铁 2DT 通电，液压泵经手动单向阀 23 向顶出液压缸供油。顶出缸柱塞上升，顶出工件。

7. 顶出缸柱塞退回

电磁铁 2DT 断电，手动单向阀 23 打开，柱塞靠自重下降，回油经阀 23、21 回油箱，顶出缸柱塞退回。

（二）液压系统故障的分析与检修

1. 主液压缸及压边液压缸压力升不上去

（1）从溢流阀 2 与电磁换向阀 4 组成的电磁卸荷溢流阀上查找原因

1）溢流阀 2 没有调到额定压力。这种情况应该调整溢流阀手轮，将压力调到使用说明书规定的压力值（24 MPa），并把手轮螺母紧固。

2）由于电磁换向阀 4 的电磁阀线圈烧坏，使滑阀不能切换到关闭位置，或滑阀卡于开口位置等原因，都能造成主缸压力上不去。或由于电磁换向阀的滑阀与阀体孔的磨损，间隙加大使溢流阀液控口油液泄漏而使压力上不去。这种情况应该检查电磁换向阀，修换损坏的电磁阀线圈，并使滑阀换位准确、灵活，控制滑阀与阀体孔的间隙在 0.008 mm 之内，防止油液由溢流阀液控口经电磁换向阀泄漏。

3）由于溢流阀 2 的主要零件磨损、堵塞、密封不良而使溢流阀还没有达到调整压力就使系统溢流而使压力上不去。这种情况应检查、分析溢流阀各部位故障,清洗、修换损坏的各个零件,恢复溢流阀的各项使用性能。

(2) 从柱塞变量泵上查找原因

柱塞变量泵调节机构的调节螺钉松动,使泵的压力调得太低,也会使主液压缸的压力升不上去。这种情况应检查、调整泵的变量机构,紧固松动的螺钉,使泵正常运转。

(3) 从主液压缸上查找原因

主液压缸的密封皮碗破裂,使上、下腔压力油互通,也会使主缸压力升不上去。这种情况应该检查造成主缸上、下腔压力油互通的原因,更换密封皮碗,或修复其他磨损的零件。

(4) 从主油缸的充液阀 15 上查找原因

充液阀 15 的弹簧断裂或阀口密封面磨损,使充液阀关闭时密封不良,产生泄漏而使主缸压力升不上去。这种情况应更换弹簧,研磨充液阀密封面,保证主油缸的油液经充液阀无泄漏。

(5) 油箱油液不足,使吸入口吸入空气

这种情况应向油箱加油到油标位置,液压系统中有空气,应认真排除。

2. 主缸保压时卸压太快,滑块在停车时有下滑现象

1）由于操纵主缸滑块动作的三位四通电液换向阀(阀 8 和阀 7)的主阀芯磨损,泄漏严重引起的。这种因磨损间隙加大造成泄漏的情况,应修磨阀体孔,配制阀芯,保证配合间隙在 0.008 ~ 0.012 mm 之间,防止因主缸泄漏而造成卸压太快或滑块停车下滑的现象。

2）由于主缸上的充液阀 15 密封不良引起的,故障检修方法与上述相同。

3）由于主缸皮碗破裂引起的,应及时更换皮碗。

3. 按滑块"向上"或"向下"按钮时,无动作;滑块向下时,按滑块"停止"按钮,滑块继续下降或降了一段距离后再停止

1）由于三位四通电液动换向阀(阀 8 和阀 7)阀芯卡住,或动作位置不正确而造成的。这种情况应检查和调整电磁阀芯和液动阀阀芯,使其换向灵活可靠。

2）由于电气控制部分失灵,使机电动作不协调,有滞后现象。这时,应更换电磁阀线圈,并使阀芯动作灵活,切换位置正确,控制系统动作协调。

3）由于行程限位开关失灵,调整位置不当所造成的,应修理、更换行程开关。

4. 滑块向下时,快速变慢速动作没有,或者滑块向下时没有快速

1）电磁换向阀 6 失控或阀芯不动作,使主液压缸进油速度没有改变所引起的。这种情况应检查电磁换向阀,调整阀芯位置,使动作灵活。

2）滑块上行程开关调整不当或有失灵现象所引起的。这时应更换或调整行程开关,使电气控制可靠。

5. 滑块工作和回程速度达不到规定标准

(1) 变量柱塞泵没有调到所需流量而使滑块速度达不到标准

这时需要调节变量泵和输入油量,满足工作要求。

(2) 变量柱塞泵发生故障,使滑块速度达不到标准

1）柱塞泵的缸体、斜盘、柱塞、滑靴和配油盘等零件磨损,泵的内泄漏严重,容积效率下降,使泵输出流量达不到设定值。这时应修复磨损的各个零件,达到以下要求:7 个柱塞在缸体孔内滑动灵活,配合间隙应小于或等于 0.06 mm。滑靴球面与柱塞球配合良好,任意方向转动灵活,

滑靴中间小孔也应畅通,清除滑靴与斜盘摩擦面毛刺。

2)柱塞泵伺服滑阀磨损,间隙太大,致使柱塞泵压力补偿变量机构动作失灵,使泵输出的流量达不到要求。这时应修复变量机构的活塞与伺服阀的间隙,保证间隙不大于 0.08 mm。

(3)液压系统油温过高,各部泄漏严重,使滑块运动速度所需流量不足引起

这时应打开油箱内水冷却系统,使系统油温不高于 60 ℃,并更换失效的密封件,检查、排除各个接头的泄漏。

6. 拉伸时压边力不稳定,且各处不均匀,使被拉伸件起皱或拉断

1)从顶出缸排油路上的溢流阀 22 查找原因。进行薄板拉伸工艺时,要求顶出缸既保持一定压力,其柱塞又能随主滑块的下压而下降。如果顶出缸调整不当会引起被拉伸工件起皱或拉断。这时应检查调整顶出缸起拉伸作用时排油路上的溢流阀 22,使其动作灵敏,压力调整适当。

2)分别从 4 个压边油缸进油路上的溢流阀 9、10、11、12 上查找原因。位于压边圈四角的 4 个压边缸,其压力分别由各自的溢流阀单独调定。如果压力调整不当或调整失灵,拉伸件周边就会起皱或拉断。这时应分别清洗、检查、调整溢流阀 9、10、11、12,使其控制压力灵敏可靠,无法调整时应更换新件。

3)从调压阀 3(或溢流阀 2)上查找原因。检查调压阀 3 主要零件有无磨损,动作是否灵敏,弹簧是否正常,进行修复或更换。

7. 液压系统声音不正常,振动也较大

1)油箱内过滤器堵塞,油泵吸油不畅引起噪声和振动。这种情况应清洗过滤器,检查油液污染情况,更换新油。

2)系统进入空气。若属油箱中油少而吸入空气,应加油到油标。若由于管路密封不良而进入空气,应更换密封件,或紧固各接头。

3)主缸回程时,由于充液阀弹簧强度不合格,使液压缸卸压时,发生液压冲击。

4)电压低或阀芯卡死,使电磁阀芯不到位而引起噪声和振动。

复习思考题

5.1 简述液压系统故障简易诊断方法。

5.2 查定液压系统故障部位有哪些方法?

5.3 齿轮泵的常见故障有哪些? 如何排除? 主要零件怎样修理?

5.4 叶片泵常见故障有哪些? 如何排除? 主要零件怎样修理?

5.5 柱塞泵的主要故障是什么? 引起的主要原因是什么? 主要零件怎样修理?

5.6 活塞缸常见故障有哪些? 如何排除? 主要零件怎样修理?

5.7 液压控制阀的种类有哪些? 常见故障及修理方法有哪些?

5.8 液压辅件有哪些? 常见故障及修理方法有哪些?

5.9 设备大修时,液压系统应检修哪些内容?

5.10 液压元件修理后,应测试哪些内容?

5.11 经过大修后的液压设备需要进行调试的内容有哪些? 如何进行调试?

5.12 经过大修后的液压设备怎样合理调整压力?

5.13 试述 M2110A 型内圆磨床液压系统有哪些常见故障? 怎样检查修理?

5.14 试述 WB67Y-100/3200 型液压板料折弯机主要故障的诊断和维修方法。

能力和素质养成训练

1. 能够利用合理的方法和工具,对活塞缸出现的故障进行诊断,并进行维修。

2. 学习小组讨论:如何排查液压系统出现故障的原因?

3. 完成实训室内液压系统的维修、调试,说一说对克服困难、坚持不懈的理解。

第 六 章

机床电气设备维修

🔧 导学

机床电气设备故障诊断与维修是设备维修工作的一项重要内容。

🔧 知识和能力目标

1. 了解电气故障的主要类型，熟悉电气故障维修准备工作的内容。
2. 掌握利用仪表和诊断技术确定电气故障的方法，特别是利用万用表测量相关参数确定故障部位的方法。
3. 了解绝缘试验、温度试验、老化试验的应用场合，熟悉试验的操作方法。
4. 能够利用设备电气原理图和故障现象，确定故障原因、部位。

🔧 职业素养和价值观目标

1. 能够编制实施电气系统故障诊断的相关技术文件。
2. 深刻理解主要矛盾和次要矛盾的关系原理。

设备电气控制系统的技术性能对机电设备的正常运行起着决定性的作用。在多数情况下，电气控制系统的故障都会造成设备故障停机。

第一节　电气系统故障检查方法

电气系统故障一般是指电气控制线路的故障。电气控制线路是用导线将控制元件、仪表、负载等基本器件按一定规则连接起来，并能实现某种功能的电路，从结构上讲，电气控制线路由电气元件、电源、导线及连接的固定部分组成。引起电气系统故障的原因很多，由各种损耗引起的发热和散热条件的改变，电弧的产生，电源电压、频率的变化以及环境因素等，它们都会引发各种电气故障。

一、电气系统故障检查的准备工作

（一）电气控制电路的主要故障类型

1. 电源故障

电源主要是指为电气设备及控制电路提供能量的功率源，是电气设备和控制电路工作的基础。电源参数的变化会引起电气控制系统的故障,在控制电路中电源故障一般占到20%左右。当发生电源故障时,控制系统会出现以下现象:电器断开开关后,电器两接线端子仍有电或设备外壳带电;系统的部分功能时好时坏,屡烧保险;故障控制系统没有反映,各种指示全无;部分电路工作正常,部分不正常等。由于电源种类较多,且不同电源有不同的特点,不同的用电设备在相同的电源参数下有不同的故障表现,因此电源故障的分析查找难度很大。

2. 线路故障

导线故障和导线连接部分故障均属于线路故障。导线故障一般是由导线绝缘层老化破损或导线折断引起的;导线连接部分故障一般是由连接处松脱、氧化、发霉等引起的。当发生线路故障时,控制线路会发生导通不良、时通时断或严重发热等现象。

3. 元器件故障

在一个电气控制电路中所使用的元器件种类有数十种甚至更多,不同的元器件,发生故障的模式也不同。从元器件功能是否存在,可将元器件故障分为两类:

1)元器件损坏。元器件损坏一般是由工作条件超限、外力作用或自身的质量问题等原因引起的。它能造成系统功能异常,甚至瘫痪。这种故障特征一般比较明显,往往从元器件的外表就可看到变形、烧焦、冒烟、部分损坏等现象,因此诊断起来相对容易一些。

2)元器件性能变差。元器件性能变差是一种软故障,故障的发生通常是由工作状况的变化,环境参量的改变或其他故障连带引起的。当电气控制电路中某个(些)元器件出现了性能变差的情况后,经过一段时间的发展,就会发生元器件损坏,引发系统故障。这种故障在发生前后均无明显征兆,因此查找难度较大。

(二)电气系统故障查找的准备工作

由于现代机电设备的控制线路如同神经网络一样遍布于设备的各个部分,并且有大量的导线和各种不同的元器件存在,给电气系统故障查找带来了很大困难,使之成为一项技术性很强的工作,因此要求维修人员在进行故障查找前做好充分准备。通常准备工作的内容有:

(1)根据故障现象对故障进行充分的分析和判断,确定切实可行的检修方案。这样做可以减少检修中盲目行动和乱拆乱调现象,避免原故障未排除,又造成新故障的情况发生。

(2)研读设备电气控制原理图,掌握电气系统的结构组成,熟悉电路的动作要求和顺序,明确各控制环节的电气过程,为迅速排除故障做好技术准备。

实际中为了电气控制原理图的阅读和检修中的使用,通常对图纸要进行分区处理。即将整张图样的图面按电路功能划分为若干(一般为偶数)个区域,图区编号用阿拉伯数字写在图的下部;用途栏放在图的上部,用文字说明;图面垂直分区用英文字母标注。

(3)准备好电气故障维修用的各种仪表工具。

1)验电器。验电器又称试电笔,分低压和高压两种,在机床电气设备检修时使用的为低压验电器。它是检验导线、电器和电气设备是否带电的一种电工常用工具。低压验电器的测试电压范围为60～500 V,其外形及结构如图6.1所示。使用验电器时,应以手指触及笔尾的金属体,使氖管小窗背光朝向自己,验电器的握法如图6.2所示。

验电器除可测试物体的带电情况外,还有以下用途:

① 区别电压的高低。测试时可根据氖管发亮的强弱程度来估计电压的高低。

② 区别直流电与交流电。交流电通过验电器时,氖管里的两个极同时发亮;直流电通过验电器时,氖管里只有一极发亮。

③ 区别直流电的正负极。把验电器连接在直流电路的正负极之间,氖管发亮的一端为直流电的正极。

④ 检查相线是否碰壳。用验电器触及电气设备的壳体,若氖管发亮,则说明相线碰壳,且壳体的安全接地或接零不好。

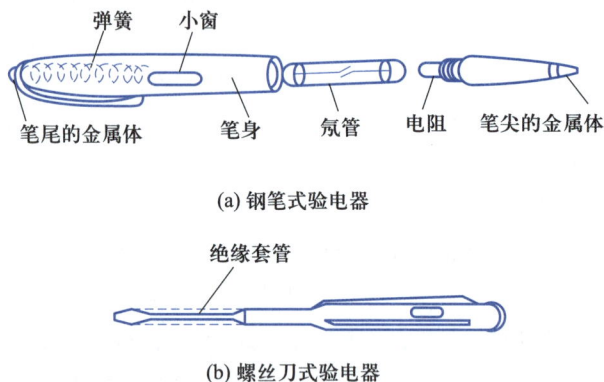

(a) 钢笔式验电器

(b) 螺丝刀式验电器

图 6.1　验电器外形及结构

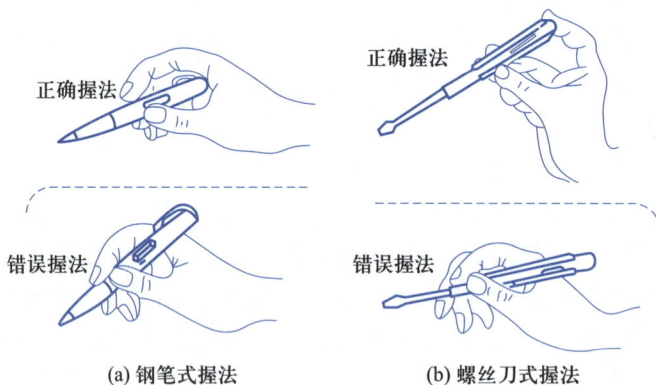

(a) 钢笔式握法　　　　(b) 螺丝刀式握法

图 6.2　验电器的握法

2)校火灯。校火灯又称试灯。利用校火灯可检查线路的电压是否正常,线路是否断路或接触不良等故障。用校火灯查找断路故障时应使用较小功率的灯泡;查找接触不良的故障时,宜采用较大功率的灯泡(115~200 W),这样可根据灯泡的亮暗程度来分析故障情况。此外,使用校火灯时应注意灯泡的电压与被测部位的电压要相符,否则会烧坏灯泡。

3)万用表。万用表可以测量交、直流电压、电阻和直流电流,功能较强的还可测量交流电流、电感、电容等。在故障分析中,使用万用表通过测量电参数的变化即可判断故障原因及位置。

4)电池灯。电池灯又称对号灯,它是用来检查线路的通断和检验线号的仪器。使用时应注意,若线路中串接有电感元件(如接触器、继电器的线圈),则电池灯应与被测回路隔离,以防在通电的瞬间因自感电势过高,使测试者产生麻电的感觉。

5)电路板测试仪。电路板测试仪是近年来出现在市场上的一种新型仪器,使用它对电路板进行故障检测,检测时间明显缩短,准确率大大提高。特别是在不知道电路原理的情况下,使用该仪器对电路板进行测量检测,故障查找的准确率可达90%以上。

二、现场调查和外观检查

现场调查和外观检查是进行设备电气维修工作的第一步,是十分重要的一个环节。对于设备电气故障来讲,维修并不困难,但是故障查找却十分困难,因此为了能够迅速地查出故障原因和部位,准确无误地获得第一手资料就显得十分重要。现场调查和外观检查就是获得第一手资料的主要手段和途径,其工作方法可形象地概括为以下四个步骤。

(一)“望”,故障发生后,往往会留下一些故障痕迹,查看时可以从下面几个方面入手

(1)检查外观变化。如熔断指示装置动作、绕组表面绝缘脱落、变压器油箱漏油、接线端子松动脱落、各种信号装置发生故障显示等。

(2)观察颜色变化。一些电气设备温度升高会带来颜色的变化,如变压器绕组发生短路故障后,变压器油受热由原来的亮黄色变黑、变暗;发电机定子槽楔的颜色也会因为过热发黑变色。

(二)“问”,向操作者了解故障发生前后的情况

一般询问的内容有:故障发生在开车前、开车后,还是发生在运行中? 是运行中自行停车,还是发现异常情况后由操作者停下来的? 发生故障时,机床工作在什么工作程序,按动了哪个按钮,扳动了哪个开关;故障发生前后,设备有无异常现象(如响声、气味、冒烟或冒火等);以前是否发生过类似的故障,是怎样处理的等。通过询问往往能得到一些很有用的信息,有利于根据电气设备的工作原理分析发生故障的原因。

(三)“听”,电气设备在正常运行和发生故障时所发出的声音有所区别,通过听声音可以判断故障的性质

如电动机正常运行时,声音均匀、无杂声或特殊响声;如有较大的“嗡嗡”声时,则表示负载电流过大;若“嗡嗡”声特别大,则表示电动机处于缺相运行(一相熔断器熔断或一相电源中断等);如果有“咕噜咕噜”声,则说明轴承间隙不正常或滚珠损坏;如有严重的碰擦声,则说明有转子扫膛及鼠笼条断裂脱槽现象;如有“咝咝”声,则说明轴承缺油。

(四)“切”,所谓“切”就是通过下面的方法对电气系统进行检查

(1)用手触摸被检查的部位感知故障。如电机、变压器和一些电器元件的线圈发生故障时温度会明显升高,通过用手触摸可以判断有无故障发生。

(2)对电路进行通、断电检查。步骤如下:

1)断电检查。检查前断开总电源,然后根据故障可能产生的部位逐步找出故障点。具体做法是:

① 除尘和清除污垢,消除漏电隐患。

② 检查各元件导线的连接情况及端子的锈蚀情况。

③ 检查磨损、自然磨损和疲劳磨损的弹性件及电接触部件的情况。

④ 检查活动部件有无生锈、污物、油泥干涸和机械操作损伤。

对以前检修过的电气控制系统,还应检查换装的元器件型号和参数是否符合原电路的要求,连接导线型号是否正确,接法有无错误,其他导线、元件有无移位、改接和损伤等。

电气控制电路在完成以上各项检查后,应将检查出的故障立即排除,这样就会消除漏电,接触不良和短路等故障或隐患,使系统恢复原有功能。

2)通电检查。若断电检查没有找出故障,可对设备做通电检查。

① 检查电源。用校火灯或万用表检查电源电压是否正常,有无缺相或严重不平衡的情况。

② 检查电路。电路检查的顺序是先检查控制电路,后检查主电路;先检查辅助系统,后检查主传动系统;先检查交流系统,后检查直流系统;先检查开关电路,后检查调整系统。也可按照电路动作的流程,断开所有开关,取下所有的熔断器,然后从后向前,逐一插入要检查部分的熔断器,合上开关,观察各电气元件是否按要求动作,这样逐步地进行下去,直至查出故障部位。

③ 通电检查时,也可根据控制电路的控制旋钮和可调部分判断故障范围。由于电路都是分块的,各部分相互联系又相互独立,根据这一特点,按照可调部分是否有效、调整范围是否改变、控制部分是否正常,相互之间联锁关系能否保持等,大致确定故障范围。然后再根据关键点的检测,逐步缩小故障范围,最后找出故障元件。

（3）对多故障并存的电路应分清主次,按步检修。有时电路会同时出现几个故障,这时就需要检修人员根据故障情况及检修经验分出哪个是主要故障,哪个是次要故障;哪个故障易检查排除,哪个故障较难排除。检修中,要注意遵循分析—判断—检查—修理的基本规律,及时对故障分析和判断的结果进行修正,本着"先易后难"的原则,逐个排除存在的故障。

三、利用仪表和诊断技术确定故障

（一）利用仪表确定故障

1. 线路故障的确定

利用仪器仪表确定故障的方法称为检测法,比较常用的仪表是万用表。使用万用表,通过对电压、电阻、电流等参数的测量,根据测得的参数变化情况,即可判断电路的通断情况,进而找出故障部位。

（1）电阻测量法

1）分阶测量法

例1　电路故障现象:如图 6.3 所示,按下启动按钮 SB2,接触器 KM1 不吸合。

测量方法:首先要断开电源,然后把万用表的选择开关转至电阻"Ω"挡。按下 SB2 不放松,测量 1-7 两点间的电阻,如电阻值为无穷大,说明电路断路。再分步测量 1-2、1-3、1-4、1-5、1-6 各点间的电阻值,当测量到某标号间的电阻值突然增大,则说明该点的触头或连接导线接触不良或断路。

不同电气元件及导线的电阻值不同,因此判定电路及元器件是否有故障的电阻值也不相同。如测量一个熔断器管座两端,若其阻值小于 0.5 Ω,则认为是正常的;而阻值大于 10 kΩ 时,认为是断线不通;若阻值在几个欧姆或更大,则可认为是接触不良。但这个标准对于其他元件或导线

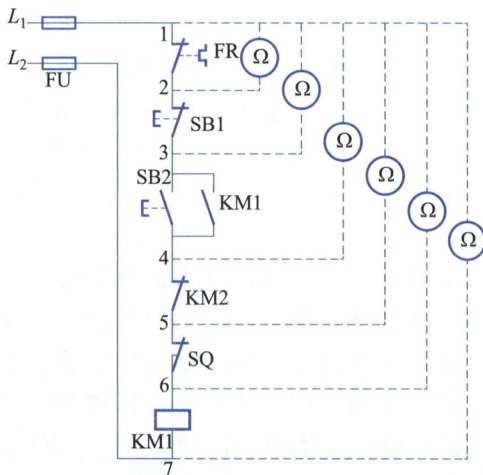

图 6.3　电阻分阶测量法

是不适用的。表 6.1 列出了常用元器件及导线的阻值范围,供使用中参考。

表 6.1 常用元器件及导线阻值范围

名称	规格	电阻
铜连接导线	10 m,1.5 mm²	<0.012 Ω
铝连接导线	10 m,1.5 mm²	<0.018 Ω
熔断器	小型玻璃管式,0.1 A	<3 Ω
接触器触头	—	<3 Ω
接触器线圈	—	20 Ω ~ 10 kΩ
小型变压器绕组	高压侧绕组	10 Ω ~ 9 kΩ
	低压侧绕组	数 Ω
电动机绕组	≤10 kW	1 ~ 10 Ω
	≤100 kW	0.05 ~ 1 Ω
	>100 kW	0.001 ~ 0.1 Ω
灯泡	220 V、40 W	90 Ω
电热器具	900 W	50 Ω
	2 000 W	20 ~ 30 Ω

2)分段测量法。上例故障的电阻分段测量法如图 6.4 所示。测量时首先切断电源,按下启动按钮 SB2,然后逐段测量相邻两标号点 1-2、2-3、3-4、4-5、5-6 间的电阻值。如测得某两点间的电阻值很大,说明该段的触头接触不良或导线断路。例如当测得 2-3 两点间的电阻值很大时,说明停止按钮 SB1 接触不良或连接导线断路。

电阻测量法具有安全性好的优点,使用该方法时应注意以下几点:

① 一定要断开电源;

② 如被测电路与其他电路并联时,必须将该电路与其他电路断开,否则会影响所测电阻值的准确性;

③ 测量高电阻值电气元件时,把万用表的选择开关旋至适合的"Ω"挡。

(2)电压测量法

1)分阶测量法。电压分阶测量法如图 6.5 所示,测量时,把万用表转至交流电压 500 V 挡位上。

例 2 电路故障现象:按下启动按钮 SB2 后,接触器 KM1 不吸合。

检测方法:首先用万用表测量 1-7 两点间的电压,若电路正常应为正常电压(本例设为 380 V)。然后,按下启动按钮不放,同时将黑色表棒接到点 7 上,红色表棒按点 6、5、4、3、2 标号顺序依次向前移动,分别测量 7-6、7-5、7-4、7-3、7-2 各阶间的电压。电路正常情况下,各阶的电压值均为 380 V。如测到 7-6 间无电压,说明是断路故障,此时可将红色表棒向前移,当移至某点(如点 2)时电压正常,说明点 2 以前的触头或接线是完好的,而点 2 以后的触头或连线有断路。一般为此点(点 2)后第一个触头(即刚跨过的停止按钮 SB1 的触头)或连接线断路。分阶测量法所测电压值及故障原因见表 6.2。

微课
电气线路的
电阻测量法

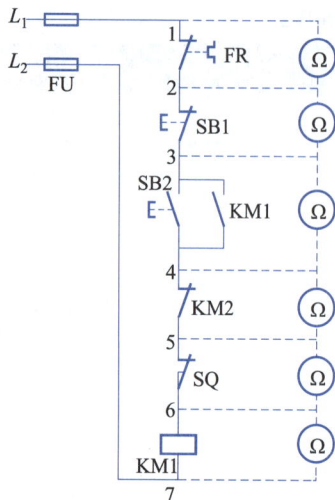

图 6.4　电阻分段测量法

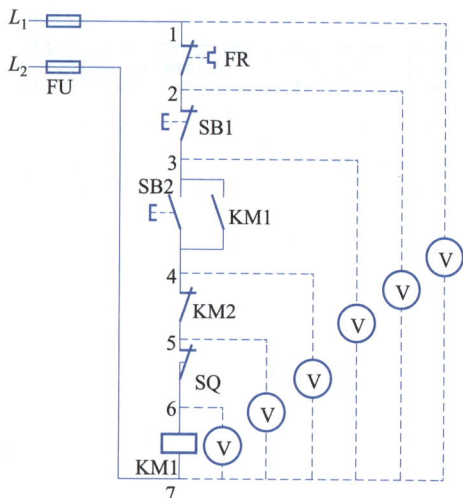

图 6.5　电压分阶测量法

表 6.2　分阶测量法所测电压值及故障原因

故障现象	测试状态	7-6	7-5	7-4	7-3	7-2	7-1	故障原因
按下 SB2 时 KM1 不 吸合	按下 SB2 不 放松	0	380 V	380 V	380 V	380 V	380 V	SQ 触头接触不良
		0	0	380 V	380 V	380 V	380 V	KM2 常闭触头接触不良
		0	0	0	380 V	380 V	380 V	SB2 接触不良
		0	0	0	0	380 V	380 V	SB1 接触不良
		0	0	0	0	0	380 V	FR 常闭触头接触不良

这种测量方法像上台阶一样,所以称为分阶测量法。分阶测量法既可向上测量(即由点 7 向点 1 测量),又可向下测量(即依次测量 1-2、1-3、1-4、1-5、1-6)。向下测量时,若测得的各阶电压等于电源电压,则说明刚测过的触头或连接导线有断路故障。

2)分段测量法。上例故障的电压分段测量法如图 6.6 所示。

先用万用表测试 1-7 两点,电压值为 380 V,说明电源电压正常。然后将万用表红、黑两根表棒逐段测量相邻两标号点 1-2、2-3、3-4、4-5、5-6、6-7 间的电压。若电路正常,则除 6-7 两点间的电压等于 380 V 之外,其他任何相邻两点间的电压值均为零。如测量到某相邻两点间的电压为 380 V 时,说明这两点间所包含的触头、连接导线接触不良或有断路。如

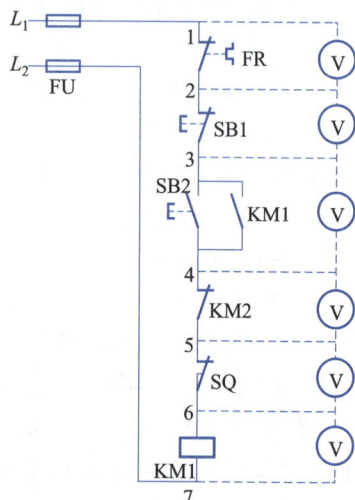

图 6.6　电压分段测量法

若标号 4-5 两点间的电压为 380 V,说明接触器 KM2 的常闭触头接触不良。其所测电压值及故障原因见表 6.3。

(3)利用短接法确定故障

短接法是用一根绝缘良好的导线,把所怀疑的部位短接,如电路突然接通,则说明该处断路。

短接法有以下两种：

表 6.3 分段测量法所测电压值及故障原因

故障现象	测试状态	1-2	2-3	3-4	4-5	5-6	故障原因
按下 SB2 时 KM1 不 吸合	按下 SB2 不 放松	380 V	0	0	0	0	FQ 常闭触头接触不良
		0	380 V	0	0	0	SB1 接触不良
		0	0	380 V	0	0	SB2 接触不良
		0	0	0	380 V	0	KM2 常闭触头接触不良
		0	0	0	0	380 V	SQ 触头接触不良

1）局部短接法。用局部短接法检查上例故障的方法如图 6.7 所示。

检查前先用万用表测量 1-7 两点间的电压值,若电压正常,可按下启动按钮 SB2 不放松,然后用一根绝缘好的导线,分别短接到某两点时,如短接 1-2、2-3、3-4、4-5、5-6。当短接到某两点时,接触器 KM1 吸合,说明断路故障就在这两点之间。其短接部位及故障原因见表 6.4。

2）长短接法。长短接法是指一次短接两个或多个触头来检查故障的方法,如图 6.8 所示。上例中当 FR 的常闭触头和 SB1 的常闭触头同时接触不良,如用上述局部短接法短接 1-2 点,按下启动按钮 SB2,KM1 仍然不会吸合时,可能会造成判断错误。而采用长短接法将 1-6 短接,如 KM1 吸合,说明 1-6 这段电路上有断路故障,然后再用局部短接法来逐段找出故障点。

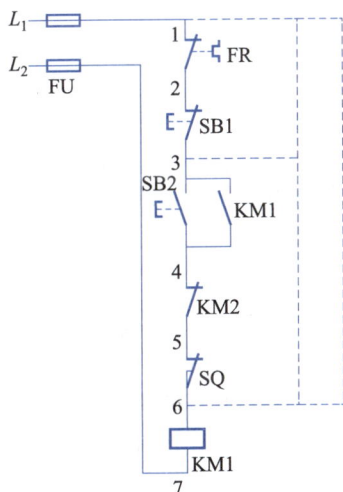

图 6.7 局部短接法　　　　图 6.8 长短接法

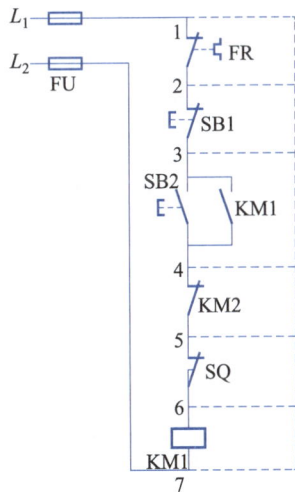

长短接法的另一个作用是可把找故障点缩小到一个较小的范围。例如,第一次先短接 3-6,KM1 不吸合,再短接 1-3,此时 KM1 吸合,这说明故障在 1-3 范围内。所以利用长、短结合的短接法,能很快地排除电路的断路故障。

使用短接法检查故障时应注意下述几点:

① 短接法是用手拿绝缘导线带电操作的,所以一定要注意安全,避免触电事故发生;

② 短接法只适用于检查压降极小的导线和触头之类的断路故障。对于压降较大的电器,如电阻、线圈、绕组等断路故障,不能采用短接法,否则会出现短路故障;

表 6.4 局部短接法短接部位及故障原因

故障现象	短接点标号	KM1 动作	故障原因
按下启动按钮 SB2,接触 器 KM1 不吸合	1-2	KM1 吸合	FR 常闭触头接触不良
	2-3	KM1 吸合	SB1 常闭触头接触不良
	3-4	KM1 吸合	SB2 常开触头接触不良
	4-5	KM1 吸合	KM2 常闭触头接触不良
	5-6	KM1 吸合	SQ 常闭触头接触不良

③ 在确保电气设备或机械部位不会出现事故的情况下才能使用短接法。

2. 元件故障的查找确定

(1) 电阻元件故障的查找 电阻元件的参数有电阻和功率。对怀疑有故障的电阻元件,可通过测量其本身的电阻加以判定。测量电阻值时,应在电路断开电源的情况下进行,且被测电阻元件最好与原电路脱离,以免因其他电路的分流作用,使流过电流表的电流增大,影响测量准确性。

测量电阻元件的热态电阻采用伏安法,即在电阻元件回路中串接一只电流表,并联一只电压表,在正常工作状态下,分别读出两者数值,然后按欧姆定律求出电阻值。考虑电流表和电压表内阻的影响,对高阻元件和低阻元件应采用不同的接法,如图 6.9 所示。

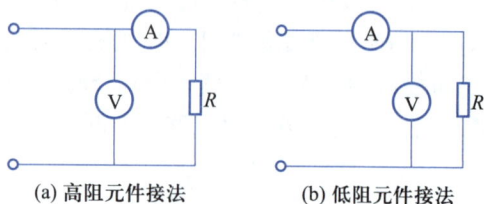

(a) 高阻元件接法   (b) 低阻元件接法

图 6.9 伏安法测电阻接线方式

对于阻值较小且需要精确测量的电阻阻值,应采用电桥法进行测量。

10 Ω 以上可使用单臂电桥,10 Ω 以下应使用双臂电桥。所测电阻为:

$$R = kr \tag{6.1}$$

式中,R——被测电阻;k——电桥倍率;r——电桥可调电阻值。

(2) 电容元件的故障查找 电容元件的参数有容量、耐压、漏电阻、损耗角等,一般只需测量容量和漏电阻(或漏电流)两个参数,如满足要求,则可认为元件正常。测电容的容量可用电阻表简单测算。根据刚加电瞬间指针的偏摆幅度,大致估计出电容的大小;等指针稳定后,指针的读数即为漏电阻,但要精确测量,需使用专门的测电容仪表。用欧姆表测电容时的故障判断见表 6.5。

表 6.5 用欧姆表测电容时的故障判断

序号	欧姆表指针动作现象	电容器情况
1	各挡指针均没有反应	电容器容量消失或断路
2	低阻挡没有反应,高阻挡有反应	电容器容量减小
3	开始时表针向右偏转,然后逐渐回偏,最后指向无穷大处	基本正常
4	开始时表针向右偏转,然后逐渐回偏,最后不能指向无穷大处	电容器漏电较大

续表

序号	欧姆表指针动作现象	电容器情况
5	指针迅速向右偏转,且固定地指向某一刻度	电容器容量消失且漏电较大
6	指针向右偏转,逐渐回偏后,又向右偏转	电容器存在不稳定漏电流,漏电流随电压、温度等变化很大
7	指针迅速反偏,出现"打表"现象	电容器有初始电压,且该电压方向与欧姆表内电池极性方向相反,应放电后再测
8	指针迅速正偏,出现"打表"现象	电容器有初始电压,且该电压方向与欧姆表内电池极性方向相同,应放电后再测

(3) 电感元件的故障查找　电感元件的基本参数有电感、电阻、功率和电压等。在实际测量时,一般可只核对直流电阻和交流电抗,如无异常,则可认为电感元件没有故障。电感元件的测量方法有以下两种:

1) 欧姆表的测量法中由于电感元件可以等效为一个纯电阻和纯电感的组合,因此可以用欧姆表大致估算电感量的大小。表的指针向右偏转的速度越快,说明电感量越小,指针向右偏转的速度越慢,说明电感量越大;当指针稳定后,所指示的数值即为电感元件的直流电阻值。

2) 为了实现对电感元件的准确测量,除可采用专门的仪器外,还可使用伏安法。伏安法的接线与测电阻时的伏安法接线基本相同,计算公式为

$$Z = U/I \tag{6.2}$$

式中,Z——测量频率下的阻抗,Ω;U——交流电压,V;I——交流电流,A。

电感元件的阻抗与直流电阻和交流电抗之间的关系为

$$Z = \sqrt{X_L^2 + R^2} \tag{6.3}$$

式中,X_L——测量频率下的电抗,Ω;R——直流电阻,Ω。

而电感元件的电感量与电抗之间的关系为

$$L = \frac{X_L}{\omega} = \frac{X_L}{2\pi f} \tag{6.4}$$

式中,L——电感元件的电感量,H;ω——测量频率对应的角速度,rad/s;f——测量频率,Hz。

按照以上公式,可以根据测得的直流电阻和交流电抗,求出电感元件的电感量,判断出电感元件的好坏。电感元件故障与参数变化见表6.6。

表 6.6　电感元件故障与参数变化

序号	故障种类	参数变化情况
1	匝间短路	直流电阻减小,电感量减小
2	铁心层间绝缘损坏	直流电阻不变,电感量减小,被测元件有功功率增加
3	断路	直流电阻为无穷大
4	短路	直流电阻为零
5	介质损耗增加	直流电阻不变,电感量减小不明显,只有在高频时,电感量减少才较为明显,且被测元件有功功率增加

（二）利用经验确定故障

1. 弹性活动部件法

主要用于活动部件,如接触器的衔铁、行程开关的滑轮臂、按钮等的故障检查。这种方法通过反复弹压活动部件,检查哪些部件动作灵活,哪些有问题,以找出故障部位。另外通过对弹性活动件的反复弹压,会使一些接触不良的触头得到摩擦,达到接触、导通的目的。例如,对于长期没有启用的控制系统,启用前,采用弹压活动部件法全部动作一次,可消除动作卡滞与触头氧化现象。对于因环境污物较多或潮气较大而造成的故障,也应使用这一方法。但必须注意,采用这种方法,故障的排除常常是不彻底的,要彻底排除故障还需采用另外的措施。

2. 电路敲击法

电路敲击法是在电路带电状态下进行故障确定的。检查时可用一只小的橡皮锤,轻轻敲击工作中的元件,如果电路故障突然排除,或者故障突然出现,都说明被敲击元件附近或者是被敲击元件本身存在接触不良现象。

3. 黑暗观察法

电路存在接触不良故障时,在电源电压作用下,常产生火花并伴随着一定的声响。因为火花和声音一般比较微弱,因此应在比较黑暗和安静的情况下,观察电路有无火花产生,聆听是否有放电时的"嘶嘶"声或"噼啪"声。如果有火花产生,则可以肯定产生火花的地方存在接触不良或放电击穿的故障。

4. 非接触测温法

温度异常时,元件性能常发生改变,同时元件温度的异常也反映了元件本身存在过载、内部短路等现象。实际中可采用感温贴片或红外辐射测温计进行温度测量。感温贴片是一种温致变色的薄膜,具有一定的变色温度点,超过这一温度,感温贴片就会改变颜色(如鲜红色)。将具有不同变色温度点的感温贴片贴在一起,通过颜色的变化情况,就可以直接读出温度值。目前生产的感温贴片通常是每 5 ℃一个等级,因此用感温贴片可读出±5 ℃的温度值。

5. 元件替换法

对被怀疑有故障的元件,可采用替换的方法进行验证。如果故障依旧,说明故障点怀疑不准,可能该元件没有问题。但如果故障排除,则与该元件相关的部分电路存在故障,应加以确认。

6. 对比法

如果电路有两个或两个以上的相同部分时,可以对两部分的工作情况进行对比。因为两个部分同时发生相同故障的可能性很小,因此通过比较,可以方便地测出各种情况下的参数差异,通过合理分析,即可确定故障范围和故障情况。例如,根据相同元件的发热情况、振动情况以及电流、电压、电阻及其他数据,可以确定该元件是否过载、电磁部分是否损坏、线圈绕组是否有匝间短路、电源部分是否正常等。

7. 交换法

当有两个及以上相同的电气控制系统时,可把系统分成几个部分,将不同系统的部件进行交换。当换到某一部分时,电路恢复正常工作,而将故障部分换到其他设备上时,该设备也出现了相同的故障,则说明故障就在该部分。同理,当控制电路内部存在相同元件时,也可将相同元件调换位置,检查相应元件对应的功能是否恢复,故障是否又转到另外的部分。如果故障转到另外的部分,则说明调换元件存在故障,如果故障没有变化,则说明故障与调换元件没有关系。

8. 加热法

当电气故障与开机时间呈一定的对应关系时,可采用加热法促使故障更加明显。因为随着开机时间的增加,电气线路内部的温度上升,电气线路中故障元件的电气性能发生改变,因而引起故障。因此采用加热法,可起到诱发故障的作用。具体做法是使用电吹风或其他加热方式,对怀疑元件进行局部加热,如果诱发故障,说明被怀疑元件存在故障,如果没有诱发故障,则说明被怀疑元件可能没有故障,从而起到确定故障点的作用。使用这一方法时应注意安全,加热面不要太大,温度不能过高,以达到电路正常工作时所能达到的最高温度为限,否则可能会造成绝缘材料及其他元件损坏。

9. 分割法

首先将电路分成几个相互独立的部分,弄清其间的联系方式,再对各部分电路进行检测,确定故障的大致范围。然后再将电路存在故障的部分细分,对每一小部分再进行检测,确定故障的范围,继续细分至每一个支路,最后将故障查出来。

（三）电气故障的快速查找法

工作中有时很小的一个故障,查找也十分费力,特别是走线分布复杂,控制功能多样,元件多,分布广的无图纸线路,要查找故障的难度就更大。碰到这样的情况,发生故障后如何做到快速查找呢？可按以下步骤进行:

1. 检查线路状况

由于布线工艺的要求,故障常发生在导线接头处,导线中间极少发生,因此可首先检查导线接头,看有无导线松脱、氧化、烧黑等现象,并适当用力晃动导线,再紧固压紧螺钉,如有接触不良,应立即接好,如导线松脱,可首先恢复。然后检查是否有明显的损伤元件,如烧焦、变形等,遇到这类元件,应及时更换,以缩小故障范围,便于下一步故障的查找。

2. 检查电源情况

控制电路检查无误后,方可通电检查,通电时主要检查外部电源情况,是否缺相,电压是否正常,必要时可检查相序和频率。熔断器是否正常是检查电源的一个很重要的工作,在控制电路电源故障中,熔断器故障占了相当大的比例。电源正常后,如果控制电路仍有故障,可进行下一步检查。

3. 对易查件进行检查

检查按钮按下时,动合触头、动断触头是否有该通不通、该断不断的现象,接触器动作是否灵活,触头接触是否良好,保护元件是否动作等,必要时可多次操作进行验证。一般触头闭合时,接触电阻小于15 Ω即认为是导通状态,大于100 kΩ,则认为是断开状态。如果没有外电路影响,阻值又介于15 Ω与100 kΩ之间则应进行处理,以消除绝缘不良或接触不良的现象。

对于行程开关和其他检测元件,要试验其动作是否正常灵活,输出信号是否正常。因为它们是自动控制电路动作的依据,它们状态如不正常,则整个控制系统工作也不会正常。

经过以上检查后,如果仍不能解决问题,那就需要按图分析查线计算了,应按主回路确定元件名称、性质和功能,以便为控制回路粗略地划分功能范围提供条件。

四、故障的排除与修理

（一）绝缘不良

导线绝缘损坏后,易发生漏电、短路、打火等故障,其排除方法应视不同情况而定。

1. 由污物渗入到导线接头内部引发的绝缘不良故障

其处理方法是在断电的情况下，用无水酒精或其他易挥发无腐蚀的有机溶剂进行擦洗，将污渍清除干净即可。清洗时应注意三个问题，一是溶剂的含水量一定要低，否则会因水分过多，造成设备生锈、干燥缓慢、绝缘材料吸水后性能变差等。二是要注意防火，操作现场不允许有暗火和明火。三是要选择合适的溶剂，不能损坏原有的绝缘层、标志牌、塑料外壳的亮光剂等。

2. 由老化引起的绝缘不良

该故障是绝缘层在高温及有腐蚀的情况下长期工作造成的。绝缘老化发生后，常伴有发脆、龟裂、掉渣、发白等现象。遇到这种现象，应立即更换新的导线或新的元件，以免造成更大的损失。同时，还应查出绝缘老化的原因，排除诱发绝缘老化的因素。若是因为导线过热引发的绝缘老化，除应及时排除故障外，还应注意检查导线接头处包裹的绝缘胶带是否符合要求。通常绝缘胶带的厚度以 3 ~ 5 层为宜，不能过厚，否则接头处热量不易散发，很容易引起氧化和接触不良的现象。包裹时还应注意不能过疏、过松，要密实，以便防水防潮。裸露的芯线要修理好，线芯压好，不允许有翘起的线头、毛刺、棱角，以防刺破绝缘胶带造成漏电。

3. 外力造成的绝缘损坏

此时应更换整根导线。如果外力不可避免，则应对导线采取相应的保护措施，如穿上绝缘套管、采用编织导线或将导线盘成螺旋状等。如果不能立即更换导线，作为应急措施，也可用绝缘胶带对受伤处进行包扎，但必须在工作环境允许时才能采用。

（二）导线连接故障

遇到导线接触不良时，首先应清除导线头部的氧化层和污物，然后再清除固定部分的氧化层，重新进行连接。连接时应注意以下几点：

1）避免两种不同的金属，如铝和铜直接连接，可采用铜铝过渡板。

2）对于导线太细、固定部分空间过大造成的压不紧情况，可将导线来回折几下，形成多股，或将导线头部弯成回形圈然后压紧，必要时可另加垫圈。

3）当导线与固定部分不易连接时，可在导线上搪一层锡，固定部分也搪一层锡，一般就能接触良好了。

4）对特殊情况下的大电流长时间工作连线，为了增加其连接部分导电性能，可用焊锡将导线直接焊在一起。此外，采用较大的固定件（以利散热）、加一定的凡士林（以利隔绝空气）、增加导线的紧固力等，都能改善连接部分的导电性能。

5）导线连接时，所有接头应在接线柱上进行，不得在导线中间剥皮连接，每个接线柱接线一般不得超过两根。导线弯弧形弯时，应按顺时针方向套在接线柱上，避免因螺帽拧紧而导线松脱。

6）弱电连接比强电连接对可靠性的要求高。因为弱电电压低，不易将导线之间的微弱空气间隙和微小杂质击穿，所以一般应采用镀银插件，导线焊接的方式。

7）在特殊情况下，对于电炉丝的连接，宜在加热丝弹簧中卡入一截面合适的铝丝作为引出线，然后再用螺栓（以增加散热能力）与外引线相连。这是因为铜丝熔点高，又易于氧化，生成的氧化铜几乎不导电，故不宜用作与电热元件直接连接的引出导线。

8）对于细导线连接故障，如万用表表头线圈，一般应予更换线圈。因为采用高压拉弧法使断头熔焊在一起，或采用手工连接，往往因机械强度不足和绝缘强度不够而使其寿命有限。

第二节　电气设备故障诊断常用的试验技术

电气设备种类繁多,故障也不尽相同,但是由绝缘、温升和老化引起的故障在电气设备中占有相当的比例。

一、电气设备的绝缘预防性试验

电气设备在制造、运输和检修过程中,由于材料质量、制造和维修工艺问题或发生意外碰撞等原因会造成绝缘缺陷。正常运行的电气设备,受额定电压的长期作用和各种过电压(如工频过电压、雷电过电压、操作过电压)的作用,其绝缘材料会发生击穿或绝缘性能降低的现象。另外导体的发热、机械力损伤、化学腐蚀作用、受潮或在运输、检修中的意外碰撞等,也都有可能使绝缘性能劣化,造成电气设备故障。因此为了提高电气设备运行的可靠性,应定期对设备进行绝缘预防性试验,以检测其电气性能、物理性能和化学性能,对其绝缘状况作出评价。

绝缘预防性试验是指按规定的试验条件、试验项目和试验周期对电气设备进行的试验,其目的是通过试验,掌握设备的绝缘强度情况,及早发现电气设备内部隐蔽的缺陷,以便采取措施加以处理,保证设备正常运行,避免造成停电或设备损坏事故。电气设备的绝缘预防性试验包括以下内容:

(一) 绝缘电阻和吸收比测量

电气设备的绝缘电阻反映了设备的绝缘情况,其值的大小是对试品施加一定数值的直流电压 1 min 时测得的电阻值。

由于电气设备的绝缘常常是由多种材料组成,即使是同一介质制成的绝缘,也会在制造和运行中发生电性能的变化,因此介质都是不均匀的。不均匀介质在直流电压的作用下,其中流过的电流会逐渐下降,经过 1 min 左右才趋于稳定,电流的这种变化会使绝缘电阻值产生变化。通常当绝缘受潮或有缺陷时,电流的变化会减小。因此采用测量 15 s 和 60 s 的绝缘电阻值 R_{15} 和 R_{60},求出比值 R_{60}/R_{15} 来反映绝缘是否受潮或有绝缘缺陷,这个比值称为吸收比。一般绝缘干燥时,吸收比大于或等于 1.3。

试验步骤如下:

1. 放电

试验前先断开试品的电源,拆除一切对外连线,将试品短接后接地放电 1 min。对于电容量较大的试品(如变压器、电容器、电缆等)应至少放电 2 min,以免触电。

放电时应使用绝缘工具(如绝缘手套、棒、钳等),先将接地线的接地端接地,然后再将另一端挂到试品上,不得用手直接触及放电的导体。

2. 清洁试品表面

用干燥清洁的软布或棉纱擦净试品表面,以消除表面杂质对试验结果的影响。

3. 校验兆欧表

将兆欧表水平放置,摇动手柄至额定转速(120 r/min),指针应指"∞";然后再用导线短接兆欧表"线路"(L)端和"接地"(E)端,并轻轻摇动手柄,指针应指"0"。这样才认为兆欧表正常。

4. 正确接线

兆欧表的 E 端接试品的接地端、外壳或法兰处,L 端接试品的被测部分(如绕组、铁心柱等),注意 E 与 L 的两引线不得缠绕在一起。如果试品表面潮湿或脏污,应装上屏蔽环,即用软裸线在试品表面缠绕几圈,再用绝缘导线引接于兆欧表的"屏蔽"(G)端。

5. 测量

以恒定转速转动手柄,兆欧表指针逐渐上升,待 1 min 后读取其绝缘电阻值。如测量吸收比,则在兆欧表达到额定转速时(即在试品上加上全部试验电压),分别读取 15 s 和 60 s 的读数。应将试品名称、规范、装设地点及气象条件等记录下来。试验完毕或重复进行试验时,必须将试品对地充分放电。

6. 实验结果判断

测得的绝缘电阻值大于电气设备的绝缘电阻允许值时,说明绝缘状况符合要求。也可将测得结果与有关数据进行比较,如与同一设备的各数据、同类设备间的数据、出厂试验数据、耐压前后数据等比较。如发现异常,应立即查明原因或辅以其他测试结果进行综合分析判断。

(二)介质损失的测量

电介质损失的大小是衡量绝缘性能的一项重要指标。电场中电介质内单位时间消耗的电能称为介质损失。电介质就是绝缘材料。在电场作用下,电介质有一部分电能不可逆转地转变为热能,如果介质损失过大,绝缘材料的温度会升高,促使材料发生老化、变脆和分解,甚至使绝缘材料熔化、烧焦、丧失绝缘能力,导致热击穿的后果。介质损失的大小可以用功率因数角 Ψ 反映,为使用方便,工程上常用 Ψ 的余角 δ 的正切值 $\tan\delta$ 来反映电介质的品质,其公式为

$$\tan\delta = \frac{1}{\omega C R} \tag{6.5}$$

式中,C——电容值;R——电阻值。

当电介质一定,外加电压及频率一定时,介质损失与 $\tan\delta$ 成正比。通过测量 $\tan\delta$ 的大小,可以判断绝缘的优劣情况。对于绝缘良好的电气设备,$\tan\delta$ 值一般都很小;当绝缘受潮、劣化或含有杂质时,$\tan\delta$ 值将显著增大。

$\tan\delta$ 值测试可使用高压西林电桥和 2 500 V 介质损失角试验器等设备,测量的方法一般采用平衡电桥法、不平衡电桥法、低功率功率表法,下面介绍平衡电桥法。

平衡电桥法又称西林电桥法,所用设备为高压西林电桥,它是一种平衡交流电桥,具有灵敏、准确等优点,应用较为普遍。其原理如图 6.10 所示,图中 C_x、R_x 是试品并联等值电容及电阻,C_N 是标准空气电容器,R_3 是可调无感电阻箱;C_4 是可调电容箱,R_4 是无感电阻,G 是检流计。

根据交流电桥平衡原理,当检流计 G 的指示数为零时,电桥平衡,各桥臂阻抗值满足如下关系:

$$Z_4 Z_x = Z_N Z_3 \tag{6.6}$$

式中,$Z_4 = \dfrac{1}{\dfrac{1}{R_4} + j\omega C_4}$;$Z_x = \dfrac{1}{\dfrac{1}{R_x} + j\omega C_x}$;$Z_3 = R_3$

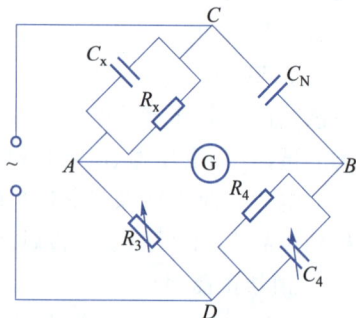

图 6.10 平衡电桥法原理

代入式(6.6)得

$$\tan \delta = \omega R_x C_x = \omega R_4 C_4 \tag{6.7}$$

对于 50 Hz 的电源，$\omega = 100 \pi$，在仪表制造时，取 $R_4 = 10^6/\pi\Omega$，则有

$$\tan \delta = 10^6 C_4 \tag{6.8}$$

式中，C_4 的单位为 F。

当 C_4 的单位为 μF 时，$\tan \delta = C_4$。C_4 是可调电容箱，在电桥面板上直接以 $\tan \delta(\%)$ 来表示，以便读数。

为了保证 $\tan \delta$ 测量结果的准确性，应尽量远离干扰源（如电场及磁场），或者加电场屏蔽。

测量结果可与被试设备历次测量结果相比较，也可与同类型设备测量结果相比较。若悬殊，$\tan \delta$ 值明显地升高，则说明绝缘可能有缺陷。

判断设备的绝缘情况，必须将各项试验结果结合起来，进行系统地、全面地分析比较，并结合设备的历史情况，对被试设备的绝缘状态和缺陷性质作出科学结论。例如，当用兆欧表和西林电桥分别对变压器绝缘进行测量时，若绝缘电阻和吸收比较低，$\tan \delta$ 值也可能不高，则往往表示绝缘中有局部缺陷；如果 $\tan \delta$ 值很高，则往往说明绝缘整体受潮。

（三）直流耐压和泄漏电流的测量

直流耐压试验是耐压试验的一种，其试验电压往往高于设备正常工作电压的几倍，这种试验既能考验绝缘的耐压能力，又能揭露危险性较大的集中性缺陷。

进行直流耐压试验的时间一般大于 1 min，所加试验电压值通常应参考该绝缘的交流耐压试验电压值，根据运行经验确定。例如，对电动机通常取 $2 \sim 2.5 U_e$；对电力电缆，额定电压在 10 kV 及以下时常取 $5 \sim 6 U_e$，额定电压升高时，倍数渐降。

直流耐压试验和泄漏电流试验的原理、接线及方法完全相同，只是直流耐压试验电压较高。因此在进行直流耐压试验时，一般都兼做泄漏电流测量。

泄漏电流试验同绝缘电阻测量的原理相同，当直流电压加于被试设备时，即在不均匀介质中出现可变电流，此电流随时间增长而逐渐减小，在加压一定时间后(1 min)趋于稳定，这个电流即为泄漏电流，其大小与绝缘电阻成反比，兆欧表就是根据这个原理将泄漏电流换算为绝缘电阻画在刻度盘上。

泄漏电流试验同绝缘电阻测量相比具有以下特点：① 试验电压比兆欧表的额定电压高很多，容易使绝缘本身的弱点暴露出来；② 用微安表监视泄漏电流的大小，方法灵活、灵敏，测量重复性较好。测量泄漏电流的接线多采用半波整流电路，其接线图如图 6.11 所示。

图 6.11 中微安表有两个不同的位置，微安表 Ⅰ 处于高电位，微安表 Ⅱ 处于低电位。微安表处于高电位的接法适用于试品的接地端不能对地隔离的情况，此时将微安表放在屏蔽架上，并通过屏

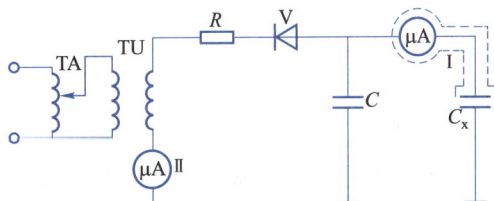

图 6.11　泄漏电流试验接线图

TA—自耦变压器；TU—升压变压器；V—高压硅堆；
R—保护电阻；C—稳压电容器；C_x—被试品

蔽与试品的屏蔽环相连，故测出的泄漏电流值准确，不受杂散电流的影响。这种方法存在的问题是试验中改变微安表的量程时，要用绝缘棒，操作不便，且微安表距人较远，读数不易看清。微安表处于低电位的接线，可以克服处于高电位时的缺点，在现场试验时采用较多，但此接线法不能消除试品绝缘表面的泄漏电源和高压导线对地的电晕电流对测量结果的影响。

直流耐压试验所必需的直流高压是由自耦变压器及升压变压器产生的交流高压经整流装置整流而获得的。整流装置包括高压整流硅堆和稳压电容器,高压硅堆具有良好的单向导电性,可将交流变为直流,稳压电容器的作用是使整流电压波形平稳,减小电压脉冲;其电容值越大,加在试品上的直流电压就越平稳,因此稳压电容应有足够大的数值。一般在现场常取的电容最小值为:当试验电压为 3 ~ 10 kV 时取 0.06 μF;当试验电压为 15 ~ 20 kV 时取 0.015 μF;当试验电压为 30 kV 时取 0.01 μF。对于大型发电机、变压器及电力电缆等大容量试品,因其本身电容较大,可省去稳压电容。

该试验过程中要注意以下方面:

1)按接线图接好线后,应由专人认真检查,确认无误后,方可通电及升压。在升压过程中,应密切监视试品、试验回路及有关计量仪,分阶段读取泄漏电流值。

2)在试验过程中,若出现闪络、击穿等异常现象,应马上降压,断开电源后查明原因。

3)在试验完毕、降压以及断开电源后,均应将试品充分放电。

对实验所得测量结果要进行分析,可以换算到同一温度下与历次试验结果相比较,与规定值相比较,也可以在同一设备各相之间相互比较。例如对某台 220 kV 少油断路器,用兆欧表测得各相的绝缘电阻均在 10 000 MΩ 以上,当进行 40 kV 直流泄漏电流测量时,其中 A、B 两相为 5 μA,C 相为 70 μA,三相电流显著不对称,检查 C 相,发现该相支持瓷套管有裂纹。

（四）交流工频耐压试验

交流工频耐压试验与直流耐压试验一样,均在设备上施加比正常工作电压高得多的电压,它是考验设备绝缘水平,确定设备能否继续参加运行的可靠手段。国家标准 GB/T 311.1—2012《绝缘配合 第 1 部分:定义、原则和规则》规定了各种电压等级设备的试验电压值,在现场可根据试验规程的要求选用。通常考虑到运行中绝缘的变化,试验电压值应取得比出厂试验电压低一些。交流工频耐压试验接线图如图 6.12 所示。

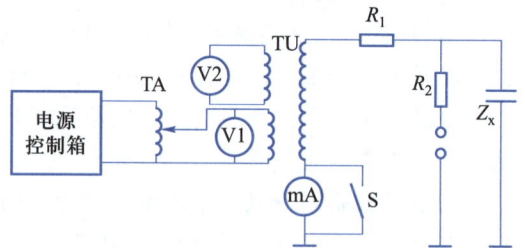

图 6.12　交流工频耐压试验接线图

交流高压电源由交流电源调压器及高压试验变压器组成。试验时应根据被试设备的电容量和最高电压选择试验变压器。具体步骤如下:

1. 电压

试验变压器的高压侧额定电压 U_e 应大于试品的试验电压 U_S;而低压侧额定电压应能与现场的电源电压及调压器相匹配。

2. 电流

试验变压器的额定输出电流 I_e 应大于试品所需的电流 I_S,且 I_S 可按试品电容估算

$$I_S = U_S \omega C_x \tag{6.9}$$

3. 容量

根据变压器输出的试验电流及额定电压,即可确定变压器的容量。例如,对 10 kV 高压套管进行交流耐压试验,根据试验电压标准,试验电压为 46 kV,所以可选用额定电压为 50 kV 的试验变压器。用西林电桥测得套管对地电容值为 0.04 F,则试验变压器的容量为

$$P_e = U_e I_e = U_e U_S \omega C_x$$
$$= 50 \times 10^3 \times 46 \times 10^3 \times 314 \times 0.04 \times 10^{-6} \text{ kV} \cdot \text{A} = 2.9 \text{ kV} \cdot \text{A}$$

　　根据 JB 3570—1984 规定,可选取 YD5/50 型高压试验变压器。若在试验中,试品突然发生击穿或沿面击穿,回路中的电流会在瞬间剧增,其产生的过电压将威胁变压器的绝缘,因此在变压器高压侧出线端串联的限流电阻将用于限制过电流和过电压。一般限流电阻选择在 $0.1\ \Omega/\text{V}$,试验中常用玻璃管装水做成水电阻,水电阻最好采用碳酸钠加水配成,而不宜用食盐,因为食盐的化学成分是氯化钠,导电时会分解出一部分氯气,对人体有害,而且设备也容易被腐蚀。

　　常用的调压器有自耦变压器和移卷变压器。调压器的作用是将电压从零到最大值进行平滑地调节,保证电压波形不发生畸变,以满足试验所需的任意电压。

　　对于大电容量的电气设备,如发电机、电容器、电力电缆等,当试验电压很高时,所需高压试验变压器的容量很大,给试验造成困难。故一般不进行交流工频耐压试验,而进行直流耐压试验。

　　试验中要注意以下方面:

　　1)试验前应将试品的绝缘表面擦拭干净。

　　2)要合理布置试验器具。接线高压部分对地应有足够的安全距离,非被试部分一律可靠接地。

　　3)试验时,调压器应置零位。然后迅速均匀地升高电压至额定试验电压,时间为 $10\sim15\ \text{s}$。当耐压时间一到,应速将电压降至输出电压的四分之一以下,然后再切断电源,不准在试验电压下切断电源,否则可能产生使试品放电或击穿的过电压。

　　4)试验过程中,若发现电压表摆动,毫安表指示急剧增加、绝缘烧焦或冒烟等异常现象,应立即降下电压,断开电源,挂接地线,查明原因。

　　5)试验前后,应用兆欧表测量试品的绝缘电阻和吸收比,检查试品的绝缘情况。前后两次测量结果不应有明显的差别。

　　6)试验过程中,若由于空气的湿度、设备表面脏污等,引起试品表面滑闪放电或空气击穿,不应认为不合格,应经处理后再试验。

　　4. 交流耐压试验结果的判断

　　在交流耐压持续时间内,试品不发生击穿为合格;反之为不合格。试品是否击穿,可按下述情况分析:

　　1)根据仪表的指示分析。一般若电流表指示突然上升,则表明试品击穿;当采用高压侧直接测量时,若电压表指示突然下降,也说明试品已击穿。

　　2)根据试品状况进行分析。在试验中,试品出现冒烟、闪络、燃烧等现象,或发出断续的放电声,可认为试品绝缘有问题或已击穿。

　　交流耐压试验结果应会同其他试验项目所得的结果进行综合分析判断,以确定设备的绝缘情况。

二、交流电动机和开关电器试验

　　(一)交流电动机试验

　　交流电动机分为同步及异步电动机两类。由于异步电动机在工农业生产中应用广泛,所以下面主要介绍异步电动机在安装前和经过修理后所要进行的有关试验。

1. 测量绝缘电阻和吸收比

测量电动机绝缘电阻时,应先拆开接线盒内连接片,使三相绕组 6 个端头分开,分别测量各相绕组对机壳和各相绕组间的绝缘电阻。测量时,应选择适当的兆欧表。对于 500 V 以下的电动机,可采用 500 V 兆欧表;500 ~ 3 000 V 的电动机采用 1 000 V 的兆欧表;3 000 V 以上的电动机采用 2 500 V 的兆欧表。

电动机绝缘电阻值在冷、热状态下是不同的,其值随温度升高而降低。冷态(常温)下,额定电压 1 000 V 以下的电动机,绝缘电阻值一般应大于 1 MΩ,下限值不能低于 0.5 MΩ。电动机热态(接近工作温度)下,对于额定电压为 380 V 的低压电动机,其热态绝缘电阻不应低于 0.4 MΩ。而对额定电压更高的电动机,功率不太大时,额定电压每增加 1 kV,绝缘电阻下限值增加 1 MΩ。功率为 500 kW 以上的电动机应测量吸收比,一般吸收比大于 1.3 时,可不经干燥投入运行。

2. 泄漏电流及直流耐压试验

对于额定电压为 1 000 V 以上,功率为 500 kW 以上的电动机,应对其定子绕组进行直流耐压试验并测量泄漏电流。试验电压的标准为:大修或局部更换绕组时,取 3 倍额定电压;全部更换绕组时,取 2.5 倍额定电压。泄漏电流无统一标准,但一般要求各相间差别不大于 10% ;20 μA 以下者,各相间应无显著差别。

3. 工频交流耐压试验

工频交流耐压试验内容主要是定子绕组一相对地和绕组相间的耐压试验,其目的在于检查这些部位间的绝缘强度,该试验应在绕组绝缘电阻达到规定数值后进行。试验电压的标准为:大修或局部更换绕组时,取 1.5 倍额定电压,但不低于 1 000 V;全部更换绕组时,取 2 倍额定电压再加上 1 000 V,但不低于 1 500 V。

该试验应在电动机静止状态下进行,接好线后将电压加在被试绕组与机壳之间,其余不参与试验的绕组与机壳连在一起,然后接地。若试验中发现电压表指针大幅度摆动,电动机绝缘冒烟或有异响,则应立即降压,断开电源,接地放电后进行检查。

4. 测量绕组直流电阻

直流电阻测量工具为精密双臂电桥。测量绕组各相直流电阻时,应把各相绕组间连接线拆开,以得到实际阻值。若不便于拆开,则星形联结时从两出线间测得的是 2 倍相电阻;三角形联结时测得的是 2/3 倍相电阻。

运行中的电动机,测量直流电阻前应静置一段时间,在绕组温度与环境温度大致相等时再测量。一般 10 kW 以下的电动机,静置时间不应少于 5 h,10 ~ 100 kW 的电动机不应少于 8 h。测量结果应满足:电动机三相的相电阻与其三相平均值之比相差不超过 5% 。

5. 电动机空转检查和空载电流的测定

以上试验合乎要求后,启动电动机空转,其空转检查时间随电动机功率的增加而增加,但最长不超过 2 h。在电动机空转期间,应注意定、转子是否相擦;电动机是否有过大的噪声及声响;铁心是否过热;轴承温度是否稳定,检查结束时,滚动轴承温度不应超过 70 ℃。

在检查电动机空载状态的同时,应用电流表或钳形电流表测量电动机的三相空载电流。各种不同的电动机,空载电流的大小不同,空载电流占额定电流的百分比随电动机极数及功率而变化,其测得值应接近表 6.7 所列数值。若测得的空载电流过大,说明电动机定子匝数偏小,功率因数偏低;若空载电流过小,说明定子匝数偏多,这将使定子电抗过大,电动机力矩特性变差。

表 6.7　电动机空载电流占额定电流的百分比　　　　　　　　　%

极数	功率/kW					
	0.125	0.5 以下	2 以下	10 以下	50 以下	100 以下
2	70~95	45~70	40~55	30~45	23~35	18~30
4	80~96	65~85	45~60	35~55	25~40	20~30
6	85~98	70~90	50~60	35~65	30~45	22~33
8	90~98	75~90	50~70	37~70	35~50	25~35

（二）低压开关试验

通常机电设备使用的开关电器均是 1 kV 以下的低压开关。这些开关在交接及大修时均要进行绝缘电阻测量,其测量仪器是 1 000 V 兆欧表。

接触器和磁力启动器还要进行交流耐压试验,测试的部位是:主回路对地;主回路极与极之间;主回路进线与出线之间;控制与辅助回路对地之间。此外,还要检查触点接触的三相同期性,要求各相触点应同时接触,三相的不同期误差小于 0.5 mm,否则需要调整。

自动空气开关在交接和大修时,应进行以下试验内容:① 检查操作机构的最低动作电压是否满足合闸接触器不小于 30%、不大于 80% 的额定电压;分闸电磁铁不小于 30%,不大于 65% 额定电压的要求;② 测量合闸接触器和分、合闸电磁线圈的绝缘电阻和直流电阻,绝缘电阻值应不小于 1 MΩ,直流电阻值应符合制造厂家规定。

三、老化试验

所谓老化是指电气设备在运行过程中,其绝缘材料或绝缘结构因承受热、电和机械应力等因素的作用使其性能逐渐变化,最后导致损坏的现象。实际中可通过热老化、电老化及机械老化试验等方法,考核绝缘材料及绝缘结构的耐老化性能,保证电气设备长期安全、可靠地运行。

由于各种电气设备运行的条件不同,它们所承受的主要老化因素也不相同。例如,低压电动机承受的场强不高,损坏主要由电动机中产生的热造成,因此对这种电动机中的绝缘材料应进行热老化试验。又如高压电力电缆,其绝缘材料承受较高的电场强度,对这种材料必须进行电老化试验。此外,各种老化因素往往会产生相互作用,为了使试验能反映设备的实际运行情况,应把各种老化因素组合起来,进行多因素老化试验。

（一）热老化试验

热老化是以热为主要老化因素,使绝缘材料或绝缘结构的性能发生不可逆变化的试验。通过热老化试验,可以研究、比较和确定绝缘材料或绝缘结构的长期工作温度或在一定工作温度下的寿命。

电气设备绝缘材料、绝缘结构和产品的长期耐热性用耐热等级来表征。属于某一耐热等级的电产品,在该等级的温度下工作时,不仅短时间内不会有明显的性能改变,而且长期运行时绝缘也不会发生不该有的性能变化,并能承受正常运行时的温度变化。绝缘的耐热等级见表 6.8。

表 6.8　绝缘的耐热等级

耐热等级	Y	A	E	B	F	H	200	220	250
极限温度/℃	90	105	120	130	155	180	200	220	250

1. 热老化试验原理及试验设备

有机绝缘材料在热的作用下发生着各种化学变化,包括氧化、热裂解、热氧化裂解以及缩聚等,这些化学反应的速率决定了材料的热老化寿命。因此,可应用化学反应动力学导出的材料寿命与温度的关系作为加速热老化的理论依据。绝缘材料寿命与温度的关系为

$$\log_2 \tau = a + b/T \tag{6.10}$$

式中,τ——绝缘材料的寿命;a、b——常数;T——热力学温度。

式(6.10)表明,寿命 τ 的以 2 为底的对数与热力学温度 T 的倒数有线性关系。

老化试验是根据上述寿命与温度的关系进行的。显然,提高试验温度可以加速材料的老化,因此老化试验是在比使用温度高的情况下求取寿命与温度的关系曲线,然后求取工作温度下的寿命,或在规定寿命指标下求取其耐热指标,即温度指数。

老化试验用的主要设备是老化恒温箱。经验证明,绝缘材料的暴露温度升高 10 ℃,热寿命降低一半。因此,要求老化恒温箱温度上下波动小,且分布均匀。箱内应备有鼓风装置,以防材料在空气中的氧化,同时为了保证材料承受温度均匀,箱内应装有转盘,材料放在转盘上。为使温度上下波动在 ±3 ℃ 的范围内,恒温箱的温度控制应该灵敏可靠,一般装有防止温度超过允许范围的自动保护装置。

2. 热老化试验方法

热老化试验常把温度作为变量,用提高温度来缩短试验时间,达到加速老化的目的。而其他因素(如机械应力、潮湿、电场以及周围媒质的作用)则维持在工作条件下的最高水平,在热暴露温度改变时也维持不变。

热暴露温度的选择很重要,选择不当将导致错误的结论。如上所述,为验证寿命的对数与绝对温度的倒数是否存在线性关系,至少应选取 3 个热暴露温度。为了避免因试验温度过高导致老化机理的改变以及温度过低导致时间过长,必须限制最高与最低试验温度。一般规定最高试验温度下,热老化寿命不小于 100 h,最低试验温度下的热老化寿命不小于 5 000 h,两试验温度的间隔在 20 ℃ 左右为宜。不同耐热等级或温度指数的绝缘材料的热暴露温度,可以参考国际电工委员会提供的参考温度选择。

在热老化试验过程中,经过一定时间间隔后要把绝缘材料或绝缘结构从恒温箱中取出,进行性能变化的测定,这样就把整个老化过程分为若干周期。周期的组成视所选取的老化因素不同而不同,如进行电动机模型线圈的热老化试验时,老化周期为升温—热暴露—降温—机械振动—受潮—试验。又如进行绝缘材料的热老化试验时老化周期很简单,即为升温—热暴露—降温—试验。为了使不同试验温度下热以外其他因素的作用保持不变,其老化周期数应相等或接近相等。国际电工委员会建议老化周期数为 10,但对于不同耐热等级,推荐了不同热暴露温度下的周期长度供参考。

(二)电老化试验

以电应力为主要老化因素使绝缘材料或绝缘结构的性能发生不可逆变化的试验称电老化试验。电老化效应的形式有:局部放电效应、电痕效应、树枝效应和电解效应等,它们既会单独作用引起绝缘材料或绝缘结构的老化,也会联合作用引发绝缘老化。

局部放电效应产生的电老化及试验方法如下:

1. 电老化机理与影响电老化寿命的因素

局部放电会引起绝缘材料性能下降,甚至绝缘完全被损坏。绝缘材料在放电下损坏机理很

复杂,在绝缘材料的破坏过程中,常常留下不可逆的破坏痕迹,使材料的电气力学性能产生明显变化。例如放电产生的低分子极性物质或酸类渗透到材料内部,使其体积电阻率下降,损耗因数上升;材料失去弹性而发脆或开裂等;放电起始电压、放电强度逐渐下降。

不同绝缘材料的电老化寿命不同,其在放电作用下的老化速率除材料本身的结构以外,还受到频率、电场强度、温度、相对湿度和机械应力等因素的影响。由于绝缘材料的电老化机理十分复杂,所以目前电老化试验只能用于一定条件下绝缘材料耐放电性的比较,或求材料的相对寿命。

2. 电老化试验方法

绝缘材料耐局部放电性试验是电老化试验中的一种,其主要方法是击穿法,即在材料上加一定电压,直到材料击穿,记下所经历的时间,即失效时间;然后根据不同电压(或场强)下获得的材料失效时间绘制寿命曲线,即场强-寿命关系线。

恒定场强下寿命与场强的关系见式(6.11),即电老化寿命定律。

$$t_E = k/E^n \tag{6.11}$$

式中,t_E——场强 E 下的寿命;E——场强;k、n——常数。

电老化寿命定律表明电老化寿命与场强不是线性关系。电老化试验就是以该寿命定律为基础,在强化电场强度下,测量寿命与场强的关系曲线,求出寿命系数 n。

第三节　常用电气设备故障诊断维修实例

机电设备的电气控制系统一般是以低压电器作为系统的电气元件,以电动机作为系统的动力源,因此机电设备的电气故障主要发生在这两类电器设备上。此外,在数控机床等自动化程度较高的机电设备中,可编程控制器故障也是引起设备故障停机的重要原因。本节将就以上故障的诊断维修方法进行介绍。

一、低压电器常见故障与维修

低压电器是指在低压(1 200 V 及以下)供电网络中,能够依据操作信号和外界现场信号的要求,自动或手动地改变电路的状况、参数,用以实现对电路或被控对象的控制、保护、测量、指示、调节和转换等的电气器械,它是构成低压控制电路的最基本元件。常用的低压电器有控制电器类,如接触器、继电器、电磁阀和电磁抱闸等;保护类低压控制电器,如熔断器、漏电保护器等;主令电器类,如万能转换开关,按钮、行程开关等。

(一) 接触器

接触器是一种用来自动地接通或断开大电流电路的电器。它可以频繁地接通或切断交直流电路,并可实现远距离控制,按照所控制电路的种类,接触器可分为交流接触器和直流接触器两大类。

1. 交流接触器

交流接触器是利用电磁吸力及弹簧反作用力配合动作使触头闭合与断开的一种电器,在机电设备控制电路中一般用它来接通或断开电动机的电源和控制电路的电源。接触器主要由触头系统和电磁系统组成。触头系统包括主触头和辅助触头;电磁系统包括电磁线圈、动铁心、静铁心和反作用弹簧等。

交流接触器电磁系统典型的吸合形式如图 6.13 所示。电磁吸合的基本过程是:电磁线圈不通电时,弹簧的反作用力或动铁心的自身质量使主触头保持断开位置。当电磁线圈接入额定电压时,电磁吸力克服弹簧的反作用力将动铁心吸向静铁心,带动主触头闭合,动断辅助触头由闭合转为断开,动合辅助触头由断开转为闭合。

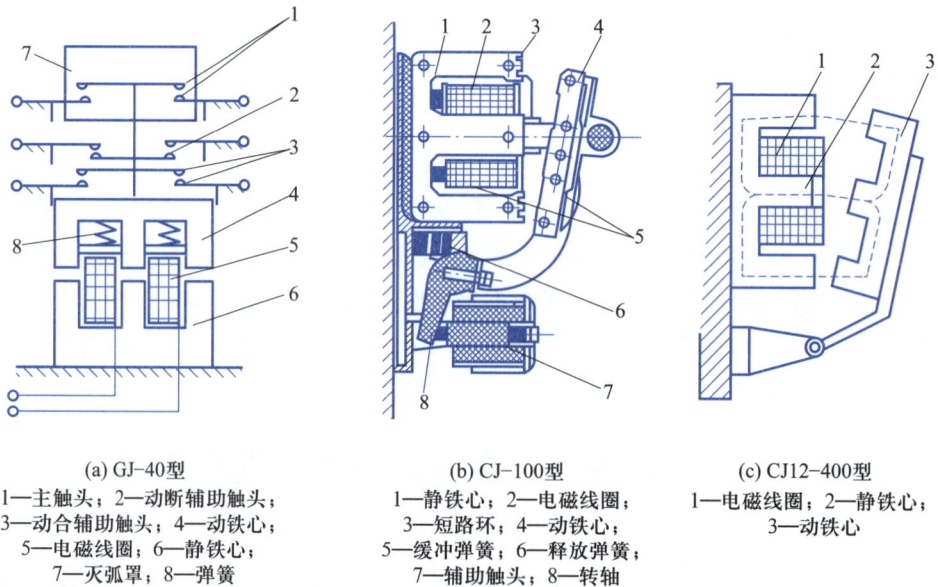

(a) GJ-40型
1—主触头;2—动断辅助触头;
3—动合辅助触头;4—动铁心;
5—电磁线圈;6—静铁心;
7—灭弧罩;8—弹簧

(b) CJ-100型
1—静铁心;2—电磁线圈;
3—短路环;4—动铁心;
5—缓冲弹簧;6—释放弹簧;
7—辅助触头;8—转轴

(c) CJ12-400型
1—电磁线圈;2—静铁心;
3—动铁心

图 6.13　交流接触器电磁系统典型的吸合形式

交流接触器的故障一般发生在线圈回路、机械部分和接触部分等处。当故障发生后,应依照先易后难的原则,先查线圈,后查电源和机械部分,最后进行调整、研磨等,避免盲目拆卸。交流接触器的常见故障及维修方法如下:

(1)判断接触器是否正常的工作步骤

1)电气检查。接触器线圈的两接线柱之间应保持导通状态。用电阻挡测量时,应有 10 至数十欧的电阻。如果阻值超过 2 Ω,就应检查线圈回路是否有接触不良或断线的现象。当阻值过低,如小型接触器仅有几欧或零点几欧时,则应检查是否有短路现象。

动合触头在接触器吸合时应能可靠地接通和分断电路。

2)机械部分检查。用手或其他工具推动衔铁时,动作应灵活自如,无卡滞现象。触头接触后再用力,还应有一定的行程,手松开后,触头能迅速复位。此外触头的动作应该同步。

3)通电检查。线圈上加上额定电压时,接触器应能可靠地动作;吸合后无明显的响声,断电时复位迅速。

(2)线圈故障　线圈故障可分为过热烧毁和断线。线圈烧毁的原因很多,例如电源电压过高,超过额定电压的110%,电源电压过低,低于额定值的85%,都有可能烧毁接触器线圈。这是因为接触器衔铁吸合不上,线圈回路电抗值较小,电流过大造成的。此外,电源频率与额定值不符、机械部分卡阻致使衔铁不能吸合、铁心极面不平造成吸合磁隙过大,在环境方面如通风不良、过分潮湿、环境温度过高等原因,都会引起这种故障。线圈断线故障一般由线圈过热烧毁引起,也可能由外力损伤引起。

针对不同的故障原因,应采取不同的对策。如果是线圈故障,更换同型号线圈即可,如铁心有污物或极面不平,可视情况清理极面或更换铁心。

(3) **接触器触头熔焊**

1) 频繁启动设备,主触头频繁地受启动电流冲击,或者触头长时间通过过负载电流,均能造成触头过热或熔焊。前者,应合理操作避免频繁启动,或者选择合乎操作频率及通电持续率的接触器。后者,则应减少拖动设备的负载,使设备在额定状态下运行,或者根据设备的工作电流重新选择合适的接触器。

如果被控对象是三相电动机,则应检查三相触头是否同步。如果不同步,三相电动机启动时短时间内属于缺相运动,导致启动电流过大,应进行调整。

2) 负载侧有短路点。吸合时短路电流通过主触头,造成触头熔焊,此时应检查短路点位置,排除短路故障。

3) 触头接触压力不正常。因接触器吸合不可靠或振动会造成触头压力太小,使触头接触电阻增大,引起触头严重发热。调整触头压力时可用纸条法检查压力的大小,方法是取一条比触头稍宽一点的纸条,放在触头之间,交流接触器闭合时,若纸条很容易抽出,说明触头压力不足;若将纸条拉断,说明压力过大。小容量交流接触器稍用力能将纸条拉出并且纸条完好,大容量电器用力能拉出纸条但有破损,就认为触头压力合适。

4) 触头表面严重氧化及灼伤,使接触电阻增大,引起触头熔焊。触头上有氧化层时,如果是银的氧化物则不必除去;是铜的氧化物,应用小刀轻轻刮去。如有污垢,可用抹布蘸汽油或四氯化碳将其清洗干净;触头烧灼或有毛刺时,应使用小刀或整形锉整修触头表面,整修时不必将触头整修得十分光滑,因为过分光滑会使触头接触表面面积减小。另外,不要用砂纸去修整触头表面,以免金刚砂嵌入触头,影响接触。触头如有熔焊,必须查清原因,修理时更换触头。

(4) **接触器通电后不能吸合或吸合后断开**　当发生交流接触器通电后不能吸合的故障时,应首先测试电磁线圈两端是否有额定电压。若无电压,说明故障发生在控制回路,应根据具体电路检查处理;若有电压但低于线圈额定电压,使电磁线圈通电后产生的电磁力不足以克服弹簧的反作用力,则可更换线圈或改接电路;若有额定电压,则更大的可能是线圈本身开路,可用万用表欧姆挡测量,若接线螺丝松脱应紧固,线圈断线则应更换。

另外,接触器运动部位的机构及动触头发生卡阻或转轴生锈、歪斜等,都有可能造成接触器线圈通电后不能吸合或吸合不正常。前者,可对机械连接机构进行修整,修整灭弧罩,调整触头与灭弧罩的位置,消除两者的摩擦。后者,应进行拆检,清洗转轴及支承杆,必要时调换配件。组装时应装正,保持转轴转动灵活。

接触器吸合一下又断开,通常是由于接触器自锁回路中的辅助触头接触不良,使电路自锁环节失去作用引起的。修整动合辅助触头,保证良好的接触即可消除故障。

(5) **接触器吸合不正常**　接触器吸合不正常是指接触器吸合过于缓慢,触头不能完全闭合、铁心吸合不紧、铁心发出异常噪声等不正常现象。接触器吸合不正常时,可从以下几方面检查原因,并根据检查结果作相应的处理。

1) 控制电路电源电压低于85%额定值,电磁线圈通电后所产生的电磁吸力较弱,不能将动铁心迅速吸向静铁心,造成接触器吸合过于缓慢或吸合不紧。此时应检查控制电路的电源电压,并设法调整至额定工作电压。

2)弹簧压力不适当,会造成接触器吸合不正常。弹簧的反作用力过强会造成吸合过于缓慢;触头弹簧压力超程过大会使铁心不能完全闭合;触头的弹簧压力与释放压力过大时,也会造成触头不能完全闭合。此时应对弹簧的压力作相应的调整,必要时进行更换,即可消除以上故障。

3)铁心极面经过长期频繁碰撞,沿叠片厚度方向向外扩张且不平整,或者短路环断裂,造成铁心发出异常响声。前者,可用锉刀修整,必要时更换铁心。后者,应更换同样尺寸的短路环。

(6)接触器线圈断电后铁心不能释放　这种故障危害极大,会使设备运行失控,甚至造成设备毁坏,必须严加防范。其可能的原因是:

1)接触器铁心极面受撞击变形,"山"字形铁心中间磁极面上的间隙逐渐消失,致使线圈断电后铁心产生较大的剩磁,从而将动铁心黏附在静铁心上,使交流接触器断电后不能释放。处理时可锉平、修整铁心接触面,保证铁心中间磁极接触面有不大于0.2 mm的间隙,然后将"山"字形铁心接触面放在平面磨床上精磨光滑,并使铁心中间磁极面低于两边磁极面0.15~0.2 mm,可有效避免这种故障。

2)铁心极面上油污和尘屑过多,或者动触头弹簧压力过小,也会造成交流接触器线圈断电后铁心不能释放。前者,清除油污即可;后者,可调整弹簧压力,必要时更换新弹簧。

3)接触器触头熔焊也会造成交流接触器线圈断电后铁心不能释放,可对照上述方法进行排除。

4)安装不符合要求或新接触器铁心表面防锈油未清除也会出现这种故障。若是安装不符合要求,可重新安装,应使倾斜度不超过5°;若是铁心表面防锈油的黏连,则揩净油即可。

微课
交流接触器

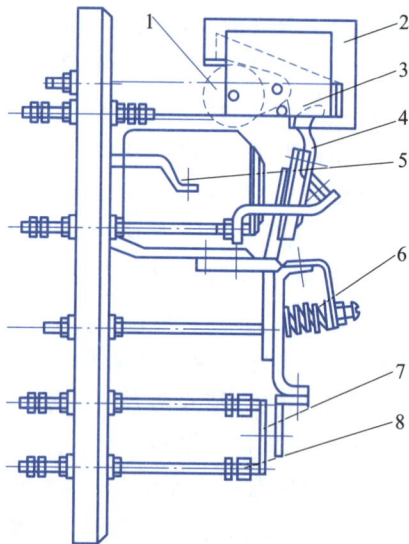

2. 直流接触器

直流接触器按其使用场合可分为一般工业用直流接触器,牵引用直流接触器和高电感直流接触器。一般工业用直流接触器常在机床等机电设备中用于控制各类直流电动机。直流接触器的基本结构如图6.14所示。直流接触器的常见故障与交流接触器基本相同,可对照上述交流接触器故障状况进行分析。

例3　一台CZQ-40/20直流接触器,吸合后马上断开,然后又吸合,有时能吸合,有时又不能吸合,如此无规律抖动。

分析:从上述情况看,电源及线圈故障可能性最大,很有可能是线圈回路接触不良。

检修:为了证实这一点,电源连接后测线圈两端电压,电压数值稳定,说明问题不是出在接触器外部。拆除线圈引线,测线圈电阻,振动时阻值不能稳定。拆开接触器,取出线圈,发现线圈引线完好,测引线之间的电阻,仍

图6.14　直流接触器的基本结构

1—磁吹线圈;2—灭弧罩;3,8—静触头;
4,7—动触头;5—线圈;6—弹簧

不稳定。更换线圈后故障排除。仔细检查线圈,发现引线与线圈连接处有糊痕。弯折该导线,感

觉内部芯线似已断裂,将导线扯断后,芯线端为旧痕,证明此处已断,接触不良现象由此引起。

例4 一台 CZQ-100/20 直流接触器,吸合正常,释放缓慢、无力。

分析:释放无力的原因有:① 触头压力(也即触头反力)过小;② 触头轻度熔焊;③ 机械可动部分被卡住;④ 反力弹簧失去弹性,或反力过小;⑤ 铁心极面有污物,使铁心活动不灵活;⑥ 非磁性垫片被磨薄或脱落,克服不了剩磁力而不易释放。

检修:① 检查触头压力,未发现明显异常情况,触头无熔焊;② 将直流接触器拆开,检查铁心极面,表面干净。仔细检查,发现非磁性片明显变薄。更换同型号铜片后,故障排除。

(二)继电器

继电器主要作用是对电气电路或电气装置进行控制、保护、调节以及信号传递,它的触头容量较小,常在 5 A 或 5 A 以下,因而继电器不能用来切断负载,这也是继电器与接触器的主要区别。根据输入信号的不同,继电器可分为根据温度信号动作的温度继电器,根据电流信号动作的电流继电器,根据压力信号动作的压力继电器,根据速度信号动作的速度继电器等多种类型。下面介绍几种常用继电器的故障诊断与维修方法。

1. 热继电器(温度继电器)

电动机在实际运行中,常遇到过载情况。若过载电流不大,过载时间也较短,电动机绕组温升不超过允许值,这种过载是允许的。若过载电流过大或时间过长,使绕组温升超过容许值时,造成绕组绝缘的损坏,缩短电动机的使用年限,严重时甚至会使电动机的绕组烧毁。为了充分发挥电动机的过载能力,保证电动机的正常启动及运转,防止电动机绕组因过热而烧毁,通常采用热继电器作为电动机的过载保护。

常用的热继电器是双金属片式。如图 6.15 所示为 JR15 系列热继电器结构,它主要由双金属片、电阻丝(发热元件)和触头组成。使用时发热元件串接到电动机主电路中,常闭静触头在控制电路中与接触器线圈相串联。电动机过载时,发热元件 3 温度升高(超过正常运行温度),使主双金属片 2 弯曲,推动导板 4,导板推动温度补偿双金属片 5,将推力传至推杆 16,使热继电器常闭静触头 6 断开,切断电动机的控制电路,主电路断开。若要使电动机再次启动,需经过一定的时间,待双金属片冷却后,按下再扣按钮 11,使触头复位(由 7 回到 6)。再扣调节螺钉 8 也能使继电器动作后经过一定时间自动复位。热继电器常见故障及修理方法如下:

(1)热继电器接入主电路或控制电路后不通

1)热元件烧断或热元件进出线头脱焊会造成热继电器接入主电路后不通,该故障排除可用万用表进行通路测量,也可打开热继电器的盖子进行外观检查,但不得随意卸下热元件。对于烧断的热元件需要更换同规格的元件,对脱焊的线头则应重新焊牢。

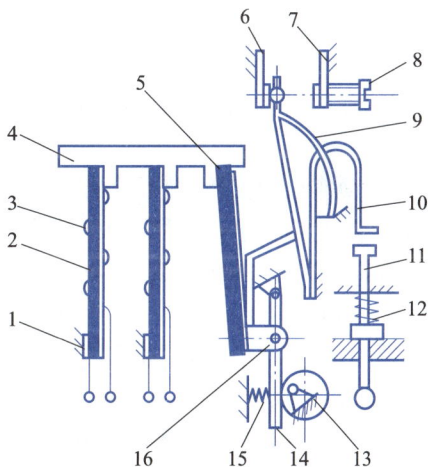

图 6.15 JR15 系列热继电器结构

1—外壳;2—主双金属片;3—发热元件;
4—导板;5—补偿双金属片;6—常闭静触头;
7—常开静触头;8—再扣调节螺钉;9—动触头;
10—再扣弹簧;11—再扣按钮;12—再扣按钮复合弹簧;13—整定电流调节凸轮;14—支持件;
15—弹簧;16—推杆

2)整定电流调节凸轮(或调节螺钉)转到不合适位置上,致使常闭触头断开;或者由于常闭触头烧坏,以及再扣弹簧或支持杆弹簧弹性消失,使常闭触头不能接触,造成热继电器接入后控制电路不通。前者,可打开热继电器的盖子,观察调节凸轮动作机构,并将其调整到合适的位置上;后者,则需要更换触头及相关的弹簧。

3)热继电器的主电路或控制电路中接线螺钉未拧紧,运行日久松脱,也会造成主电路或控制电路不通,检查接线螺钉拧紧即可。

(2)热继电器误动作　热继电器误动作是指电动机未过载,继电器就动作的现象。

1)由于热继电器所保护的电动机启动频繁,热元件频繁受到启动电流的冲击;或者电动机启动时间太长,热元件较长时间通过启动电流,这两种情况均会造成热继电器误动作。前者,应限制电动机的频繁启动,或改用半导体热敏电阻温度继电器;后者,则可按电动机启动时间的要求,从控制电路上采取措施,在启动过程中短接热继电器,启动运行后再接入。

2)热继电器电流调节刻度有误差(偏小)会造成误动作,此时应合理调整。将调节电流凸轮调向大电流方向,然后再启动设备,待设备正常运转 1 h 后,将调节电流凸轮向小电流方向缓缓调节,直至热继电器动作,然后再把调节凸轮向大电流方向作适当旋转。

3)电动机负载剧增,致使过大的电流通过热元件,或者热继电器调整部件松动,致使热元件整定电流偏小,造成热继电器误动作。前者应排除电动机负载剧增的故障;后者,则可拆开热继电器的盖板,检查动作机构及部件并加以紧固,再重新进行调整。

4)热继电器安装所处的环境温度与电动机所处的环境温度相差太大;或者连接导线太细,接线端接触不良,致使接点发热,使热继电器误动作。前者,应加强热继电器安装处的通风散热,使运行环境温度符合要求;后者,则需合理选择导线,并保证良好的接触。

(3)电动机已烧毁,而热继电器尚未动作　其可能原因有:

1)热继电器调节刻度有误差(偏大),或者调整部件松动引起整定电流偏大,当电动机过负载运行时,负载电流虽能使发热元件温度升高,双金属片弯曲,但不足以推动导板和温度补偿双金属片,使电动机长时间过负载运行而烧毁。处理方法与热继电器调节刻度误差(偏小)故障处理相同。

2)动作机构卡死,导板脱出;或者由于热元件通过短路电流,双金属片产生永久性变形,电动机过载时继电器无法动作,使电动机烧毁。处理时应打开热继电器盖子,检查动作机构,重新放入导板,按动复位按钮数次,看其机构动作是否灵活。若为双金属片永久变形则应更换。

3)热继电器经检修后,由于疏忽将双金属片安装反了;或双金属片发热元件用错,致使电流通过热元件后双金属片不能推动导板,电动机过负载运行烧毁而热继电器不动作。处理时应检查双金属片的安装方向,或更换合适的双金属片及发热元件。热继电器更换过双金属片及发热元件后,应进行保护特性校验与调整,其接线图如图 6.16 所示。校验步骤如下:

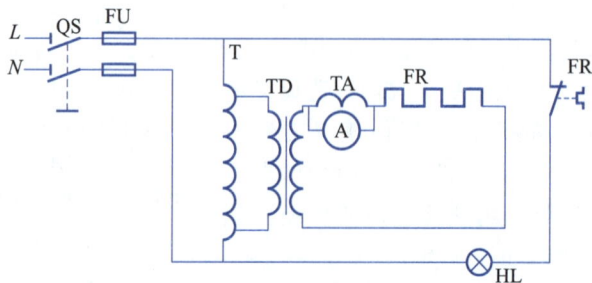

图 6.16　热继电器保护特性校验接线图

① 合上开关 QS,指示灯 HL 亮。

② 将整定值调节凸轮置于额定值处,然后调节变压器输出电压,使热元件通过的电流升至额定值,1 h 内热继电器不动作,则应调节凸轮向整定值大的方向移动。

③ 将电流升至 1.2 倍额定电流,热继电器应在 20 min 内动作,指示灯 HL 熄灭。若 20 min 内不动作,则应将调节凸轮向整定值小的方向移动。

④ 将电流降至零,待热继电器复位并冷却后,再调升电流至 6 倍额定值,分断开关 QS 再随即合上,其动作时间应大于 5 s。

4) 由于电动机本体故障,如自冷风扇损坏、风道堵塞散热不佳、环境温度较高等也会造成电动机烧毁而热继电器尚未动作。

热继电器在安装时,应注意出线的连接导线粗细要适宜。如导线过细,轴向导热差,热继电器可能提前动作;反之,连接导线太粗,轴向导热快,热继电器可能滞后动作。一般规定:额定电流为 10 A 的热继电器,宜选用 2.5 mm² 的单股塑料铜心线;额定电流为 20 A 的热继电器,宜选用 4 mm² 的单股塑料铜心线;额定电流为 60 A 的热继电器,宜选用 16 mm² 的多股塑料铜心线。

2. 时间继电器

时间继电器是一种利用电磁原理或机械动作原理来延时触头闭合或分断的自动控制电器。它的种类很多,有电磁式、电动式、空气阻尼式(又称气囊式)及晶体管式等。电动式时间继电器的延时精确度高,延时时间较长(由几秒到 72 h),但价格较贵;电磁式时间继电器的结构简单,价格也较便宜,但延时较短(由 0.3 s 到 0.6 s),且只能用于直流电路和断电延时场合,体积和质量均较大;空气阻尼时间继电器的结构简单,延时范围较长(0.4 s 到 180 s),缺点是延时准确度较低。

微课
热继电器

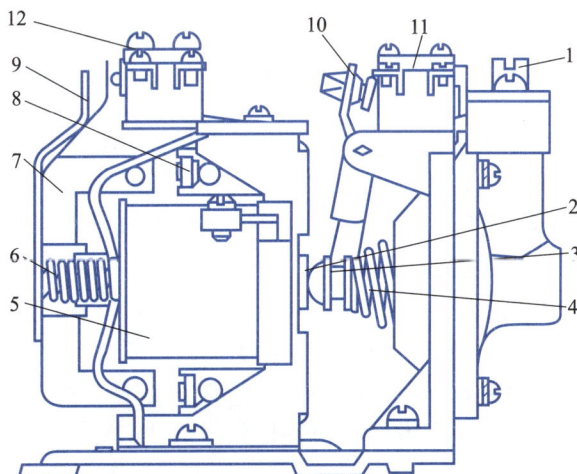

常用的 JS7-A 系列时间继电器是利用空气通过小孔节流的原理获得延时动作的。根据触头的延时特点,它可分为通电延时(如 JS7-1A 和 JS7-2A)与断电延时(如 JS7-3A 和 JS7-4A)两种。JS7-A 系列时间继电器的结构如图 6.17 所示。时间继电器常见故障及修理方法见表 6.9。

图 6.17 JS7-A 系列时间继电器的结构

1—调节螺丝;2—推板;3—推杆;4—宝塔弹簧;5—线圈;6—反力弹簧;7—衔铁;
8—铁心;9—弹簧片;10—杠杆;11—延时触头;12—瞬时触头

表 6.9　时间继电器常见故障及修理方法

故障现象	产生原因	修理方法
延时触头 不动作	电磁铁线圈断线	更换线圈
	电源电压低于线圈额定电压很多	更换线圈或调高电源电压
	电动式时间继电器的棘爪无弹性,不能刹住棘齿	调换棘爪
	电动式时间继电器的同步电动机线圈断线	调换同步电动机
	电动式时间继电器的游丝断裂	调换游丝
延时时间缩短	空气阻尼式时间继电器的气室装配不严,漏气	修理或更换气室
	空气阻尼式时间继电器气室内橡皮薄膜损坏	调换橡皮薄膜
延时时间变长	空气阻尼式时间继电器气室内有灰尘,使气道阻塞	清除气室内灰尘,使气道畅通
	电动式时间继电器的传动机构缺润滑油	加入适量润滑油

3. 速度继电器

速度继电器又称反接制动继电器,它的作用是与接触器配合实现对电动机的制动。速度继电器由定子、转子、触点 3 个主要部分组成。感应式速度继电器结构原理如图 6.18 所示。

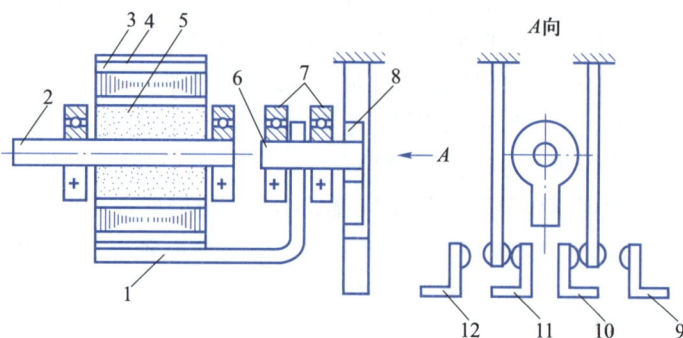

图 6.18　感应式速度继电器结构原理

1—支架;2、6—轴;3—短路绕组;4—定子;5—转子;7—轴承;8—顶块;9、12—动合触头;10、11—动断触头

速度继电器的转子是一块永久磁铁,它和被控制的电动机轴连接在一起;定子固定在支架上,由硅钢片叠成,并装有笼型的短路绕组。当轴转动时,转子随同转轴一起旋转,在转子周围的磁隙中产生旋转磁场,使笼形绕组中感应出电流,转子转速越高,这一电流就越大。感应电流产生的磁场与旋转磁场相互作用,使定子受到一个与转子转向同方向的转矩,转速越高,转矩越大。

转子不转动时,定子在定子柄重力的作用下,停在中心稳定位置;转子转动后,定子受到转矩作用,将产生与转子同向的转动。转子转速越高,定子受到的同向力矩越大,转动的角度也越大。定子的转动带动支架,使反面的胶木摆杆发生偏转,转到一定的角度后,动断触头断开,动合触头闭合。当轴上的转速接近于零(小于100 r/min)时,胶木摆杆恢复原来状态,触头也随之复原。

常用速度继电器为 JY1 系列和 JF20 系列。JY1 系列能以 3 600 r/min 的转速可靠工作,在 JF20 系列中,JF20-1 型适用于转速为 300~1 000 r/min 的情况,JF20-2 型适用于转速为 1 000~3 600 r/min的情况。一般 120 r/min 即复位。

速度继电器的常见故障及排除方法见表 6.10。

表 6.10 速度继电器的常见故障及排除方法

序号	故障现象	产生原因	排除方法
1	速度继电器转速较高时,动合触点不闭合	速度继电器胶木柄断裂	调换胶木柄或用环氧树脂黏合
		常开触头接触不良	修复触头,清洁触头表面,调整簧片位置与弹簧压力
		弹性动触片断裂	更换动触头
		正反触头接错	调换正反触头
		转子永久磁铁失磁	更换转子,转子充磁
2	电动机制动效果不好	速度继电器的反力弹簧调整不当	重新调整簧片位置及形状,调节调整螺钉位置,螺钉向下旋,反力弹簧压紧,动作值增加;螺钉向上旋,反力弹簧放松,动作值减小
		部件松动	紧固各相关件
		触头接触不良	擦拭修理触头
		安装不良,有滑动现象	重新安装

（三）熔断器

熔断器是用来进行短路或过载保护的器件,它串联在被保护电路中。当通过熔断器的电流大于一定值时,它能依靠自身产生的热量使特制的低熔点金属(熔体)熔化而自动分断电路。其基本组成部分有熔体(熔丝或熔片)、隔热物、底座(插座)等组成,如图 6.19 所示。熔断器的常见故障及排除方法如下:

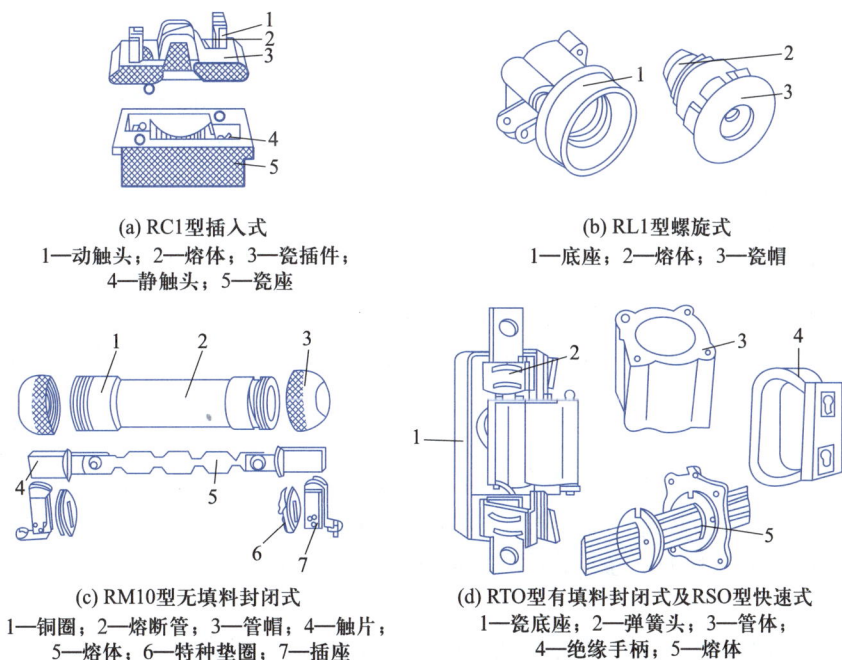

(a) RC1型插入式
1—动触头;2—熔体;3—瓷插件;
4—静触头;5—瓷座

(b) RL1型螺旋式
1—底座;2—熔体;3—瓷帽

(c) RM10型无填料封闭式
1—铜圈;2—熔断管;3—管帽;4—触片;
5—熔体;6—特种垫圈;7—插座

(d) RTO型有填料封闭式及RSO型快速式
1—瓷底座;2—弹簧头;3—管体;
4—绝缘手柄;5—熔体

图 6.19 熔断器的结构

1. 熔断器熔体误熔断

熔断器熔体在短路电流下熔断是正常的,但有时会在额定电流运行状态下熔断,这种情况称为误熔断。

产生误熔断的可能原因有:

1）熔断器的动静触头（RC1 型）、触片与插座（RM10 型）、熔体与底座（RL1、RTO 和 RSO 型）接触不良引起过热,使熔体引起熔断。因此,更换熔体时应对接触部位进行修整,保证上述部位接触良好。

2）熔体氧化腐蚀或安装时有机械损伤,使熔体的截面变小,造成熔体误熔断。此时更换熔体时应细心操作,避免损伤。

3）熔断器四周介质温度与被保护对象周围介质温度相差太大,造成熔体的误熔断。此时应加强通风,使熔断器运行环境温度与被保护设备相接近。

根据熔体熔断后的情况,可以判断熔体熔断是短路电流造成的,还是长期过负载造成的,从而找出故障原因。

过负载时,因其电流比短路电流小得多,因而熔体发热时间较长,熔体的小截面处热量积聚较多,故多在小截面处熔断,而且熔断的部位较短。

短路时,由于短路电流比过负载电流大得多,所以熔体熔断较快,熔断的部位较长,甚至熔体的大截面部位会被全部烧光;另外,由于短路时产生的热量大、时间快,在熔体中段产生的最高温升点来不及将热量传至两端,因此,熔体是在中间部位熔断的。

通电时的冲击电流会使熔丝在金属帽附近某一端熔断。

快速熔断器熔体的熔断与普通熔断器不同。快速熔断器过负载时发热量没有明显增加,因此对熔体温升影响较大的是两端导线与熔体连接处的接触电阻,故熔体上最高温升点在熔体两端,往往在两端连接处熔断。

玻璃管密封型熔断器熔体熔断的特点是:长时间通过近似额定电流时,熔丝往往于中间部位熔断,但不伸长,熔丝汽化后附在玻璃管壁上;当有 1.6 倍左右的额定电流反复通过和断开时,熔丝往往于某一端熔断并伸长;当有 2~3 倍额定电流反复通过和断开时,熔丝于中间部位熔断并气化,但无附着现象。

2. 熔体未熔断,但电路不通

这类故障的发生,通常是由于熔体两端接触不良所致。对于 RM、RTO 型的熔断器,应检查熔体插刀与夹座的接触情况,调小开口触片的距离,使其与插刀紧密接触;对于 RC1 插入式型熔断器,则应检查其熔丝连接情况,并旋紧熔丝连接端的连接螺钉;对于 RL1 型螺旋式熔断器,应检查其螺帽盖是否拧紧,未拧紧的予以拧紧。

（四）主令电器

主令电器包括按钮、行程开关、主令控制器等,它依靠电路的通断来控制其他电器的动作,以"发布"电气控制的命令。利用主令电器可以实现人对控制电路的操作和顺序控制。各主令电器的常见故障及维修方法如下:

微课
短路保护——
熔断器

1. 按钮

按钮是一种靠外力操作接通或分断电流的电气元件,它不能直接用来控制电气设备,只能用来发出"指令"。如图 6.20 所示为按钮的结构原理。按钮在正常情况下,静触头 1-2 由动触桥 5 使其闭合,而静触头 3-4 分断;当按下按钮时,静触头 1-2 分断,静触头 3-4

由动触桥 5 接通。在按钮正常情况下,静触头 1-2 接通,3-4 不通,而按钮动作时,静触头 1-2 分断,3-4 接通。故称静触头 1-2 为动断触头,静触头 3-4 为动合触头。按钮常见故障及排除方法有:

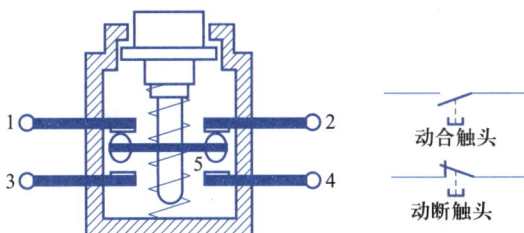

图 6.20　按钮的结构原理

（1）按启动按钮时有麻电感觉

1）按钮防护金属外壳与带电的连接导线有接触,通过检查按钮内部导线连接情况,清除碰壳即可。

2）在金属切削机床上,由于铁屑或金属粉末钻进按钮帽的缝隙间,使其与导电部分形成通路,产生麻电感觉。排除故障的方法是经常清扫,或在按钮上护罩一层塑料薄膜,避免金属屑钻入。

（2）按停止按钮时不能断开电路

通常是由于停止按钮动断触头已形成了非正常的短路,无论按或不按停止按钮,触头间都成为通路,自然不能断开电路。非正常的短路,由以下两方面原因形成:

1）金属屑或油污短接了动断触头,清扫去除即可。

2）按钮盒胶木烧焦碳化,动断触头短路。此时,应更换按钮,若一时无备品或为应付生产急需,可用小刀刮除碳化部分,经测量短路消除后可暂时投入运行,待停机后调换新按钮。

（3）按停止按钮后再按启动按钮,被控电器不动作

通常是由于停止按钮的复位弹簧损坏,以至在按停止按钮后,其动断触头不复位,永久性地处于常开状态,使控制回路失电。该故障调换复位弹簧即可消除。另外,启动按钮动合触头氧化,接触不良,也可能造成故障的发生,应清扫、打磨动静触头,使其接触良好。

2. 行程开关

行程开关又称位置开关或限位开关,其触头的操作不是用手直接去操作,而是利用机械设备某些运动部件的碰撞来完成操作的。因此,行程开关是一种将行程信号转换为电信号的开关元件,广泛应用于顺序控制器及运动方向、行程、定位、限位以及安全等自控系统中。行程开关的分类及特点见表 6.11。

表 6.11　行程开关的分类及特点

序号	类别	特点
1	按钮式	结构与按钮相仿 优点:结构简单,价格便宜;缺点:通断速度受操作速度影响
2	滚轮式	挡块撞击滚轮,带动触点瞬时动作 优点:开断电流大,动作可靠;缺点:体积大,结构复杂价格高

续表

序号	类别	特点
3	微动式	由微动开关组成 优点:体积小,动作灵敏;缺点:寿命较短
4	组合式	几个行程开关组合在一起 优点:结构紧凑,接线集中,安装方便;缺点:专用性强

如图 6.21 所示,按钮式行程开关的动作过程同按钮一样,所以动作简单,维修容易,但不宜用于移动速度低于 0.4 m/min 的场合;否则会因为分断过于缓慢而烧损行程开关的触头。

如图 6.22 所示,滚轮式行程开关工作原理是当撞块向左撞击滚轮 1 时,上下转臂绕支点以逆时针方向转动,滑轮 6 自左至右的滚动中,压迫横板 10,待滚过横板 10 的转轴时,横板在压缩弹簧 11 的作用下突然转动,使触头瞬间切换。5 为复位弹簧,撞块离开后带动触头复位。

如图 6.23 所示,单断点微动开关与按钮式行程开关相比具有行程短的优点。双断点微动开关内加装了弯曲的弹簧铜片 2,使得推杆 1 在很小的范围内移动时,都可使触头因弹片的翻转而改变状态。

行程开关常见的故障如下:

（1）撞行程开关,设备运行不受控

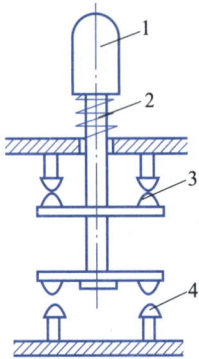

图 6.21　按钮式行程开关结构示意图
1—推杆;2—弹簧;3—动断触头;4—动合触头

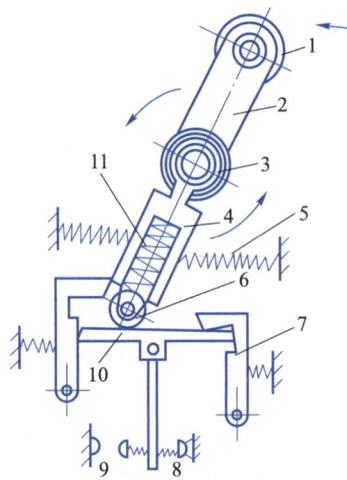

图 6.22　滚轮式行程开关结构示意图
1—滚轮;2—上转臂;3—盘形弹簧;4—下转臂;5—弹簧;6—滑轮;
7—压板;8—动断触头;9—动合触头;10—横板;11—压缩弹簧

这种故障的危害极大,它使行程开关起不到行程和限位控制的作用,会造成人身伤亡和设备损坏等事故。该故障可从以下几方面着手检查:

1）触头接触不良。这是正常运行中常见的故障原因。应定期检查和清洁行程开关,维护其触头的良好接触。

2）行程开关或撞块本身安装位置不当;或者由于运行碰撞次数过多,行程开关、撞块的固定螺钉松动而移位,即使碰撞行程开关滚轮（或触柱）,也不能有效地推动触头到位或离位的现象。

此时应调整行程开关或撞铁位置,并紧固好固定螺钉。

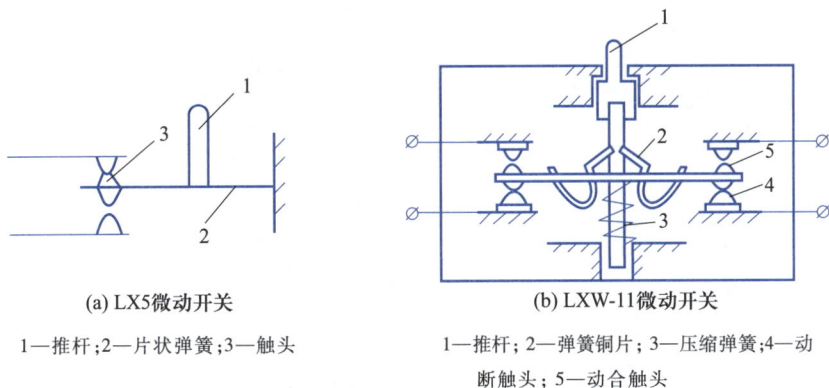

(a) LX5微动开关

1—推杆;2—片状弹簧;3—触头

(b) LXW-11微动开关

1—推杆;2—弹簧铜片;3—压缩弹簧;4—动
断触头;5—动合触头

图 6.23 微动开关结构示意图

3)触头连接线松脱。检查并紧固松脱的连接线。

(2) 行程开关复位后,动断触头不闭合

发生此故障后,应及时拆卸行程开关,从以下几方面的可能性着手检查:

1)动断触头复位弹簧弹力减退或被杂物卡住,可更换弹簧或去除杂物。

2)动断触头偏斜或脱落。触头偏斜或脱落通常是由于行程开关与撞块安装位置太近,以致碰撞时推力太大造成的。因此,排除这类故障时,要注意适当调整行程开关的安装位置。

(3) 杠杆已偏转,但触头不动作

故障的发生通常是由于行程开关安装位置太低造成的,可采取在行程开关底面加垫板或提高安装位置的方法消除故障。

此外,行程开关内机械卡阻,也会造成故障的发生。需检查清扫,重新装配调整,并对活动支点部位滴微量机油,使其动作灵活,消除机械卡阻。

二、电动机常见故障与维修

微课
断路器

电动机是工农业生产中使用最多,使用面最广的动力驱动机械,其中三相交流异步电动机由于其具有结构简单、制造方便、运行可靠、价格低廉等一系列优点,所以在工厂电力拖动中得到广泛的应用。三相交流异步电动机分为笼式和绕线式两种。笼式异步电动机启动线路简单,运行可靠,易于维修保养;绕线式异步电动机启动电流小,启动转矩大,适用于负载较重的设备。笼式异步电动机结构如图 6.24 所示。

三相异步电动机的故障一般可以分为电气故障和机械故障两大类。电气故障包括定子绕组、转子绕组、电刷等故障;机械故障包括轴承、风扇、机壳、端盖、转轴及联轴结等故障。正确判断电动机发生故障的原因是一项复杂细致的工作,因为在电动机运行时,不同的原因可以产生很相似的故障现象,这给分析、判断和查找故障原因带来很大困难。因此,维修人员应熟悉三相异步电动机常见故障的特点和诊断方法,以便快速排除故障。

(一)常见故障现象及原因

电动机常见故障现象及原因汇总见表 6.12。

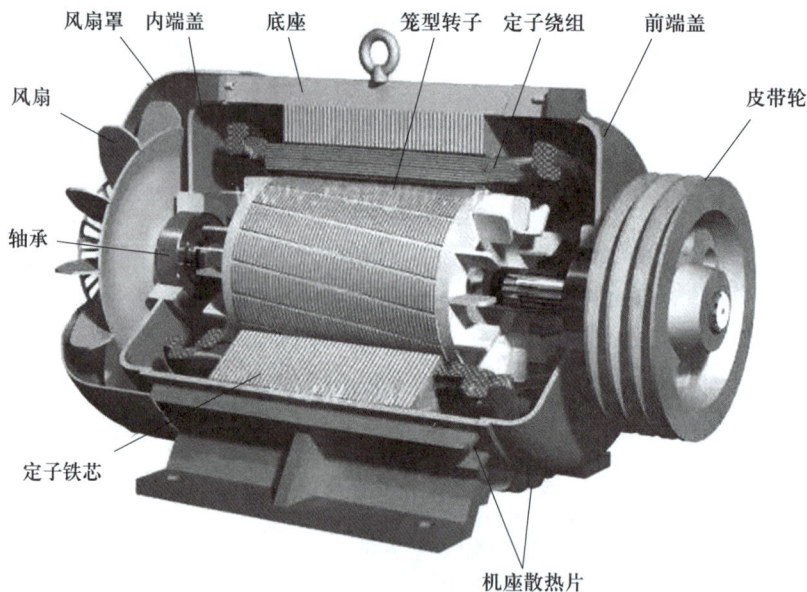

图 6.24　笼式异步电动机结构

表 6.12　电动机常见故障现象及原因汇总

序号	现象	检查手段	故障原因
1	电动机不能启动	检查三相电源	电源未接通
		检查电动机绕组	绕组断路
		检查电动机绕组相间和相对地绝缘	绕组相间短路或接地
		检查各绕组电阻值和接线情况	绕组接线错误
		电动机正常,检查控制线路	控制线路接错
		检查过流保护设备	过流继电器整定值过小
2	电动机启动时熔断器动作	检查三相电源	电源缺相
		检查绕组对地绝缘	一相绕组对地短路
		检查熔断器	熔丝电流过小
		检查电源馈线	电源馈线断路
		检查拖带机械	机械设备卡住
3	通电后电动机"嗡嗡"响,不启动	检查电源电压	电压过低
		检查三相电源	电源缺相
		检查各绕组接线	绕组接错
		检查铭牌规定	三角形接线绕组错接成星形
		检查电动机轴承	装配不良、润滑不良
		检查机械负载	机械卡住或负载过大
4	电动机外壳带电	检查绕组对地绝缘	绕组受潮绝缘破坏
		检查绕组绝缘	绝缘严重老化
		检查电源接线	错将相线当成接地线
		检查接线盒	引出线与接线盒相碰短路
5	运行时振动过大	检查机座固定情况	地脚螺栓松动
		检查带轮、靠轮和齿轮,以及键槽	带轮、靠轮和齿轮安装不合格,配合键磨损
		拆检电动机	

续表

序号	现象	检查手段	故障原因
6	绕组过热或冒烟	检查电源电压	电源过高或过低
		检查散热风道	风道堵塞,影响散热
		检查风扇	风扇损坏
		检查周围环境	环境温度过高
		检查拖带机械	机械故障造成电动机过载
		询问操作情况	频繁启动、制动
		检测绕组电阻值及绝缘情况	绕组匝间短路或对地短路
		检查铁心	检修时曾烧灼铁心铁损增大
7	轴承发热(绕组不发热)	检查轴承室	油脂过多或过少
		检查润滑脂	油脂中有散杂质
		检查油封	油封过紧
		检查轴承与轴间配合	配合过松
		检查电动机与传动机构配合	连接处偏心,传动皮带过紧
8	启动困难,加额定负载时转速低于额定值	检查电源电压	电压过低
		核对接法	三角形接线绕组错接成星形
		检查绕组接线	部分绕组接错
		拆检电动机	鼠笼断条

(二) 三相异步电动机常用维修技术

1. 电动机的拆装

在检查、清洗、修理电动机内部,或换润滑油、轴承时,均需把电动机拆开。下面介绍三相笼型转子异步电动机的拆卸工艺。

（1）拆卸前的准备

1）准备好各种拆卸工具,清洁现场。在线头、轴承盖、螺钉和端盖等部件上做好记号。

2）拆卸电源线和保护接地线。拧下地脚螺母,将电动机移至解体现场。

（2）拆卸

1）拆卸带轮。将带轮上的固定螺栓或销松脱,用拉具将带轮慢慢拉出来。

2）拆下电动机尾部风罩和尾部扇叶。拆下前后轴承外盖,松开两侧端盖紧固螺栓,使端盖与机壳分离。

3）抽出转子。在抽出转子前,应在转子下面气隙和绕组端部垫上厚纸板,以免碰伤铁心和绕组。小型电动机的转子可以直接用手抽出,大型电动机需用起重设备吊出。

4）拆下前后轴盖和轴承内盖。

（3）装配

1）装配电动机前应彻底清扫定子、转子间表面的尘垢。

2）装配端盖时,先要查看轴承是否清洁,并加入适量的润滑脂。端盖的固定螺栓应均匀地交替拧紧。装配过程中,应保持各零部件的清洁,正确地将原先拆下的零件原封不动地装回。

2. 定子绕组的局部修理工艺

电动机定子三相绕组出现故障的可能性最大,其局部故障表现为:绕组绝缘电阻下降、绕组接地、绕组断路和绕组相间或绕组匝间短路等,出现故障后,一般可通过局部修理将其修复。

微课
三相异步电动机
正反转故障诊断

（1）绕组绝缘电阻下降的检修

绕组绝缘电阻下降的直接原因，除一部分是绝缘老化外，主要是受潮引起的，通常采用干燥处理后即可修复。干燥绕组的方法很多，但本质是相同的，就是对绕组加热，使潮气随热气流移动和散发出去。常用的干燥方法有：烘房干燥法、热风干燥法、灯泡干燥法等。

（2）绕组接地故障的检修

接地是指绕组与机壳直接接通，俗称碰壳。造成绕组接地故障的原因很多，如电动机运行中因发热、振动、受潮使绝缘性能劣化，在绕组通电时击穿；或因定子与转子相擦，使铁心过热，烧伤槽楔和槽绝缘；或因绕组端部过长，与端盖相碰等。绕组接地时，电动机启动不正常，机壳带电，接地点产生电弧，局部过热，并会很快发展成为短路，烧断熔断器甚至烧坏电动机绕组。

绕组接地故障的检查方法很多，下面介绍用兆欧表检测的方法。对于 500 V 以下的电动机，可采用 500 V 的兆欧表；500 ~ 3 000 V 的电动机采用 1 000 V 的兆欧表；3 000 V 以上的采用 2 500 V 的兆欧表。测量方法如下：测量前，应先校验兆欧表，然后正确接线，将"L"接线柱接至主绕组的一端，"E"接线柱接至电动机外壳上无绝缘漆的部位，然后转动手柄至额定转速，指针稳定后所指的数值即为被测绕组的对地绝缘电阻。若指针到零，则表示绕组接地。指针摇摆不定，则说明绝缘已被击穿，只不过尚存着某个电阻值而已。

（3）绕组短路故障的检修

定子绕组的短路分为相间短路和匝间短路两种。造成绕组短路故障的原因通常是由于电动机电流过大、电源电压偏高或波动太大、机械力损伤、绝缘老化等。绕组发生短路后，将导致各相绕组串联匝数不等、磁场分布不匀，造成电动机运行时振动加剧、噪声增大、温升偏高甚至烧毁。

绕组短路检查方法有两种，用短路侦察器检查的方法如图 6.25 所示。短路侦察器接交流电源，其端面紧贴槽齿，并沿圆周方向移动，当遇上短路线圈时，薄钢片因受交变磁场的作用而微微振动，并有轻微的"吱吱"声。用短路侦察器检查短路需对电动机进行解体，而应用电阻比值法，则无需对电动机进行解体，其具体步骤如下：

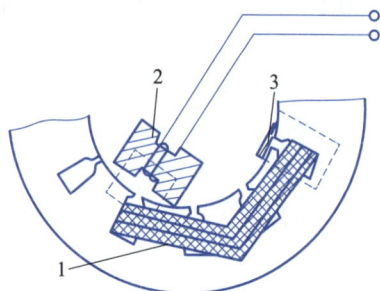

图 6.25　用短路侦察器检查的方法
1—被测线圈；2—短路侦察器；3—薄钢片

　　1）测量电动机绕组任意两相间的电阻值，设为 R_1；

　　2）测量电动机绕组任意短接的两相与第三相相间的电阻值，设为 R_2；

　　3）求出比值系数 C，其值为 $C = R_1/R_2$。电动机为星形联结时，$C_Y = 0.75$。电动机为三角形联结时，$C_\Delta = 0.5$。若 C 值小于 C_Y（或 C_Δ）值，则说明定子绕组有短路。

无论发生哪种短路故障，只要短路绕组的导线还未严重烧坏，就可局部修补，方法如下：

　　1）绕组相间短路的修补。绕组相间短路多由于各相引出线套管处理不当或绕组两个端部相间绝缘纸破裂或未嵌到槽口造成，此时只需处理好引线绝缘或相间绝缘，故障即可排除。

　　2）绕组匝间短路修补。匝间短路往往是由于导线绝缘破裂或焊接断线时温度太高造成的。若损坏不严重，可先对绕组加热，使绝缘物软化，用划线板撬开坏导线，垫入好的绝缘材料，并浇上绝缘漆，烘干即可。若损坏严重，可将短路的几匝导线在端部剪开，将绕组烘干后，用钳子将已坏的导线抽出，换上同规格的新导线，并处理好接头。

3. 三相绕组接线错误诊断

其故障检查接线如图 6.26 所示，方法有如下三种：

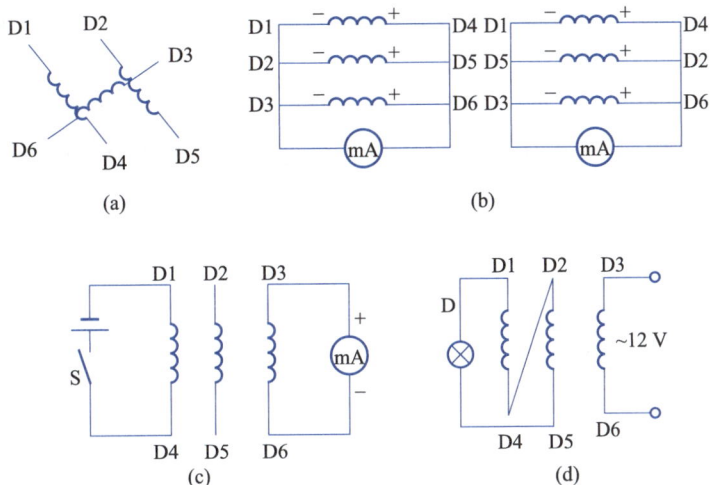

图 6.26　三相绕组故障检查接线

1）用万用表分出每相绕组的两个出线端,然后将三相绕组按图 6.26(b)连接,用手转动电动机的转子,若万用表(置于毫安挡)指针不动,说明三相绕组首尾的连接正确;若万用表指针动了,则说明三相绕组的首尾有一个相反了,应逐相对调后重新试验,直到万用表指针不动为止。

2）按图 6.26(c)接线,万用表置毫安挡。开关 S 接通的瞬间,若万用表指针正向偏转,说明接电池正极的一端与接万用表负极的一端是同名端;如果指针反向偏转,则接电池正极的一端与接万用表正极的一端是同名端。做好标记后,再将万用表接到第三相的两个出线端试验。这样便可区分各相绕组的首和尾。

3）用万用表分出每相绕组的两个出线端后,先假设每相绕组的首尾,并按图 6.26(d)接线。将一相绕组接通 12 V 低压交流电,另两相绕组串联起来接 36 V 灯泡,如果灯泡发亮,说明相连两相绕组首尾的假设是正确的。如果不亮,则说明相连两相绕组不是首尾相连。这样,这两相绕组的首尾便确定了,然后用同样方法再判断第三相。

4. 聚氨酯胶和耐磨胶修复电动机零部件的方法

(1) 用聚氨酯胶修复电动机端盖裂缝

1）钻"止缝孔"。用汽油清除裂缝周围的污垢,并在裂缝线的始末端点上钻 $\phi 3$"止缝孔"各 1 个,不要钻透,留壁厚约 1 mm 以防胶液漏出。

2）开出"U"形斜面。用凿子沿裂缝开出约 135° 的斜面,至"止缝孔"为止,斜面深度以端盖厚度的 60% 为宜。

3）清洁"U"形斜面的黏接面。先用酒精湿润棉花粗擦黏接面(沿"U"形斜面的周围,宽度各为 25 mm 为宜)2~3 次,再用丙酮润湿脱脂棉签,彻底清擦黏接面,越清洁越好。

4）选胶。选用 101 甲、乙两组聚氨酯胶,体积比为甲:乙=2:1。

5）调胶与涂胶。在玻璃器皿中彻底拌匀后,沿着"U"形斜面倒满黏合剂,与端盖表面平齐,用油漆刮刀加力擀平、压实、压紧。

6）固化。用灯泡或电吹风加热,用水银温度计进行监视,将温度控制在 100 ℃,2 h 后就能完成固化。

7）修整黏接面的表面。先用锉刀,后用砂布,把高出端盖表面的黏合剂锉去磨平。

在被黏接的固化"U"形斜面上黏贴 3 层玻璃布,可以起到补强作用,具体做法是:把细薄玻璃布剪成 35 mm×80 mm 长方形条 3 块,放进烘箱里,将温度控制在 180 ℃,1 h 后除去表层蜡状物,使织物具有良好的浸渍胶液的能力;将处理过的玻璃布浸渍在胶液中(也可把胶液倒在玻璃布上),用油漆刮刀来回刮涂几次,使之完全被胶液浸透,然后把涂有胶液的玻璃布贴在"U"形斜面上,用油漆刮刀来回擀平、压实;继续黏贴 3 层,再用一面涂有硅油的铝板紧贴在玻璃布上,使之处于一定压力之下,以使黏接强度更高。

(2) 用耐磨胶修复电动机端盖止口面

1)清洁端盖止口与机座止口。当磨损的止口面氧化锈蚀时,可先用细钢丝刷将止口面刷除干净,然后再用 400 号水砂纸擦光,直到止口面呈现金属光泽为止。用汽油润湿棉团,先在两止口面上粗擦 2~3 遍,再用丙酮精擦 1 次,直至彻底清洁为止,然后晾干待黏。

2)测量端盖止口与机座止口的配合公差值。在端盖止口和机座止口清洁处理后,用游标卡尺测量机座止口内径和端盖止口外径,以确定刮涂胶泥的厚度。

3)调胶。把 AR-4 耐磨胶黏剂甲、乙两组分别按体积比 1∶1,置于干燥清洁的玻璃器皿中调匀。

4)涂胶。用塑料铲将胶涂在端盖止口和机座止口面上,来回涂刮 2~3 遍,尽量使涂胶均匀一致,不得漏涂,并需在 30 min 内涂完,要使止口尺寸大于配合尺寸 1 mm。黏接场所应清洁干燥,避免尘土、油污,否则将严重影响黏接质量。

5)固化。在室温固化 24 h 后,按技术标准把内外止口分别加工至配合尺寸,即可进行组装。

(3) 耐磨胶修复端盖轴承孔

端盖轴承孔磨损会造成轴承与端盖轴孔的松动。应用耐磨胶黏接修复,与传统的机械修理方法相比,省工节料,性能良好。具体修复方法如下。

1)车圆端盖轴承孔。其表面粗糙度 Ra 值为 60 μm 或 40 μm,使表面凹凸适宜,给黏合创造条件。控制轴承孔与轴承外径的配合间隙约为 0.5 mm。

2)清洁端盖轴承孔黏接面。先用布蘸酒精粗擦 3 遍,后用丙酮进行仔细精擦,把污垢彻底清除为止。

3)涂刷耐磨胶黏剂。把 AR-5 耐磨胶黏剂按甲∶乙体积比 1∶1 从软管中挤出,置于干燥清洁的镀锌钢板上调匀。用塑料铲将胶黏剂在半小时内涂于端盖轴承孔位置上,其厚度在 1 mm以上,力求均匀一致。

4)固化和车削。在室温下固化 24 h 后,按公差要求车端盖轴承孔达配合尺寸。

三、PLC 常见故障与维修

目前,采用可编程控制器(PLC)进行运行控制的机电设备越来越多。PLC 实质上是一种专用计算机,它的结构形式与微机相同,由中央处理单元 CPU、存储器、输入输出 I/O 模块及编程器等组成。有资料表明,PLC 控制系统中发生故障的比例为:CPU 及存储器占 5%,I/O 模块占15%,传感器和开关占 45%,执行装置占 30%,接线等其他部分占 5%。由此可见,PLC 常见故障分为功能性故障和硬件部分故障两大类,且硬件部分故障占到 80% 以上。

PLC 硬件部分包括外围线路,电源模块、I/O 模块等,其中外围线路由现场输入信号(如按钮开关、选择开关、行程开关及传感器输出的开关量、中间继电器输出触点或经模数转换的模拟量等)和现场输出信号(如电磁阀、继电器、接触器、电热器、电变换器和电动机等),以及一些导线、接线端子及接线盒等组成。硬件部分常见故障有:

（一）元器件损伤

在控制系统回路中一旦发生元器件损伤,PLC控制系统就会自动停止工作,因此应尽快查清故障元件(查找方法见本章第一节),予以更换。一般维修中只需更换上同样的元器件即可,但是实际中,常常发生短时间无法找到同样元器件的情况,此时,应采用元器件替换法,将损坏的元器件替换下来,以减少设备的故障停机时间,进行元器件替换时,应按照以下原则操作:

1. **电阻器的替换**

在数字电路中,通常对电阻阻值范围的要求不高,因此替换的电阻器只要满足额定功率的要求即可,一般采用较多的是金属膜电阻。但是在振荡、定时、分压等电路中,应采用精密电阻,以使电阻值与元器件精度相适应。

2. **电容器的替换**

进行电容器替换时,首先应考虑电容的标称容量和耐压,而电容介质材料对替换并无太大影响。在振荡、定时、带通滤波等电路的电容器替换时,应严格遵守同等容量电容器替换这一原则;在其余电路中,对电容容量的要求均不高,可采用相近容量的电容替换。滤波电容的容量要求更宽一些。电解电容的替换,要注意耐压正、负极性。

3. **半导体元器件的替换**

半导体元器件一般应尽量选择同一型号的产品进行替换。若不能满足这一要求时可通过器件手册查找元器件的主要参数,选择替代品。替代品应满足下述四个条件:

1) 材料相同。即锗-锗,硅-硅替代。

2) 极性相同。即 PNP–PNP、NPN–NPN 替代。

3) 种类相同。三极管-三极管、场管效应-场管效应替代。

4) 特性相同。即最大直流耗散功率 P_{CM} 应大于或等于原器件的 P_{CM},且应大于原器件的实际功耗 P_c;最大允许直流电流 I_{CM} 应大于原损坏件的 I_{CM},且应大于实测电流 I_c;在最高耐压方面,替代器件的几个主要参数,如晶体管的 U_{CBO}、U_{CEO}、U_{BEO} 等应大于原器件的;频率特性的主要参数,如 f_t 或 f_{ab} 应大于或等于原器件的。

在进行半导体器件的替代时,还应注意以下几点:

1) 半导体器件较难拆卸,故拆卸时注意不要损坏相邻器件。

2) 拆下的器件要再次确认是否损坏,且应记录下各电极的位置。

3) 由于同一型号元器件的性能相差较多,即使是同一厂家也不例外,因此在以元器件手册为准选定替换件后,还应进行实测以确定其性能是否符合要求。

4. **集成电路的替换**

1) 数字集成电路。由于数字集成电路已经标准化,因此只要系列、序号相同,各制造厂家的产品均可替换。在 TTL 电路中,当工作电压为+5 V 时,各系列可互换,但在速度上一般应以高代低,若以低代高时应考虑能否满足线路要求。在 CMOS 电路中,应同时考虑速度和工作电压两个指标。

2) 模拟集成电路。最好采用同一厂家,同一型号的器件予以替换。一般不同厂商制造的器件,在型号字头相同,序号相同时可以替换,有些器件虽然型号字头不同,但序号相同的也可替换。在寻找替换器件时,应根据器件手册提供的特性参数查找同类品和类似品。

（二）端子接线接触松动

外围线路中经 PLC 控制系统的控制柜或操作面板（台）到输入（输出）部件，往往需经接线端子或中间接线盒，由于使用中的振动等原因，接线或元器件接头易产生松动引起故障。这类故障排除的方法是使用万用表，借助系统原理图或逻辑梯形图进行维修。对一些重要部件的端子接线，为保证连接可靠，可采用焊接方法。

（三）PLC 功能性故障

1. PLC 受干扰引起的故障

PLC 受干扰将会影响系统信号，造成控制精度降低，PLC 内部数据丢失、机器误动作，严重时可能会发生人身设备事故。采取相应的技术措施，增强 PLC 系统抗干扰能力，是很有必要的。

可分为外部干扰和内部干扰。在现场环境中外部干扰是随机的，与系统结构无关，只能针对具体情况对干扰源加以限制；内部干扰与系统结构有关，通过精心设计系统线路或系统软件滤波等处理，可使干扰得到最大限度的抑制。PLC 生产现场的抗干扰技术措施，通常从接地保护、接线安排、屏蔽和抗噪声等四个方面着手考虑。

对供电系统中的强电设备，其外壳、柜体、框架、机座及操作手柄等金属构件必须保护接地；PLC 内部电路包括 CPU、存储器和其他接口共接数字地，外部电路包括 A/D、D/A 等共接模拟地，并用粗短的铜线将 PLC 底板与中央接地点星形联结防噪声干扰。PLC 非接地工作时，应将 PLC 的安装支架容性接地，以抑制电磁干扰。

在 PLC 系统中，导线主要有 PLC 和负载电源线，交流电压的数字量信号线，直流电压的数字量信号线，模拟量信号线等。根据接线的功能，其防干扰措施如下：

（1）电气柜内的接线安排。只有屏蔽的模拟量输入信号线才能与数字量信号线装在同一电缆槽；直流电压数字量信号线和模拟量信号线不能与交流电压线同在一电缆槽内；只有屏蔽的 220 V 电源线才能与信号线装在同一槽内；电气柜进出口的屏蔽一定要接地。

（2）电气柜外接线安排。直流和交流电压的数字量信号线和模拟量信号线（要用屏蔽电缆）一定要各自用独立的电缆；信号线电缆可与电源电缆同装在一电缆槽内，但为改进抗噪性，建议将它们间隔 10 cm。

（3）屏蔽。PLC 机壳屏蔽，一般将机壳与电气柜浮空，在 PLC 机壳底板上加装一块等位屏蔽板，保护地与底板保持一点连接，使用铜导线，其截面积不少于 $10\ \text{mm}^2$，以构成等位屏蔽体，有效地消除电磁场的干扰。

电缆屏蔽，一般对载送小信号（mV 或 μV）的模拟量信号线，要将其电气柜内电缆屏蔽体的一端连接到屏蔽母体；数字量信号线，屏蔽不超出屏蔽母体；对模拟量信号的屏蔽总线可绝缘，并将中央点连到参考电位或地；数字量信号线的电缆两端接地可保证较好地排除高频干扰。

（4）抗噪声的措施。对处于强磁场（例如变压器）的部分进行金属屏蔽，电控柜内不采用荧光灯具照明。此外，PLC 控制系统电源也应采用相应的抗干扰措施。因为，PLC 控制系统电源，一般都是 220 V 市电，市电电网的瞬变过程是经常发生的，电源波动大的感性负载或晶闸管装置的切换，很容易造成电压缺口或毛刺，如直接供电给 PLC 及 I/O 模板，将引起不良后果。PLC 控制系统电源抗干扰的方法有采用隔离变压器、低通滤波器及应用频谱均衡法三种。其中隔离变压器是最常用的，因为 PLC、I/O 模板电源常用 DC/24 V，须经隔离变压器降压，再经整流桥整流供给。

2. PLC 周期性死机

PLC 周期性死机的特征是:PLC 每运行若干时间就出现死机,程序混乱,出现不同的中断故障显示,重新启动后又一切正常。现场实践认为,长时间的积灰是造成 PLC 周期性死机的最常见原因,应定期对 PLC 机架插槽接口处进行清扫。清扫时可先用压缩空气或"皮老虎"将控制板上、各插槽中的灰尘吹净,再用 95% 酒精洗净插槽及控制板插头。清扫完毕后细心组装,恢复开机便能正常运行。

3. PLC 程序丢失

PLC 程序丢失通常是由于接地不良、接线有误、操作失误和干扰等几个方面的原因造成的。

1) PLC 主机及模块必须有良好的接地,通常采用的是主机外壳与开关柜外壳连接的接地方式,当出现接地不良时,应考虑改用多股铜芯线,采用从主机接地端子直接与接地装置引线端连接的接地方式,确保良好的接地。此外,还应注意保证 I/O 模块 24 V 直流电源负极有良好的接地。

2) 主机电源接线端子相线必须接线正确,不然也会出现主机不能启动,时常出错或程序丢失的现象。

3) 为了防止程序丢失,需准备好程序包,一个完好的程序需提前打入程序包,以备急需。

4) 使用编程器查找故障时,应将锁定开关置于垂直位置,拔出就可起到保护内存的功能。如果要断开 PLC 系统电源,则应先断开主机电源,然后再断开 I/O 模块电源;如果先断开 I/O 部分电源或 I/O 部分和主机电源同时断开,则会使断电处理间存入不正确的数据而造成程序的混乱。

5) 由于干扰的原因造成 PLC 程序丢失,其处理方法可参照 PLC 受干扰引起故障的处理方法,尽可能地抑制和削弱干扰。

机电设备发生电气故障后,一般应从设备的主电路和控制电路两个方面逐一查找原因。

第四节　机床常见电气控制故障与维修

一、 X6132 铣床常见电气控制故障与维修

X6132 铣床的运动要求:

1) 主轴能正、反转运动;主轴变速时,主轴电动机瞬时冲动一下,以利于齿轮的啮合;主轴能制动停车。

2) 工作台上下、左右、前后 6 个方位均可移动;且可实现自动、手动、快速移动。

（一）X6132 铣床电气控制线路分析

1. 主电路分析(图 6.27)

该机床主电路有 3 台电动机:① 主轴电动机 M1,要求它通过转换开关 SA1 与接触器 KM1、KM2 进行正、反转和反接制动及瞬时冲动控制;② 进给电动机 M3,通过 KM2、KM3、KM4 进行正、反转控制及快速控制;③ 冷却泵电动机 M2 接在接触器 KM1 的常开触点之后,所以只有主轴电动机 M1 工作时 M2 才能启动。转换开关 QS2 控制它的起停,热继电器 FR2 作过载保护。

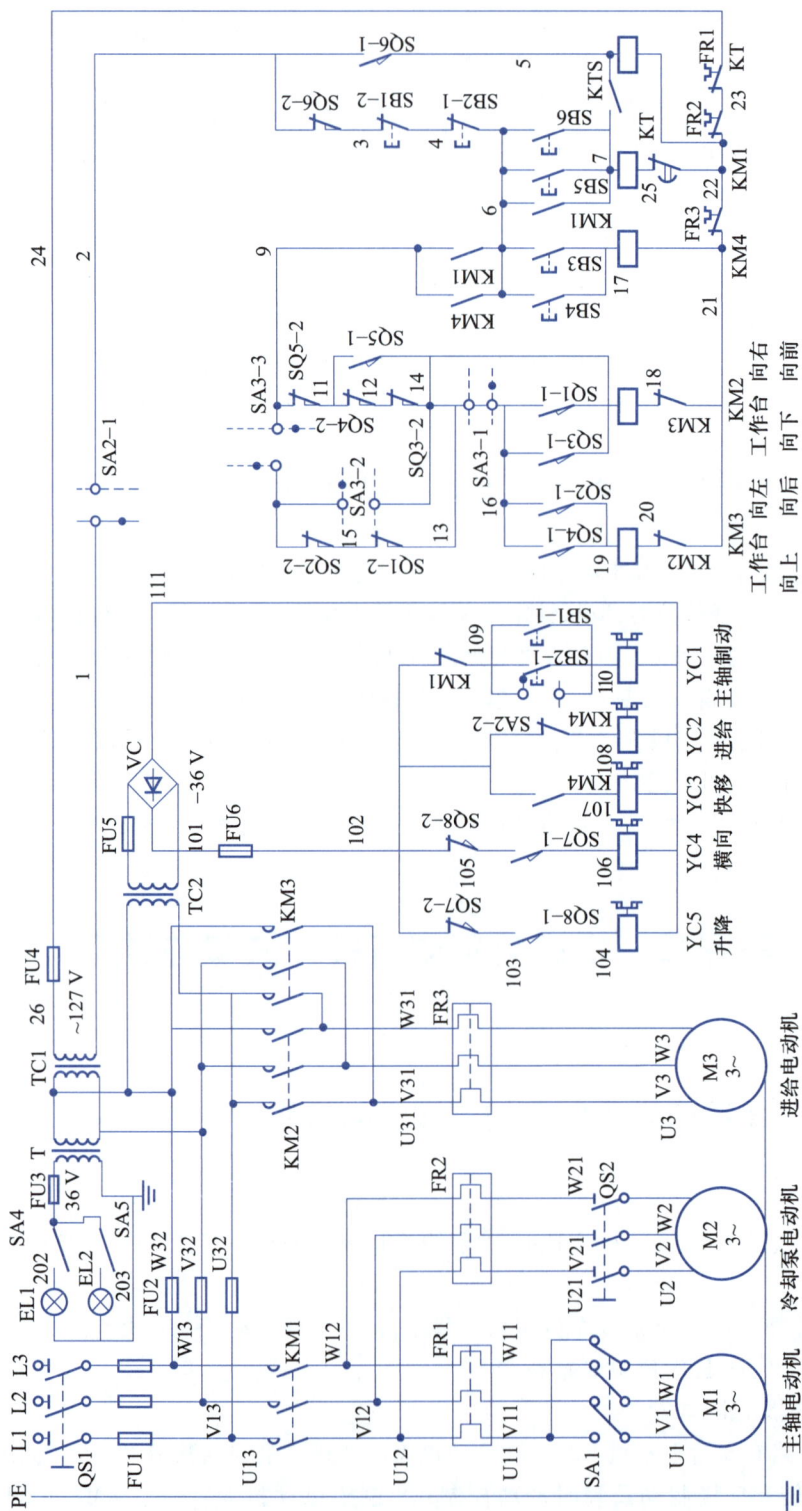

图 6.27　X6132 铣床电气原理图

2. 控制电路分析

（1）主轴电动机的控制

1）M1 的启动。启动前先合上电源开关 QS1,再把主轴换向开关 SA1 扳到所需的旋转方向,然后按启动按钮 SB5(或 SB6),KM1 线圈获电吸合,主触头闭合,M1 启动。其控制回路是:1→SA2-1→SQ6-2→SB1-1→SB2-1→SB5(或 SB6)→KM1→KT→22→FR2→23→FR1→24。

2）主轴电动机的停车制动,当需 M1 停转时,按下 SB1(SB2),接触器 KM1 线圈断电释放,将停止按钮按到底,这时其常开触点(109—110)闭合。主轴制动离合器 YC1 因线圈得电而吸合,使主轴制动,迅速停止转动。

3）主轴的变速冲动控制,该控制是利用变速手柄与冲动行程开关 SQ6 通过机械上的联动机构实现的。进行变速操作时,机械上的联动机构瞬时压合,使冲动开关 SQ6-1 闭合,SQ6-2 断开。时间继电器 KT 通电,其常开触点(5—7)瞬时通电,主轴电动机作瞬时转动,以利于变速齿轮进入啮合位置。同时延时继电器 KT 线圈通电,断开 KM1 接触器线圈电路,以防止电动机冲动时间过长,变速齿轮转速过高,发生打坏轮齿的现象。

（2）工作台进给电动机的控制

将电源开关 QS1 合上,启动主轴电动机 M1,接触器 KM1 吸合并自锁,进给控制电动机 M3 启动。

1）工作台向上、下、左、右、前、后运动的控制回路分别是:

向上:6→KM1→9→SA3-3→10→SQ2-2→15→SQ1-2→13→SA3-1→16→SQ4-1→19→KM3 线圈→20→KM2→21

向下:6→KM1→9→SA3-3→10→SQ2-2→15→SQ1-2→13→SA3-1→16→SQ3-1→KM2 线圈→18→KM3→21

向左:9→SQ5-2→11→SQ4-2→12→SQ3-2→13→SA3-1→16→SQ2-1→19→KM3 线圈→20→KM2→21

向右:9→SQ5-2→SQ4-2→SQ3-2→SA3-1→SQ1-1→KM2 线圈→KM3→21

工作台向前、后运动其通路与工作台上、下运动相同,只是借助机械联锁机构将垂直传动丝杠的离合器脱开,而将横向传动丝杠的离合器 YC4 接通,从而实现工作台的前、后运动。

2）工作台进给变速时的冲动控制。在改变工作台进给速度时,为了使齿轮易于啮合,进给电动机 M3 需要瞬间冲动一下。其变速冲动控制回路如下:

6→KM1→9→SA3-3→10→SQ2-2→15→SQ1-2→13→SQ3-2→12→SQ4-2→11→SQ5-1→14→KM2 线圈→18→KM3→21。

3）工作台快速移动。其动作过程是:按下快速移动按钮 SB3(或 SB4),接触器 KM4 线圈获电吸合,KM4 在直流电路中的常闭触点(102-108)断开,进给电磁离合器 YC2 脱离。KM4 在直流电路中的常开触点(102-107)闭合,快速移动电磁离合器 YC3 通电,接通快速移动传动链,工作台按指定方向快速移动。当松开快速移动按钮 SB3(或 SB4)时,接触器 KM4 因线圈断电而释放。快速移动电磁离合器 YC3 因 KM4 的常开触点(102-107)断开脱离,进给电磁离合器 YC2 因 KM4 的常闭触点(102-108)闭合而接通进给传动链,工作台以原速度和方向继续移动。

（二）X6132 铣床常见电气控制故障的维修

1. 按停止按钮后主轴不停

根据对主轴电动机控制电路的分析可知,故障的可能原因有:

1）接触器 KM1 主触头故障。如发生熔焊等,以致无法分断主轴电动机的电源。

2）主轴制动离合器 YC1 线圈未通电,其可能原因是常开触点 109-110 未闭合或离合器 YC1 故障。

2. 主轴变速时无冲动过程

发生此故障有两个原因。第一个原因也是主要原因,行程开关 SQ6 的常开触头 SQ6-1 闭合后接触不好;第二个原因是主轴变速手柄上机械顶销未碰上主轴冲动行程开关 SQ6。对这两个部位检查后,确定故障部位修复即可。

微课
铣床冷却泵电动机
不能启动故障排除

3. 工作台各个方向都不能进给

此故障发生的主要原因是接触器主触头接触不良,电动机接线脱落和绕组断路等。

检查方法:用万用表先检查控制回路电压是否正常;若正常,可扳动操纵手柄至任一运动方向,观察其相关接触器是否吸合;若吸合,则断定控制回路正常;这时着重检查电动机主回路。

微课
铣床主轴无变速
冲动故障排除

4. 工作台前后进给正常,但左、右不能进给

由于工作台向前、向后进给正常,证明进给电动机 M3 主回路和接触器 KM2 或 KM3 及行程开关 SQ1-2、SQ2-2、SQ3-1、SQ4-1 的工作都正常,因此最可能的故障原因是 3 个行程开关的 3 副触头 SQ3-2、SQ4-2、SQ5-2 出现问题,这 3 副触头只要有一副接触不良或损坏,就会使工作台向左或向右不能进给。检查方法:用万用表分别测量这 3 副测头之间的电压,以判断哪对触头损坏。其中 SQ6 是变速瞬间冲动开关,它常因变速时手柄扳动过猛而损坏。

5. 工作台不能快速进给

发生这种故障的常见原因是牵引电磁铁电路不通,线圈损坏或机械卡死。检查方法:

1）按下"快速"按钮 SB3(SB4)时,应首先观察接触器 KM4 与快速电磁离合器 YC3 是否吸合,若 KM4 未能吸合,应检查 KM4 线圈两端是否有电压,有电压不能吸合,是接触器线圈损坏,更换即可;无电压则是 SB3(或 SB4),KM4 等的连线有松脱或接触不良,应检查修复。

2）若接触器 KM4 吸合,快速电磁离合器仍未吸合,则应检查其接线端是否有电压,若无电压,是接触器 KM4 主触头接触不良或其进出端连线松脱;有电压不能吸合,则是电磁离合器线圈损坏应检查更换。

二、CA6140 车床电气控制故障与维修

(一) CA6140 车床电气控制线路分析

CA6140 车床电气原理图如图 6.28 所示,三相交流电源由断路器 QS 引入。主线路中有 3 台电动机,M1 为主轴电动机,带动主轴旋转和刀架做进给运动;M2 为冷却泵电动机,用以输送冷却液;M3 为刀架快速移动电动机,用以拖动刀架快速移动。

1. 主轴电动机 M1 的控制

主轴电动机 M1 由接触器 KM1 控制启动,热继电器 FR1 为过载保护,工作程序如下:

按下 SB2→KM1 线圈得电 ┬→ 主触头闭合 ────────→ 主轴电动机 M1 启动运转
　　　　　　　　　　　　└→ 动合辅助触头闭合

M1 停止:

　　按下 SB1→KM1 线圈失电→KM1 触头断开→M1 失电停转

2. 冷却泵电动机 M2 的控制

主轴电动机 M1 和冷却泵电动机 M2 在控制电路中实现顺序控制,只有当主轴电动机 M1 启动后,KM1 的动合辅助触头闭合,合上旋钮开关 SB2,交流接触器 KM2 吸合,冷却泵电动机 M2 才能启动。当 M1 停止运行或断开旋钮开关 SB2 时,M2 停止运行。

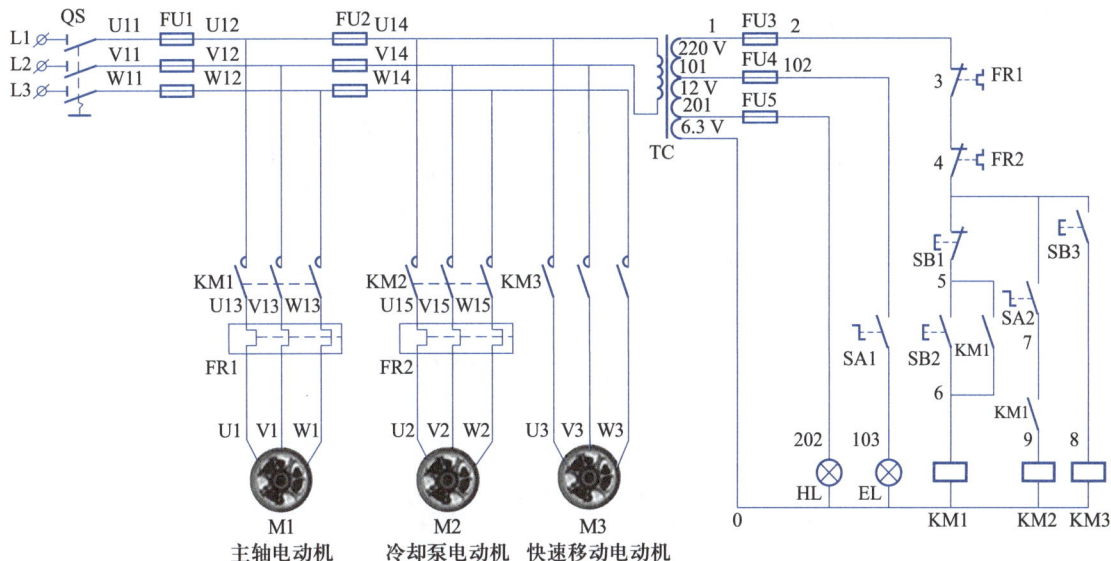

图 6.28　CA6140 车床电气原理图

3. 刀架快速移动电动机 M3

刀架快速移动电动机 M3 的启动,由安装在进给操作手柄顶端的按钮 SB3 控制,它与交流接触器 KM3 组成点动控制环节。将操作手柄扳到所需移动的方向,按下 SB3,KA2 得电吸合,电动机 M3 启动运转,刀架沿指定的方向快速移动。刀架快速移动电动机 M3 是短时间工作,故未设过载保护。

微课
CA6140 电气
控制原理

4. 低压照明灯 HL 和电源信号灯 EL

分别以控制变压器 TC 副边输出的 12V 和 6V 电压作为电源,由开关 SA1 控制,采用 FU4 和 FU5 作短路保护。

(二) CA6140 车床常见电气控制故障的维修

1. 主轴电动机 M1 不能启动

主轴电动机不能启动时,应合上电源开关 QS,按下启动按钮 SB2。此时,首先要检查接触器 KM1 是否吸合,若 KM1 吸合,则故障发生在主电路,可按如图 6.29 所示的步骤检修。

若接触器 KM1 不吸合,其检修步骤如图 6.30 所示。

2. 主轴电动机 M1 启动后不能自锁

当按下启动按钮 SB2 时,主轴电动机 M1 启动运转,但松开 SB2 后,M1 也随之停转。造成这种故障的原因是接触器 KM1 的自锁触头接触不良或连接导线松脱。

处理方法:合上 QS 测 KM1 自锁触头(5-6)两端的电压,若电压正常,故障是自锁触头接触不良;若无电压,故障是连线(5-6)断线或松脱。

3. 主轴电动机 M1 不能停车

主轴电动机 M1 不能停止,造成这种故障的原因通常主要有三个:一是因 KM1 主触头发生熔焊;二是停止按钮 SB1 击穿短路或线路中 5、6 两点连接导线短路;三是 KM1 铁芯表面被油垢黏牢而不能脱开。

处理方法:断开 QS,若 KM1 释放,则故障是停止按钮 SB1 被击穿或导线短路;若 KM1 过一段时间释放,则故障是铁芯表面被油垢黏牢而不能脱开;若 KM1 不释放,则故障是 KM1 主触头熔焊。

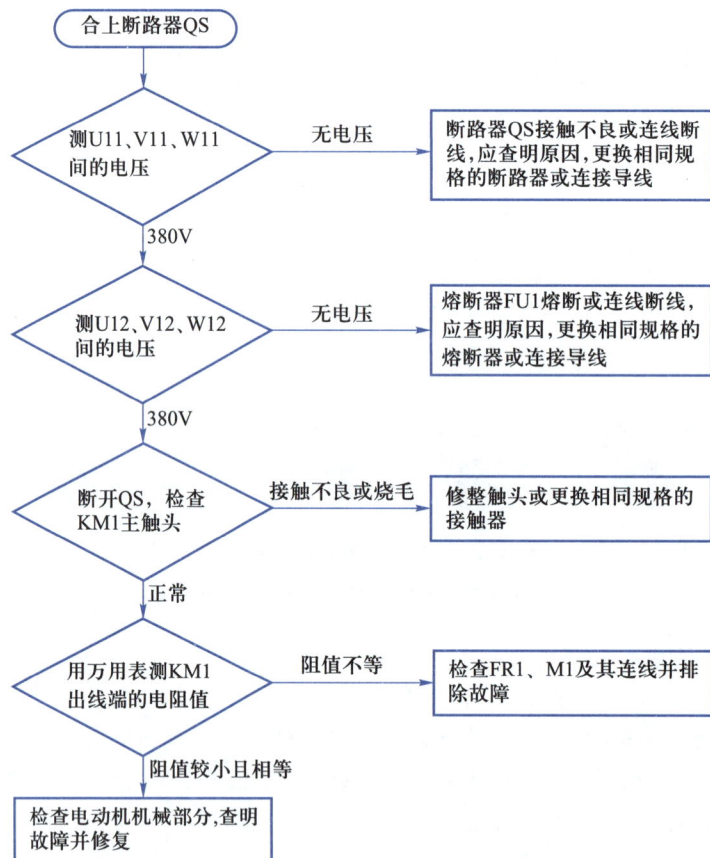

图 6.29　CA6140 主电路检修步骤

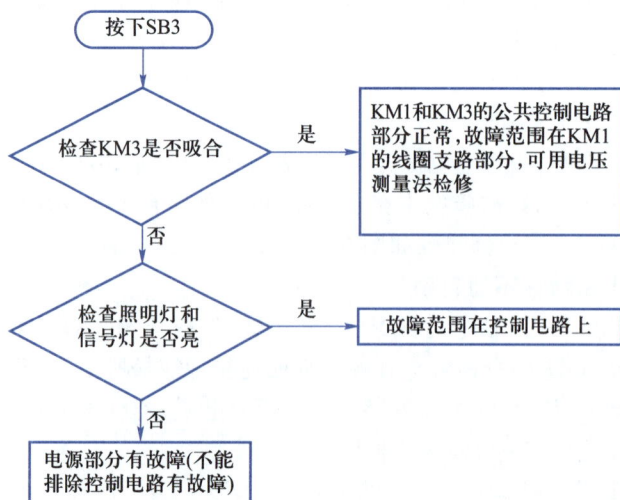

图 6.30　KM1 不吸合检修步骤

4. 主轴电动机在运行中突然停车

这种故障的主要原因是由于热继电器 FR1 动作。引起热继电器 FR1 动作的原因可能是：三相电源电压不平衡；电源电压长时间过低；负载过大以及 M1 的连接导线接触不良等。

5. 刀架快速移动电动机不能启动

首先检查熔断器 FU1 和接触器 KM3 有无异常。若无异常，按下点动按钮 SB3，接触器 KM3 不吸合，则故障在控制电路中。这时，应依次检查热继电器 FR1 和 FR2 的动断触头，点动按钮 SB3 及接触器 KM3 的线圈有无断路现象，连接导线有无松动、脱落等；最后，检查刀架快速移动电动机 M3 是否有故障。

6. 照明灯 EL 不亮

照明灯 EL 不亮的可能原因是：灯泡损坏；FU4 熔断；SA 触头接触不良；TC 二次绕组断线或接头松脱；灯泡或灯头接触不良等。

7. 指示灯亮但各电动机均不能启动

造成这种故障的主要原因是 FU6 的熔体断开，或挂轮架的皮带罩没有罩好，行程开关 SQ1（1-2）断开。

三、M1432A 外圆磨床电气控制故障与维修

（一）M1432A 外圆磨床电气控制线路分析

M1432A 外圆磨床电气原理图如图 6.31 所示。

由图可知，在主电路中有 5 台电动机，M1 为油泵电动机，M2 为带动工件的头架电动机，M3 为外圆砂轮电动机，M4 为内圆砂轮电动机，M5 为冷却泵电动机。全部电动机均用热继电器作为过载保护。M2 为双速电动机，通过接触器 KM2、KM3 进行转换，KM2 吸合时为高速，KM3 吸合时为低速。

（二）M1432A 外圆磨床常见电气控制故障的维修

1. 故障现象：电动机 M1、M2、M3、M4 和 M5 都不能启动

当 5 台电动机都不能启动时，可能存在三相电源没接通、热继电器脱口、接触器 KM1 线圈电路有断点等问题。可采用以下检修方法：

1）检查熔断器 FU1、FU2、FU3 及 FU6 的熔体是否熔断，同时还要注意检查是否存在缺相问题。

2）若正常，再分别检查 5 台电动机的热继电器中是否有因过载而动作脱扣的，若是这种情况，应查明这台电动机过载的原因并予以排除，待热继电器复位或修复更换后即可恢复正常。

3）再检查 KM1 的线圈是否脱落或断路，检查 SB1、SB2 按钮和 KM1 线圈及触头接线是否脱落或接触不良等。因这些故障都会造成接触器 KM1 不能吸合，油泵电动机 M1 不能启动，其余 4 台电动机也因此不能启动。

2. 电动机 M2 不能启动

1）若高、低速都不能启动，可能是位置开关 SQ1 失灵，造成 KM2 和 KM3 线圈均不能得电。

2）若高速或低速只有一个挡位能启动，可能是转换开关 SA1 接线不良，导致 KM2 或 KM3 线圈不能得电。

3）接触器 KM2、KM3 发线圈断线或接线松动或卡壳，使接触器主触头闭合，导致 M2 不能启动。

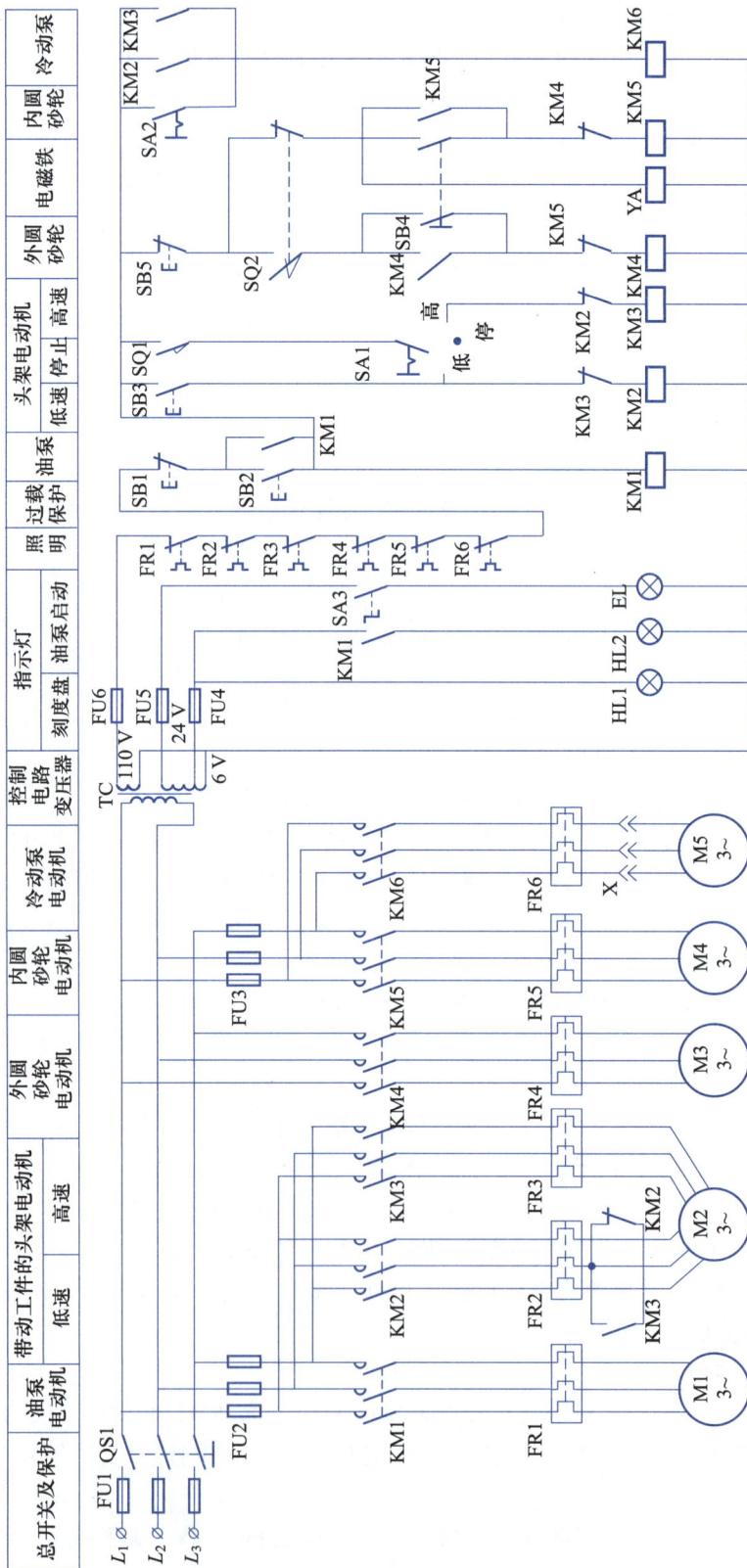

图 6.31 M1432A 外圆磨床电气原理图

3. 冷却泵电动机不能启动

当电动机 M2 运转后,接触器 KM2 或 KM3 吸合,使接触器 KM6 得电吸合,冷却泵电动机 M5 启动。当 M5 不能启动时,其可能原因有:

1）开关 QS 在操作后接不通线路,其本身触点不能可靠闭合。

2）接触器 KM6 串联的接触器 KM2、KM3 动合辅助触点有接触不良处。

3）接触器 KM6 线圈断线或主触点接触不良。

4）电动机 M5 机械卡死、负载过重或电动机线圈毁坏。

复习思考题

6.1 电气系统故障包括哪些？其产生的原因是什么？

6.2 电气系统故障处理中的"望、问、听、切"的含义是什么？

6.3 对电路进行通、断电检查时有哪些注意事项？

6.4 电阻测量法和电压测量法检测电路故障的原理是什么？实际中如何应用？

6.5 当机电设备发生电气故障时,一般应从哪几个方面进行分析检查？试举例说明。

6.6 在电气控制电路维修中,什么情况下应采用替换法修复电路？采用元器件替换时应考虑哪几个方面的问题？

6.7 三相绕组接线错误的诊断方法有哪几种？请说明各种方法的实施步骤及原理。

6.8 如图 6.28 所示为 CA6140 型车床控制线路图,主电路中有 3 台电动机 M1 为主轴电动机,带动主轴旋转和刀架做进给运动,M2 为冷却泵电动机,M3 为刀架快速移动电动机,现出现了：① 主轴电动机不能启动。② 主轴电动机不能停车。③ 刀架快速移动电动机不能启动三种故障,试分析这三种故障的可能原因,如何处理？

6.9 当运行中的电动机有冒烟现象时,应如何处理？

6.10 测量绝缘电阻使用什么仪器？设备的绝缘电阻取何时的测量读数？为什么？

6.11 X6132 铣床电气控制线路中三个电磁离合器的作用分别是什么？电磁离合器为什么要采用直流电源供电？

6.12 X6132 铣床电路由哪些基本环节组成？

6.13 X6132 铣床控制电路中具有哪些联锁与保护？为什么要有这些联锁与保护？它们是如何实现的？

6.14 X6132 铣床中,主轴旋转工作时变速与主轴未转时变速其电路工作情况有何不同？

6.15 如果 X6132 铣床的工作台能左右进给,但不能前后、上下进给,试分析故障原因。

6.16 CA6140 车床电气控制线路中有几台电动机？它们的作用分别是什么？

6.17 CA6140 车床电气控制线路中有哪些保护环节？

6.18 CA6140 车床中,若主轴电动机 M1 只能点动,则可能的故障原因有哪些？在此情况下,冷却泵电动机能否正常工作？

6.19 CA6140 车床的主轴电动机运行中自动停车后,操作者立即按下启动按钮,但电动机不能启动,试分析故障原因。

能力和素质养成训练

1. 编制车床电气系统维修工作实施方案。

2. 小组讨论:如何应用主次矛盾原理分析机床电气线路故障。

第 **七** 章

数控机床和机器人维修

⚙ 导学

　　数控机床和工业机器人是高度机电一体化的设备,其故障诊断和维修工作的对象包括机械系统、控制系统等,对维修人员的专业素质、技术能力和责任心等都有更高的要求。

⚙ 知识和能力目标

1. 熟悉数控机床故障分类和维修工作特点。
2. 能够正确选择和使用数控机床维修的常用仪器工具。
3. 掌握数控机床机械部分和数控系统故障诊断的基本方法,具有初步分析、诊断和排除故障的能力。
4. 能够正确诊断和维修工业机器人控制系统的典型故障,具有初步诊断和排除工业机器人故障的能力。

⚙ 职业素养和价值观目标

1. 具有自学能力,能够编制数控机床和机器人故障诊断和维修实施方案。
2. 较深刻的理解职业工作与爱国敬业的关系。
　　数控机床是技术密集型和知识密集型的机电一体化装备。数控机床工作是通过装在机床上的数字式程序控制系统阅读和处理数字指令使机床完成规定动作的,因而机床电子系统与机械、液压等系统的交接部位就成为日常维护和保养的重点,这些部位的故障诊断和修理工作就是数控机床维修工作研究的主要对象。

第一节　概　　述

一、数控机床的故障类型

　　数控机床的故障可以从多个角度进行划分分类。
　　(一) 从故障的性质分类
　　数控系统故障分为软件故障、硬件故障和干扰故障三种。软件故障指由程序编制错误、机床操作失误、参数设定不正确等引起的故障,硬件故障指由 CNC 电子元器件、润滑系统、换刀系统、限位机构和机床本体等硬件因素造成的故障;干扰故障指由于系统工艺、线路设计、电源地线配置不当等以及工作环境变化而产生的内部干扰和外部干扰产生的故障。

（二）按故障发生后有无报警显示分类

1. 有报警显示的故障

这类故障又分为硬件报警显示与软件报警显示两种。

1）硬件报警显示故障。是指通过各单元装置上的警示灯报警得到信息的故障。在机床数控系统中设有许多指示故障部位的警示灯,如在控制操作面板、位置控制印刷线路板、伺服控制单元、主轴单元和电源单元等部位以及光电阅读机、穿孔机等外设装置上常设有这类指示灯。一旦数控系统的某些部位发生故障,相应的警示灯便会指示出故障状态,维修人员可据此对故障发生的部位和原因做出判断。

2）软件报警显示故障。是指在显示器（CRT）上显示出来报警号和报警信息的故障,它是通过数控系统的自诊断功能检测到的。常见的软件报警显示有:储存器警示、过热警示、伺服系统警示、轴超程警示、程序出错警示、主轴警示、过载警示以及断线警示等。在启动诊断中,从数控系统通电开始,系统内部自诊断软件对系统中最关键的硬件和控制软件,如装置中的 CPU、RAM（随机存储器）、ROM（只读存储器）等芯片、MDI（手动数据输入器）、CRT、I/O 等模块及监控软件、系统软件等逐一进行检测,并将检测结果在 CRT 上显示出来。通过 CRT 上报警信息或报警号,可将故障范围定位在某一区域,维修人员通过手册中所提供的多种可能造成故障的原因及相应排除方法,从中找出故障原因,加以排除。

2. 无报警显示的故障

有时数控机床在无任何报警显示的情况下也会发生故障。这类故障发生后,由于无任何故障信息提示,因而查找难度很大,通常这类故障可划分为两种模式:一是计算机处于中断状态,设备呈"死机"现象,而系统无任何报警显示。这种故障常见的原因是程序或参数出现了问题,如某企业的一台数控机床一遇到 G00 就停机,不再继续执行下面的程序,经故障诊断后确定是参数中关于 G00 的速度给定没有了,当把参数重新输入后,这个现象就消除了。此外,偶然干扰也可能引起数控机床"死机",此时在不损害加工零件的前提下,重新开车启动,就可解决问题。二是数控机床出现爬行、异响等故障。发生这类故障时,要根据故障发生的前后状态变化进行分析判断。如当 X 轴运行中出现爬行现象时,可首先判断是数控部分故障还是伺服部分故障,具体做法是:用手摇脉冲进给方式,均匀地旋转手摇脉冲发生器,同时分别观察比较 CRT 显示上 Y 轴、Z 轴与 X 轴进给数字的变化速率。通常若数控部分正常,3 个轴的上述变化速率应基本相同,从而可确定爬行故障是 X 轴的伺服部分机械传动造成的。

从以上分析可以看出无报警显示的故障,在分析查找时更多地依赖维修人员的知识和经验进行。

（三）按数控机床发生故障的部件分类

1. 主机故障

数控机床的主机部分主要包括机械、润滑、冷却、排屑、液压、气动与防护装置等。常见的主机故障有:因机械安装、调试及操作使用不当等原因引起的机械传动故障和导轨运动摩擦过大故障。如轴向传动链的挠性联轴器松动,齿轮、丝杠与轴承缺油、导轨塞铁调整不当、导轨润滑不良以及系统参数设置不当等,它们会使机床传动噪声加大,加工精度降低,运行阻力变大。液压、润滑与气动系统的故障主要表现在管路阻塞和密封不良等方面。

2. 电气故障

电气故障分为弱电部分故障和强电部分故障。弱电部分主要指 CNC 装置、PLC 控制器、CRT 显示器以及伺服单元、输入输出装置等电子电路。若这些装置的集成电路芯片、分立元件、接插件以及外部连接组件等发生故障,称之为硬件故障;若加工程序出错、计算机运算出错、系统程序或参数改变等,称之为软件错误。强电部分故障是指继电器、接触器、开关、熔断器、电源变压器、电动机、电磁铁和行程开关等电气元件及其所组成的电路发生的故障。

二、数控机床维修的特点

由于数控机床是高度机电一体化的产品,又是企业生产的关键设备,它本身的技术含量和在企业生产中的地位决定了它的维修工作特点必然有别于普通机床。

(一)数控机床维修工作的内容更广

数控机床维修工作包括机床主机的机械系统和数控(CNC)系统两部分。

数控机床的机械系统包括将电动机的旋转运动变为工作台直线运动的整个机械传动链及附属机构,即齿轮减速装置、滚珠丝杠副、导轨及工作台、刀库及换刀机械手、液压和气动系统等。与普通机床相比,这些装置和系统有两个特点:一是机械结构变得更加简单了,但是其精度、刚度、热稳定性等方面的要求却提高了很多;二是增加了刀库及换刀机械手部分。因此数控机床机械系统的维修项目包括了各运动轴传动链的维修、减速撞块的维修、刀库及换刀机械手的维修以及液压系统和气压系统的维修等。

数控机床 CNC 系统中硬件,如数控单元模块、电源模块、伺服放大器、主轴放大器、人机通信单元、操作单元面板、显示器、可编程控制器以及伺服电动机等都是普通机床所不具备的。而这些部分是数控系统的神经中枢,无论哪个部分发生了问题,都会导致机床的故障停机,它是数控机床维修工作的重点。由此可见,与普通机床相比,数控机床维修工作的内容更多,维修技术水平的要求也更高。

(二)维修故障的模式不同

普通机床常见的故障模式多是由于零部件材料性能劣化、振动、腐蚀等原因引起的零部件断裂、疲劳磨损等,或是液压、机床电器部分的故障,而数控机床的故障则更多地表现为控制系统的硬件故障和软件故障。如软件丢失或参数变化造成的运行异常和程序中断;主轴转速与进给不匹配、转速偏离指令值、主轴电动机不转;硬件电路中的电阻器、电容、半导体器件、集成电路损坏等原因引起的停机等。

(三)对维修管理工作要求不同

普通机床由于其本身的性能特点、成本等因素,决定了其维修方式以事后维修、预防维修和改善维修为主。而数控机床,由于停机损失大、维修成本高等原因,采用与普通机床完全相同的维修方式是不合理的。在可能的条件下,数控机床维修应优先选择状态监测维修方式。状态监测维修是通过在线监测得到的和诊断装置提供的设备实际状态信息,来确定维修时机和内容的一种维修方式,它的优点是可以使设备零件得到充分利用,减少维修工作量及人为差错,有效降低维修成本,大幅度降低故障停机时间。

(四)对维修人员素质要求不同

高技术的设备需要高素质的维修人员。因此,数控机床的维修人员要有更高的技术水平,更

宽的知识面,更强的责任心,除了应具备普通机床维修人员所应有的各种技能外,还应满足下列要求:

(1) 广泛的专业知识　要掌握或了解计算机原理、电子技术、电工原理、自动控制与电力拖动、检测技术、机械传动及机械加工方面的基础知识。既要懂得机械、液压和气动技术、又要懂得 NC 和 PLC 编程。

(2) 专业英语阅读能力较强　数控系统的操作面板(CRT 显示屏)以及随机技术手册大都使用英文,不懂英文就会给阅读这些重要的技术资料带来很大的困难。

(3) 较强的动手能力　要熟练掌握数控机床的操作技能,会运用自诊断程序对机床进行诊断,会编制简单的典型加工程序,会对机床进行手动和运行操作,会使用机床故障诊断及维修用的各种仪器、仪表和工具。

三、数控机床诊断与维修的基本原则

在进行具体诊断维修工作时,除应灵活应用上述的各种故障诊断方法外,还应严格遵循以下基本原则:

1. 先外部后内部

坚持采用望、闻、听、问等检查方法,由机床外部逐渐向内部延伸检查故障的方法,可以有效避免对机床的不当拆卸。因为不当的大拆大卸,往往会扩大故障,使机床精度丧失,从而降低其性能。另外,数控机床外部的一些元器件如行程开关、按钮开关、液压气动元件和印制电路板插头、边缘插件连接部分、电控柜插座或端子排等机电设备之间的连接部,经常会出现因接触不良等原因造成的信号传递失灵;环境温度、湿度的变化,油污、粉尘等也会对信号传输产生不利影响,因此,故障诊断时要首先排除外部故障。

2. 先机械后电气

一般数控机床的机械故障较易察觉,而数控系统故障诊断的难度较大。因此,应首先检查机械部分是否正常,行程开关是否灵活,气动、液压部分是否存在阻塞现象等。实践证明,数控机床的故障中有很多是由机械动作失灵引起的。

3. 先静后动

应先询问机床操作人员故障发生的过程及状态,阅读机床说明书、图样资料后,才可动手查找处理故障;要先在机床断电的静止状态,观察、测试、分析机床的故障状态,确认为非恶性故障或非破坏性故障后,才可给机床通电,在运行工况下,进行动态的观察、检验和测试,以查找故障。对于恶性破坏性故障,必须先行排除危险后,方可进行通电。

4. 先公用后专用

如机床的几个进给轴都不能运动,这时应先检查和排除各轴公用 CNC、PLC、电源、液压等部分的故障,然后再设法排除某轴的局部问题。又如电网或主电源故障是全局性的,因此一般应首先检查电源部分,看看熔丝是否正常,直流电压输出是否正常。

5. 先简单后复杂

当出现多种故障互相交织掩盖、一时无从下手时,应先解决容易的问题,后解决难度较大的问题。在解决简单故障的过程中,常常会使难度大的问题变得容易解决了,或者在排除简单故障时受到启发,对复杂故障的认识更为清晰,从而有了解决办法。

6. 先一般后特殊

在排除某一故障时,要先考虑最常见的可能原因,然后再分析很少发生的特殊原因。

四、常用诊断仪器

数控机床是用数字系统控制的机床,控制主板故障在数控机床故障中占有很大比例。因此,在故障诊断与维修中就需要一些能够检测各种印制电路板故障的仪器,如逻辑测试笔,逻辑分析仪等,这些常用仪器的功能及使用方法如下。

（一）逻辑测试笔

逻辑测试笔(图 7.1)是用来测量数字电路的脉冲和电平的仪器,有指示灯式和数显式两种,能快速测量出数字电路中有故障的芯片。指示灯式逻辑测试笔通过测试笔上红、绿两个指示灯(高性能逻辑笔另加一个黄灯)显示,测试者可获得被测试逻辑电路的以下信息:

1）测试逻辑电路处于高电平还是低电平,或不高不低的假高电平。

2）测试逻辑电路输出脉冲的极性(正脉冲还是负脉冲)。

3）测试逻辑电路输出的是连续脉冲还是单脉冲。

4）对逻辑电路输出脉冲的占空度作大概的估计。

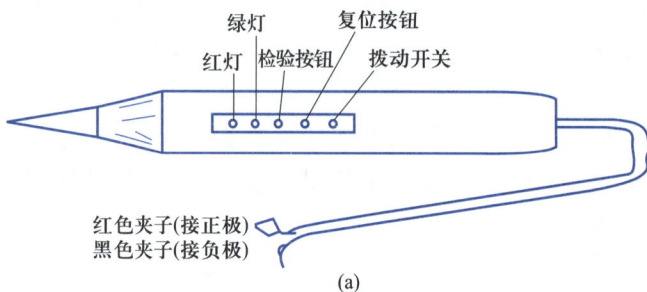

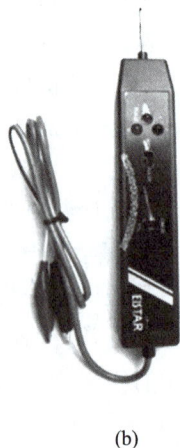

图 7.1　逻辑测试笔

逻辑测试笔在使用中分电平测试和脉冲测试两种状态,通过拨动开关进行测试状态转换。其具体使用方法如图 7.2 所示。

（二）逻辑分析仪

逻辑分析仪是分析数字系统逻辑关系的仪器,它能把采集指定的信号通过图形化的方式展示给维修人员,方便按照协议分析出是否出错。在维修中,逻辑分析仪可检查数字电路的逻辑关系是否正常,时序电路各点信号的时序关系是否正确,信号传输中是否有竞争和干扰。通过测试软件的支持,它能对电路板输入给定的数据跟踪测试其输出信息,显示和记录瞬间产生的错误信号,找到故障所在。逻辑分析仪一般有异步测试和同步测试两种使用方式。

1. 异步测试

异步测试采样选通信号是由逻辑分析仪内设置的时钟发生器产生的,它和待测的通信信号在时间上没有关系,为了得到正确的待测波形,采样频率要比待测波形频率高几倍,而且应可调。为了发现窄脉冲的影响,还设有采样和锁定两种模式,锁定模式能及时发现窄脉冲的存在。

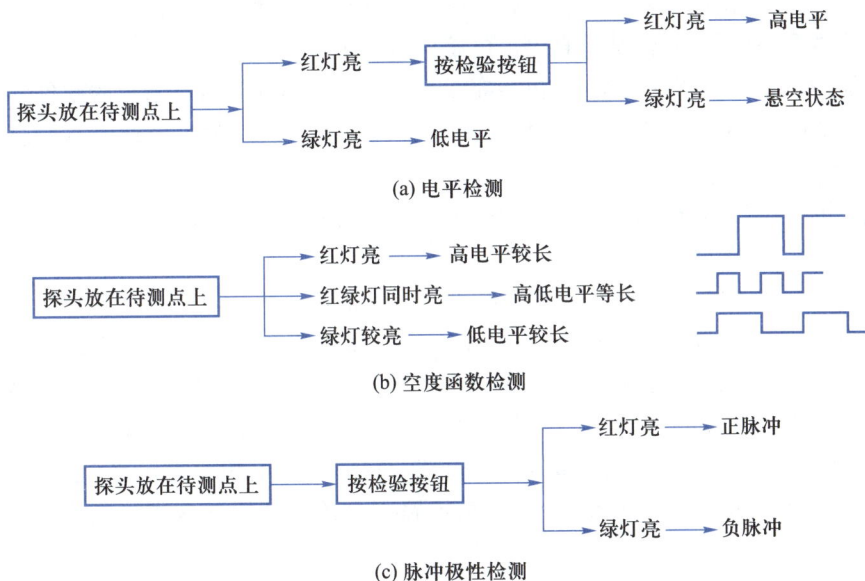

(a) 电平检测

(b) 空度函数检测

(c) 脉冲极性检测

图 7.2　逻辑测试笔的具体使用方法

2. 同步测试

采样选通信号是由外部输入的时钟信号形成的。因此,只要外部时钟选得好,就可用很少的内存容量记录下所需的测试信息。为了采集到可靠稳定的数据,采样延迟信号相对于采样信号应该有足够的数据设置时间和数据保持时间。

(三) 集成电路测试仪(IC 测试仪)

集成电路测试仪是用于检修数控机床和各种计算机印刷电路板上数字集成电路和模拟集成电路以及各种元器件的通用型维修仪器,分为离线测试仪和在线测试仪两大类。其中通用离线测试仪测试中必须把被测元器件从印制电路板上拆卸下来,且一种测试仪只适用于某几类集成电路的测试,其使用范围受到了限制。而在线测试仪则能直接对焊接在电路板上的元器件进行功能、状态和外特性测试,确认其逻辑功能是否有效。它的测试是针对元器件型号及全部逻辑功能的,可以不管这个元器件应在何种电路中使用,所以它可以检查各种电路板,而且无须图样资料,为缺乏图样的维修工作提供了一种有效手段,目前在国内的应用日益广泛。在线测试仪按功能分为普及型和高档型两种。

1. 普及型在线 IC 测试仪

普及型在线 IC 测试仪是由核心机、显示器、电源和测试夹等组成。这种仪器在设计上考虑到了电路板对 IC 元件的影响,所以允许在线直接测试 IC 元件。仪器提供所有测试信号,用户借助测试夹以欠压和限流的安全方式(即电压电流可任意调节)即可实现对焊接在数控电路板上的数字集成电路逐一检查。通过仪器操作面板上的显示数码管能方便地同时观察集成电路各脚的逻辑状态和逻辑关系。

普及型测试仪的优点是电压范围宽,保护功能强,不易因误操作而损坏,而且体积小,价格适中,其缺点是操作和显示部件多。另外,由于测试激励属非智能型,一般需要自绘 IC 逻辑卡,操作烦琐。

2. 高档型在线 IC 测试仪

高档型在线 IC 测试仪主要应用于在线测试自动分析线路结构功能,无须图样。测试系统提供详细和准确的测试资料,测试结果直接由电脑屏幕显示。

该类仪器测试系统由两部分组成,包括完成被测试器件驱动和状态采集的硬件和完成控制、分析、判断显示测试结果的软件。使用时,将测试主机的接口插入微机插槽内,通过扁平电缆接口,将软件复制到微机硬盘。

不同种类的测试仪,其检测功能和应用范围有较大的差别,用户应根据实际情况选用。

(四) 短路追踪仪

短路是电气维修中经常遇到的故障现象,对于复杂的数控机床电路来讲,用万用表寻找短路点往往很费力气。如遇到电路中某个元器件击穿短路而两条连线之间又并接着多个元器件时,用万用表查出短路点要花费很多时间;再如对于变压器绕组局部轻微短路的故障一般万用表测量无能为力。短路追踪仪是专门测试印制电路板上或元器件内部短路故障的电子仪器,它可以快速查找印刷电路板上的任何短路,如多层板短路、总线短路、电源对地短路、芯片内部短路、元器件管脚短路以及电解电容内部短路、非完全短路等故障。使用该仪器进行短路追踪有三种方法:

1. 微电阻法

即将仪器的测量阻值降低到 1/10 MΩ,根据短路点的电阻值一般比相邻连接的电阻值大的特点,一旦回路电阻值稍有变化,即可寻找出短路部位。

2. 微电压测试法

即根据短路点对地电压比其他点对地电压低的特性,向被测回路输入一个直流电压信号,测量各端对地电压,寻找短路部位。

3. 电流流向追踪法

即利用电磁感应原理,用磁棒追踪检测方波信号,接收到的感应信号值和发生的声频信号都增大的部位即为短路部位。

这三种方法既可单独使用,也可以互相验证,共同确定一个短路点。

第二节　数控机床机械故障诊断

数控机床主要的机械故障表现在机床各执行部件的运动故障以及切削加工过程中的振动、噪声、刀具磨(破)损、工件质量问题等方面。对于数控机床来说,机械部分的故障与数控系统的故障是互相关联的。

一、主轴部件

数控机床的加工精度与主轴部件的结构、技术状态有十分密切的关系。从结构上看,不同规格、精度的数控机床其主轴随采用的轴承不同而结构各异。如一般中小规格数控机床的主轴部

件多采用成组高精度滚动轴承;重型数控机床多采用液体静压轴承;高精度数控机床多采用气体静压轴承;转速在 20 000 r/min 的主轴采用磁力轴承或氮化硅材料的陶瓷轴承。从技术状态看,要使主轴部件在回转精度、回转速度、自动变速、准停和换刀等方面在使用中一直保持良好的技术状态,就必须在合理使用设备的基础上加强主轴部件的维护保养工作,对主轴运转中出现的异常现象做出及时、准确的诊断。生产中,常见主轴部件故障诊断及排除方法见表 7.1。

表 7.1 常见主轴部件故障诊断及排除方法

序号	故障现象	故障原因	排除方法
1	加工精度达不到要求	机床在运输中受到冲击	检查对机床精度有影响的各部位,特别是导轨副,并按出厂精度重新调整或修复
		安装不牢固,安装精度低	重新安装调平、紧固
2	切削振动大	主轴箱和床身连接螺钉松动	恢复精度后紧固连接螺钉
		轴承预紧力不够,游隙过大	重新调整轴承游隙,但预紧力不能过大,以免损坏轴承
		轴承预紧螺母松动,主轴窜动	紧固螺母,确保主轴精度合格
		轴承拉毛或损坏	更换轴承
		主轴与箱体超差	修理主轴或箱体,使其配合精度、位置精度达到要求
		其他因素	检查刀具或切削工艺问题
		若是车床则可能是转塔刀架运动部位松动或压力不够而未夹紧	调整修理
3	主轴箱噪声大	主轴部件动平衡不好	重做动平衡
		齿轮啮合间隙不均匀或严重损伤	调整间隙或更换齿轮
		轴承损坏或传动轴弯曲	修复或更换轴承,校直传动轴
		传动带长度不一或过松	调整或更换传动带,不能新旧混用
		齿轮精度差	更换齿轮
		润滑不良	调整润滑油量,保持主轴箱清洁
4	齿轮和轴承损坏	变挡压力过大,齿轮受冲击产生破损	按液压原理图调整压力和流量
		变挡机构损坏或固定销脱落	修复或更换零件
		轴承预紧力过大或无润滑	重新调整预紧力,并使之润滑充足
5	主轴无变速	电器变挡信号是否输出	电器人员检查处理
		压力是否足够	检测并调整工作压力
		变挡液压缸研损或卡死	修去毛刺和研伤,清洗后重装
		变挡电磁阀卡死	检修并清洗电磁阀
		变挡液压缸拨叉脱落	修复或更换
		变挡液压缸窜油或内泄	更换密封圈
		变挡复位开关失灵	更换新开关

序号	故障现象	故障原因	排除方法
6	主轴不转动	主轴转动指令是否输出	电器人员检查处理
		保护开关没有压合或失灵	检修压合保护开关或更换
		卡盘未夹紧工件	调整或修理卡盘
		变挡复位开关损坏	更换新开关
		变挡电磁阀体内泄漏	更换电磁阀
7	主轴发热	主轴轴承预紧力过大	调整预紧力
		轴承研伤或损坏	更换轴承
		润滑油脏或有杂质	清洗主轴箱,更换新油
8	液压变速时齿轮推不到位	主轴箱拨叉磨损	选用球墨铸铁作拨叉材料
			在垂直滑移齿轮下方安装塔簧作为辅助平衡装置,减轻对拨叉的压力
			活塞行程与滑移齿轮的定位相协调
			若拨叉磨损,予以更换

二、滚珠丝杠与螺母

作为进给传动的主要部件,滚珠丝杠与螺母故障诊断及排除方法见表 7.2。

表 7.2　滚珠丝杠与螺母故障诊断及排除方法

序号	故障现象	故障原因	排除方法
1	加工件粗糙度值大	导轨润滑油不足,致使溜板爬行	加润滑油,排除润滑故障
		滚珠丝杠有局部拉毛或研损	更换或修理丝杠
		丝杠轴承损坏,运动不平稳	更换损坏轴承
		伺服电动机未调整好,增益过大	调整伺服电动机控制系统
2	反向误差大,加工精度不稳定	丝杠轴联轴器锥套松动	重新紧固并用百分表测试
		丝杠轴滑板配合压板过紧或过松	重新调整或修研,用 0.03 mm 塞尺塞不进为合格
		丝杠轴滑板配合楔铁过紧或过松	重新调整或修研,使接触率达 70% 以上,用 0.03 mm 塞尺塞不进为合格
		滚珠丝杠预紧过紧或过松	调整预紧力,检查轴向窜动值,使其误差不大于 0.015 mm
		滚珠丝杠螺母端面与结合面不垂直,结合过松	修理调整或加垫处理
		丝杠支座轴承预紧力过紧或过松	修理调整
		滚珠丝杠制造误差大或轴向窜动	用控制系统自动补偿功能消除间隙,用仪器测量并调整丝杠窜动
		润滑油不足或没有	调节至各导轨面均有润滑油
		其他机械干涉	排除干涉部位

续表

序号	故障现象	故障原因	排除方法
3	滚珠丝杠运转中转矩过大	两滑板配合压板过紧或研损	重新调整或修研压板,用 0.04 mm 塞尺塞不进为合格
		滚珠丝杠螺母反向器损坏,滚珠丝杠卡死或轴端螺母预紧力过大	修复或更换丝杠并精心调整
		丝杠研损	更换
		伺服电动机与滚珠丝杠连接不同轴	调整同轴度并紧固连接座
		无润滑油	调整润滑油路
		超程开关失灵造成机械故障	检查故障并排除
		伺服电动机过热报警	检查故障并排除
4	丝杠螺母润滑不良	分油器是否分油	检查定量分油器
		油管是否堵塞	清除污物使油管畅通
5	滚珠丝杠副噪声	滚珠丝杠轴承压盖压合不良	调整压盖,使其压紧轴承
		滚珠丝杠润滑不良	检查分油器和油路,使润滑充足
		滚珠产生破损	更换滚珠
		电动机与丝杠联轴器松动	拧紧联轴器锁紧螺钉

三、刀库与换刀装置

数控机床实现自动换刀有两种方式,一种是靠机械手在机床主轴与刀库之间自动交换刀具,一种是通过主轴与刀库的相对运动而直接交换刀具,大多数数控机床采用的是前一种换刀方式。刀架、刀库与换刀装置故障诊断及排除方法见表 7.3。

表 7.3 刀架、刀库与换刀装置故障诊断及排除方法

序号	故障现象	故障原因	排除方法
1	转塔刀架没有抬起动作	控制系统有无 T 指令输出信号	请电器人员排除
		抬起电磁铁断线或抬起阀杆卡死	修理或清除污物,更换电磁阀
		压力不够	检查油箱并重新调整压力
		抬起液压缸研损或密封圈损坏	修复研损部分或更换密封圈
		与转塔抬起联动的机械部分研损	修复研损部分或更换零件
2	转塔转位速度缓慢或不转位	检查是否有转位信号输出	检查转位部分继电器是否吸合
		转位电磁阀断线或阀杆卡死	修理或更换
		压力不够	检查液压部分是否有故障,调整到额定压力
		转位速度节流阀卡死	清洗节流阀或更换
		液压泵研损卡死	检修或更换液压泵

序号	故障现象	故障原因	排除方法
2	转塔转位速度缓慢或不转位	抬起液压缸体与转塔平面产生摩擦、研损	松开连接盘进行转位试验,取下连接盘配磨平面轴承下的调整垫,使相对间隙保持在 0.04 mm
		安装附具不配套	调整附具安装,减少转位冲击
		凸轮轴压盖过紧	调整调节螺钉
3	转塔转位时碰牙	抬起速度或抬起延时时间短	调整抬起延时参数,增加延时时间
4	转塔不正位	转位盘上的撞块与选位开关松动,使转塔到位时传输信号超期或滞后	拆下护罩,使转塔处于正位状态,重新调整撞块与选位开关的位置并紧固
		上下连接盘与中心轴花键间隙过大,产生位移差大,落下时易碰牙顶,导致运动不到位	重新调整连接盘与中心轴的位置;间隙过大可更换零件
		转位凸轮与转位盘间隙大	塞尺测试滚轮与凸轮,将凸轮调至中间位置,转塔左右窜量保持在二齿中间,确保落下时顺利咬合,转塔抬起时用手摆动,摆动量不超过二齿的1/3
		凸轮在轴上窜动	调整并紧固转位凸轮的螺母
		转位凸轮轴的轴向预紧力过大或有机械干涉,使转塔不到位	重新调整预紧力,排除干涉
5	转塔转位不停	两计数开关不同时计数或复置开关损坏	调整两个撞块的位置及计数开关的计数延时,修复复置开关
		转塔上的 24 V 电源断线	接好电源
6	转塔刀重复定位精度差	液压夹紧力不足	检查压力并调整到额定值
		上下牙盘受冲击,定位松动	重新调整固定
		两牙盘间有污物或滚针脱落在牙盘中间	清除污物保持转塔清洁,检修更换滚针
		转塔落下夹紧时有机械干涉(如铁屑)	检查排除机械干涉
		夹紧液压缸拉毛或研损	检修拉毛研损部分,更换密封圈
		转塔坐落在二层滑板之上,由于压板和楔铁配合不牢使运动偏大	修理调整压板和楔铁,用 0.04 mm 塞尺塞不进为合格
7	刀具不能夹紧	风泵气压不足	使风泵气压在额定范围
		增压漏气	关紧增压
		刀具卡紧液压缸漏油	更换密封圈
		刀具松卡弹簧上的螺母松动	旋紧螺母
8	刀具夹紧后松不开	松锁刀的弹簧压合过紧	逆时针旋松卡刀簧上的螺帽,使最大载荷不超过额定数值
9	刀具交换时掉刀	刀具超重,机械手卡紧销损坏	更换超重刀具及机械手卡紧销
10	机械手换刀速度过快或过慢	气压太高或太低,换刀气阀节流开口太大或太小	保证气泵的压力和流量,旋转节流阀与换刀速度相适应

序号	故障现象	故障原因	排除方法
11	换刀时找不到刀	刀位编码用组合行程开关、接近行程开关等元件损坏、接触不好或灵敏度降低	更换损坏元件

第三节　数控系统故障诊断与维修

机床的数控系统由硬件系统和软件系统两大部分组成,因而数控系统的故障可分为硬件系统故障和软件系统故障。软件系统故障是由于系统参数设定、编程中有语法问题等造成的,这类故障不是具体的元器件损坏;硬件系统故障则是数控装置、可编程控制器、伺服驱动单元以及各种输入输出设备等发生了故障。

一、数控系统故障的诊断方法

(一) 故障诊断方法

数控系统故障有多种诊断方法。其中应用较为广泛的有以下几种:

1. 装置自诊断法

装置自诊断法是指数控系统借助系统配置的故障诊断程序,迅速、准确地查明故障原因,确定故障部位的一种诊断方法,常用的自诊断方法一般有启动自诊断和实时自诊断两种。

1) 启动自诊断。当数控系统通电启动时,系统内部的自诊断软件便对系统中最关键的硬件(CPU、RAM、ROM 等芯片、MDI、CRT、I/O 等模块)和监控软件、系统软件等逐一进行检测,并将检测结果在 CRT 上显示出来。一旦检测通不过,在 CRT 上即显示报警信息或报警号,维修人员通过查阅生产厂家配备的机床维修手册,即可确定哪个部分发生了故障,只有全部诊断项目都正常通过后,系统才能进入运行准备状态。

2) 实时自诊断。数控系统在正常运行时,运用内部诊断程序,对 CNC 系统本身以及与 CNC 装置相连的伺服系统,外部设备等进行自动测试检查并显示有关状态信息和故障信息,称为实时自诊断。实时自诊与设备运行同步进行,只要系统不断电,实时自诊断就会一直进行下去。一旦监视的信息超限、诊断系统就通过显示器或指示灯发出报警信号,并配以适当的注释,在 CRT 上显示出来。

2. 常规检查法

指通过人的五官或借助一些简单的仪器对故障进行分析诊断的方法。这种方法要求维修人员采用望、闻、嗅、问、摸等方法,由外向内逐一进行检查,检查人员可以通过元器件的异常变化,结合实践经验对故障的原因、部位作出判断。这种方法是维修中最容易采用,并且也是应首先采用的方法。实际工作中,采用其他诊断方法可能无法或很难确定的问题,采用常规检查法,可能迅速、准确地解决。如一台 TC1000 型加工中心,控制面板显示消失,自诊断功能无法使用,经维修人员检查判定是面板 MS401 板电源熔丝烧断,而非内部短路引起,更换熔丝后,故障消失。

3. 备件替换法

随着现代数控技术的发展,电路的集成规模越来越大。因此,现代数控系统大都采用了模块化设计以便于系统发生故障时利用备件替换法快速确定故障区域,缩短停机时间。

备件替换法就是将无故障的印制电路板、模块、集成电路芯片或元器件与具有相同功能的,被怀疑有故障的零部件进行交换,然后观察故障是否排除或转移,以此确定被怀疑的零部件是否真有故障。

在采用备件替换法时,应注意以下问题:① 必须断电后才能更换备件;② 模块输入输出必须相同;③ 拆卸时应对各部分做好记录,特别是接线较多的地方,以防反馈错误引起其他故障;④ 在确定对某一部分进行替换前,应认真检查与其连接的有关线路和其他相关电器,确认无故障后才能将新的替换上去,防止外部故障引起替换上去的部件损坏。

该法应用于进给模块、检测装置有两套及以上的数控机床出现的进给故障。如伺服系统出现爬行、窜动、抖动、加速度不平衡和只向一个方向运动等故障,可采用此方法进行诊断维修。

4. 功能程序测试法

功能程序测试法是将所维修数控系统 G、M、S、T、F 功能的全部使用指令编写成一个试验程序,并存储在软盘上。在故障诊断时运行这个程序,可快速判定是哪个功能不良或丧失。

该方法应用于:① 机床加工造成废品而一时无法确定是编程、操作不当,还是数控系统故障时;② 数控系统出现随机性故障,一时难以区别是外来干扰,还是系统的稳定性不好;③ 闲置时间较长的数控机床在投入使用时或数控机床进行定期检修时。

如一台采用西门子 810 数控系统的立式铣床,在自动加工某一曲线零件时出现爬行现象,表面粗糙度值很大。在运行测试程序时,直线、圆弧插补皆无爬行现象,由此可以确定故障原因在编程方面。对加工程序仔细检查后发现,该加工曲线由众多小段圆弧组成,而编程时又使用了准确定位检查 G60 指令。将程序中的 G60 代码取消,改用 G64 代码以后,爬行现象消除。

5. 逻辑线路追踪法(原理分析法)

逻辑线路追踪法根据 CNC 系统原理图,从前往后或从后往前地检查与故障有关的信号有无、性质、大小及不同运行方式的状态,与正常情况比较,看有什么差异或是否符合逻辑关系。追踪检查时,对于比较长的“串联”线路,可以从中间开始向两个方向追踪,直到找到故障单元为止;对于两个相同线路,可以对它们进行部分交换试验。进行单元交换时,一定要保证该单元所处大环节(即位置控制环)的完整性,否则可能使闭环受到破坏。

对于硬接线系统,(继电器-接触器系统),它具有可见接线、接线端子、测试点。当出现故障时,可用试电笔、万用表、示波器等简单测试工具测量电压、电流信号的大小、性质、变化状态以及电路的短路、断路、电阻值变化等,从而判断出故障的原因。

6. 分段优选法

电缆断路或短路故障的查找,有时非常困难,特别是大型数控机床各轴的行程很长,有时传输到机床去的电缆要分几段,每段有几十米长,这时应用优选法从中部分段校线查找故障点,可以加快速度。例如 PLC 的 +24 V 端子对地短路,此端子上接有上百个输入开关,单个检查太慢,可采用优选法,一半一半地检查短路点在哪一半中,然后把有问题的一半再一分为二进行查找,从而大大加快速度。

此外,数控系统的故障诊断方法还有接口状态显示法、升降温法、测量比较法等,它们分别适

用于对不同类型的故障诊断,实际工作中,可根据需要选用。

（二）故障诊断与维修的准备工作

数控系统故障排除速度的快慢,与维修前的技术准备工作有很大关系。因此在进行现场维修前,维修人员要对下列几个方面做好充分准备。

1. 技术准备

维修人员应熟读有关系统的操作说明书和维修说明书,掌握数控系统的框图、结构布置以及印刷线路板上可供检测的测试点上正常的电平值或波形。维修时应准备好数控系统现场调试之后的系统参数文件和 PLC 参数文件、随机提供的 PLC 用户程序、报警文件、用户宏程序参数和刀具文件参数以及典型的零件程序、数控系统功能测试纸带等。

2. 测量仪器及工具的准备

维修时,应准备好必要的仪器及工具。

1）测量器具。包括万用表（测量误差在 ±2% 范围内）、逻辑测试笔、IC 测量仪、PLC 编程器和示波器等。

2）维修工具。电烙铁、吸锡器、各类旋具、刷子及各类钳子、各类扳手等。

3. 备件准备

为了能及时排除故障,用户应准备一些常用的备件,如各种熔断器、晶体管模块以及直流电动机用电刷等,备板则可视用户经济条件而定。

二、数控系统的软件故障与诊断

软件故障是由数控软件变化或丢失形成的。当数控机床工作中出现故障时,一般应首先检查数控软件是否有问题,然后再考虑其他方面。这样做的原因是:① 数控机床的停机故障大多数是因软件故障引起的;② 优先检查软件故障,可尽量避免对机床的拆卸。

（一）软件故障的原因

在机床使用中,造成软件故障的可能因素有以下几种:

1. 误操作

用户在对机床进行调试的过程中,删除或更改了软件的内容,从而造成了软件故障。

2. 供电电池电压不足或电池电路断路、短路

由于软件是存储于 RAM 中的,因此当为 RAM 供电的电池电压降到了额定值以下,或机床停电状态下拔下为 RAM 供电的电池,或电池电路断路、短路时,RAM 因得不到维持电压,从而使系统丢失软件或参数,形成软件故障。

3. 干扰信号

有时电源的波动及干扰脉冲会窜入数控系统总线,引起时序错误或程控装置运行停止。

4. 软件死循环

运行复杂程序或大量计算时,有时会导致计算机进入死循环或系统运算中断,从而破坏了预先写入 RAM 区的标准控制数据。

5. 操作不规范

由于没有严格按照操作规程进行操作,而造成机床报警或停机。

6. 用户程序编制错误

用户编制的程序中出现了语法错误,非法数据等。

（二）软件故障的排除

在机床维修工作中,要确切地知道是数控软件的哪个部分发生了问题,导致了软件故障的发生,这是一项费时、费力的工作。为了避免因停机时间过长,造成较大的经济损失,在排除数控机床的软件故障时,可采用下述方法,缩短排除故障的时间。

1）对于因软件丢失或参数变化造成的运行异常、程序中断、停机故障等,可采取对数据、程序更改补充的方法排除故障。若因软件丢失过多或参数错误较多,查找问题困难时,可采用清除后重新输入的方法使系统恢复正常工作。

2）对于程序运行和数据处理中发生中断而造成的停机故障,可采用硬件复位的方法,即关掉机床总电源开关,然后再重新开机的方法排除故障,开关一次系统电源的作用与使用 Reset 法类似。这类故障也可采用清除的方法予以排除,但此时应注意对不想清除数据的保护,因为对 NC、PLC 使用清除法时,可能会使数据全部丢失。

利用开关系统电源方法排除软件故障是常用的数控系统修复手段。在使用这种手段时,需要特别注意的是出现故障报警和开关机之前一定要将报警信息的内容记录下来,以免清除后无从查找。

三、FANUC 0i 系统的维修

FANUC 0i 系列数控系统是日本 FANUC 公司生产的一种采用高速 32 位微处理器的高性能 CNC,目前在中国市场的销售量最大。它采用大板结构,即在主板上插有存储器板、I/O 板、轴控制模块以及电源单元。但其主板较其他系列的主板小得多,因此在结构上显得非常紧凑,体积很小,FANUC 公司自称是世界上最小的系统。FANUC 0i 系列有 MA、TA、MC、TC、MD、TD 等多种规格,其中 MD 和 TD 是在 MC 和 TC 的基础上经功能精简而成的,其性价比较高,故被大量用做数控车床及数控铣床的控制系统。

（一）FANUC 0i 系统的基本配置

FANUC 0i 系统的 CNC 单元为大板结构。如图 7.3 所示是 FANUC 0i 系统数控单元的结构。

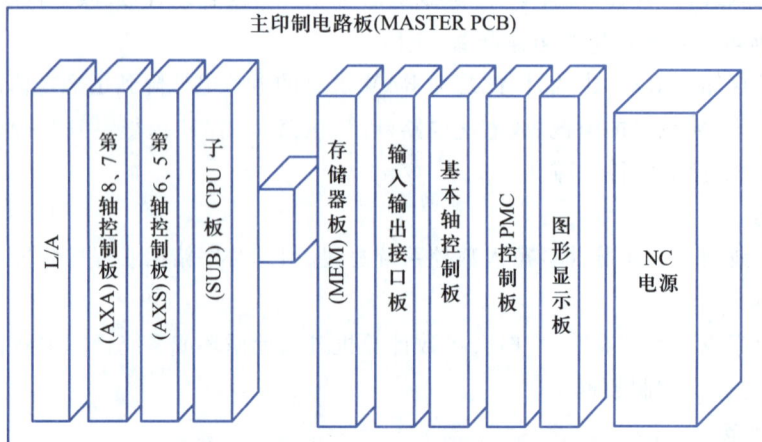

图 7.3　FANUC 0i 系统数控单元的结构

FANUC 0i 系统各部件的功能如下：

1）主印制电路板（PCB）。连接各功能板，故障报警等。主 CPU 在该板上，用于系统控制。

2）数控单元电源。主要提供+5 V，+15 V，−15 V，+24 V，−24 V 直流电源，用于各板的供电。其中 24 V 直流电源，用于单元继电器控制。

3）图形显示板。提供图形显示功能，第 2、3 手摇脉冲发生器接口等。

4）PC 板（PMC−M）。PMC−M 型可编程机床控制器，提供扩展的输入输出板（B2）的接口。

5）基本轴控制板（AXE）。提供 X、Y、Z 和第 4 轴的进给指令，接收从 X、Y、Z 和第 4 轴位置编码器反馈的位置信号。

6）输入输出接口。通过插座 M1、M18 和 M20 提供输入点，通过插座 M2、M19 和 M20 提供输出点，为 PMC 提供输入输出信号。

7）存储器板。接收系统操作面板的键盘输入信号，提供串行数据传送接口和纸带读入接口，第 1 手摇脉冲发生器接口，主轴模拟量和位置编码器接口，存储系统参数，刀具参数和零件加工程序等。

8）子 CPU 板管理。第 5、6、7、8 轴的数据分配，提供 RS232C 和 RS485 串行数据接口等。

9）扩展轴控制板（AXS）。提供第 5、6 轴的进给指令，接收从第 5、6 轴位置编码器反馈的位置信号。

10）扩展轴控制板（AXA）。提供第 7、8 轴的进给指令，接收从第 7、8 位置编码器反馈的位置信号。

11）扩展的输入输出接口。通过插座 M61、M78 和 M80 提供输入点，通过插座 M62、M79 和 M80 提供输出点，为 PMC 提供输入输出信号。

12）通讯板（DNC2）。提供数据通信接口。

（二）FANUC 0i 系统故障分类及处理

FANUC 0i 系统发生故障时，由系统进行自诊断。自诊断系统将故障分为数控系统故障和机床本体故障两大类。前者包括数控单元故障，伺服系统故障、编码器故障、超程故障和可编程机床控制器（PMC）故障等，它们由 CNC 控制软件进行诊断；后者包括机床故障和操作信息等，由 PMC 控制程序进行自诊断。当发生这些故障时，CRT 屏幕上或主印制电路板指示灯有报警显示。

1. CNC 控制软件自诊断故障

当发生这类故障时，CRT 屏幕右下角有"ALARM"报警信息闪烁，故障显示页面上出现相应的报警号和说明。当数控单元发生故障时，系统单元主印制电路板左侧 LED 指示灯也将显示故障状态。其含义为：L1 为绿灯，系统正常。L2 为红灯，系统任何一种报警发生，都会使 L2 点亮。L3 为红灯，存储卡接触不良。L4 为红灯，监控报警。其可能原因有轴卡脱落；轴卡、主印刷电路板不良；轴卡与伺服 ROM 配置不当。L5 为红灯，CPU 板（SUB）或第 5、6 轴控制板故障。L6 为红灯，未使用。

与此同时在故障显示页面上会出现报警号和说明，如：

报警号 700 为主印制电路板过热故障。

报警号 704 为主轴电动机过热故障。

报警号 920 为系统的监视器故障。

      ⋮   ⋮   ⋮

报警信息含义可从设备技术手册等资料中查知。

2. PMC 控制程序自诊断故障

由 PMC 控制程序进行自诊断的故障包括机床故障和操作信息两部分。FANUC 0i 系统 PMC 控制程序规定,机床故障编号从 1 000 到 1 999,出现这类故障时,数控系统立即进入进给暂定状态;操作信息的编号从 2 000 到 2 999,出现这类操作信息时,数控机床照常运行,仅对当前的操作给予说明。

3. 编程故障

报警号前面带有“P/S”,报警号从 000 到 250,当故障显示页面上出现这样的报警显示时,说明发生了与零件加工程序编制错误相关的故障。其中“P/S100”和“P/S000”这两个报警号与维修人员的修理工作有关。

1）P/S100 号报警。维修人员在修改 NC 参数前必须将参数设定页面 2（SETTING2）上的“PWE”项设定为“1”,以使参数能修改,此时,必然出现 P/S100 号报警。维修人员在参数修改完毕后,应将“PWE”改设为“0”,以禁止参数的修改,再按系统面板上的复位键（RESET）,就可取消该报警。

2）P/S000 号报警。在某些关键的 NC 参数被修改后,使用上述方法虽然可以取消 P/S100 号报警,但又出现了 P/S000 号报警,遇此情况,必须采用断开 NC 电源的方法,才能取消该报警。

（三）FANUC 0i 系统故障排除实例

FANUC 0i 系统可能出现的故障有很多种,以 FANUC 0i MD 系统为例,其可能出现的故障有返回基准点异常、位置偏差量过大、断线、超程、不能进行自动操作、无画面显示、电源单元保险丝熔断故障等,现以位置偏差过大故障、电源输入模块故障和返回参考点位置偏移故障说明系统故障的分析排除方法,其他 FANUC 系统也可参照此法处理。

1. FANUC-0iA 系统电源输入模块维修

（1）电源输入模块的工作原理　大多数 FANUC-0iA 数控系统均采用了输入单元供电的启动控制电路,输入单元的主要作用就是启动 CNC 电源和检测电源。维修工作中,经常会出现数控系统启动失败的故障,因此电源输入模块的维修是经常碰到的一项工作。如图 7.4 所示是其

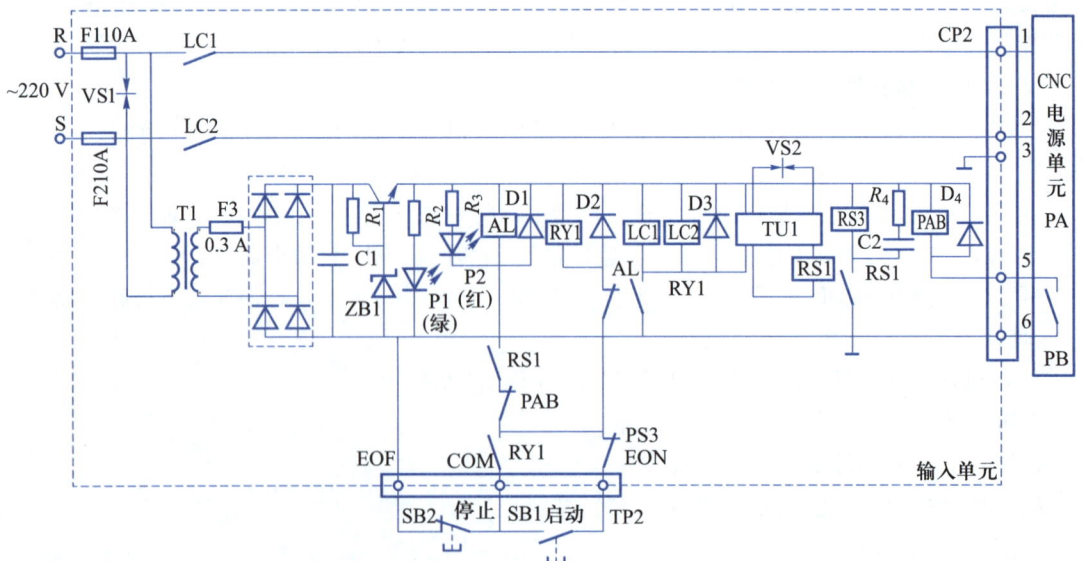

图 7.4　FANUC-0iA 电源输入单元的电原理图

输入单元的电原理图,图中的 DSI、QI、ZB1 等组成+24 V 稳压源作为控制电路的电源。P1(绿色)指示灯为电源供电指示,P2(红色)指示灯为故障报警灯。COM、EON 和 EOF 为外接启动、停止按钮的端子点。CP2 的 1、2 为输出电源供给 CNC 电源单元的端子;CP2 的 5、6 为 CNC 电源单元反馈触点信号的端子。当 CNC 电源单元的输出各路电压都正常时,CNC 电源单元的 ENABLE 信号为高电平,PA、PB 触点闭合,反之当输出电压异常时,ENABLE 信号就变为低电平,PA、PB 触点断开。

启动数控系统时,按外接的启动按钮 SB1,继电器 RY1 通电自保,并使 LC1、LC2 同时吸合,输入单元开始向 CNC 电源单元供电。当 CNC 电源单元输出电压正常时,PA、PB 触点闭合,使 PAB 通电,同时通过 TU1 的作用,延时约 0.5 s 后,RS1、RS3 相继通电维持 RY1 的吸合,当 CNC 电源单元输出异常时,PA、PB 触点断开,AL 吸合,RY1、LC1 和 LC2 相继释放,切断 CNC 电源单元的供给输入电源,同时报警灯 P2 点亮。同理需要停止 CNC 电源时,只要按一下 SB2 就能使 RY1、LC1 和 LC2 释放,切断 CNC 电源单元的供电。

(2) 输入单元的维修 在日常维修中,当发现数控系统不能启动时,应该在系统启动之前,首先观察一下输入单元板上的电源指示灯 P1(绿色)是否被点亮,若不亮,应检查外部供电电路,在确认供电正常情况下,检查输入单元板上的+24V 稳压电路。发生这种故障的原因一般是三极管 Q1 击穿,使保险 F3 熔断所致。如果 P1 绿灯亮,这时应按压系统启动按钮 SB1,再观察输入单元板上的 P2 红色报警灯是否点亮,若按压 SB1 无任何反应,一般是启动和停止按钮损坏或连线脱落。如果按压 SB1 时,红色报警灯亮,这时应先断开总电源,然后拔掉输入单元与 CNC 电源单元连线的插头 CP2,并短接 CP2 的 5、6 两点,再通电后重新启动 SB1,这时若红色报警灯不亮,则要测量 CP2 上的 1、2 两点是否有交流电压输出。若无输出电压,通常是 PY1、LC1 和 LC2 继电器损坏所致;若有输出电压,表明故障点在 CNC 电源单元上。当 CNC 电源单元在输出电压+5 V、±15 V、+24 V 时,只要有一路输出不正常,都会使 PA、PB 触点断开,产生报警。

电源单元的故障通常是由于外部线路短路造成的+24 V 电源熔丝熔断所致。

2. 返回参考点位置偏移

(1) 故障分析 机床不能返回参考点,一般有两种情况,一种是偏离参考点一个栅格距离,造成这种故障的原因有减速挡块位置不正确、减速挡块的长度太短;基准点用的接近开关位置不当。该故障一般发生在机床大修后,可通过重新调整挡块位置来解决。第二种是偏离参考点任意位置,即偏离一个随机值,这种故障与下列因素有关:外界干扰,如电缆屏蔽层接地不良、脉冲编码器的信号线与强电电缆靠得太近、电缆连接器接触不良或电缆损坏。该故障的诊断步骤如图 7.5 所示。

(2) 排除方法

1) 确认参考计数器值的设定是否正确。参考计数器的值应等于电动机一转的脉冲数乘以检测倍率 DMR;参考计数器的值和检测倍率 DMR 的值均设定在参数 PRM004 ~ PRM007 中。

2) 确认返回参考点位置偏移的程度是否在一个栅格之内,如在一个栅格之内,执行第 3 步;否则执行第 4 步。

3) 确认减速挡块是否装配在正确位置上。如减速挡块距参考点小于电动机一转移动量的一半,应改变挡块位置,使它在正确位置上。如位置正确,则应确认减速挡块的长度 LDW 是否太短。如果挡块长度 LDW 小于下式

$$LDW < V_R(T_R/2 + T_S + 30) + 4V_L T_S/60\ 000$$

式中,V_R——快速进给速度;T_R——自动加减速时间参数;T_S——伺服时间参数,$T = 100\ 000/G$;

G——在参数 PRM0517 中设定的伺服环增益；V_L——在 PRM0534 中设定的返回参考点的最低进给速度。

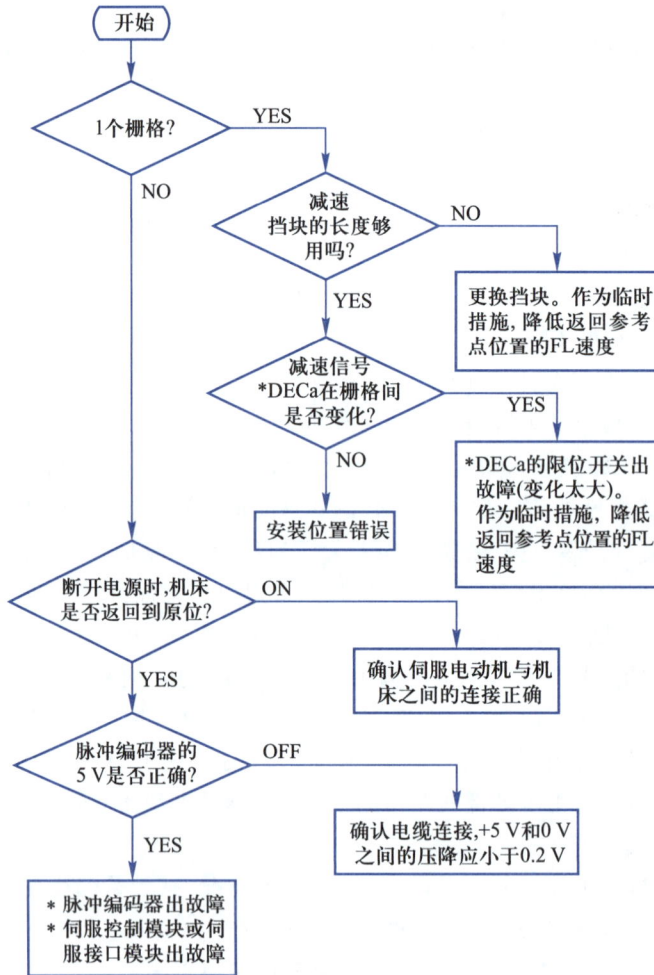

```
                    ┌──────┐
                    │  开始 │
                    └──────┘
                        │
                        ▼
                ╱────────────╲      YES
               ╱  1个栅格？    ╲──────────────┐
               ╲              ╱                │
                ╲────────────╱                 ▼
                     │ NO              ╱────────────╲
                     │                ╱   减速        ╲   NO
                     │               ╱ 挡块的长度够    ╲────────────┐
                     │               ╲   用吗？        ╱              │
                     │                ╲────────────╱                 ▼
                     │                     │ YES            ┌──────────────┐
                     │                     │                │ 更换挡块。作为临时│
                     │                     │                │ 措施，降低返回参考│
                     │                     ▼                │ 点位置的FL速度   │
                     │               ╱────────────╲         └──────────────┘
                     │              ╱  减速信号      ╲  YES
                     │             ╱ *DECa在栅格间   ╲────────────┐
                     │             ╲  是否变化？      ╱             │
                     │              ╲────────────╱                 ▼
                     │                   │ NO              ┌──────────────┐
                     │                   ▼                 │ *DECa的限位开关出│
                     │            ┌──────────┐            │ 故障(变化太大)。  │
                     │            │ 安装位置错误│            │ 作为临时措施，降低│
                     │            └──────────┘            │ 返回参考点位置的FL│
                     ▼                                     │ 速度            │
              ╱────────────╲     ON                       └──────────────┘
             ╱ 断开电源时，机床╲────────────┐
             ╲ 是否返回到原位？ ╱             │
              ╲────────────╱              ▼
                   │ YES          ┌──────────────┐
                   │              │ 确认伺服电动机与机│
                   │              │ 床之间的连接正确  │
                   ▼              └──────────────┘
            ╱────────────╲     OFF
           ╱  脉冲编码器的 ╲────────────┐
           ╲  5 V是否正确？ ╱             │
            ╲────────────╱              ▼
                 │ YES          ┌──────────────┐
                 ▼              │ 确认电缆连接,+5 V和0 V│
          ┌──────────────┐     │ 之间的压降应小于0.2 V │
          │ * 脉冲编码器出故障│     └──────────────┘
          │ * 伺服控制模块或伺│
          │ 服接口模块出故障  │
          └──────────────┘
```

图 7.5　返回参考点位置偏移的故障诊断步骤

则应加长 LDW,使它大于或等于计算值;如 LDW 够长,则应考虑更换轴卡。

4）检查参数 PRM0508 ~ PRM0511 中栅格偏移量设定是否正确。如不正确,应修正;如正确,检查脉冲编码器与 NC 之间的反馈电缆是否有断线或松脱现象,如不正常,应修正;如正常,则检查此反馈电缆中的屏蔽线是否接地。如已接地,则须更换轴卡。

3. 位置偏差量过大——4×0、4×1 报警

（1）故障分析　该报警表示 NC 指令的位置与机床实际位置的误差（即位置偏差量）大于参数设定值。发生 4×0 报警,表示停止中的位置偏差量过大;发生 4×1 报警,表示移动中的位置偏差量过大。

其故障原因可能有以下几个:① 脉冲编码器用的电源电压太低（低于 4.75 V）或有故障;② 数控系统主控板的位置控制部分不良,进给轴与伺服电动机之间的联轴器松动;③ 电缆连接器接触不良或电缆损坏;④ 漂移补偿电压变化或主板不良。

（2）故障排除步骤　这个故障可以用诊断号 DGN800 ~ DGN803 来确认位置偏差量是否超

过参数设定值。

1）如没有超过,则说明是轴卡不良;如超过,则应观察轴是否移动了。如没有移动,则执行第5）步;否则,应检查与轴运动有关的参数值是否合适或进给速度指令是否过大。如不是这个原因,则执行第2）步。否则,应变更参数或减少进给速度指令。

2）检查伺服放大器的三相200 V输入电压是否在允许波动范围之内（85% ~ 110%）。如不正常,则执行第4）步;否则,应检查8 000号以后的参数,特别是电动机的形式等是否正确。如正确,则执行第3）步;否则,应变更不正确的参数值。

3）检查指令线和反馈线是否有断线或接线错误。如有问题,则更换或修理电缆;否则,应确认伺服关断信号（用诊断号 DGN105.0 ~ 105.3 检查）是否有时有接通现象。如不正常,则要检查机床强电梯形图的逻辑关系。若不是以上问题,则可能是由伺服放大器、轴控制电路或电动机不良引起的。

4）检查伺服电源变压器的输入电压。如正常,可确定伺服电源变压器的连接及连接电缆正常;如不正常,则是伺服电源变压器不良。

5）确认轴操作中电动机制动器是否有效。如制动器已抱闸,则应解除制动;否则应检查电动机动力线、伺服放大器及轴卡之间的连接电缆是否有断线或接错的现象。如都正常,故障原因在于电动机不良或轴电路不良、伺服放大器不良。

4. 不能进行手动操作

不能进行手动操作的故障诊断步骤如图 7.6 所示。注意:在不同的数控系统中,各检测信号、参数的地址也不同,具体情况应参见数控系统生产厂家提供的系统连接说明书或相关资料。

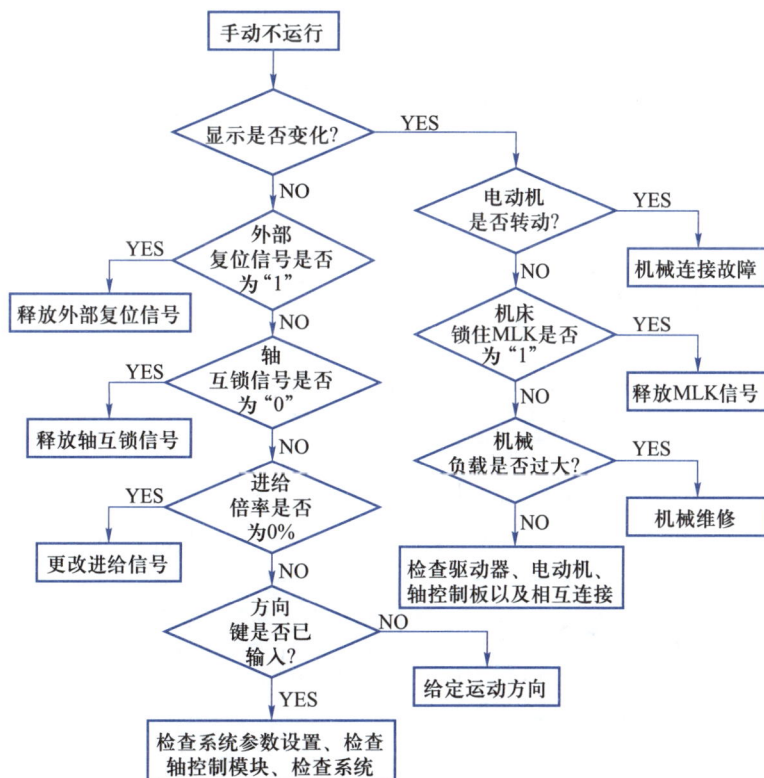

图 7.6　不能进行手动操作的故障诊断步骤

5. 系统无显示

接通电源后,若系统无显示,可按图7.7所示步骤对系统进行检查,查找故障原因。

四、SINUMERIK 840D 系统的维修

SINUMERIK 数控系统采用模块化结构设计,在一种标准硬件上配置多种软件,具有多种工艺类型,能满足不同机床控制的需要。SINUMERIK 数控系统有 802、810 和 840 等系列产品,其中 802 系列为高性价比型产品,810 系列为普及型产品,840 系列属于高性能型产品。

(一) SINUMERIK 840D 系统基本配置

SINUMERIK 840D 采用模块化的 32 位处理器及三个 CPU 结构,即由人机通信 CPU(MMC-

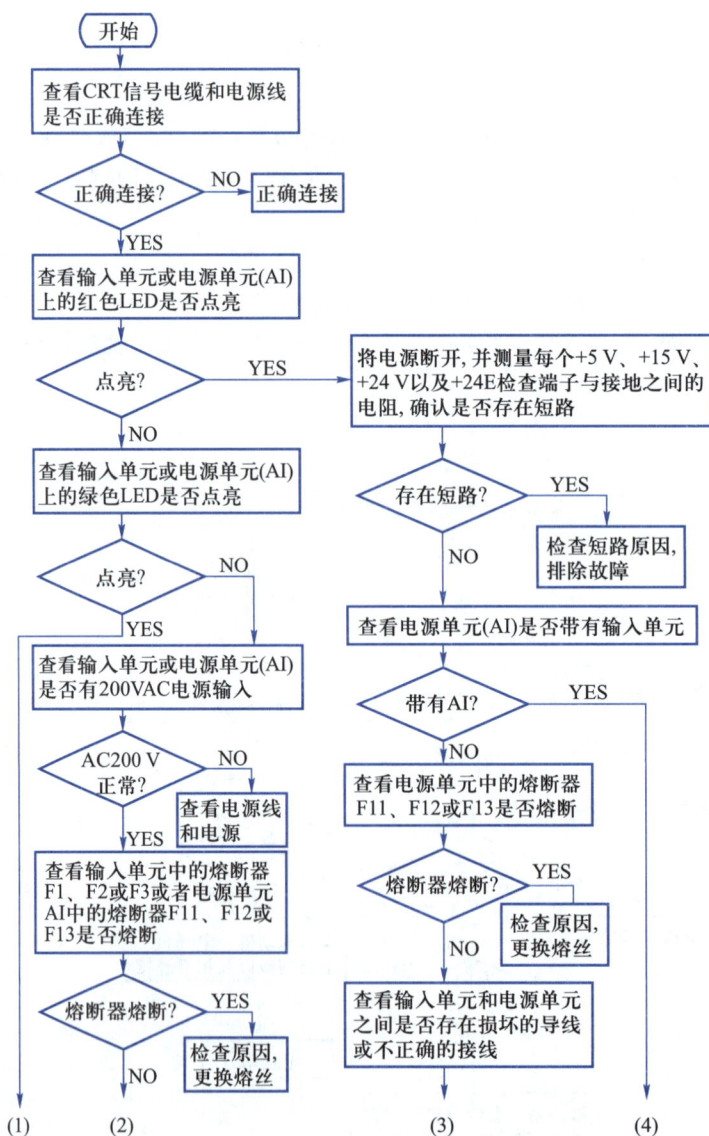

(a)

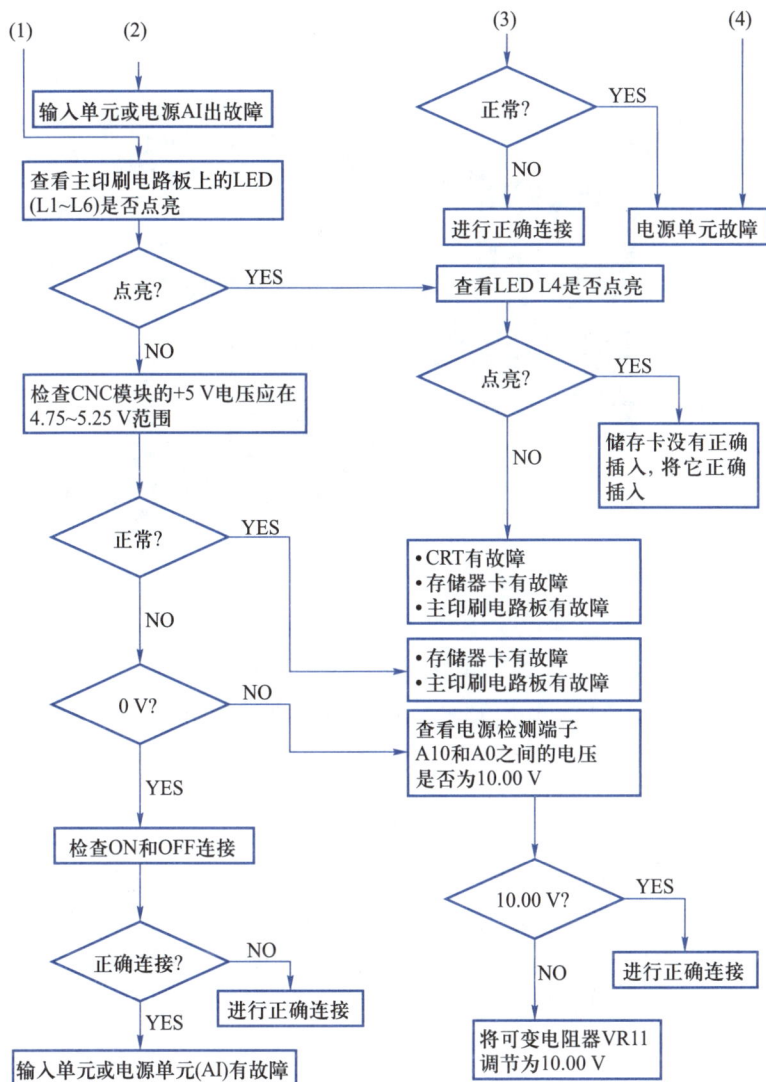

图 7.7　系统无显示的故障诊断步骤

CPU)、数控 CPU(NC-CPU)和可编程序控制器 CPU(PLC-CPU)组成。其中,NC 与 PLC 的 CPU 集成在同一块系统板上,形成 840D 数控系统的核心——NCU(Numerical Control Unit),它与 SIM-DRIVE 611D 伺服驱动模块配合,可构成全数字化的数控系统,用于各种复杂加工的系统平台,实现车、钻、铣、磨、切割、冲压、激光加工等机床的控制。SINUMERIK 840D 硬件系统组成如图 7.8 所示。

　　SINUMERIK 840D 数控系统主要由数字控制单元(NCU)、电源模块、611D 驱动模块、OP 单元、机床控制面板(MCP)、PCU、PLC 模块等组成。集成硬件系统时,总是将 611D 驱动模块和 NCU 并排放在一起,并用设备总线互相连接。

1. 数字控制单元

　　数字控制单元是 SINUMERIK 840D 数控系统的控制中心和信息处理中心,数控系统的直线插补、圆弧插补等轨迹运算和控制,PLC 系统的算术运算和逻辑运算都是由 NCU 完成的。

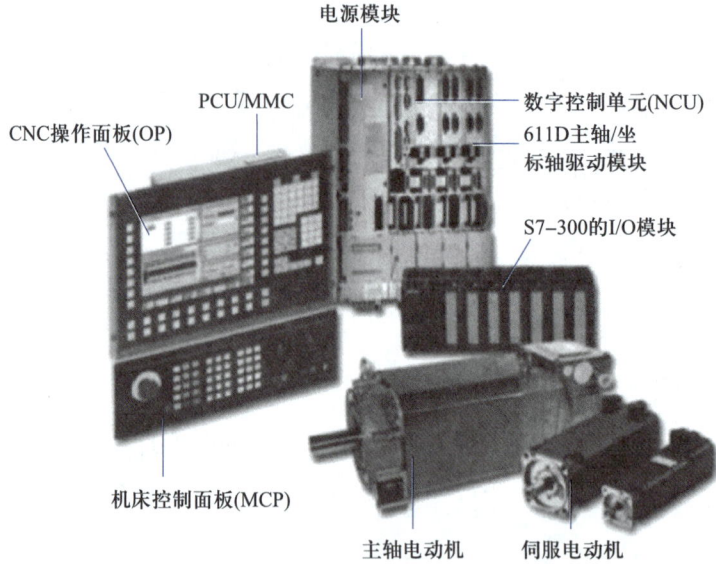

图 7.8　SINUMERIK 840D 硬件系统组成

　　根据选用硬件（如 CPU 芯片等）和功能配置的不同，NCU 分为 NCU561.4、NCU571.4、NCU572.4、NCU573.4、NCU573.5 等若干种。NCU 单元中包括相应的数控软件和 PLC 控制软件，并且带有 MPI 或 Profibus 接口、RS232 接口、手轮及测量接口、PCMCIA 卡插槽等，也就是包含 HMI、NCK、PLC、驱动、CP 等。

2. 电源模块

　　电源模块主要为 NC 和驱动装置提供控制和动力电源，产生母线电压，同时监测电源和模块状态。NCU 的 5 V、24 V 电压，功率模块的母线直流 600 V 等电压都由其提供。U/E 型电源模块直流母线电压在 490～644 V 范围内波动，功率等级有：5 kW、10 kW、28 kW（需外接制动电阻）。I/RF 型电源模块直流母线采用 PWM 电路，直流母线电压恒定在 600 V，功率等级有：16 kW、36 kW、55 kW、80 kW、120 kW。

3. 611D 驱动模块

　　611D 驱动模块是新一代数字控制总线驱动的交流驱动，分为双轴模块和单轴模块两种，相应的进给伺服电动机可采用 1FT6 或者 1FK6 系列，可实现全闭环控制。主轴伺服电动机为 1PH7 系列，其驱动模块采用模块化设计，分为功率模块、测量模块，各轴的测量模块可以不作任何设置的互换，功率模块只要功率相同也可以不用设置进行互换。一般来说，X411 接口是接电动机的编码器；X421 接口接的是直接位置测量接口，如直线光栅、圆光栅等。当组成半闭环系统时，可以只接电动机编码器，但需要设置相关机床参数。

4. OP 单元

　　OP（Operator Panel）单元一般包括一个 10in/12in/15in 的 TFT 显示屏和一个 NC 键盘，用户可根据使用需要选配不同的 OP 单元，如 OP010、OP012、OP015 等。OP 单元建立起 SINUMERIK 840D 与操作者之间的交互界面，可以在 OP 上进行编程、调试、监控、查看报警信息、备份与恢复数据、设置机床参数等操作。

5. 机床控制面板

　　MCP（Machine Control Panel）的主要作用是完成数控机床的各类硬功能键的操作，具有机床

开启,手动、自动等的选择、轴选择、轴使能开启、倍率等操作功能。

（1）操作模式键区　可选择的操作模式有 JOG（手动）、MD（手动输入数据）、TEACHIN（示教）和 AUTO（自动）四种。

（2）轴选择键区　实现轴选择,完成轴的点动进给、回参考点和增量进给。

（3）自定义键区　供用户使用,通过 PLC 的数据块实现与系统的联系,完成机床生产时要求的特殊功能。

（4）主轴操作区　主轴倍率开关实现主轴转速 0～120% 倍率的修调,主轴起停按钮实现主轴驱动系统的起停,一般控制主轴驱动系统的脉冲使能和驱动使能。

（5）进给轴操作区　进给轴倍率开关实现主轴转速 50%～120% 倍率的修调,进给轴起停按钮实现进给轴驱动系统的起停,一般控制进给轴驱动系统的脉冲使能和驱动使能。

（6）急停按钮　实现机床的紧急停机,切断进给轴和主轴的脉冲使能和驱动使能。

6. PCU

PCU（PC Unit）实际上就是一台计算机,西门子 PCU 的控制软件在这台计算机中。它有自己独立的 CPU,还可以带硬盘和软驱,OP 单元是这台计算机的显示器。PCU 是专门为配合西门子最新的操作面板 OP10、OP10S、OP10C、OP12、OP15 等而开发的人机交互模块（MMC 模块）,目前有 PCU20、PCU50、PCU70 这三种 PCU 模块,PCU20 不带硬盘,但可以带软驱;PCU50、PCU70 可以带硬盘。

7. PLC 模块

PLC 模块使用的是西门子 SIMATIC S7-300 软件。PLC 的电源模块（Power Supply）、接口模块（Interface Module）和信号模块（Signal Module）在同一条轨道上从左到右依次排列。PLC 的 CPU 集成在 NCU 中,通过 NCU 上的 X111（SIMATICS7-300IM）接口与 PLC 模块连接。电源模块可为 PLC 和 NC 提供 +24V 和 +5V 两种电压,接口模块（IM）用于各级系统互联,信号模块（SM）用于信号的输入/输出。

（二）系统软件故障诊断及排除

1. 系统 NC 程序丢失故障

故障现象:屏幕显示:

2000 Sign of life monitoring:PLC not alive

2001 PLC has not started up

3000 Emergency stop

NCU 板上的红灯亮,LED 显示所有驱动器的 LED 灯亮红灯。

分析诊断:

1）2000 是 PLC 寿命监控标志,即 PLC 无效,2001 则表明 PLC 没有启动;3000 急停是由前两个报警引起的。以此判断,可能是 PLC 部分的故障:①PLC 没有启动;②PLC 没有通信。

2）结合 NCU 及驱动器硬件指示灯信息,PLC 是内镶在 NC 中的,若 NC 有故障,即 PLC 也存在故障,那么应从 NC 数据出错入手检查。

检查排除步骤:NC 数据出错,需要重新安装 NC 程序,具体操作步骤如下:

1）进入到启动区域,按下设定口令,输入口令;

2）按"MENUSE-LECT"键,选择软键上的"service"进入服务区域,按下扩展键,出现系列启动的按键。再按"series start-up"进入保存与释放菜单;

3）跳转到释放界面,按"Read start-up archive",即"读取档案文件",则系统将弹出归档文件夹下的所有档案文件,需要恢复 NC 机床数据,选择 NC01. ARC 文件,再按下"start",即开始软键,系统开始恢复数据,在这个过程中,系统将会自动重启。

2. 系统 PLC 程序丢失故障

故障现象:屏幕显示:

2 000 Sign of life monitoring:PLC not alive

2 001 PLC has not started up

3 000 Emergency stop NCU 板上 PS 与 PF 指示灯同时点亮,并且 MCP 控制面板上按键灯闪烁。

分析诊断:

1）PLC 部分的可能故障有:① PLC 没有启动;② PLC 没有通信;③ NCU 板上 PS 和 PF 灯都亮,从 PLC 状态指示灯含义速查表查到 PLC 有故障;④ MCP 板上按键灯闪烁,说明 PLC 没有建立。

2）基于以上四点判断,该故障是由 PLC 程序不能建立引起的,故障原因可能是 PLC 程序损坏或者丢失。

检查排除步骤:解决 PLC 程序损坏或丢失的唯一办法是重新安装 PLC 程序备份,步骤如下:

1）进入启动区域,按下设定口令,输入口令;

2）按"MENUSE-LECT"键,选择软键上的"service"进入服务区域,按下扩展键,出现系列启动的按键。再按"series start-up"进入保存与释放菜单;

3）跳转到释放界面,按"Read start up archive",即"读取档案文件",则系统将弹出归档文件夹下的所有档案文件,需要恢复 PLC 机床数据,选择 110527P. ARC 文件,再按下"start",即开始软键,系统开始恢复数据,在这个过程中,系统将会自动重启。

(三) 系统硬件故障诊断及排除

1. OP 故障(包括显示器和按键)

故障现象:OP 按键不起作用、死机及无法启动。

分析诊断:系统软件启动前,通常 PCU 先启动自检功能,若硬件有故障,则系统会无法启动、死机等,此时显示器上将显示自检不能通过的信息。

检查排除步骤:

1）检查与 PCU 有关联的硬件、设备,如 OP 上的键盘;

2）检查 PCU 主板上硬件的连接是否牢固。

2. Profibus 总线出错故障

故障现象:系统自诊断功能提示 Profibus 总线的第 050 站有错误,找不到第 50 个站点的地址,并且与该站点有关的所有输入或输出点均不正常,并在屏幕上显示:

700005F-GP:Profibus user with profibus address 050 malfunctioning

分析诊断:由于 050 站点之前、之后都还有其他站点,因此再排除总线连线问题后,故障的可能原因有:① 站点没有供电;② 地址丢失;③ 050 站点本身故障。

检查排除步骤:

1）检查第 050 站点的指示灯 SF 呈红灯状态,查 PLC 指示灯状态速查表可知,运行指示灯不正常;

2）检查地址是否丢失,拆下站点的地址棒,进行检查;

3）通过模块 IO 的实际状态与在诊断中显示的状态是否一致来判断模块是否正常,或者同类型模块直接交换判断。

3. 电源不能接通故障

故障现象:打开总电源开关,所有指示灯无任何反应。

分析诊断:正常状态下,通电后电源进行自检,一般是绿灯亮一下,然后熄灭。所有指示灯无任何反应,这种情况一般有两种可能:① 控制电源三相电压不正常;② 电源模块故障。

检查排除步骤:

1）检查控制电源三相电压 1U1(2U1)、1V1(2V1)、1W1(2W1)电压是否正常。正常电压一般为 400 V 左右;

2）用代换法检查电源模块是否已经损坏。

第四节　伺服系统故障诊断

在自动控制系统中,把输出量能够以一定准确度跟随输入量的变化而变化的系统称为伺服系统。伺服系统主要控制机床的进给运动和主轴转速,是一种反馈控制系统,它以指令脉冲为输入给定值,与输出量进行比较,利用比较后产生的偏差值对系统进行自动调节,以消除偏差,使被调量跟踪给定值。

一、伺服系统故障诊断流程

伺服系统故障诊断流程如图 7.9 所示。为提高故障诊断效率,也可参照图 7.10 所示的初始

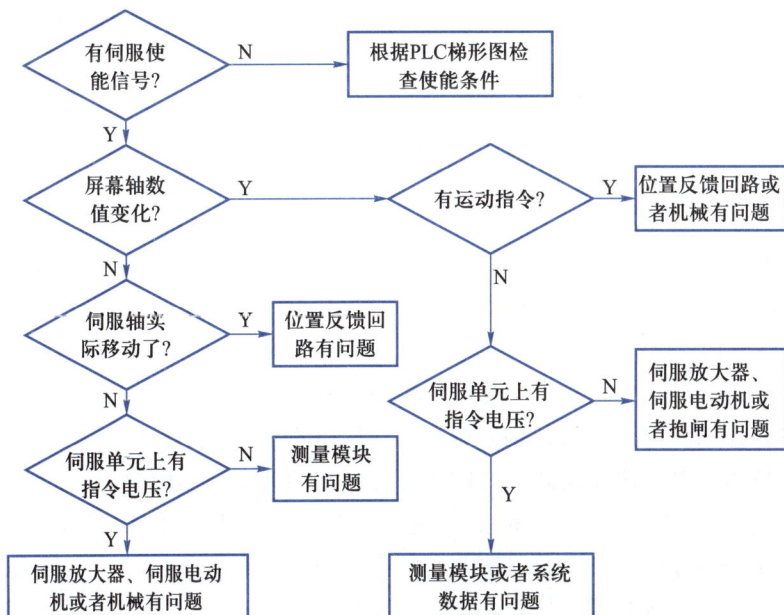

图 7.9　伺服系统故障诊断流程

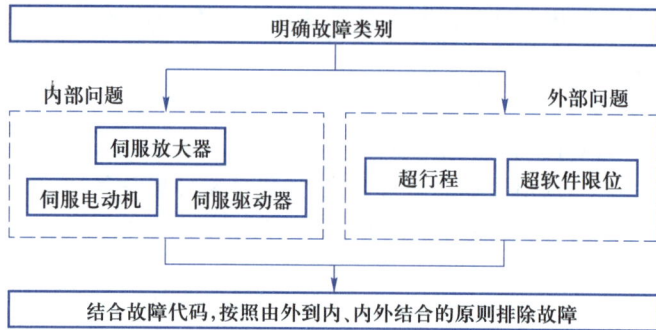

图 7.10　伺服系统故障初始诊断流程

诊断流程进行故障诊断和排除。

二、主轴伺服系统故障及诊断

数控机床要求主轴在很宽范围内转速连续可调,恒功率范围宽。当要求机床有螺纹加工、准停和恒线速加工等功能时,就要对主轴提出相应的进给控制和位置控制要求,因此主轴驱动系统也可称为主轴伺服系统。

主轴伺服系统的故障按机床提供的报警形式大致可分为三类:① 在 CRT 或操作面板上显示报警内容的故障,它利用软件的诊断程序来实现;② 利用进给伺服驱动单元上的硬件(如发光二极管或数码管指示,熔丝熔断等)显示报警驱动单元的故障;③ 进给运动不正常,但没有任何报警指示的故障。其中前两类,都可根据生产厂家提供的产品《维修说明书》中有关"各种报警信息产生的可能原因"的提示进行分析判断,并且一般都能确诊故障原因、部位。对于第三类故障,则需要进行综合分析,这类故障往往是以机床工作不正常的形式出现的,如机床失控、机床振动及工件质量差等。

1. 主轴波动

主轴波动是指由于电磁干扰、屏蔽和接地措施不良等的影响,主轴转速指令信号或反馈信号受到干扰,使主轴驱动出现随机和无规律性的波动。判别有无干扰的方法是:当主轴转速指令为零时,主轴仍往复运动,调整零速平衡和漂移补偿也不能消除故障。

2. 过载

切削用量过大,频繁正、反转等均可引起过载报警。具体表现为主轴电动机过热、主轴驱动装置显示过电流报警等。

3. 主轴定位抖动

主轴准停用于刀具交换、精镗退刀及齿轮换挡等场合,有三种实现方式:

1)机械准停控制。由带 V 形槽的定位盘和定位用的液压缸配合动作。

2)磁性传感器的电气准停控制。发磁体安装在主轴后端,磁性传感器安装在主轴箱上,其安装位置决定了主轴的准停点,发磁体和磁传感器之间的间隙为(1.5±0.5)mm。

3)编码器型的准停控制。通过主轴电动机内置安装或在机床主轴上直接安装一个光电编码器来实现准停控制,准停角度可任意设定。

上述准停要经过减速的过程,如减速或增益等参数设置不当,均可能引起定位抖动。另外,

准停方式1)中定位液压缸活塞移动的限位开关失灵,准停方式2)中发磁体和磁传感器之间的间隙发生变化或磁传感器失灵均可能引起定位抖动。

4. 主轴转速与进给不匹配

当进行螺纹切削或用每转进给指令切削时,会出现停止进给,主轴仍继续运转的故障。发生这种故障一般是主轴编码器有问题。可用以下方法来确定:① CRT 画面有报警显示;② 通过 CRT 调用机床数据或 I/O 状态,观察编码器的信号状态;③ 用每分钟进给指令代替每转进给指令来执行程序,观察故障是否消失。

5. 转速偏离指令值

当主轴转速超过技术要求所规定的范围时,要考虑:① 电动机过载;② CNC 系统输出的主轴转速模拟量(通常为 0 ~ ±10 V)没有达到与转速指令对应的值;③ 测速装置有故障或速度反馈信号断线;④ 主轴驱动装置故障。

6. 主轴异常噪声及振动

发生此情况后,首先要区别异常噪声及振动发生在主轴机械部分还是在电气驱动部分。若在减速过程中发生,一般是由驱动装置造成的,如交流驱动中的再生回路故障;若在恒转速时发生,可通过观察主轴电动机自由停车过程中是否有噪声和振动来区别,如存在噪声和振动,则主轴机械部分有问题。若检查发现振动周期与转速有关,则应检查主轴机械部分是否良好,测速装置是否不良;如无关,一般是主轴驱动装置未调整好。

7. 主轴电动机不转

CNC 系统至主轴驱动装置除了转速模拟量控制信号外,还有使能控制信号,一般为 DC+24 V 继电器线圈电压。发生该故障后,要检查:

1) CNC 系统是否有速度控制信号输出。

2) 信号是否接通。通过 CRT 观察 I/O 状态,分析机床 PLC 梯形图(或流程图),确定主轴的启动条件,如润滑、冷却等是否满足。

3) 主轴驱动装置和主轴电动机是否有问题。

三、进给伺服系统故障与诊断

数控机床进给伺服系统的作用是:根据 CNC 发出的动作指令,迅速、准确地完成在各坐标轴方向的进给,与主轴驱动相配合,实现对工件的高精度加工。因此,进给伺服系统的性能是影响数控机床整体性能的重要因素,做好进给伺服系统的维护保养,及时发现故障,排除故障是十分必要的。机床进给伺服系统的常见故障有进给运动超程;伺服运动定位精度超差;进给运动过载、爬行、窜动;机床振动;伺服电动机不转;坐标轴漂移等。各类报警中的典型故障如下:

(一) CRT 上显示报警内容的故障(软件报警故障)

这类故障在 CRT 上显示的报警内容及原因是:

1. 超程报警

一般是由进给运动超过了软件设定的软限位或由限位开关决定的硬限位引起的,根据数控系统说明书进行调整,即可排除故障。

2. 停机时误差过大和运行时误差过大报警

引起误差过大的原因有:① 位置偏差设置错误。因此要认真检查参数的设定值;② 超调。

在数控系统加减速时间里,如果电动机没有流过加减速时必要的电流,则会使位置控制回路的误差增加。为了消除本报警,可加大数控系统的加减速时间和速度控制单元的增益;③ 输入电源电压太低。交流输入电源电压应在额定值的-15% ~ +10%的范围内;④ 连接不良。如测速发电机信号线、电动机动力线等的连接不良均会引起误差过大;⑤ 数控系统的位置控制部分和速度控制部分的故障;⑥ 如果是直流伺服电动机,则电动机的碳刷接触不良也会引起误差过大。

3. 漂移补偿量过大报警

出现这种故障的原因有:① 连接不良。一是电动机动力线连接不良,二是电动机和检测元件之间的连接不良;② CNC 系统中有关漂移量补偿的参数设定错误;③ 速度控制单元 CNC 装置主板的位置控制部分有故障。

4. 过热报警故障

过热报警故障指伺服单元、变压器及伺服电动机等的过热。引起过热报警的原因有:① 机床切削条件差,机床摩擦力矩过大,使主回路中的过热继电器动作;② 切削时,伺服电动机电流太大或变压器本身故障,引起伺服变压器热控开关动作;③ 伺服电动机电枢内部短路或绝缘不良、电动机永久磁铁去磁或脱落及电动机制动器不良,引起电动机的热控开关动作。

如某直流伺服电动机过热报警,可能原因有:① 过负载。可以通过测量电动机电流是否超过额定值来判断;② 电动机线圈绝缘不良。可用 500 V 绝缘电阻表检查电枢线圈与机壳之间的绝缘电阻。如果在 1 Ω 以上,表示绝缘正常,否则应清理换向器表面的碳刷粉末等;③ 电动机线圈内部短路。可卸下电动机,测电动机空载电流,如果此电流与转速成正比,则可判断为电动机线圈内部短路。应清理换向器表面;④ 电动机磁铁退磁。可通过快速旋转电动机,测定电动机电枢电压是否正常。如电压低且发热,则说明电动机已退磁,应重新充磁;⑤ 制动器失灵。当电动机带有制动器时,如电动机过热则应检查制动器动作是否灵活;⑥ CNC 装置的有关印刷电路板不良。

5. 电动机再生放电的电流过大报警

引起报警的原因有:① 再生放电用晶体管不良或印刷电路板不良;② 印刷电路板设定不对;③ 加减速频率过高。

6. 电动机过载

引起过载的原因有:① 机床负载异常,引起电动机电流超过额定值,这可以用检查电动机电流来判断。此时需要变更切削条件,减轻机床负载;② 印刷电路板设定错误。检查确定电动机过载的设定是否正确;③ 印刷电路板不良;④ 对于交流伺服来说,没有脉冲编码反馈信号也会引起电动机过载报警。

7. 速度单元的断路器断开报警

引起报警的原因有:① 干扰。有时速度单元受外界的干扰影响,断路器自动断开。此时只要关断电源后,复位一次自动断路器,再合闸后,单元又可自动运行;② 机床负载异常。可用示波器检查机床在快速进给时的电动机电流是否超过额定值来判断机床负载是否有异常;③ 速度控制单元内整流用二极管模块不好;④ 印刷电路板不好或其与速度单元之间的连接不好。

8. 伺服单元过电流报警

引起该报警的主要原因有:① 晶体管模块不好。这时可用万用表检查晶体管模块电极和发射极之间的阻值。如果只有数欧姆,则表示该模块已被击穿短路;② 电动机动力线连接错误;③ 电动机线圈内部短路;④ 印制线路板有故障。

9. 伺服系统过压报警

引起该报警的主要原因是:① 交流输入电源电压过高;② 伺服电动机线圈有故障;③ 印刷电路板有故障;④ 负载惯量过大。此时可采取加大加减速时间常数的办法来消除报警。

(二)报警指示灯报警的故障(硬件报警故障)

这类报警除能对上述各类高电压、大电流、过载再生放电等故障报警外,还能对下面的故障报警:

1. 速度控制单元上的熔丝烧断或断路器跳闸报警

发生这类故障的原因很多,除机械负载过大、接线错误外,主要原因有:① 速度控制单元的环路增益设定过高;② 位置控制或速度控制部分的电压过高、过低或速度及位置检测元件故障引起振荡;③ 电动机故障,如电动机去磁,将会引起过大的励磁电流;④ 当速度控制单元的加速或减速频率太高时,由于流经扼流圈的电流延迟,可能造成电源三相间短路,从而烧断熔丝,此时需适当降低工作频率。

2. 保护开关动作报警

出现该报警时,应首先分清是何种保护开关动作,然后再采取相应措施予以解决。如伺服单元上热继电器动作,应先检查热继电器的设定是否有误,然后再检查机床工作时的切削条件是否太苛刻或机床的摩擦力矩是否太大。如变压器热动开关动作,而变压器并不发热,则是热动开关失灵。如果变压器很热,用手只能接触几秒钟,则要检查电动机负载是否过大。若在减轻切削的条件下热动开关仍发生动作,则应在空载低速进给的条件下测量电动机电流,如已接近电流额定值,则需重新调整机床。产生上述故障的另一个原因是变压器内部短路。

(三)无报警显示的故障

当机床已处于不正常运动状态,但软、硬件报警系统均无报警显示时,称机床出现了无报警显示故障。机床不正常运动状态的表现形式及引发的可能原因如下:

1. 机床失控(飞车现象)

可能原因为:① 位置传感器或速度传感器的信号反相或电枢线反接;② 速度指令给的不正确;③ 位置传感器或速度传感器的反馈信号没有接或是有接线断开的情况;④ CNC 控制系统或伺服控制板有故障;⑤ 电源板有故障或伺服控制板有故障。

2. 机床振动

当发生该现象时,应首先确认振动周期与进给速度是否成比例变化。如果成比例变化,则故障的起因或是机床、电动机、检测器不良,或是系统插补精度差,检测增益太高。如果不成比例,且振动周期大致固定时,则基本上是因与位置控制有关的系统参数设定错误,速度控制单元上短路棒设定错误或增益电位器调整不好以及速度控制单元的印刷电路板不好。

3. 两轴联动加工外圆时圆柱度超差

如果加工时象限稍一变化,就发生精度不一样的现象,则很可能是进给轴的定位精度太差,如果是在坐标轴的45°方向超差,则多数情况是由位置环增益或检测增益调整不好造成的。

4. 机床过冲

数控系统的参数,如快速移动时间常数设定得太小,或速度控制单元上的速度增益设定太低,都会引起机床过冲。另外,如果电动机和进给丝杠间的刚性太差,如间隙太大或传动带的张力调整不好等也会造成此故障。

5. 机床移动时噪声过大

如果噪声源来自电动机,则可能的原因是:① 电动机换向器表面的粗糙度值大或有损伤;② 油、液、灰尘等侵入电刷槽或换向器;③ 电动机有轴向窜动。

6. 机床在快速移动时发生振动,甚至有大的冲击,其原因是伺服电动机内测速发电机电刷接触不良引起的。

7. 所有轴均不运动

可能的原因有:① 用户的保护性锁紧如急停按钮、制动装置没有完全释放,或有关运动的相应开关位置不正确;② 主电源熔丝熔断;③ 由于过载保护用断路器动作或监控用继电器的触点未接触好,呈常开状态,使伺服放大部分信号没有发出。

第五节　数控机床维修实例

数控机床故障多种多样,因此要通过大量的实践和各种维修实例的研究,获取维修知识和经验,研究各类数控机床维修的思路和方法,提高综合运用多种维修方法排除故障的能力。下面通过几个实例介绍数控机床故障诊断和维修方法在维修工作中的应用。

一、数控铣床维修实例

例 1　FANUC 0i-MF 系统数控铣床伺服系统无法上电

故障现象:开机后,伺服系统无法上电,出现两个报警:SV1067 FSSB:配制错误(软件);SP1220(SP)无主轴放大器。同时,伺服放大器状态指示灯 STATUS1/STATUS2 熄灭,散热风扇不转。

分析诊断:该机床的伺服系统上电过程如图 7.11 所示。① CNC 系统上电,通过 FSSB 总线与伺服放大器 SVM、电源单元 PSM 建立通信,向伺服软件发出 HRDY 信号;系统检测无故障后,伺服软件向 SVM 发出 MCONA 信号;若一切正常,SVM 向 PSM 发出 MCOFF 信号,CX4 端口闭合,内部继电器 RLY 获得 MCOFF 信号,内部触点 CX3 闭合 MCC 电路得电,AC200V 输入电源经

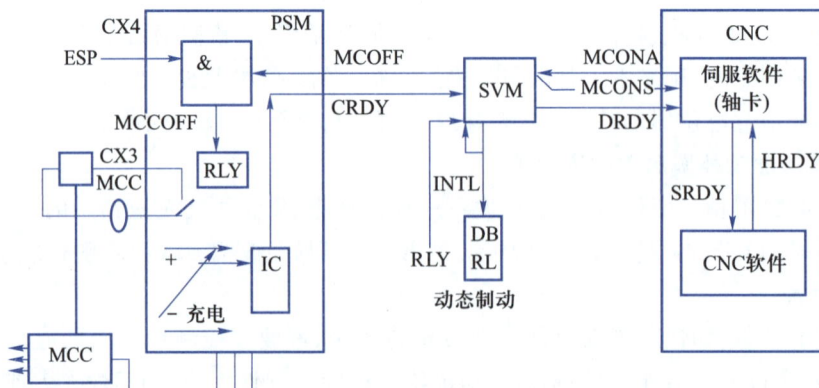

图 7.11　伺服系统上电过程

整流得到 DC300V 电压,随即向 SVM 发出 CRDY 信号,电源准备完成。② SVM 向伺服软件发出 DRDY 信号,伺服放大器准备完成。③ 伺服软件向 CNC 系统发出 SRDY 信号,至此伺服系统完成上电。

检查排除步骤:

1)根据伺服系统上电过程,采用图 7.12 所示的故障诊断方法,初步判断该故障可能是伺服放大器控制电路无法上电,CNC 与伺服放大器无法通信造成的。

2)重点检查伺服放大器 DC 24V 供电线路,发现输入端口 CXA2C 接至端子排的 5 号线接触不良,重新接线,伺服系统上电成功,故障排除。

例 2　XK5040-1 数控立铣 Z 轴滚珠丝杠副卡死的修理

故障现象:Z 轴电动机转不动,工作台在最低位置不能上升。

故障分析:发生该故障的原因可能有两个:①机床立柱与升降工作台燕尾、镶条接触面间隙或润滑不正常,在该处发生卡死;② 滚珠丝杠副问题。根据故障诊断"先外部、后内部"的原则,经过仔细检查,排除原因①,确定滚珠丝杠副问题是引起该故障的原因。

图 7.12　伺服系统无法上电故障诊断方法

检查排除步骤:

1)拆卸 Z 轴电动机,用两个同规格液压千斤顶在工作台底部将工作台往上顶,松开 Z 轴滚珠丝杠副底座紧固螺钉,连底座将滚珠丝杠副取出。经检查该丝杠副滚珠处滚道被挤扁是丝杠螺母不能转动的原因。

2)拆卸间隙调整压板,取出 U 形外滚道钢管,旋出滚珠丝杠或螺母,修整 U 形外滚道管。U 形外滚道管是由壁厚 0.5 mm 的铬钢管制成,直径为 $\phi5$ mm、内径为 $\phi4$ mm,要求 $\phi4$ mm 钢球装进去能从另一头倒出来。U 形管压扁压伤变形后,$\phi4$ mm 钢球不能通过管道内孔,造成丝杠不能转动。修理时,从 U 形管变形处近的一端装入 $\phi4$ mm 钢球,管口向上,用 $\phi4^{0}_{-0.1}$ mm 的淬火钢棒放进管口冲压 $\phi4$ mm 钢球,下去一段后取出钢棒,再加入钢球冲压,如此反复,直到另一管口不断倒出钢球,且冲力应逐渐减小。

3)若仍达不到一口装入钢球,另一口轻松倒出钢球的程度,可以用工具钢车制 $\phi4.1$ mm 的钢球,火焰淬火后放在管口冲压下去,再放入标准 $\phi4$ mm 钢球冲压,直到车制的 $\phi4.1$ mm 钢球从另一管口倒出来后,U 形外滚道内孔也就能完全通过 $\phi4$ mm 标准钢珠了。然后,用薄片油石去除各部分毛刺,清洗全部钢球、U 形管、滚珠螺母、丝杠,再检查一次 $\phi4$ mm 标准钢球在全部 U 形管内是否畅通。

4)装配滚珠丝杠副。调整滚珠丝杠副,调整间隙压板,使丝杠副位于垂直位置,若丝杠因自重自动向下转动时,再紧固以下间隙压板。把各部件及 Z 轴电动机全部组装完毕,撤去千斤顶试车,机床升降运行正常,故障排除。

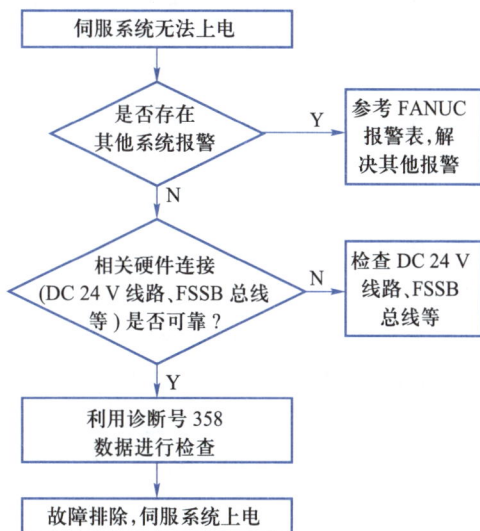

二、加工中心维修实例

例 3 加工中心换挡故障

故障现象：操作系统为 840D 系统的卧式加工中心，主轴换挡出现换挡不到位顶齿故障（机床主轴换挡方式为主轴固定位置换挡）。

分析诊断：常见的数控机床主轴换挡方式有主轴固定位置换挡和主轴摆动换挡两种。主轴固定位置换挡过程如下：当主轴转速超过或低于换挡转速或执行 M41、M42 等换挡指令时，主轴旋转到当前挡位的换挡位置停止，可编程机床控制器 PMC 输出执行换挡信号，换挡机构开始换挡动作，当检测到换挡到位信号时，换挡指令完成。

轴固定位置换挡常见故障有：① 换挡机构没有动作；② 没有检测到换挡到位信号；③ 主轴换挡顶齿。

检查排除步骤：主轴换挡故障的处理流程如图 7.13 所示。根据该流程，发生主轴换挡不到位顶齿故障时，应重新调整换挡参数。

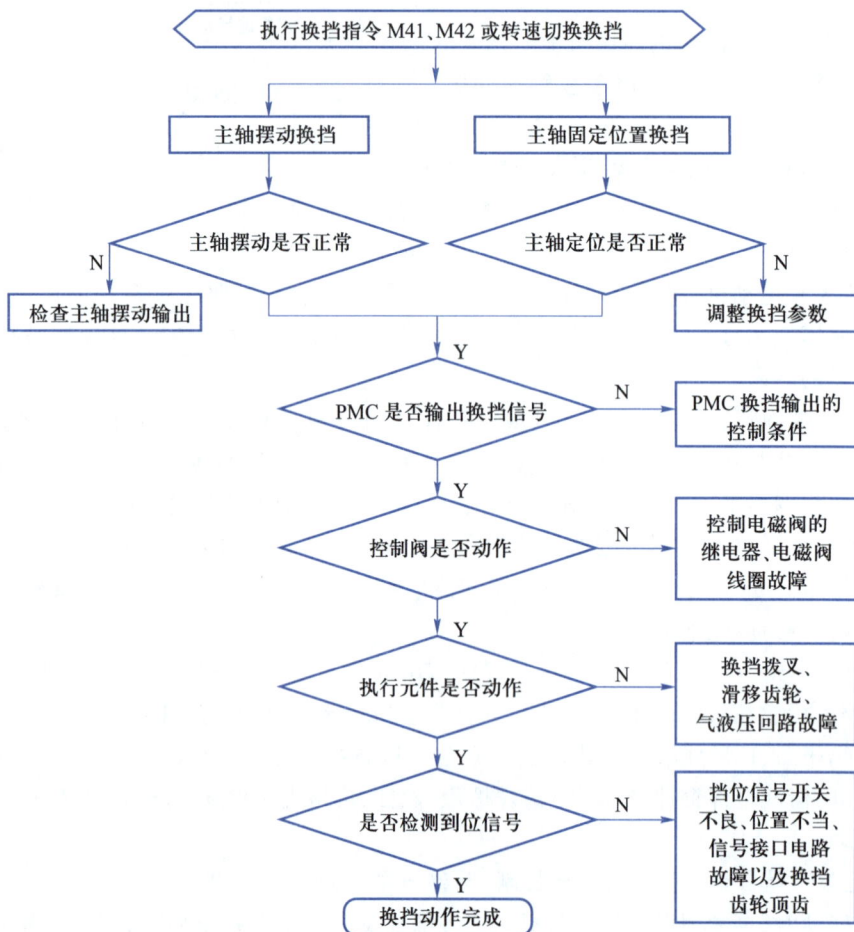

图 7.13　主轴换挡故障的处理流程

1）将主轴调整到低速挡位，在手动（MDI）状态下执行指令 SPOS=180，然后手动将主轴调整到换刀位置，将当前显示的主轴角度减去 180°的值，添加到轴参数"MD34090（0）"中，主轴重新回零点。再次执行 SPOS=180，确定换刀位置是否正确，如不正确按前述步骤重新调试，直至正确后进行下一步；

2）手动旋转主轴任意角度，进行高低挡位切换，寻找高低挡位能够顺畅切换的位置，把该位置主轴显示的角度输入到轴参数"MD35012（1）"中；

3）切换到主轴高挡位上，在 MDI 状态下执行指令 SPOS=180 然后手动将主轴调整到换刀位置，将当前显示的主轴角度减 180°后的值，添加到轴参数"MD34090（1）"中，主轴重新回零点。再次执行 SPOS=180，确认换刀位置是否正确，如不正确按前述步骤重新调整，直至正确后进行下一步；

4）手动旋转主轴任意角度，进行高低挡位切换，寻找高低挡位能够顺畅切换的位置，把该位置主轴显示的角度输入到轴参数"MD35012（2）"中，经上述调整后故障排除。

例 4　加工中心工作台抖动故障

故障现象：VMC750 立式加工中心采用 FANUC 18-M 数控系统，手动/自动移动 Y 轴过程中，工作台抖动严重，并伴随 411#报警（运动中误差过大）。

分析诊断：根据维修记录统计，该机床工作台抖动故障原因大多出现在反馈环节、驱动环节以及外围机械上，可能原因有：① 编码器损坏；② 光栅尺脏污或损坏；③ 反馈电缆断线或损坏；④ 伺服放大器故障；⑤ 伺服电动机故障；⑥ 机械方面故障（过载、间隙过大）等。

检查排除步骤：

1）因本机采用半闭环控制，可排除光栅尺问题；

2）秉着"先机械后电气"的维修原则，测量 Y 轴反向间隙为 0.04 mm，过大，故在参数 1851 中予以补偿，但故障未解除；

3）更换伺服放大器和反馈电缆，故障仍然没有解除；

4）最后，采用"机电分离法"把丝杠和伺服电动机脱开，单独用电动机控制，出现同样故障。断电后，用手转动电动机发现电动机轴摩擦力过大，初步判断是电动机故障。更换电动机后故障排除。

例 5　840D 数控系统 HELLER 加工中心，主轴定位故障

故障现象：主轴定位时出现振荡、主轴不能准确定位。

分析诊断：可能引起的原因：

1）编码器的高速特性不良或主轴实际速度过高，超出了主轴编码器的速度范围，使主轴不能定位；

2）主轴编码器固定松动，在转动过程中编码器与主轴的相对位置不断地变化，使主轴的定位不稳定；

3）编码器本身存在故障，无"零点脉冲"信号输出，使主轴不能定位；

4）编码器"零点脉冲"信号受到了外部干扰，信号不稳定导致主轴定位点不稳定。

检查排除步骤：

1）用测速器检测主轴转速是否超出了主轴编码器的速度范围，使主轴不能定位；

2）检查主轴编码器固定是否松动；

3）检查"零点脉冲"信号是否有输出，信号线是否断路；

4）检查编码器的屏蔽网线是否接地。

例 6　位置检测装置维修实例

故障现象：卧式加工中心位置测量装置报警。

分析诊断：产生该报警的可能原因有两个：一是电缆断线或接地，二是信号丢失。通过对机床相关部位电缆进行外部检查和测量，排除了第一种可能性，确定故障原因是信号丢失。信号丢失通常是由光栅引起的，如果光栅出现故障，将导致信号漏读，既光栅的实际位置与正确位置不符，造成速度给定电压不稳，使伺服电动机出现瞬时速度变化，导致报警。为此，先检查连接光栅的电缆和中间接插件，检查结果均完好。然后拆掉光栅尺的下端密封盖，用手电筒或医用内窥镜检查光栅尺，发现尺面污染。其原因是光栅两端接有压缩空气管，空气不洁净使尺面污染；此外，扫描头运动时形成的负压，也会把灰尘或油雾吸入光栅尺内，形成污染。

1. 清洗光栅尺的准备工作

拆卸光栅尺前，须妥善做好下列准备工作：① 在光栅尺下端，机床床身上固定一块千分表，以记录光栅尺的原始安装位置；② 在主轴箱上固定一块千分表，表头搭在光栅尺的外壳上，上下移动主轴箱，记录下光栅尺对立柱导轨的平行度。

2. 光栅尺拆洗

把机床主轴箱移到最下端接近 Y 坐标轴的基准点处，所停位置以不妨碍拆卸扫描头的紧固螺钉和引线固定卡头为准，然后，沿导向槽小心地将扫描头抽出。拆光栅尺时，先把所有固定螺钉旋松少许后，再逐个拧下，拆卸时要扶持尺身，以防其下滑打坏光栅尺和下面的千分表。拆下的尺身放置到清洁的平台上，抽出尺上密封条后进行清洗。

3. 光栅尺的安装调试

清洗后的光栅尺，重新安装时，要首先将光栅尺与导轨的平行度调整到与拆前一致，然后再装入扫描头并紧固。在开机试车状态下，校正机床零点，可通过微量移动扫描头来实现。

通过对光栅的检修，114 号报警和 113 号报警同时消除。

第六节　工业机器人故障诊断与维修

工业机器人已经越来越广泛的应用在制造业中，目前我国工业机器人保有量已超过 80 万台。本节以 ABB 机器人为例，介绍工业机器人故障诊断与维修方法。

一、工业机器人维修注意事项

微课
工业机器人
基本结构

工业机器人是高度机电一体化的产品，通常由机械部分（本体）、控制系统和驱动系统组成。维修人员进行故障诊断和维修时，应遵守以下安全注意事项：

1）维修时，要关闭全部电气、气压和液压动力。打开控制柜后，应及时带上消除静电手环。切断电源 5 min 后，再用电压表检测控制柜内电源处及驱动器电动机连接处，确保所有终端之间没有电压，再进行维修。

2）机器人在自动状态下，即使运行速度非常低，其动量仍很大，所以在进行编程、测试及维

修等工作时,应将机器人置于手动模式。

3）维修人员应随身携带示教器,以防他人误操作。进行示教作业前,要检查机器人动作有无异常,检查外部电缆遮盖物有无破损。如有异常,则应及时修理或采取其他必要措施。

4）示教盒用完后应放回原位。如不慎将示教盒放在机器人、夹具或地面上,当机器人运动时,示教盒可能与机器人或夹具发生碰撞,从而引发人身伤害或设备损坏事故。

5）维修人员必须保管好机器人钥匙,严禁非授权人员在手动模式下进入机器人软件系统,随意翻阅或修改程序及参数。

二、工业机器人控制系统故障诊断与维修

工业机器人控制系统的作用是按照输入的程序,对驱动系统和执行机构发出指令信号,控制机器人完成预定任务。

（一）控制系统组成及控制方式

1. 控制系统组成

工业机器人控制系统组成如图 7.14 所示。主计算机是机器人的调度指挥机构;示教盒用来示教机器人的工作轨迹和参数设定以及所有人机交互操作,与主计算机之间以串行通信方式实现信息交互;以太网用来实现单台或多台机器人的直接通信。

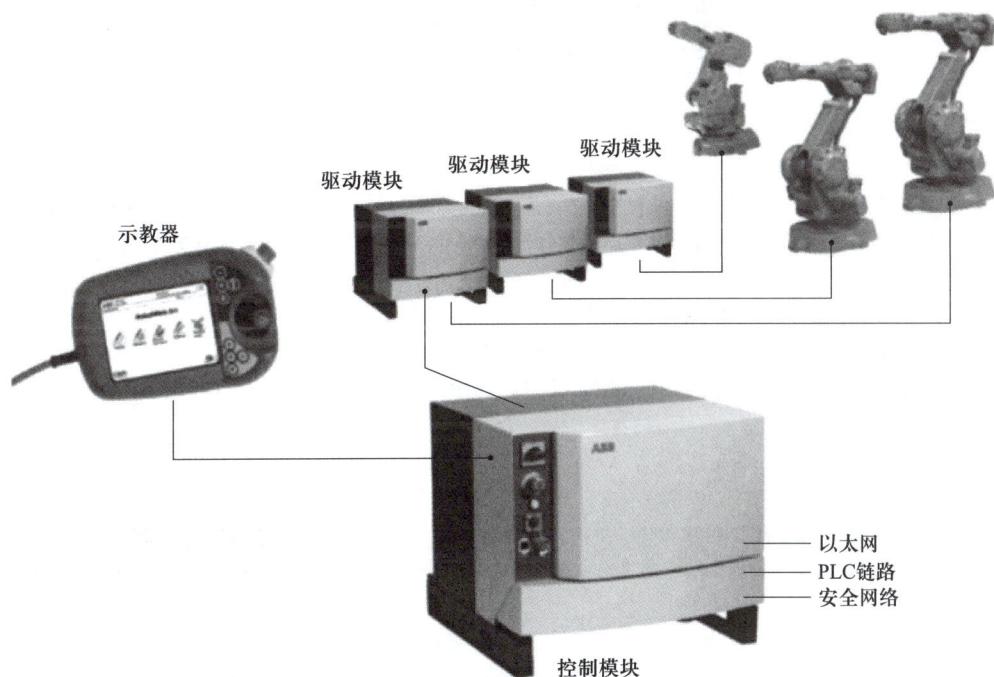

图 7.14　工业机器人控制系统组成

2. 控制方式

工业机器人控制系统控制方式主要有三类。

集中式控制,即机器人的全部控制由一台计算机完成,在早期机器人中应用较多。该种控制

方式结构简单,成本低,但实时性和灵活性差,多任务的响应能力差,一旦出现故障影响面广,后果严重。

主从式控制,采用主、从两级处理器实现机器人的全部控制功能。主计算机实现管理、坐标变换、轨迹生成和系统自诊断等,从计算机实现所有关节的动作控制。主从控制方式系统实时性较好,适于高精度、高速度控制,但其系统扩展性较差,维修困难。

分散式控制,即将控制系统分成几个模块,每一个模块各有不同的控制任务和控制策略,各模式之间可以是主从关系,也可以是平等关系。这种方式实时性好,易于实现高速、高精度控制,易于扩展,可实现智能控制,是目前应用较多的控制方式。

以 ABB 工业机器人 IRB120 为例,其控制系统就是采用了分散式两级控制方式。如图 7.15 所示为控制柜正面接口和控制按钮分布。

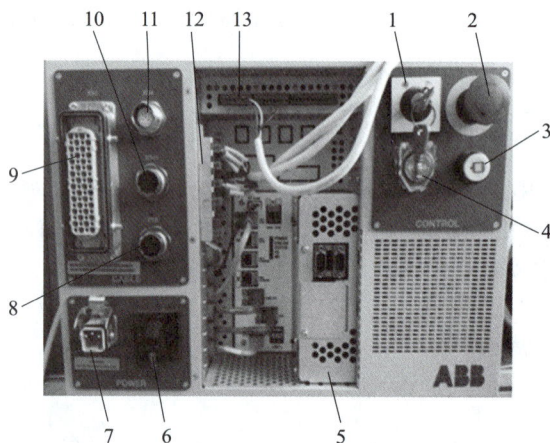

图 7.15　控制柜正面接口和控制按钮分布

1—工作方式转换开关;2—急停开关;3—上电/复位按钮;4—制动闸释放按钮;5—主计算机模块;6—主电源开关;7—主电源插头;8—SMB 转速计数器数据线插头;9—伺服电缆插口;10—附加轴 SMB 插口;11—示教器插口;12—I/O 接口;13—安全板面板接口

（二）控制系统故障诊断与维修实例

1. 根据系统功能模块状态指示灯进行故障诊断

ABB 控制系统的故障诊断可以通过控制柜内各功能模块状态 LED 指示灯进行判断,主计算机模块状态指示灯说明见表7.4。

表 7.4　主计算机模块状态指示灯说明

LED 状态指示灯	LED 指示灯状态	意义
POWER	熄灭	计算机单元内的 COM 快速模块未启动
	长亮	正常启动完成
	1～4 下短闪 1 s 熄灭	启动遇到故障,可能是电源、FPGA 或 COM 快速模式熄灭
	1～5 下短闪 20 下快速闪烁	运行时电源故障,重启控制柜后检查主计算机电压
DISC-Act	闪烁	正在读写 SD 卡
STATUS	启动时红色长亮	正在加载 Boot Loader
	启动时红色闪烁	正在加载镜像数据

LED 状态指示灯	LED 指示灯状态	意义
STATUS	启动时绿色闪烁	正在加载 RobotWare
	启动时绿色长亮	系统启动完成
	红色长亮或闪烁	检查 SD 卡
	绿色闪烁	查看示教器上的信息提示

2. I/O 设置故障处理

I/O 设置故障处理一般方法是:查看系统故障报警信息;根据报警信息提示,诊断故障位置;修正故障错误;重启系统,确认故障是否已解决,其操作步骤见表 7.5。

表 7.5　I/O 设置故障操作步骤

故障现象	排除方法
I/O 口设置故障,信号类型无效 	系统启动后,引起系统故障,单击事件状态栏,可以查看详细说明
	1. 通过查看说明,可知 I/O 信号 di0 的 I/O 配置无效
	2. 手动操作模式下,进入系统控制面板的配置,找到"Signal"项

续表

故障现象	排除方法
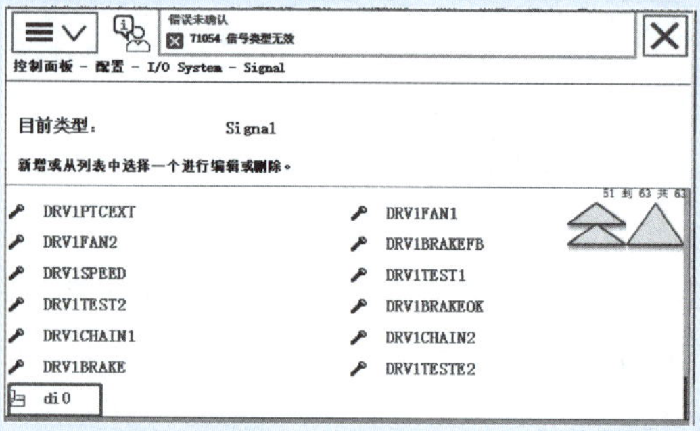	3. 找到"di0"，双击重新配置参数
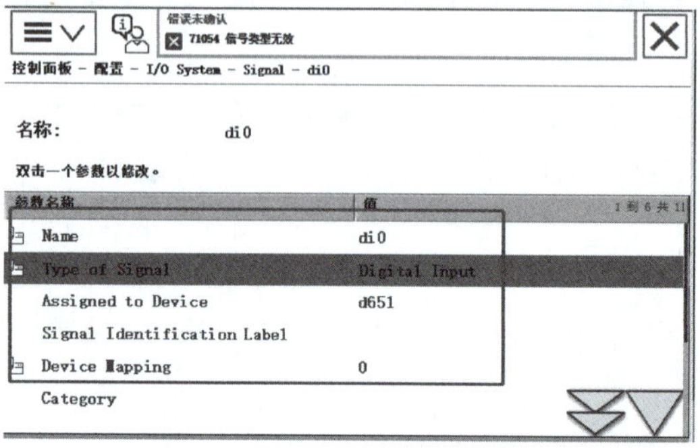	4. 重新配置 di0 输入信号，具体参数说明查看技术手册

5. 配置参数后，选择重新启动；系统重启，恢复正常。

3. 示教器不能正常启动

示教器不能正常启动，显示"connecting to the robot controller"，RobotWare 系统一直为白色界面。

原因分析：示教器与机器人控制系统未建立通信连接。可能的故障原因是工业机器人主计算机故障或机器人主机内置的 CF 卡（SD 卡）故障或示教器与控制柜通信电缆线松动。

故障处理措施：

（1）若有相同型号的工业机器人，可把该示教器换装到正常的控制系统上，进行检查，判断故障是否是示教器的问题。

（2）检查主机的 RobotWare 系统 CF 卡（SD 卡）。

（3）检查示教器与控制系统的连接电缆是否出现插头松动问题。

4. 合理应用系统重新启动功能

ABB 机器人系统在安装了新的硬件、更改了机器人系统配置文件、添加并准备使用新系统、出现系统故障（SYSFAIL）等情况时，需要重新启动机器人系统。另外，工业机器人在运行过程中，由于受到干扰、误操作等导致控制系统无响应，出现系统故障时，可以采用系统重启的方法修复系统。但要注意，工业机器人在正常情况下，不建议更新机器人系统。

机器人系统重启有以下几种选项，其功能说明见表 7.6。

表 7.6　系统重新启动功能说明

重启功能	参数配置及程序清除情况	重启说明
重启	不清除,保留	只是将系统重启
重置系统	清除所有数据	系统恢复到出厂设置
重置 RAPID	清除所有 RAPID 程序代码及参数数据	重置 RAPID,启动引导应用程序环境
恢复到上次启动并自动保存的状态	不一定	如果是因为误操作引起的,重启时会调用上一次正常关机保存的数据
关闭主计算机	保留	关闭主计算机,然后再关闭主电源,是较为安全地关机方式

三、伺服驱动系统及其故障诊断与维修

工业机器人伺服系统按动力源不同,可划分为液压驱动、气动驱动、电动驱动、复合驱动等类型。IRB120 工业机器人采用电动驱动系统,实现各关节运动。

（一）工业机器人驱动系统要求

机器人电动伺服驱动系统是利用各种电动机产生的力矩和力,直接驱动机器人本体以获得机器人的各种运动的执行机构。目前,一般负载 1 000 N 以下的工业机器人多数采用电伺服驱动系统。

电动机驱动方式应用类型一般分为直流伺服电动机驱动、交流伺服电动机驱动、步进电动机驱动等。在工业机器人中,交流伺服电动机、直流伺服电动机、直接驱动电动机（DD）都采用闭环控制,常用于位置精度和速度要求较高的机器人中。步进电动机主要适用于开环控系统,一般用于位置精度和速度精度要求不高的场合。交流伺服电动机采用电子换向,无换向火花,在易燃易爆环境中得到广泛应用。

机器人关节驱动电动机除应具有较高的可靠性和稳定性、较大的短时过载能力外,还应具有较大功率质量比和扭矩惯量比,高启动扭矩,低惯量和较宽广、平滑的调速范围,其功率范围一般为 0.1~10 kW。

（二）驱动系统故障诊断与维修实例

工业机器人伺服驱动器系统常见故障有:驱动器报警、无显示、缺相、过流、过压、欠压、过热、过载、接地故障、参数错误、有显示无输出、编码器报警、模块损坏等。

1. SMB 通信中断故障诊断与维修

故障现象:机器人启动后,示教器显示故障报警。

原因分析:可能的故障原因有三个,① SMB 通信电缆线故障;② 机器人本体内部的串行测量板故障;③ 控制柜的轴计算机故障。检查后发现控制柜的 SMB 电缆插头松动。

故障处理措施:首先关闭工业机器人总电源,然后将控制柜处 SMB 电缆插头重新插好并拧紧,再次检查连接情况并检查其与机器人本体处的 SMB 连接情况。最后上电,上电后系统会出"现转数计数器未更新"的提示,完成机器人的转数计数器更新即可消除该故障。

2. 转数计数器更新

机器人关节轴的运动位置由转数计数器实时记录,当出现以下情况时,需对转数计数器进行

更新操作:

1)更换伺服电动机转数计数器电池后;

2)当转数计数器发生故障,修复后;

3)转数计数器与测量板之间断开过以后;

4)断电后,机器人关节轴发生了位移;

5)当系统报警提示"10036 转数计数器未更新"时。

更新操作时,手动操纵让机器人各关节轴运动到机械原点刻度位置,操作顺序是:4 轴—5 轴—6 轴—1 轴—2 轴—3 轴,如图 7.16 所示,转数计数器更新操作步骤见表 7.7。

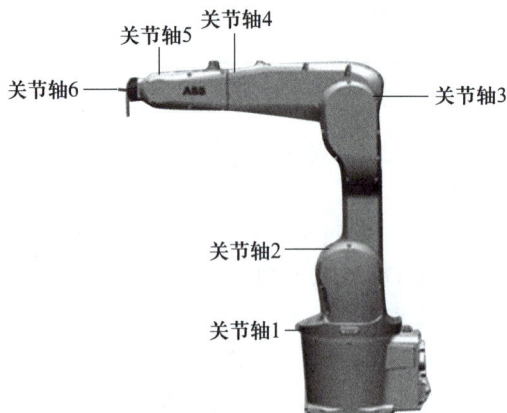

图 7.16 机器人机械各关节轴原点位置

微课
工业机器人转数
计数器的更新

表 7.7 转数计数器更新操作步骤

序号	操作步骤
1. 机器人六个关节轴的机械原点刻度位置	1. 在手动操纵菜单中,动作模式选择"轴 4-6",将关节轴 4、5、6 运动到机械原点刻度位置 2. 选择"轴 1-3",将关节轴 1、2、3 运动到机械原点刻度位置
2. 校准	1. 单击左上角主菜单,选择"校准" 2. 单击"ROB_1" 3. 选择手动方法(高级) 4. 选择"校准参数",选择"编辑点击校准偏移" 5. 单击"是" 6. 将机器人本体上电动机校准偏移记录下来,逐一输入各关节偏移值中,单击"确定" 7. 单击"是"
3. 更新转数计数器	1. 重启后,选择"校准" 2. 单击"ROB_1",选择手动方法(高级) 3. 选择"更新转数计数器",选择"确定" 4. 单击"全选",然后单击"更新"(如果机器人由于安装位置的关系,无法六个轴同时到达机械原点刻度位置,则可以逐一对关节轴进行转数计数器更新) 5. 单击"更新" 6. 单击"确定"

3. 伺服电动机运行中出现温度过高、升温快的现象

原因分析:首先查看伺服电动机的电源电压是否过高或下降过多,再查看伺服电动机是否过载运行或轴承是否缺油、损坏。除此之外,查看定子、转子之间的铁心是否相互摩擦或转子断笼造成此类故障。

故障处理措施:机器人伺服电动机维修遇到此类故障后首先可以调整电源电压的大小,同时还可以减轻负载。然后,还需要清洗轴承,添加润滑脂,必要情况下还可以更换轴承,进一步调整定转子铁心位置。

科苑云漫步
IRB120 工业机
器人控制柜系
统各模块维修

🔧 复习思考题

7.1　数控机床诊断和维修工作的特点是什么?

7.2　简述短路追踪仪的 3 种基本测量方法。

7.3　数控系统的故障诊断方法有哪几种? 它们各自的特点是什么?

7.4　数控机床故障诊断与维修工作应遵循的基本原则是什么? 为什么在维修中不能违背此原则?

7.5　数控系统软件故障是如何产生的? 怎样排除?

7.6　数控系统自诊断技术是如何诊断故障的?

7.7　试述滚珠丝杠副滚道变形的修复方法。

7.8　简述系统伺服系统不上电故障诊断流程。

7.9　简述数控加工中心主伺服系统故障诊断流程。

7.10　简述数控加工中心主轴换挡故障诊断流程。

7.11　简述数控加工中心主轴换挡过程。

7.12　如何区分伺服系统的外部故障和内部故障?

7.13　工业机器人 I/O 口和系统输入输出参数设置错误,会导致系统报什么故障?

7.14　工业机器人叙述工业机器人系统重启选项有何不同?

7.15　工业机器人在什么情况下需要使用转数计数器更新操作?

🔧 能力和素质养成训练

1. 一台 SINUMRIK 810 系统的数控机床,按下启动按钮后,CRT 上没有显示,CPU 模块上红色 LED 常亮,请分析故障原因,确定排除方法,并编制电气系统维修工作实施方案。

2. 学习小组讨论:工业机器人出现单轴伺服系统反馈异常并报警,机器人停止运行。确定故障解决思路,提出维修过程的安全注意事项。

第 八 章

设备维修管理

⚙ **导学**

设备维修管理是维修中技术与经济相结合的过程,是实现高效、优质、低成本维修的保障。

⚙ **知识和能力目标**

1. 熟悉设备维修策略管理,能根据生产和维修工作要求,正确选择设备维修策略。
2. 熟悉设备维修计划管理内容,能编制维修计划,能绘制施工作业网络图。
3. 熟悉设备备件管理内容和设备维修资料管理内容,掌握备件的 ABC 管理法。

⚙ **职业素养和价值观目标**

1. 正确认识设备维修管理与维修技术的关系。
2. 初步具有用联系观点看问题的意识。

设备维修管理是技术管理和经济管理的结合,它通过运筹维修系统的人力、物力、资金、设备与技术,实现对设备物质运动形态和价值运动形态的综合管理,使维修工作取得最佳的质量和效益。设备维修管理包括维修策略管理、维修计划管理、备件管理和维修资料管理、维修技术管理、维修成本管理等。

第一节 设备维修策略管理

设备维修管理向科学化、规范化和网络化发展,设备维修管理系统已成为企业设备维修管理的重要技术手段。设备维修管理系统是企业设备管理系统的一个子系统,是利用计算机硬件、软件、网络设备、通信设备等,进行信息收集、传输、加工、存储、更新和维护,以战略竞优、提高效率为目的,支持高层决策、中层控制、基层运作的集成化人机系统。

一、设备维修管理的工作内容

设备维修管理是为了保持或恢复设备完成规定功能的能力而进行的维护和修理活动,在设备全周期寿命管理中占有重要位置。设备维修经济效益的高低与维修组织管理工作水平、维修人员技术水平等密切相关。

如图 8.1 所示为某企业设备管理系统框架,具有设备维修管理、运行管理、养护计划管理、设备档案、资产管理、采购管理、备品备件管理、维修人员管理、统计分析等功能。使用该系统能有效提高预防性维护、维修单流转、预测性维护等工作的质量和效率,降低设备故障率,提高设备可用性,降低备件消耗和闲置率,降低维护成本。有数据表明,使用该系统的企业,设备的使用寿命可延长 20% ～25% ,故障率可降低 20% ～30% ,备件消耗可降低 25% ～35% ,维修效率可提高 30% ～45% ,维保费用可降低 20% ～35% 。

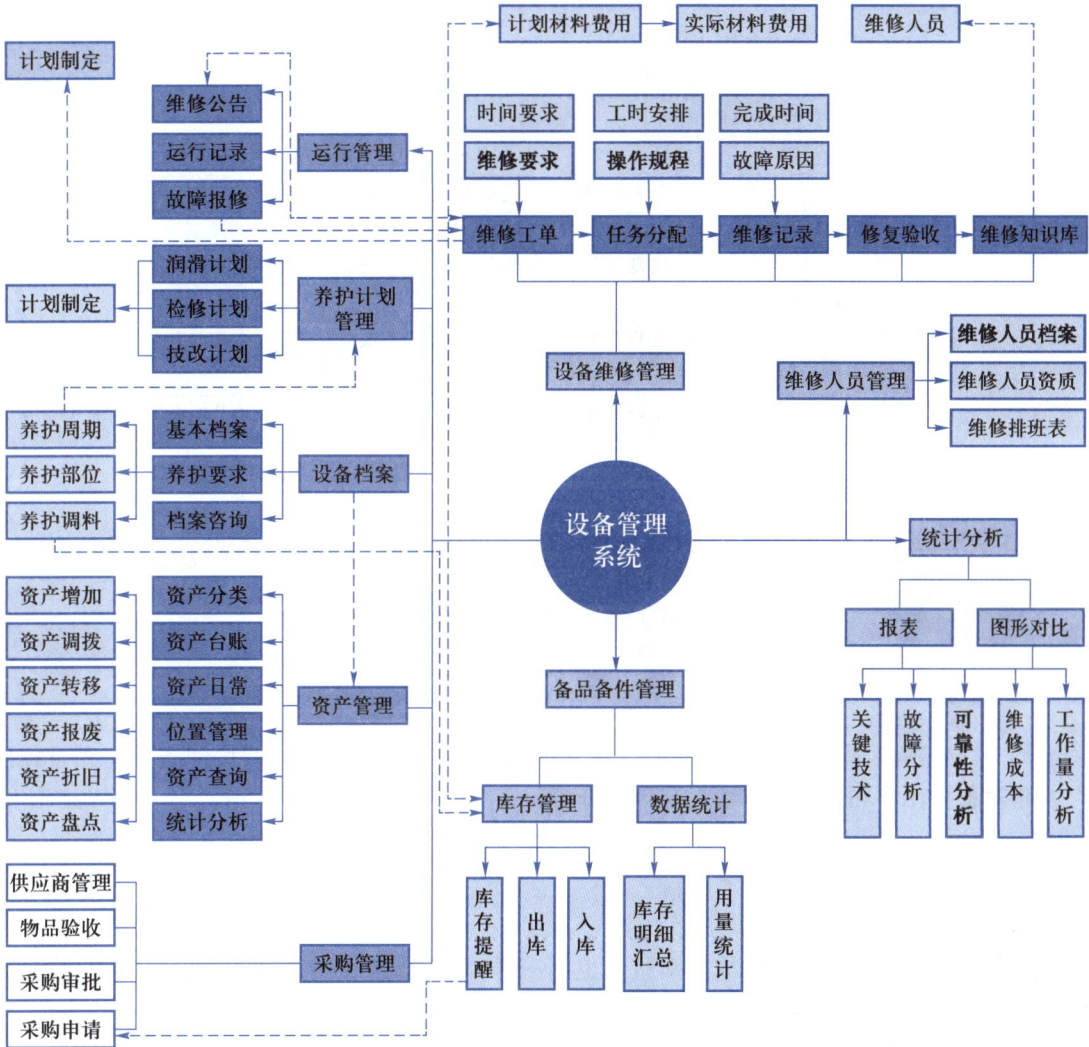

图 8.1　某企业设备管理系统框架

如图 8.1 所示,与设备维修管理密切相关的工作主要有维修计划管理、运行管理、备品备件管理等。

(1) 维修计划管理　设备维修保养计划以及养护计划等提交到网络进行审核。通过审核后,维修人员即按照计划进行检修和养护任务的执行。在计划执行前,系统将以发布公告、短信、邮件、系统消息等方式,对生产管理人员和维修人员进行提醒。

(2) 故障管理 故障管理的内容包括故障信息收集、储存、统计整理、分析和处理。该系统可自动接收实时故障信息,并将工单下派给维修工作人员。故障处理完成后,维修人员将故障处理情况上传到系统中,形成故障维修知识库。设备故障全面维修体系如图 8.2 所示。

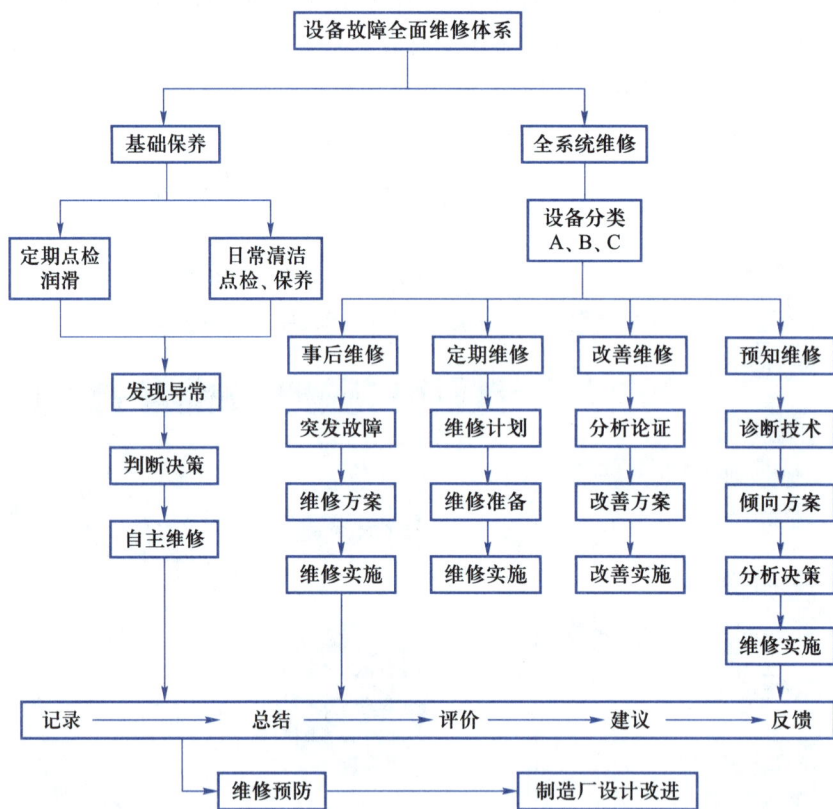

图 8.2 设备故障全面维修体系

(3) 备品备件管理 主要任务一是库存管理,如备件的入库、出库、调拨和备件库存量提醒等;二是对备件库存和用量进行数据统计和分析。

二、维修策略选择

不同的设备使用环境不同,故障率曲线也不一样,因此选择维修策略应从设备的重要程度、缺陷类型和服役年限等方面综合考虑。

1. 设备的重要性

不同设备在企业生产运行过程中所起的作用是不一样的,故应采用不同的维修方式。如关键设备数量少(约占设备总数的 10%),对企业生产经营影响大,一旦发生故障会造成重大的经济损失,因此应采用状态维修。

2. 故障特征起因

根据故障的特征起因,可以选择定期维修、事后维修、状态维修等方式。不同的维修方式决定了不同的运行保障状态和维修成本。根据故障特征起因选择维修方式的方法如图 8.3 所示。

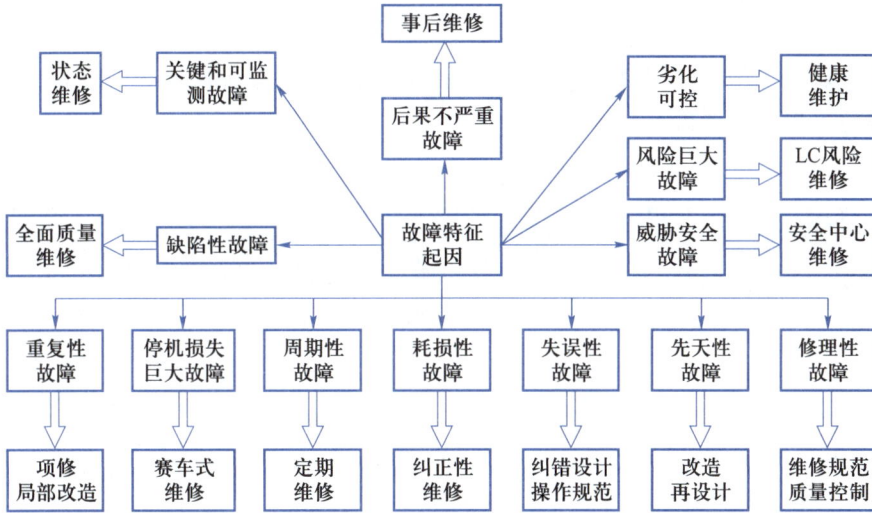

图 8.3 根据故障特征起因选择维修方式的方法

3. 设备服役年限

在不同的生命周期阶段,设备发生故障的类型、频率等均不相同。为降低维修工作量和维修费,实现少投入多产出的效果,应按照设备性能劣化的浴盆曲线,在设备的初始故障期、偶发故障期和耗损故障期采用不同的健康管理和维修策略,不同役龄设备的维修策略如图 8.4 所示。

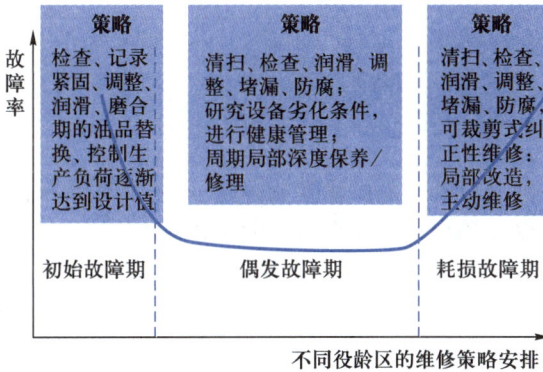

图 8.4 不同役龄设备的维修策略

第二节 设备维修计划管理

设备维修计划管理的主要工作是根据生产中对设备的技术要求和设备技术劣化程度,编制设备维修计划并认真组织实施。设备维修计划包括检修计划(含年度、季度及月份计划)和作业计划两类。

一、维修类别

在计划维修中,根据修理内容、要求以及工作量的大小,可将维修划分为大修、中修和小修,不同类别维修工作的特点和内容见表 8.1。

表 8.1　不同类别维修工作的特点和内容

标准要求	修理类别		
	大修	中修	小修
拆卸分解程度	全部拆卸分解	针对检查部位,部分拆卸分解	拆卸、检查部分磨损严重的机件和污秽部位
修复范围和程度	维修基准件,更换或修复主要件、大型件及所有不合格的零件	根据维修项目,对维修部件进行修复,更换不合格的零件	清除污秽积垢,调整零件间隙及相对位置,更换或修复不能使用的零件,修复达不到完好程度的部位
刮研程度	加工和刮研全部滑动接合面	根据维修项目决定刮研部位	必要时局部修刮,填补划痕
精度要求	按大修精度及通用技术标准检查验收	按预定要求验收	按设备完好标准要求验收
表面修饰要求	全部外表面刮腻子,打光、喷漆,手柄等零部件重新电镀	补漆或不进行	不进行

二、设备修理工作定额

设备修理工作定额是编制修理计划的重要指标之一,主要有设备修理复杂系数、修理劳动量定额、修理停歇时间定额、修理周期及间隔期等。制定修理工作定额应以先进、合理为原则,要根据企业长期积累的设备维修记录,统计分析后取平均的先进值作为定额;同时要注意采用先进适用的修理工艺及管理方法,确保修理停机时间不影响企业生产计划,修理总费用不突破维修费用定额。

1. 设备修理复杂系数

修理复杂系数是指用来衡量设备修理复杂程度,计算设备修理工作量的假定单位,分为机械修理复杂系数(JF)、电气修理复杂系数(DF)。修理复杂系数的大小主要取决于设备的维修性(设备结构特点、零部件尺寸等)。一般情况下,设备结构越复杂、尺寸越大、加工精度越高、功能越多,修理复杂系数就越大。

机械修理复杂系数:以标准等级的机修钳工大修一台标准车床 CA6140 所耗劳动量的 1/11 作为一个机械修理复杂系数。即 CA6140 车床的修理复杂系数为 11,其他各种设备的复杂系数根据大修劳动量与 CA6140 大修劳动量的 1/11 之比确定。

电器修理复杂系数:以标准等级电修钳工(即电工)大修一台额定功率为 0.6kW 的防护式三

相异步鼠笼电动机所耗用的劳动量作为 1 个电器修理复杂系数,其他电器修理复杂系数根据修理劳动量与其劳动量之比确定。部分机型设备修理复杂系数可参考表 8.2。

表 8.2　部分机型设备修理复杂系数

设备名称	型号	规格	复杂系数	
			机械	电气
卧式车床	CA6136	$\phi360\times750$	7	4
卧式车床	CA6140	$\phi400\times1\,000$	11	5.5
卡盘多刀车床	C7620	$\phi200\times500$	10	15
摇臂钻床	Z3050B	$\phi35$	9	7
卧式镗床	T611	$\phi110$	25	11
内圆磨床	M2110A	$\phi100\times130$	9	7.5
外圆磨床	M1432A	$\phi320\times1\,000$	14	10
矩台平面磨床	M7120	200×600	10	8
滚齿机	Y3180	$\phi800\times M10$	14	6
插齿机	Y5120A	$\phi200\times M4$	13	5
卧式万能回转头铣床	XQ6135	$350\times1\,600$	14	8
开式双拉可倾压力机	J23-100	100 t	12	4

2. 修理工时定额

修理工时定额是指完成设备修理工作所需要的标准工时数,一般是用一个修理复杂系数所需的劳动时间来表示。计划预修制的修理工时定额参考数据见表 8.3。表内的定额是按标准等级技术水平的工时计算的,如换算为其他等级的工种,则需乘以技术等级换算系数。

表 8.3　计划预修制的修理工时定额参考数据

设备类别	检修类															
	大修定额/h				小修定额/h				定期检查定额/h				精度检查定额/h		
	合计	钳工	机工	电工	其他	合计	钳工	机工	电工	合计	钳工	机工	电工	合计	钳工	电工
一般机床	76	40	20	12	4	13.5	9	3	1.5	2	1	0.5	0.5	1.5	1	0.5
大型机床	90	50	20	16	4	16.5	11	4	1.5	3	2	0.5	0.5	2.5	2	0.5
精密机床	119	65	30	20	4	19.5	13	5	1.5	4	3	0.5	0.5	3.5	3	0.5
锻压设备	95	45	30	10	10	14	10	3	1	2	1	0.5	0.5	—	—	—
起重设备	75	40	15	12	8	8	5	2	1	2	1	0.5	0.5	—	—	—
电气设备	36	2	4	30	—	7.5	—	0.5	7	1	—	—	—	—	—	—

设备类别	检修类														
	大修定额/h				小修定额/h				定期检查定额/h				精度检查定额/h		
	合计	钳工	机工	电工	其他	合计	钳工	机工	电工	合计	钳工	机工	电工	合计	钳工	电工
动力设备	90	45	25	16	4	16.5	11	4	1.5	2	1	0.5	0.5	—	—	—
其他设备	80	40	25	10	5	9	5	3	1	1.5	1	0.5	—	—	—	—

三、维修计划编制

设备维修计划是计划期内对机器设备进行维护保养和检查修理的计划,由设备管理部门负责编制。设备维修计划按计划期的不同,分为年度、季度、月度维修计划;按维修类别分为设备大修、中修、小修计划等;根据需要可编制项修、小修、预防性试验和定期精度调整的分列计划等。

(一)修理计划编制依据

1. 设备技术状态

设备技术状态是指设备的技术性能、负载能力、传动机构和运行安全等方面的实际状况。设备技术状态信息的主要来源有:日常点检、定期检查、状态检测诊断记录等;未实行状态点检制的设备,一般通过第三季度末进行的设备状况普查获取相关信息。此外,设备完好率、故障停机率和设备对均衡生产影响的程度等指标也是设备技术状态信息的重要来源。

2. 设备维修规程和维修手册要求

设备维修规程或维修手册对设备的修理周期与修理间隔期和修理内容等有明确规定,编制设备修理计划时应遵照执行。对于锅炉、压力容器、起重设备、电气设备、电梯等特种设备,应按照国家相关主管部门制定的安全监察制度和规程要求,编制设备修理计划时,安排定期检验、设备改造和检(维)修、缺陷修复、实验和调整等。

3. 生产计划安排

编制设备维修计划要以不影响或少影响生产为原则。如生产线上单一关键设备,应尽可能安排在节假日中检修,以缩短停歇时间;连续或周期性生产的设备要安排在生产淡季进行检修等。

4. 检修能力

综合考虑设备修理所需技术、物资、劳动力及资金来源的可能性,使全年修理工作均衡,对应修设备按轻重缓急安排计划。

(二)年度修理计划编制

年度修理计划是企业全年设备检修工作的指导性文件,遵循先重点设备后一般设备,确保关键设备的原则编制,一般只对设备的修理数量、修理类别、修理日期做出大体安排。编制时间通常在每年的第三季度,编制过程如下:

1. 搜集资料

主要搜集两方面的信息:一是设备技术状态方面的资料,如原始资料、设备普查表和有关产

品工艺要求、质量信息等,以确定修理类别;二是年度生产大纲、设备修理定额、有关设备的技术资料以及备件库存情况。

2. 编制草案

在充分考虑年度生产计划的基础上,借鉴历年修理计划,编制年度修理计划。计划草案正式提出前,设备管理部门应组织工艺、技术、使用和生产等部门进行综合技术经济分析论证,力求合理,确保不出现设备失修和维修过剩。

修理计划的内容包括:设备自然情况(使用单位、资产编号、名称、型号)、修理复杂系数、修理类别或内容、时间定额、停歇天数及计划进度、承修单位等。还应编写计划说明,提出计划重点、薄弱环节及注意解决的问题,并提出解决关键问题的初步措施和意见。

3. 平衡审定

计划草案编制完成后,分发生产、计划、工艺、技术、财务以及使用部门讨论,提出项目的增减、修理停歇时间长短、停机交付日期、修理类别的变化等修改意见。经综合平衡,编制正式修理计划,送交主管领导批准。

4. 下达执行

每年 12 月前,由企业生产计划部门下达下一年度设备修理计划,作为企业生产、经营计划的重要组成部分进行考核。

四、维修作业计划实施管理

设备维修作业一般采用双代号网络图进行管理,网络图能直观地表达一项作业的先后顺序和逻辑关系,可以进行时间参数计算,因此能优化作业过程管理。

1. 网络图的组成

一项作业的多个基本活动之间一定有先后顺序和逻辑。如图 8.5 所示,网络图(又称箭头图)由箭线、结点、线路三部分组成。箭线表示一项作业、工序、活动等,箭线的箭尾表示作业的开始,箭头表示作业的结束。箭线上方注明作业名称或代号,下方注明该作业所需的时间。节点表示一项作业的结束和另一项作业的开始,结点要从左向右依次编号。线路是指从网络图始结点开始到终结点为止,顺着箭线方向的一系列首尾相连的结点和箭线所组成的通道。

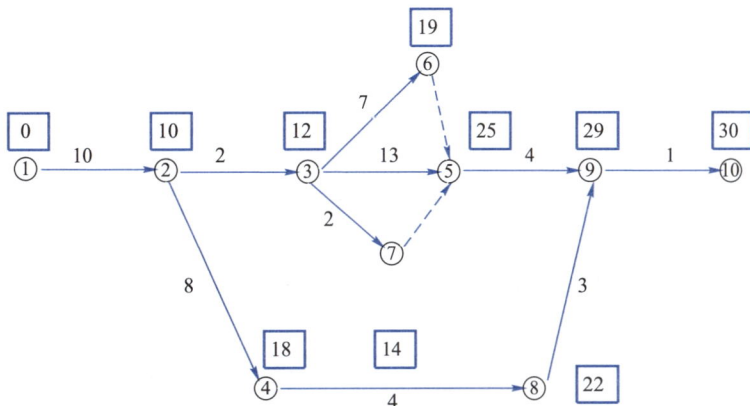

图 8.5　网络图

2. 网络图时间参数计算

一个网络图有多条线路,线路中各项活动作业时间之和就是该线路所需要的时间。其中最长的线路称为关键线路,关键线路所需要的时间,就是完成整个计划任务所需要的时间。

图 8.5 中有 4 条线路,每条线路的作业时间计算如下:

$$①→②→③→⑤→⑨→⑩ = T(1,2)+T(2,3)+T(3,5)+T(5,9)+T(9,10) = 30$$
$$①→②→④→⑧→⑨→⑩ = T(1,2)+T(2,4)+T(4,8)+T(8,9)+T(9,10) = 26$$
$$①→②→③→⑦→⑤→⑨→⑩ = T(1,2)+T(2,3)+T(3,7)+T(5,9)+T(9,10) = 19$$
$$①→②→③→⑥→⑤→⑨→⑩ = T(1,2)+T(2,3)+T(3,6)+T(5,9)+T(9,10) = 24$$

由计算可知,关键线路为①→②→③→⑤→⑨→⑩,其所有作业时间之和为 30 天,故该作业的最短工期为 30 天。

3. 网络图编绘实例

以 CA6140 车床大修作业工艺过程为逻辑,其工序明细表见表 8.4。

表 8.4　CA6140 车床大修工序明细表

序号	工序内容	工序代号	紧前工序	工序时间/天
1	车床拆卸	A	—	2
2	零件清洗	B	A	1
3	修理车床导轨	C	A	4
4	电气修理	D	A	5
5	检查	E	B	2
6	刀架、尾座刮研	F	E	5
7	修理三箱零件	G	E	6
8	加工三箱零件	H	E	10
9	刀架、尾座部装	I	F	2
10	三箱部装	J	H、G	6
11	总装配	K	I、J、C、D	4
12	调整试车	L	K	1

根据表 8.4,绘制作业网络图,CA6140 车床大修网络图如图 8.6 所示。

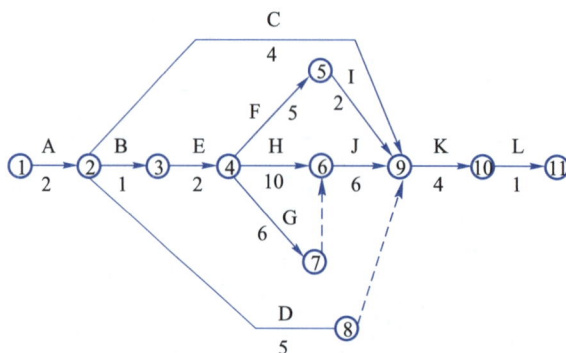

图 8.6　CA6140 车床大修网络图

网络图的关键路线为 1、2、3、4、6、9、10、11，据此确定 CA6140 车床大修总工期为 26 天。

绘制网络图应注意以下问题：

① 除起始结点、终点外，网络图各结点的前后都应有箭线连接，即图中不能有缺口，否则某些作业将失去与紧后（或紧前）作业应有的联系。

② 进入一个结点的箭线可以有多条，但相邻两个结点之间只能有一条箭线。当需表示多个活动之间的关系时，采用虚拟作业表示，如图 8.5 中的虚线所示。

③ 箭线的首尾应有事件，不允许从一条箭线的中间引出另一条箭线。

④ 网络图绘制力求简单明了，箭线要避免交叉，最好画成水平线或具有一段水平线的折线，尽可能将关键路线布置在中心位置。

五、设备修理计划的实施

单台设备修理计划实施的主要环节如图 8.7 所示。

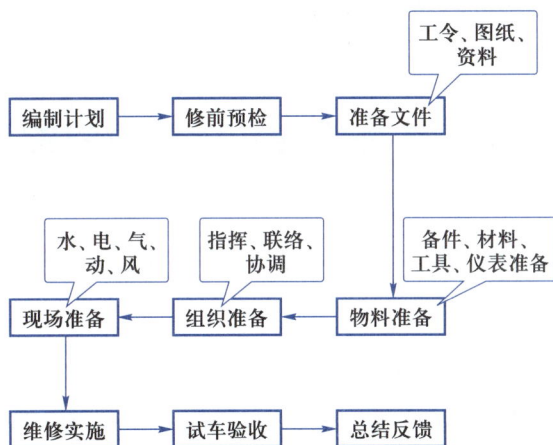

图 8.7　单台设备修理计划实施的主要环节

在设备修理技术实施的各阶段应注意以下问题：

1. 修前准备阶段

做好修前预检和图纸、资料等技术文件准备，根据生产调度工命令，及时到设备现场切断水、电、气、动、风等。在设备交付修理时，使用单位应按修理计划规定日期将设备交给修理单位，并填写"设备交修单"一式两份，交接双方各执一份。

2. 修理施工阶段

（1）解体检查　设备解体后，由主修技术员与修理工人配合及时检查部件的磨损、失效情况，特别要注意有无在修前未发现或未预测的问题，并尽快发出以下技术文件和图样：

① 按检查结果确定的修换件明细表。

② 修改、补充的材料明细表。

③ 修理技术任务书的局部修改与补充。

④ 尽快发出临时制造的配件图样。

计划调度人员会同修理组长，根据实际情况修改、调整修理作业计划，并张贴在施工现场，以便参修人员了解施工进度。

（2）生产调度　修理组长应每日了解各部件修理作业实际进度，并在作业计划上用红线作出标志。发现某项作业进度延迟，可根据网络计划上的时差调配力量，赶上进度。

计划调度人员每日应检查作业计划的完成情况，特别要注意关键线路上的作业进度，与技术人员、工人、组长一起解决施工中出现的问题。还应重视各工种作业的衔接，做到不发生待工、待料和延误进度的现象。

（3）工序质量检查　修理人员完成每道工序经自检合格后，应经质量检验员检验，确认合格后方可转入下道工序，重要工序检验合格应有标志。

（4）临时配件制造进度　临时配件的修造进度往往是影响修理工作进度的主要原因，应对关键件逐件安排加工工序作业计划，采取措施，不误使用。

3. **试车验收**

设备大修完毕经修理单位试运转合格，按程序竣工验收。验收由设备管理部门代表主持，与质检、使用部门代表一起确认已完成修理任务书规定的修理内容并达到质量标准及技术条件后，各方代表在"设备修理竣工报告单"上签字验收。

第三节　备件管理和维修资料管理

设备备件管理和档案资料管理对顺利完成设备维修工作起着非常重要的作用。

一、备件管理

为缩短修理停歇时间，在仓库内经常储备一定数量形状复杂、加工困难、生产（或订购）周期长的设备零部件，称为备件。备件管理是指备件的计划、生产、订货、供应、储备的组织与管理。

1. **备件管理的主要任务**

1）及时有效地向维修人员提供合格的备件。为此必须建立相应的备件管理机构和必要的设施，并科学合理地确定备件的储备品种、储备形式和储备定额，做好备件保管供应工作。

2）重点做好关键设备维修所需备件的供应工作。企业的关键设备对产品的产量和质量影响很大，因此，备件管理工作的重点首先是满足关键设备对维修备件的需要，保证关键设备的正常运行，尽量减少停机损失。

3）做好备件使用情况的信息收集和反馈工作。备件管理和维修人员要不断收集备件使用中的质量、经济信息，并及时反馈给备件技术人员，以便改进和提高备件性能。

4）在保证备件供应的前提下，尽可能减少备件的资金占用量。备件管理人员应努力做好备件的计划、生产、采购、供应、保管等工作，压缩备件储备资金，降低备件管理成本。

2. **备件管理的工作内容**

（1）备件的技术管理　备件技术管理的内容包括：对备件图样的收集、积累、测绘、整理、复制、核对，以及备件图册编制；各类备件统计卡片和储备定额等技术资料的设计、编制及备件卡的编制工作。

（2）**备件计划管理** 备件计划管理是指由提出外购、外协和自制计划开始，直至入库为止这一段时间的工作内容。可分为年、季、月度自制备件计划，外购备件的年度及分批计划，铸、锻毛坯件的需要量申请、制造计划，备件零星采购和加工计划，备件的修复计划等。

（3）**备件的库房管理** 包括两项内容。一是备件订货点与库存量的控制，备件消耗量、资金占用额和周转率的统计分析和控制，备件质量信息的收集等；二是备件入库检查、维护保养、登记上卡、上架存放，备件的收、发及库房的清洁与安全等。

（4）**备件的经济管理** 备件的经济管理是指备件的经济核算与统计分析工作，主要包括：备件库存资金的核定、出入库账目的管理、备件成本的审定、备件各项经济指标的统计分析等，经济管理应贯穿于备件管理的全过程，同时应根据各项经济指标的统计分析结果来衡量检查条件管理工作的质量和水平。

3. 备件库存控制方法

常用的备件库存储备定额的确定方法有模型计算法和 ABC 分析法。

（1）**模型计算法** 当备件消耗量比较均匀时，可建立平均消耗库存控制模型，备件库存模型如图 8.8 所示。图中，横坐标 T 表示时间，纵坐标 Q 表示库存量，Q_{min} 和 Q_{max} 分别是最小和最大库存量，T_p 表示订货周期，即从发出订单到收货入库的时间间隔，曲线表示库存变化情况，A 点（Q_p）表示备件订货点，即备件储存量为 Q_p 时，应开始订货。

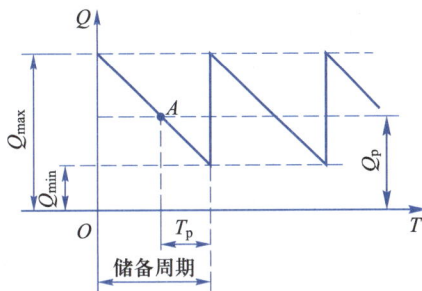

图 8.8 备件库存模型

储备定额是备件库存控制与管理的要点，库存模型中储备定额的计算方法如下：

① 经济库存量。最经济的备件库存量 Q_a，当实际库存量大于或小于 Q_a 时，总费用都会增加。计算公式为

$$Q_a = \sqrt{\frac{2Rk}{h}}$$

式中，R——单位时间平均消耗量，单位为件/天；k——一次订货量费用（差旅运费等）；h——单位备件在单位时间的库存费，单位为元/（件天）。

② 最小库存量 Q_{min}

$$Q_{min} = KRT_p$$

式中，K——保险系数，重点设备取 1.4，一般设备取 1.2。

③ 最大库存量 Q_{max}

$$Q_{max} = Q_{min} + Q_a$$

④ 订货点储备量 Q_p

$$Q_p = Q_{min} + RT_p$$

例 某工厂滚动轴承每天消耗两件，订货周期 T_p 为 30 天，一次订货费用为 300 元，一个轴承每天的库存费用为 0.05 元/（件天）。试求三量一点。

$$Q_a = \sqrt{\frac{2Rk}{h}} = \sqrt{\frac{2 \times 2 \times 300}{0.05}} = 155$$

$$Q_{min} = KRT_p = 1.2 \times 2 \times 30 = 72$$

$$Q_{max} = Q_{min} + Q_a = 72 + 155 = 227$$
$$Q_p = Q_{min} + RT_p = 72 + 2 \times 30 = 132$$

（2）ABC 分析法　ABC 分析法是将库存备件按品种和占用资金的多少，分为 A 类（特别重要的备件）、B 类（一般重要的备件）和 C 类（不重要的备件）三个等级进行管理。ABC 库存管理法可有效压缩库存总量，释放占压资金，其特点见表 8.5。

表 8.5　ABC 分析法特点

分类	特点	策略	资金状况
A 类备件	重要程度高，加工困难，订货周期长，关键备件，储存量较少，但占用资金多	严格控制，安全储备量要低，以减少资金积压和加速资金周转	占用资金 60% ~ 70%，品种占总数 10% 左右
B 类备件	界于 A 与 C 之间	控制可放宽，时间可灵活	占用资金 25% 左右，品种占用总数 20% ~ 30%
C 类备件	一般加工较简单，加工或订货周期短，市场上可随时买到，但品种大数量多	集中订货以取得优惠价格和节省人力时间	占用资金 10% ~ 20%，品种占用总数 65% 左右

A 类备件应重点管理，科学设置最低定额、安全库存和订货点报警点，防止缺货的发生；按照需求、小批量、多批次采购入库。每天都要进行盘点和检查。按照看板订单，小批量、多批次发货，避免物品长时间储存在生产线上，造成虚假需求。

B 类备件作为次重点进行管理，根据维修的需要，采用灵活选用存货控制方法，适当延长订货周期，减少采购次数，每周要对库存进行盘点和检查。

C 类备件在实际工作中，可采用"双堆法"或"红线法"进行管理。"双堆法"是将存货分别放在两个空间中（如两堆、两箱、两桶等），第一个空间的存货用完后，即发出订货单，同时第二个空间开始供货；当第二个空间的存货用完后，第一个空间的货物到货，开始供应。"红线法"是在存放货物的箱子上，在某一高度画出一条红线，红线以下的数量代表保险储备量和提前期内的需要量，当货物在供应中降至红线时候，即进行订货。

二、档案资料管理

档案资料管理的主要内容包括设备维修技术资料的管理、编制设备维修图册、编制设备典型修理工艺规程和制定各种维修技术标准。

1. 维修技术资料管理

设备维修技术资料主要来源于购置设备时随机提供的技术资料；使用中向设备制造厂、有关单位、科研书店等购置的资料；自行设计、测绘和编制的资料等等。维修技术资料内容包括：

（1）规格标准。包括有关的国际标准、国家标准、部颁标准以及有关法令、规定等。

（2）图样资料。机械、动力装备的说明书、部分设备制造图、维修装配图、备件图册以及有关技术资料。

（3）动力站房设备布置图及动力管线网图。

（4）工艺资料。包括修理工艺、零件修复工艺、关键件制造工艺、专用工量夹具图样等。

（5）修理质量标准和设备试验规程。

（6）一般技术资料。包括设备说明书、研究报告书、试验数据、计算书、成本分析、索赔报告书、一般技术资料、专利资料、有关文献等。

（7）样本和图书。包括国内外样本、图书、刊物、电子出版物、光盘、软盘、照片和幻灯片等。

维修技术资料一般应设立专门的资料室统一管理，重点设备的说明书、独本说明书及有关装配图、电器原理和其他重要资料是重点管理资料，一般不外借。

2. 修理图册编制

设备维修图册是设备维修专业技术资料的汇编，供维修人员分析、排除故障、制定修理方案、制造储备备件之用。设备维修图册按设备型号分别编制，图册中应包括以下内容：

（1）特性与特征图。如外观示意图、吊装示意图、安装基础图、机械传动系统图、液压系统图、电气系统及线路图、滚动轴承位置图、润滑系统图。

（2）装配图。组件、部件和整机装配图。生产厂家一般不会完整地提供这些图样，应尽力搜集或在设备维修时对关键部件或整机进行测绘。

（3）备件、易损件图样和明细表和外购件清单。

（4）其他内容。对动力设备，还应有竣工图、管道或线路网络图等。

三、设备维修工艺的规范化

为保证维修质量、提高维修效率、防止资源浪费，应对设备维修工艺进行规范，包括对某一类型设备和结构形式相同的零件通常出现的磨损情况编制的典型修理工艺、对某一型号设备的某次修理编制的专用修理工艺，工艺规范工作要点有：

1. 拆卸工艺

机械设备维修时，对设备的不良拆卸可能导致设备精度损失，甚至报废，因此对重点、精密设备应制定拆卸工艺规范。

拆卸工作要坚持安全第一、拆卸服务于修理和装配的原则。拆卸前应注意切断电源，清除机器设备内外的有毒、易燃等危险品，设置可靠的支承，选择合适的吊运设备和工具等。不必或不允许拆卸的部件不要拆，配合较紧的部位应确定合理的拆卸方法及适当的工具，防止损伤重要表面。当机器结构较复杂，图样资料又不全时，应一边拆，一边记录，并测绘草图，最后整理装配图。

2. 零件清洗工艺

零件清洗工艺应确定清洗方法、清洗程序、清洗剂种类或配方、清洗参数、清洗质量和清洗注意事项等内容。

3. 典型零件修复工艺

对于重要的、精密的零部件修理应制定详细、规范的修理工艺和调整方法，以工艺卡片的形式下发给维修人员，修理工艺卡片常包括以下内容：

（1）零件名称、图号、材料及性能，零件缺陷指示图及有关缺陷的说明。

（2）修复的工序与工步、各工步操作要领及应达到的技术要求。

（3）修复过程中的工艺规范要求。

（4）修复时所用的设备、夹具、工具及量具等，修复后的检验内容。

4. 修理装配工艺

修理装配工艺的主要内容包括修理装配的准备、修理装配的部件装配和总装配顺序、修理装配方法和修理尺寸链分析、修理装配精度的调整与补偿方法和检验方法、修理装配的检查和试车。

⚙ 复习思考题

8.1 什么是设备修理复杂系数？什么是修理工时定额？各有哪些主要用途？

8.2 修理计划编制的依据是什么？

8.3 编制修理计划应考虑的问题有哪些？工作程序是什么？

8.4 设备维修计划的实施应注意抓好哪些环节？

8.5 什么是网络计划技术？它的优点有哪些？

8.6 已知生产某零件的工序和作业时间，见表8.6，要求：绘制网络图，计算并标出结点时间，指明关键路线。

表 8.6 某零件的工序和作业时间

工序	紧后工序	作业时间/h	工序	紧后工序	作业时间/h
A	B、C、D	4	E	H、G	8
B	E	5	F	G	5
C	E、F	2	G	—	10
D	—	6	H	—	3

8.7 什么是设备维修的技术管理？其主要工作内容有哪几方面？

8.8 编制设备维修图册的目的是什么？图册中应包括哪些内容？

8.9 编写机械设备修理工艺应注意哪些事项？设备大修工艺包括哪些内容？

8.10 备件及备件管理的含义是什么？备件管理的主要内容是什么？

8.11 备件的范围是什么？如何进行备件分类？

8.12 简述在备件管理中，怎样采用 ABC 分析法？

⚙ 能力和素质养成训练

1. 从设备维修管理工作要求出发，思考维修人员的职业能力要求，撰写 2 000 字论文一篇。

2. 学习小组讨论：编制设备修理计划时，设备停机修理时间与生产计划发生冲突，应如何处理？

参 考 文 献

[1] 王振成.机电设备管理与维修[M].重庆:重庆大学出版社,2013.

[2] 黄智泉.堆焊制造与再制造技术发展综述[J].金属加工:热加工),2021,6:164-165.

[3] 李红卫,杨东升,孙一兰等.智能故障诊断技术研究综述与展望[J].计算机工程与设计,2013,34(2):6.

[4] 朱兆聚,李方义,贾秀杰,等.基于油液监测技术的推土机变速箱故障诊断[J].润滑与密封,2014,39(7):83-87.

[5] 年夫顺.关于故障预测与健康管理技术的几点认识[J].仪器仪表学报,2018,39(8):14.

[6] 张云,戴永红,张志军.绿色维修管理在航空加工企业的推广应用[J].机床与液压,2012(10):160-162.

[7] 韩鸿鸾,刘衍文,刘曙光.KUKA工业机器人装调与维修[M].北京:化学工业出版社,2020.

[8] 叶辉.工业机器人故障诊断与预诊断维护实战教程[M].北京:机械工业出版社,2021.

[9] 张映红,莫翔明,黄卫萍.设备管理与预防维修[M].北京:北京理工大学出版社,2019.

[10] 黄东荣.图解数控机床维修快速入门:西门子840D数控系统[M].北京:机械工业出版社,2014.

[11] 杨春明.磨粒分析:磨粒图谱与铁谱技术[M].北京:中国铁道出版社,2002.

[12] 张晓旭,李荣珍.机床液压气动系统装接检测[M].北京:北京理工大学出版社,2016.

[13] 杨林建.机床电气控制技术.第2版[M].北京:北京理工大学出版社,2011.

读者意见反馈

为收集对教材的意见建议,进一步完善教材编写并做好服务工作,读者可将对本教材的意见建议通过如下渠道反馈至我社。

咨询电话　400-810-0598

反馈邮箱　gjdzfwb@pub.hep.cn

通信地址　北京市朝阳区惠新东街4号富盛大厦1座
　　　　　高等教育出版社总编辑办公室

邮政编码　100029

高等职业教育
智能制造专业群
新专业教学标准课程体系

- 体系化设计
- 模块化课程
- 项目化资源

机械设计方向专业

机械设计与制造 / 机械制造及自动化 / 数字化设计与制造技术 / 增材制造技术

机械制造工艺
机械 CAD/CAM 应用
工装夹具选型与设计
生产线数字化仿真技术
产品数字化设计与仿真

增材制造技术
产品逆向设计与仿真
增材制造设备及应用
增材制造工艺制订与实施

自动化方向专业

机电一体化技术 / 电气自动化技术 / 智能机电技术

机械产品数字化设计
可编程控制器技术
机电设备故障诊断与维修
电机与电气控制
自动控制原理

机电设备装配与调试
运动控制技术
自动化生产线安装与调试
工厂供配电技术
工业网络与组态技术

专业群平台课

机械制图与计算机绘图
机械设计基础
公差配合与测量技术
液压与气压传动
工程力学
工程材料及热成形工艺

电工电子技术
电气制图及 CAD
智能制造概论
工业机器人技术基础
传感器与检测技术
金工实习

机器人方向专业

工业机器人技术
智能机器人技术

工业机器人现场编程
智能视觉技术应用
工业机器人应用系统集成
协作机器人技术应用

工业机器人离线编程与仿真
数字孪生与虚拟调试技术应用
工业机器人系统智能运维

数控模具方向专业

数控技术
模具设计与制造

数控机床故障诊断与维修
数控加工工艺与编程
多轴加工技术
智能制造单元生产与管理

冲压工艺与模具设计
注塑成型工艺与模具设计
注塑模具数字化设计与智能制造

工业网络方向专业

工业互联网应用
智能控制技术

制造执行系统应用（MES）
工业网络技术
工业数据采集与可视化
工业互联网平台应用

工业互联网基础
工业互联网标识解析技术应用
工业 App 开发